新工科建设·电子信息类系列教材

教育部高等学校电工电子基础课程教学指导分委员会推荐教材

数字信号处理

（第3版）

赵春晖　陈立伟
田　园　乔玉龙　编著

電子工業出版社
Publishing House of Electronics Industry
北京·BEIJING

内 容 简 介

本书共分为两部分。第一部分为理论篇，主要介绍数字信号处理的基本概念、理论和分析方法，内容包括数字信号处理的概述，离散时间信号与系统，z 变换，离散傅里叶变换，快速傅里叶变换，数字滤波器及其设计方法，多采样率数字信号处理的基本理论和方法等，并以二维码形式提供了相关动画演示、知识拓展和应用案例等，便于学习相关知识，解析重点难点。第二部分为实践篇，包括 7 个仿真实验，每个实验包含实验目的、实验原理和实验内容等，并提供一些程序范例。本书还提供课后习题与参考答案，便于学生课后巩固。

本书可作为高等学校电子与信息类专业（包括电子信息工程、通信工程、电子科学与技术等专业）本科生的教材或参考书，也可作为相关专业领域工程技术人员的参考资料。

图书在版编目（CIP）数据

数字信号处理 / 赵春晖等编著. —3 版. —北京：电子工业出版社，2022.6

ISBN 978-7-121-43770-0

Ⅰ. ①数…　Ⅱ. ①赵…　Ⅲ. ①数字信号处理－高等学校－教材　Ⅳ. ①TN911.72

中国版本图书馆 CIP 数据核字（2022）第 101323 号

责任编辑：马　岚
印　　刷：北京天宇星印刷厂
装　　订：北京天宇星印刷厂
出版发行：电子工业出版社
　　　　　北京市海淀区万寿路 173 信箱　　　邮编：100036
开　　本：787×1092　1/16　印张：16.75　　字数：429 千字
版　　次：2008 年 9 月第 1 版
　　　　　2022 年 6 月第 3 版
印　　次：2024 年 7 月第 2 次印刷
定　　价：59.00 元

凡所购买电子工业出版社图书有缺损问题，请向购买书店调换。若书店售缺，请与本社发行部联系，联系及邮购电话：（010）88254888，88258888。

质量投诉请发邮件至 zlts@phei.com.cn，盗版侵权举报请发邮件至 dbqq@phei.com.cn。

本书咨询联系方式：classic-series-info@phei.com.cn。

前　　言

信号与信息处理是信息科学的主要学科之一，数字信号处理则是信号与信息处理及一系列相关学科的重要基础。自20世纪70年代以来，随着其理论与技术的迅猛发展，数字信号处理在当今信息社会中获得了广泛应用并产生了巨大影响。“数字信号处理”不仅成为高等院校电子类和通信类专业本科阶段的一门重要专业基础课，也是其他如自动控制类和机电类专业的一门选修课。

本书第1版(2008年)、第2版(2011年)由电子工业出版社出版；为了适应数字信号处理新理论和新技术的发展，编者在研究国内外最新同类教材的基础上，结合第2版教材的使用情况，重新编写了本教材。与第2版相比，新版教材主要特点如下：

(1) 删减了原教材中第4章快速傅里叶变换中的线性调频 z 变换算法，增补了实数序列的FFT算法；同时重新编写了第8章多采样率数字信号处理基础。

(2) 为了便于学习和掌握本教材的重点和难点，增加了二维码，内容包括主要知识点的视频动画演示、相关前沿知识拓展和应用案例，以及有关科学家生平成就简介，激发学习兴趣。

(3) 为便于读者的学习，增补了一些新的例题。

本书的结构和内容大致安排如下。第0章绪论主要介绍数字信号处理的基本概念和特点，以及数字信号处理系统的基本组成和应用领域；第1章介绍离散时间信号与系统的基本知识，是本书的理论基础；第2章讲述 z 变换，给出了 z 变换的定义和基本性质，它是分析离散时间信号与系统的一种主要理论工具；第3章讲述离散傅里叶变换，包括周期序列的离散傅里叶级数(DFS)和有限长序列的离散傅里叶变换(DFT)，介绍频域采样的基本知识；第4章介绍快速傅里叶变换，包括按时间抽选(DIT)的基-2 FFT算法和按频率抽选(DIF)的基-2FFT算法，以及IFFT算法和实数序列FFT算法；第5章介绍数字滤波器的基本结构；第6章讲述无限长单位脉冲响应(IIR)数字滤波器的设计方法，包括脉冲响应不变法和双线性变换法，以及原型变换；第7章讲述有限长单位脉冲响应(FIR)数字滤波器的设计方法，包括窗函数法和频率采样法；第8章介绍多采样率数字信号处理基础，包括信号的整数倍抽取和内插，以及二者结合采样率的变化。实验部分给出了7个仿真实验。附录部分给出了各章的习题参考答案。

本书参考教学时数为48～56学时，标有“*”的章节为选学内容。任课教师可根据具体情况安排选择使用。

本书是哈尔滨工程大学省级精品课程和省级在线开放课程“数字信号处理”的选用教材。为了配合课程教学辅导，本书提供了丰富的教学资源和学习辅导资料，请登陆华信教育资源网(www.hxedu.com.cn)免费注册下载。

本书编写人员及所负责内容为：赵春晖(绪论、第1章和第2章)、陈立伟(第3章、第4章和第8章)、田园(第5章、第6章和第7章)、乔玉龙(实验)，全书由赵春晖进行统稿。本书的编写和出版得到了电子工业出版社和哈尔滨工程大学信息与通信工程学院等单位的大力支持和帮助，在此表示真诚谢意。由于作者的学识有限，书中难免有错误和不妥之处，欢迎读者批评指正。

作　者

2022年2月

目　录

第一部分　理　论　篇

第二部分　实　践　篇

第一部分　理　论　篇

第 0 章　绪论

第 1 章　离散时间信号与系统

第 2 章　z 变换

第 3 章　离散傅里叶变换

第 4 章　快速傅里叶变换

第 5 章　数字滤波器的基本结构

第 6 章　无限长单位脉冲响应数字滤波器的设计方法

第 7 章　有限长单位脉冲响应数字滤波器的设计方法

第 8 章　多采样率数字信号处理

第 0 章　绪　　论

数字信号处理是研究如何用数字或符号序列来表示信号以及对这些序列进行处理的一门学科。数字信号处理的目的可以是估计信号的特征参数，也可以是把信号变换成某种更符合需要的形式。例如，通过分析和运算，可以估计脑电图或心电图中的某种特征参数，帮助医生查找病因和分析病情的程度，确定合理的治疗方案。数字信号处理起源于 17 世纪和 18 世纪的数学，它所采用的各种方法及种种应用已有悠久的历史。但是，它又像数字计算机和集成电路那样，以崭新的面貌出现于世，在生物医学工程、声学、雷达、地层学、语音通信、数据通信、核科学等许多领域充分显示其重要作用。

0.1　信号、系统与信号处理

人们相互问候、发布新闻、传播图像或者传递数据，其目的都是要把某些消息借一定形式的信号传送出去。信号是消息的表现形式，消息则是信号的具体内容。

很久以来，人们曾寻求各种方法，以实现信号的传输。例如，我国古代借助烽火来传送边疆警报，人们借助于声音和文字信号表达自己的思想和感情，医学工作者用生物电信号描述人体器官的功能，经济学者用经济统计数据评价和预测社会经济的发展等。

信号可以从不同角度进行分类。

(1) 确定信号与随机信号：对于指定的某一时刻 t，除若干不连续点外，可确定一个相应的函数值 $f(t)$，这样的信号是确定信号，例如正弦信号。但是实际传输的信号往往具有不确定性，这种信号称为随机信号或不确定信号。

(2) 周期信号与非周期信号：若信号满足 $x(t)=x(t+kT)$，k 为整数，或 $x(n)=x(n+kN)$，N 为正整数，k 和 $n+kN$ 为任意整数，则 $x(t)$ 和 $x(n)$ 都是周期信号，周期分别为 T 和 N，否则就是非周期信号。

(3) 能量信号和功率信号：若信号能量 E 有限，则称为能量信号。若信号平均功率 P 有限，则称为功率信号，功率信号的总能量一般趋于无穷。周期信号及随机信号一般是功率信号，而非周期的绝对可积(和)信号一般是能量信号。

(4) 一维信号与多维信号：信号的变量可以是时间，也可以是频率、空间或其他的物理量。若信号是一个变量(如时间)的函数，则称为一维信号；若信号是两个变量(如空间坐标 x, y)的函数，则称为二维信号；推而广之，若信号是多个(如 M 个，$M \geqslant 2$)变量的函数，则称为多维(M 维)信号。若信号表示成 M 维的矢量

$$\boldsymbol{x}=[x_1(n), x_2(n), \cdots, x_M(n)]^{\mathrm{T}}$$

则称 $\boldsymbol{x}$ 是一个 M 维的矢量信号。

(5) 连续时间信号与离散时间信号：按照时间取值的连续性和离散性，可将信号划分为连续时间信号和离散时间信号(简称为连续信号与离散信号)。

连续时间信号在其存在的时间范围内，任意时刻都有定义(即都可以给出确定的函数值，可以有有限个间断点)，用 t 表示连续时间变量。离散时间信号在时间上是离散的，只在某些

不连续的规定瞬时给出函数值，其他时间没有定义。用 n 表示离散时间变量。图 0.1 给出了连续时间信号和离散时间信号示例。

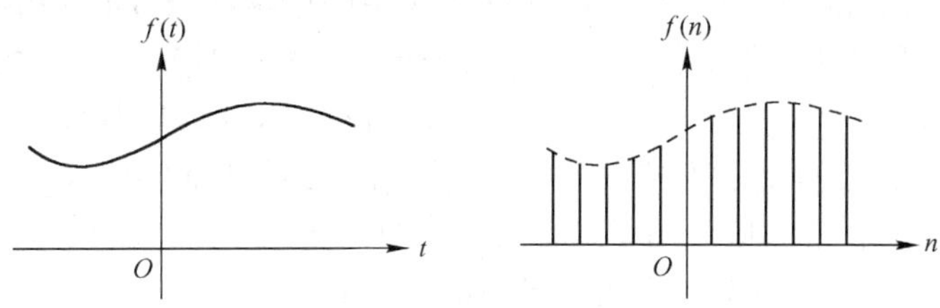

图 0.1　连续时间信号和离散时间信号示例

若离散时间信号的幅值是连续的，则又可以称为采样信号。另一种情况是，离散时间信号的幅值被限定为某些离散值，即时间与幅度取值都具有离散性，这种信号又称为数字信号。时间和幅值取值都连续的连续时间信号又可以称为模拟信号。图 0.2 给出了三种形式信号的示例。

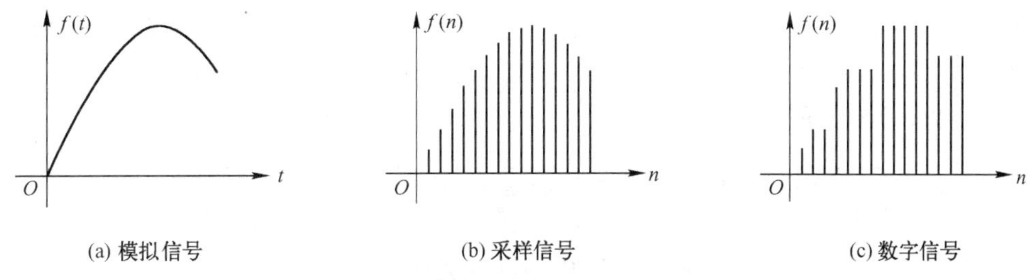

图 0.2　模拟信号、采样信号与数字信号示例

系统是由若干相互作用和相互依赖的事物组合而成的具有特定功能的整体。其本质是对输入信号进行处理，并将处理后的信号作为系统的输出，这种输出也称为系统的响应。例如，计算机的显示系统、太阳系、通信系统、控制系统、经济系统、生态系统等。图 0.3 给出了一个通信系统的例子。

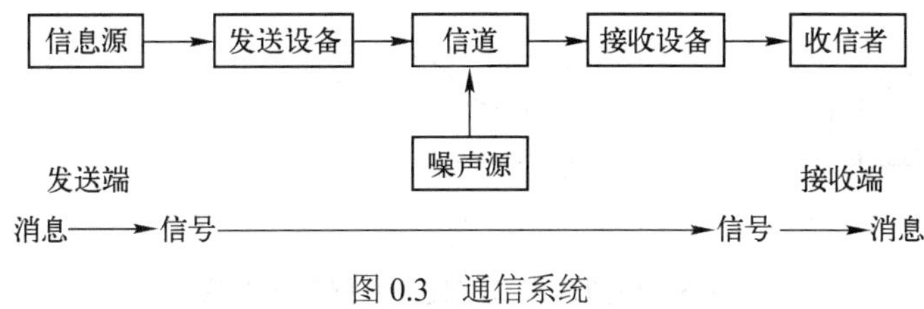

图 0.3　通信系统

信号处理是指对信号的某种加工或变换。加工变换的目的是削弱信号中的多余内容；滤除混杂的噪声和干扰；或者将信号变成容易分析与识别的形式，便于估计和选择它的特征参数。

0.2　数字信号处理系统的基本组成

为了对“数字信号处理”有一个大致的轮廓概念，我们先从模拟信号的数字化处理入手。图 0.4 表示了一个模拟信号数字处理系统的方框图。图 0.5 给出了图 0.4 中各信号的波形。此系统首先把模拟信号变换为数字信号，然后利用数字技术进行处理，最后再还原成模拟信号。输入信号 $x_a(t)$ 先经过前置滤波器，将 $x_a(t)$ 中高于某一频率(折叠频率，等于采样频率的一半)的分量滤除。然后在模(拟)数(字)变换器(A/D 变换器)中每隔 T 秒(采样周期)取出一次 $x_a(t)$ 的幅度，采样后的信号称为离散时间信号，它只表示一些离散时间点 0, T, $2T$, …, nT, …上的信号值 $x_a(0)$，$x_a(T)$，…，$x_a(nT)$，…，如图0.5(b)所示，采样过程即对模拟信号的时间离散化的过程。随之在 A/D 变换器的保持电路中将采样信号变换成数字信号，因为一般采用有限位二进制码，所以它所表示的信号幅度是有限的，例如 8 位码，只能表示 $2^8=256$ 种不同的信号幅度，这些幅度称为量化电平(当离散时间信号幅度与量化电平不相同时，就要以最接近的一个量化电平来近似它)。所以经 A/D 变换后，不但时间离散化了，而且幅度也量化了，这种信号就称为数字信号，它是数的序列，我们用 $x(n)$ 来代表输入信号数字化后的序列，自变量 n 是整型变量，表示这个数在序列中的次序，为了形象起见，用一个垂直线段来表示 $x(n)$ 的数值大小，如图 0.5(c)所示。随后，数字信号序列 $x(n)$ 通过数字信号处理系统的核心部分，即数字信号处理器，按照预定的要求进行加工处理，得到输出数字信号 $y(n)$，如图 0.5(d)所示。再接下来，$y(n)$ 通过数(字)模(拟)(D/A)变换器，将数字信号序列反过来变换成模拟信号，这些信号在时间点 0, T, $2T$, …, nT, …上的幅度应等于序列 $y(n)$ 中相应数码所代表的数值大小。最后还要通过一个模拟滤波器，滤除不需要的高频分量，平滑成所需的模拟输出信号 $y_a(t)$，如图 0.5(e)所示。

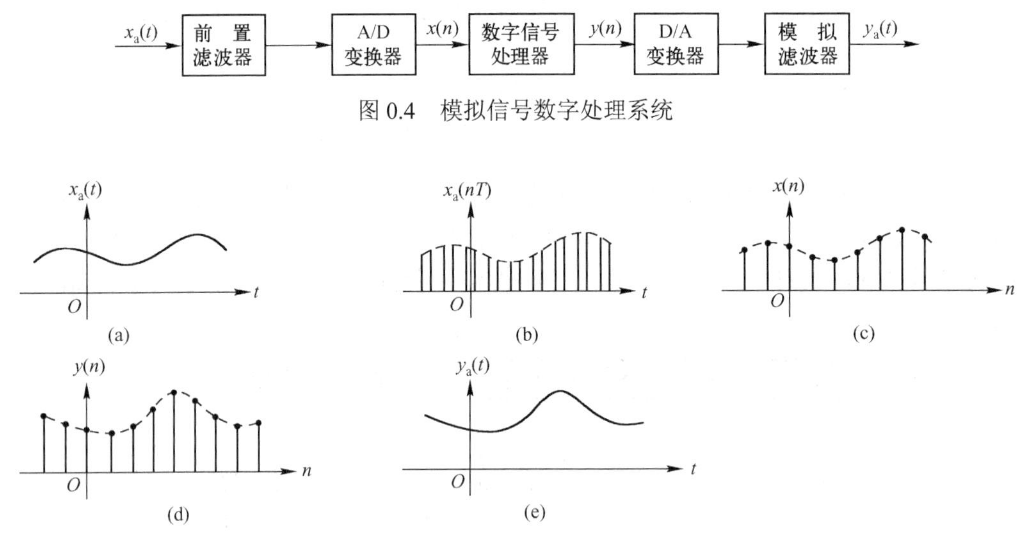

图 0.4 模拟信号数字处理系统

图 0.5 模拟信号数字处理系统信号波形

图 0.4 所表示的是模拟信号数字处理系统的方框图，实际的系统并不一定要包括它的所有功能模块。例如，有些系统只需数字输出，可直接以数字形式显示或打印，就不需要 D/A 变换器了；另一些系统的输入就是数字量，因而就不需要 A/D 变换器；纯数字系统则只需要数字信号处理器这一核心部分。

图 0.4 中的数字信号处理器可以是数字计算机或微处理器，通过软件编程对输入信号进行预期的处理，这是一种软件实现方法。另一种方法是用基本的数字硬件组成专用处理器或用专用数字信号处理芯片作为数字信号处理器，这种方法的优点是可以进行实时处理，但是由于是专用的，因而只能完成某一类信号的加工处理，而不能完成其他类信号的加工处理，

这是它的缺点。第三种数字信号处理器就是现在最为流行的通用数字信号处理芯片，它是专为信号处理设计的芯片，有专门执行信号处理算法的硬件，例如乘法累加器、流水线工作方式、并行处理、多总线、位翻转(倒位序)硬件等，并有专为信号处理用的指令。采用信号处理器既有实时的优点，又有用软件实现的多用性优点，是一种重要的数字信号处理实现方法。实际上，由于近年来信息技术的快速发展，数字信号处理芯片已经应用到各个领域中了。

0.3　数字信号处理的特点

与模拟系统相比，数字系统具有如下的一些突出优点。

(1) 精度高：在模拟网络中，元器件精度要达到10^{-3}以上已经不容易了，而数字系统 17 位字长可以达到10^{-5}的精度，这是很平常的。因此，在很多高精密的系统及其测量中，数字技术是很有效的工具。甚至有时只有采用数字技术，才能达到精度的要求。

(2) 可靠性高：模拟系统中各种参数都有一定的温度系数，都随环境条件的变化而变化，并且容易出现感应、杂散效应甚至振荡等。而数字系统受这些因素的影响要小得多。

(3) 灵活性高：一个数字系统的性能主要是由乘法器的各系数决定的，而这些系数是存放在系统存储器中的，只要对这些存储器输入不同的数据，就可以随时改变系统的参数，从而得到不同的系统。

数字系统的一个较大优点是能利用一套计算设备同时处理几路独立的信号，这就是“时分复用”的应用。时分多路复用系统如图0.6所示，当各路输入信号同时输入序列值时，同步系统控制它们在时间上前后错开，并依次进入处理器，处理器在算完一路的结果以后，再算第二路的结果，在各路输入信号输入第二个序列值以前，处理器已经将各路信号算完一遍，并将结果送给了各路输出。因此，对于每一路信道来说，都好像是单独占用着处理器一样。处理器的运算速度越高，它所能同时处理的信道也越多，因而功能也越灵活。

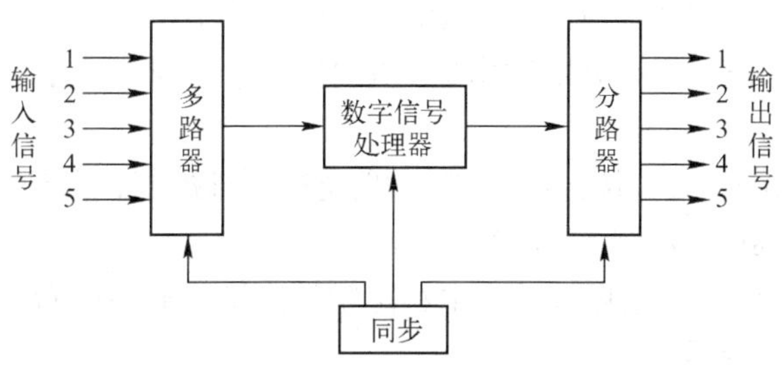

图 0.6　时分多路复用系统

(4) 容易大规模集成：由于数字部件具有高度规范性，便于大规模集成、大规模生产，而对电路参数要求不严，故产品成品率高。尤其是对于低频信号，例如，地震波分析需要过滤几赫兹到几十赫兹的信号，用模拟网络处理时，电感器和电容器的数值、体积和重量都非常大，性能也达不到要求。而数字信号处理系统在这个频率却非常优越。

(5) 可以获得高性能指标：例如，对信号进行频谱分析，模拟频谱仪在频率低端只能分析到 10 Hz 以上的频率，且难以做到高分辨率(足够窄的带宽)；但在数字谱分析中，已能做到10^{-3} Hz 的谱分析。又如，有限长单位脉冲响应数字滤波器可实现准确的线性相位特性，这在模拟系统中是很难达到的。

(6) 可以实现二维与多维处理：利用庞大的存储单元可以存储一帧或数帧图像信号，实现二维甚至多维信号的处理，包括二维或多维滤波、二维或多维谱分析等。

数字信号处理也有自己的缺点。目前，一般来说，数字系统的速度还不算高，因而还不能处理很高频率的信号，用微型计算机进行软件处理更是如此。另外，微处理器(如数字滤波器等)的硬件结构还比较复杂，价格昂贵，但是随着大规模集成电路的发展，这些问题将越来越不重要了。

0.4 数字信号处理的应用

数字信号处理系统由于数字计算机的应用而得到广泛使用。数字信号处理技术已广泛应用到数字通信、电子测量、遥感遥测、生物医学工程，以及数字图像处理、震动分析等领域。

(1) 滤波：滤波是现代数字信号处理的重要研究内容，在信号分析、图像处理、模式识别、自动控制等领域得到了广泛应用。

(2) 通信：数字信号处理在通信领域中发挥着非常重要的作用，尤其是在蜂窝电话、数字调制解调器和视频音频传输技术方面。包括自适应差分脉码调制、自适应脉码调制、差分脉码调制、增量调制、自适应均衡、数字公用交换、信道复用、移动电话、调制解调器、数据或数字信号的加密、扩频技术、通信制式的转换、卫星通信、TDMA/FDMA/CDMA 等各种通信制式、软件无线电等。

(3) 语音、语言：包括语音邮件、语音编码、数字录音系统、语音识别、语音合成、语音增强、文本语音变换等。

(4) 图像、图形：包括图像压缩、图像增强、图像复原、图像重建、图像变换、图像分割、图像校正、边缘检测、计算机视觉等。

(5) 消费电子：包括数字电视、移动媒体、数字音频、音乐合成器、电子玩具和游戏、CD/VCD/DVD 播放机、数字留言/应答机、汽车电子装置等。

(6) 仪器：包括频谱分析仪、函数发生器、地震信号处理器、瞬态分析仪、锁相环、模式匹配等。

(7) 工业控制与自动化：包括机器人控制、激光打印机控制、自动机、电力线监视器、计算机辅助制造、引擎控制、自适应驾驶控制等。

(8) 医疗：包括健康助理、远程医疗、生物医学、计算机辅助诊断、病人监视、超声仪器、CT 扫描、核磁共振、助听器等。

(9) 军事：包括雷达处理、声呐处理、遥感遥测、导航、射频调制解调器、全球定位系统(GPS)、侦察卫星、航空航天测试、自适应波束形成、阵列天线信号处理等。

综上所述，数字信号处理是一门涉及众多学科又应用于众多领域的学科，它既有较完整的理论体系，又以最快的速度形成自己的产业。因此，这一学科有着极其美好的发展前景，并将为国民经济的多个领域的发展作出自己的贡献。

第 1 章　离散时间信号与系统

1.1　引言

数字信号处理是应用计算机或通用数字信号处理设备将信号在数字域中计算处理(如变换、压缩、滤波、估计等)，从而达到一定应用目的的学科。

信号通常是一个自变量或几个自变量的函数，若仅有一个自变量，则为一维信号；若有两个以上自变量，则为多维信号。关于信号的自变量，可以是时间、距离、温度、电压等多种形式。例如，语音信号可以表示为一个时间变量的函数，静止图像信号可以表示为两个空间变量的亮度函数。以时间为自变量的信号又可以根据其幅度和时间的连续与离散性，分为连续时间信号、离散时间信号和数字信号。本书仅研究以时间为自变量的一维离散时间信号处理的理论与技术。

系统的作用是将信号变换成某种符合要求的形式。根据系统输入和输出信号的不同，可分为连续时间系统、离散时间系统、数字系统及混合系统。本书仅研究输入和输出都是离散时间信号的离散时间系统。

本章主要讨论了时域离散信号的表示方法、典型信号、信号的运算、信号的性质，连续时间信号的采样、采样信号的频谱、采样定理，系统分类及系统性质、系统的输入/输出描述法，常系数线性差分方程的求解等内容。

本章是全书的理论基础，读者应联系信号与系统课程的有关知识，认真学好这一章，为后续的深入学习做好准备。

1.2　离散时间信号——序列

离散时间信号只在离散时间上给出函数值，是时间上不连续的一个序列。它既可以是实数，也可以是复数。一个离散时间信号是一个整数值变量 n 的函数，表示为 $x(n)$ 或 $\{x(n)\}$ 。尽管独立变量 n 不一定表示“时间”(例如，n 可以表示温度或距离)，但 $x(n)$ 一般被认为是时间的函数。因为离散时间信号 $x(n)$ 对于非整数值 n 是没有定义的，所以一个实值离散时间信号(即序列)可以用图形来描述，如图 1.1 所示。横轴虽为连续直线，但只在 n 为整数时才有意义。纵轴线段的长短代表各序列值的大小。

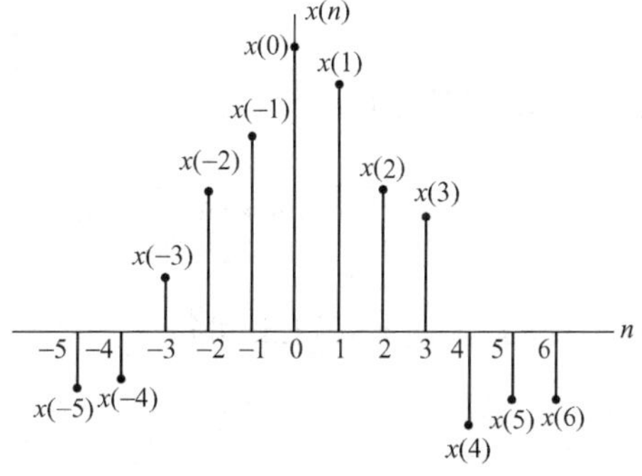

图 1.1　离散时间信号 $x(n)$ 的图形表示

离散时间信号常常可以对模拟信号(如语音)进行等间隔采样而得到。例如，对于一个连续时间信号 $x_a(t)$ ，以每秒 $f_s = 1/T$ 个采样的速率采样而产生采样信号，它与 $x_a(t)$ 的关系如下：

$$x(n) = x_{\mathrm{a}}(t)\big|_{t=nT} = x_{\mathrm{a}}(nT) \tag{1.1}$$

然而，并不是所有的离散时间信号都是这样获得的。一些信号可以认为是自然产生的离散时间序列，如每日股票市场价格、人口统计数和仓库存量等。

1.2.1 几种常用的典型序列

1. 单位脉冲序列(单位冲激序列，单位采样序列) $\delta(n)$

$$\delta(n) = \begin{cases} 1, & n = 0 \\ 0, & n \neq 0 \end{cases} \tag{1.2}$$

这个序列只在 $n = 0$ 处有一个单位值 1，其余点上皆为 0，因此也称为“单位冲激序列”或“单位采样序列”。单位脉冲序列如图1.2所示。

这是最常用、最重要的一种序列，它在离散时间系统中的作用，类似于连续时间系统中的单位冲激函数 $\delta(t)$。但是，在连续时间系统中，$\delta(t)$ 是 $t = 0$ 点脉宽趋于零，幅值趋于无限大，面积为 1 的信号，是极限概念的信号，并非任何现实的信号。而离散时间系统中的 $\delta(n)$，却完全是一个现实的序列，它的脉冲幅度是 1，是一个有限值。

2. 单位阶跃序列 $u(n)$

$$u(n) = \begin{cases} 1, & n \geqslant 0 \\ 0, & n < 0 \end{cases} \tag{1.3}$$

如图1.3所示。它类似于连续时间信号与系统中的单位阶跃函数 $u(t)$。

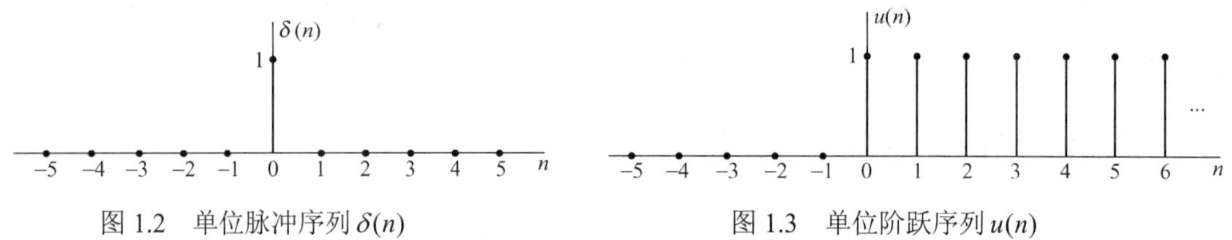

图 1.2 单位脉冲序列 $\delta(n)$　　图 1.3 单位阶跃序列 $u(n)$

$\delta(n)$ 和 $u(n)$ 间的关系为

$$\delta(n) = u(n) - u(n-1) \tag{1.4}$$

这就是 $u(n)$ 的后向差分。而

$$u(n) = \sum_{m=0}^{\infty} \delta(n-m) = \delta(n) + \delta(n-1) + \delta(n-2) + \cdots \tag{1.5}$$

令 $n - m = k$，代入式(1.5)可得

$$u(n) = \sum_{k=-\infty}^{n} \delta(k) \tag{1.6}$$

这里就用到了累加的概念。

3. 矩形序列 $R_N(n)$

$$R_N(n)=\begin{cases}1, & 0\leqslant n\leqslant N-1\\ 0, & 其他\end{cases} \tag{1.7}$$

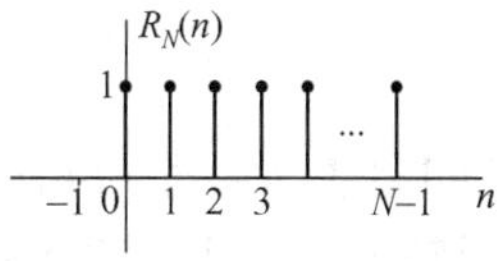

矩形序列 $R_N(n)$ 如图1.4所示。

图 1.4　矩形序列 $R_N(n)$

$R_N(n)$ 和 $\delta(n)$ 、$u(n)$ 间的关系为

$$R_N(n)=u(n)-u(n-N) \tag{1.8}$$

$$R_N(n)=\sum_{m=0}^{N-1}\delta(n-m)=\delta(n)+\delta(n-1)+\cdots+\delta[n-(N-1)] \tag{1.9}$$

4. 实指数序列

$$x(n)=a^n u(n) \tag{1.10}$$

式中，a 为实数。当 $|a|>1$ 时，序列是发散的；而当 $|a|<1$ 时，序列是收敛的。当 a 为负数时，序列是摆动的，如图1.5所示。

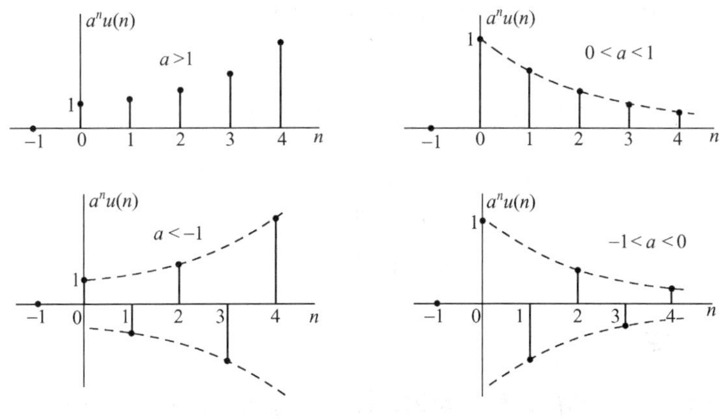

图 1.5　实指数序列

5. 正弦型序列

$$x(n)=A\sin(\omega_0 n+\phi) \tag{1.11}$$

式中，A 为幅度；ϕ 为起始相位；ω_0 为数字域的角频率，它反映了序列变化的速率。如果正弦序列由模拟信号 $x_{\mathrm{a}}(t)$ 采样得到，那么

$$x_{\mathrm{a}}(t)=\sin(\Omega t)$$

$$x_{\mathrm{a}}(t)\big|_{t=nT}=\sin(\Omega nT)=x(n)$$

$$x(n)=\sin(\omega n)$$

由于在数值上，序列值与采样信号值相等，因此，得到数字域角频率 ω 与模拟域角频率 Ω 之间的关系为

$$\omega=\Omega T \tag{1.12}$$

式(1.12)具有普遍意义，它表示由模拟信号采样得到的序列中，模拟域角频率与数字域角频率之间的关系。由于采样频率 f_s 与采样周期 T 互为倒数，因此也可以表示成

$$\omega = \frac{\Omega}{f_s} \tag{1.13}$$

式(1.13)表示数字域角频率是模拟域角频率对采样频率的归一化频率。本书中均用 ω 表示数字域频率，Ω 和 f 表示模拟域角频率和模拟域频率。

6. 复指数序列

序列值为复数的序列称为复指数序列。复指数序列的每个值具有实部和虚部两部分。

复指数序列是最常用的一种复序列：

$$x(n) = A\mathrm{e}^{(\sigma+\mathrm{j}\omega_0)n} \tag{1.14}$$

或设 $\sigma = 0$，

$$x(n) = A\mathrm{e}^{\mathrm{j}\omega_0 n} \tag{1.15}$$

式中，ω_0 是复正弦的数字域角频率。

对第二种表示，序列的实部、虚部分别为

$$x(n) = A(\cos\omega_0 n + \mathrm{j}\sin\omega_0 n) = A\cos\omega_0 n + \mathrm{j}A\sin\omega_0 n$$

若用极坐标表示，则

$$x(n) = |x(n)|\mathrm{e}^{\mathrm{j}\arg[x(n)]} = A\mathrm{e}^{\mathrm{j}\omega_0 n}$$

因此有

$$|x(n)| = A$$
$$\arg[x(n)] = \omega_0 n$$

1.2.2 序列的运算

序列的运算包括移位、翻褶、和、乘积、标乘、累加、差分、时间尺度变换、卷积和等。

1. 移位

序列 $x(n)$，其移位序列 $w(n)$ 为

$$w(n) = x(n-m) \tag{1.16}$$

当 m 为正时，$x(n-m)$ 是指序列 $x(n)$ 逐项依次延时(右移) m 位而给出的一个新序列；当 m 为负时，$x(n-m)$ 是指 $x(n)$ 依次超前(左移) m 位。图 1.6 显示了图 1.1 的 $x(n)$ 序列的移位序列 $w(n) = x(n-2)$，即 $m = 2$ 时的情况。

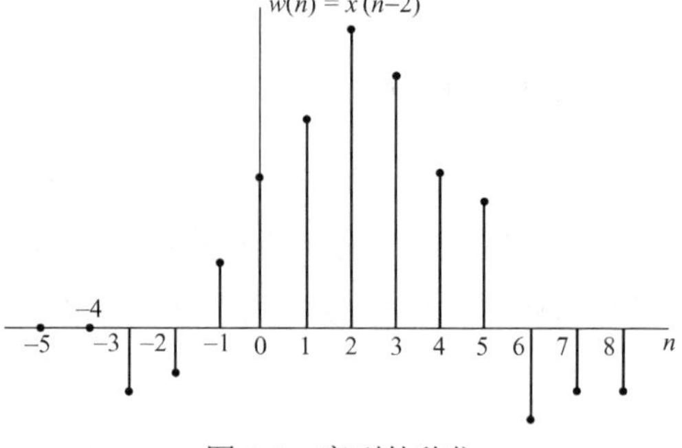

图 1.6 序列的移位

2. 翻褶

若序列为 $x(n)$，则 $x(-n)$ 是以 $n = 0$ 的纵轴为对称轴将序列 $x(n)$ 加以翻褶。$x(n)$ 及 $x(-n)$ 如图 1.7(a)和图1.7(b)所示。

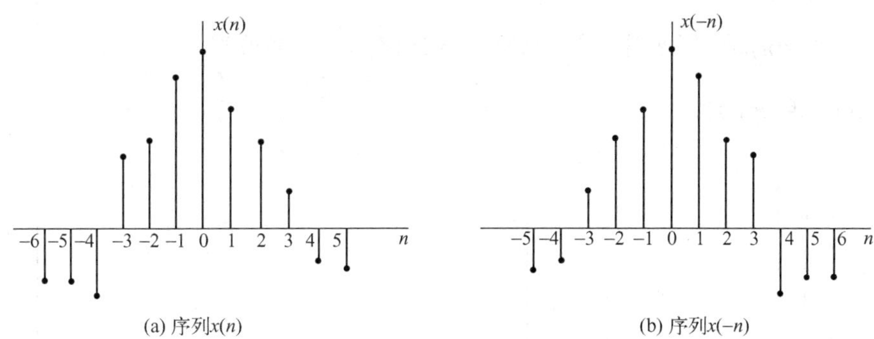

图 1.7 序列的翻褶

3. 和

两序列的和是指同序号 n 的序列值逐项对应相加而构成的一个新序列。和序列 $z(n)$ 可表示为

$$z(n) = x(n) + y(n) \tag{1.17}$$

4. 乘积

两序列相乘是将同序号 n 的序列值逐项对应相乘。乘积序列 $f(n)$ 可表示为

$$f(n) = x(n)y(n) \tag{1.18}$$

5. 标乘

序列 $x(n)$ 的标乘是指 $x(n)$ 的每个序列值乘以常数 c 。标乘序列 $f(n)$ 可表示为

$$f(n) = cx(n) \tag{1.19}$$

6. 累加

设某序列为 $x(n)$，则 $x(n)$ 的累加序列 $y(n)$ 定义为

$$y(n) = \sum_{k=-\infty}^{n} x(k) \tag{1.20}$$

它表示 $y(n)$ 在某一个序列值 n_0 上的值 $y(n_0)$ 等于在这一个序列值 n_0 上的 $x(n_0)$ 值与序列值 n_0 以前所有序列值 n 上的 $x(n)$ 之和。

7. 差分

前向差分 $\Delta x(n) = x(n+1) - x(n)$

后向差分 $\nabla x(n) = x(n) - x(n-1)$

由此得出 $\nabla x(n) = \Delta x(n-1)$

8. 时间尺度(比例)变换

对某序列 $x(n)$，其时间尺度变换序列为 $x(Mn)$ 或 $x\left(\dfrac{n}{M}\right)$，其中 M 为正整数。

注意：有时需去除某些点或补足相应的零值。

例 1.1 已知 $x(n)$ 波形（见图1.8），试画出 $x(2n)$ 和 $x\left(\frac{n}{2}\right)$ 的波形。

解 见图1.9和图1.10。

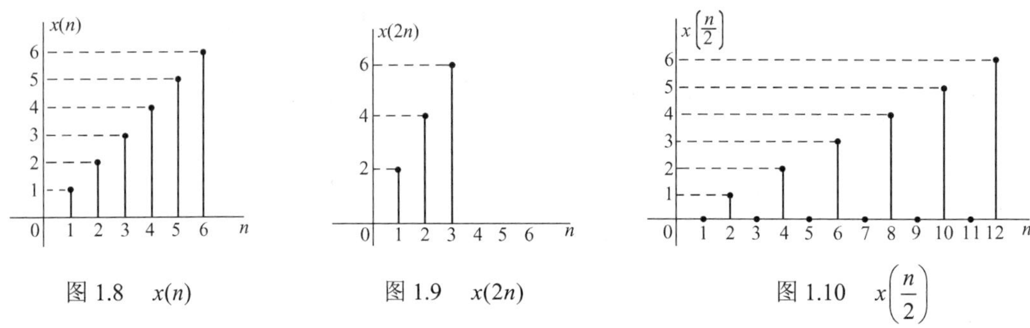

图 1.8 $x(n)$ 　　图 1.9 $x(2n)$ 　　图 1.10 $x\left(\frac{n}{2}\right)$

9. 卷积和

我们知道卷积积分是求连续线性时不变系统输出响应（零状态响应）的主要方法。同样，对离散系统，“卷积和”也是求离散线性时不变系统输出响应（零状态响应）的主要方法。

这里一般性地讨论卷积和的定义及运算方法。

设两序列为 $x(n)$ 和 $h(n)$，则 $x(n)$ 和 $h(n)$ 的卷积和定义为

$$y(n)=x(n)*h(n)=\sum_{m=-\infty}^{\infty}x(m)h(n-m) \tag{1.21}$$

式中，卷积和用*来表示。卷积和的运算在图形表示上可分为四步：翻褶、移位、相乘、相加，如图1.11所示。

(1) 翻褶：先在哑变量坐标 m 上做出序列 $x(m)$ 和 $h(m)$，将 $h(m)$ 以 $m=0$ 的垂直轴为对称轴翻褶成 $h(-m)$。

(2) 移位：将 $h(-m)$ 移位 n，即得 $h(n-m)$。当 n 为正整数时，右移 n 位，当 n 为负整数时，左移 $-n$ 位。

(3) 相乘：再将 $h(n-m)$ 和 $x(m)$ 的相同 m 值的对应点值相乘。

(4) 相加：把以上所有对应点的乘积叠加起来，即得 $y(n)$ 值。

依上法，取 $n=\cdots,-2,-1,0,1,2,\cdots$ 各值，即可得全部 $y(n)$ 值。

卷积和的常用计算方法有：解析式法、图解法、对位相乘求和法、利用性质等。

例 1.2 已知 $x(n)=\alpha^n u(n)(0<\alpha<1)$，$h(n)=u(n)$，求卷积 $y(n)=x(n)*h(n)$。

解

$$y(n)=x(n)*h(n)=\sum_{m=-\infty}^{\infty}\alpha^m u(m)u(n-m)$$

$$=\left(\sum_{m=0}^{n}\alpha^m\right)\cdot u(n)$$

$$=\frac{1-\alpha^{n+1}}{1-\alpha}u(n)$$

卷积和计算

当 $n\to\infty$ 时，$y(n)=\frac{1}{1-\alpha}$。波形如图1.11所示。

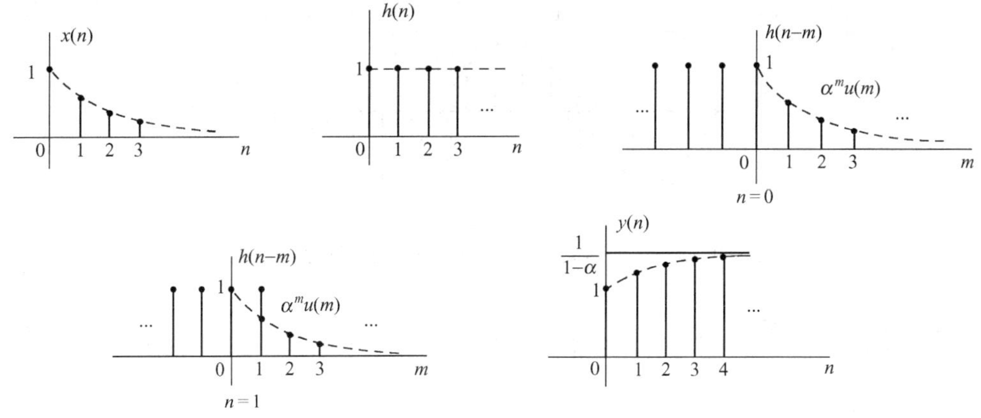

图 1.11　$x(n)$ 和 $h(n)$ 的卷积和的运算

卷积和与两序列的先后次序无关，证明如下。

证　令 $n-m=m'$，代入式(1.21)，然后再将 m' 换成 m，即得

$$y(n)=\sum_{m=-\infty}^{\infty}h(m)x(n-m)$$

因此，$y(n)=x(n)*h(n)=h(n)*x(n)$。

1.2.3　序列的周期性

若对所有 n 存在一个最小的正整数 N，满足

$$x(n+N)=x(n) \tag{1.22}$$

则称序列 $x(n)$ 是周期性序列，周期为 N。

现在讨论正弦序列的周期性。若

$$x(n)=A\sin(\omega_0 n+\phi)$$

则
$$x(n+N)=A\sin\left[\omega_0(n+N)+\phi\right]=A\sin(\omega_0 N+\omega_0 n+\phi)$$

若 $N\omega_0=2\pi k$，当 k 为正整数时，则

$$x(n+N)=x(n)$$

即
$$A\sin(\omega_0 n+\phi)=A\sin\left[\omega_0(n+N)+\phi\right]$$

这时的正弦序列就是周期性序列，其周期满足 $N=2\pi k/\omega_0$。可分几种情况讨论如下。

(1) 当 $\dfrac{2\pi}{\omega_0}=N$ 即二者比值为正整数时，序列是周期性的，周期为 N。

例 1.3　正弦序列 $x(n)=\sin(\omega_0 n)$（其波形如图 1.12 所示），设 $N=10$，说明正弦序列的包络线每隔 10 个样值重复一次，周期为 10。

解
$$\omega_0=\frac{2\pi}{N}=\frac{2\pi}{10}=0.2\pi$$

表示相邻两个序列值间的弧度数为 0.2π。

ω_0 反映每个序列值出现的速率，ω_0 越小，两个序列值间的弧度也就越小。

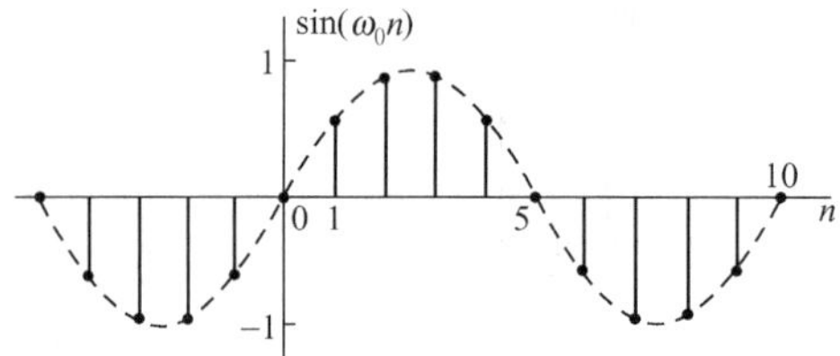

图 1.12 当 $\phi=0$, $\omega_0=\frac{2\pi}{10}$, $A=1$ 时的正弦序列(周期性序列，周期 $N=10$)

(2) 当 $\frac{2\pi}{\omega_0}=\frac{N}{k}$，$\frac{N}{k}$ 为有理数，N 和 k 互素时，序列仍是周期性的，周期 $N=k\frac{2\pi}{\omega_0}$。

例 1.4 已知：正弦序列 $x(n)=\sin\frac{4\pi}{11}n$ (其波形如图 1.13 所示)，求其周期。

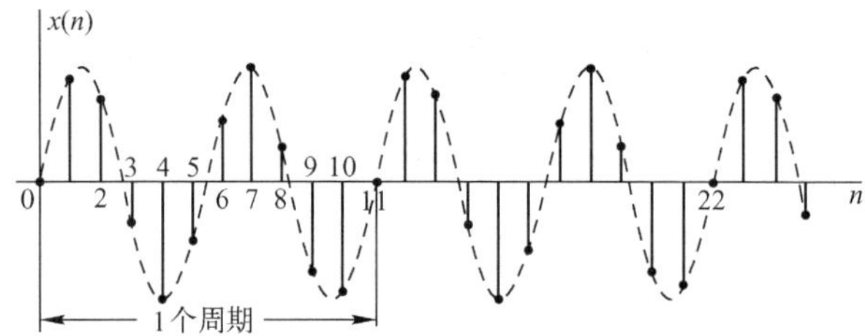

图 1.13 当 $\phi=0$, $\omega_0=\frac{4\pi}{11}$, $A=1$ 时的正弦序列(周期性序列，周期 $N=11$)

解 $\omega_0=\frac{4\pi}{11}$，则有 $\frac{2\pi}{\omega_0}=2\pi\frac{11}{4\pi}=\frac{11}{2}=\frac{N}{k}$。所以 N=11，即周期为 11(2π 中有 5.5 个 ω_0)。

(3) 当 $\frac{2\pi}{\omega_0}$ 为无理数时，找不到满足 $x(n+N)=x(n)$ 的 N 值，此时序列为非周期的。

例 1.5 判断信号 $x(n)=\sin(0.4n)$ 是否为周期信号。

解 $\omega_0=0.4$，$\frac{2\pi}{\omega_0}=5\pi$ 是无理数，所以为非周期的序列。

同样，余弦序列和复指数序列的周期性与正弦序列的情况相同。

下面我们来进一步讨论。如果一个正弦序列是由一个连续信号采样而得到的，那么，采样间隔 T 和连续正弦信号的周期 T_0 之间应该是什么关系才能使得到的采样序列仍然是周期序列呢？

设连续正弦信号 $x_a(t)$ 为

$$x_a(t)=A\sin(\Omega_0 t+\phi)$$

这一信号的频率为 f_0，角频率 $\Omega_0=2\pi f_0$，信号的周期为 $T_0=1/f_0=2\pi/\Omega_0$。

如果对连续周期信号 $x_a(t)$ 进行采样，采样间隔为 T，采样后的信号以 $x(n)$ 表示，则有

$$x(n)=x_a(t)\big|_{t=nT}=A\sin(\Omega_0 nT+\phi)$$

如果令 ω 为数字频率，满足

$$\omega_0=\Omega_0 T=\Omega_0\frac{1}{f_s}=2\pi\frac{f_0}{f_s}$$

式中，f_s 是采样频率。用 ω_0 代替 $\Omega_0 T$，可得

$$x(n) = A\sin(\omega_0 n + \phi)$$

这就是前面讨论的正弦序列。

下面来看 $2\pi/\omega_0$ 与 T 及 T_0 的关系，从而讨论前述正弦序列的周期性的条件意味着什么。

$$\frac{2\pi}{\omega_0} = 2\pi\frac{1}{\Omega_0 T} = 2\pi\frac{1}{2\pi f_0 T} = \frac{1}{f_0 T} = \frac{T_0}{T}$$

这表明，若 $2\pi/\omega_0$ 为整数，就表示连续正弦信号的周期 T_0 应为采样时间间隔 T 的整数倍；若 $2\pi/\omega_0$ 为有理数，就表示 T_0 与 T 是互素的整数，且有

$$\frac{2\pi}{\omega_0} = \frac{N}{k} = \frac{T_0}{T}$$

式中，k 和 N 皆为正整数，从而有

$$NT = kT_0$$

即 N 个采样间隔应等于 k 个连续正弦信号的周期。

1.2.4　用单位脉冲序列来表示任意序列

用单位脉冲序列来表示任意序列对分析线性时不变系统是很有用的。

设 $\{x(n)\}$ 是一个序列值的集合，其中，任意一个 $x(n)$ 值可以表示成单位脉冲序列的移位加权和，即

$$x(n) = \sum_{m=-\infty}^{\infty} x(m)\delta(n-m) \tag{1.23}$$

由于

$$\delta(n-m) = \begin{cases} 1, & m = n \\ 0, & m \neq n \end{cases}$$

则

$$x(m)\delta(n-m) = \begin{cases} x(n), & m = n \\ 0, & \text{其他} \end{cases}$$

因此，式(1.23)成立，这种表达式提供了一种信号分析工具。

例 1.6　用单位脉冲序列表示如图 1.14 所示的序列 $f(n)$。

解　根据式(1.23)，可以将序列 $f(n)$ 表示为

$$f(n) = \left\{ 1, \underset{\substack{\uparrow \\ n=0}}{1.5}, 0, -3, 0, 0 \right\} = \delta(n+1) + 1.5\delta(n) - 3\delta(n-2)$$

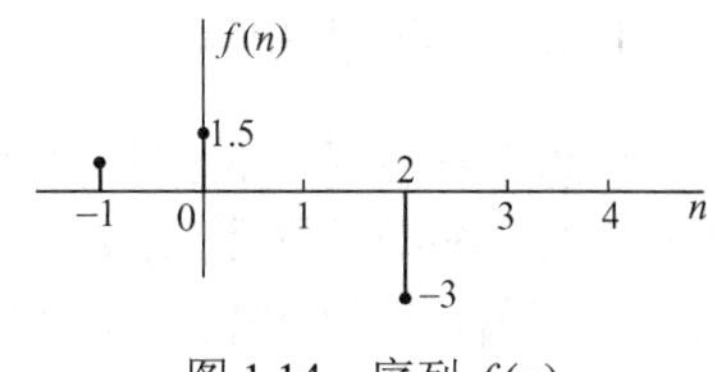

图 1.14　序列 $f(n)$

1.2.5　序列的能量

序列 $x(n)$ 的能量 E 定义为序列各采样样本模值的平方和，即

$$E = \sum_{n=-\infty}^{\infty} |x(n)|^2 \tag{1.24}$$

1.3 连续时间信号的采样

在某些合理条件限制下，一个连续时间信号能用其采样序列来完全表示，连续时间信号的处理往往是通过对其采样得到的离散时间序列的处理来完成的。本节将详细讨论采样过程，包括信号采样后，信号的频谱将发生怎样的变换，信号内容会不会丢失，以及由离散信号恢复成连续信号应该具备哪些条件等。采样的这些性质对离散信号和系统的分析都是十分重要的。要了解这些性质，让我们首先从采样过程的分析开始。

采样器可以视为一个电子开关，它的工作原理可由图1.15(a)来说明。设开关每隔 T 秒短暂地闭合一次，将连续信号接通，实现一次采样。如果开关每次闭合的时间为 τ 秒，那么采样器的输出将是一串周期为 T，宽度为 τ 的脉冲。脉冲的幅度与这段 τ 时间内信号的幅度一致。如果以 $x_a(t)$ 代表输入的连续信号，如图 1.15(b)所示，以 $x_p(t)$ 表示采样输出信号，如图1.15(d)所示。显然，这个过程可以视为一个脉冲调幅过程。被调制的脉冲载波是一串周期为 T、宽度为 τ 的矩形脉冲信号，如图 1.15(c)所示，并以 $p(t)$ 表示，而调制信号就是输入的连续信号。因而有

$$x_p(t) = x_a(t)p(t)$$

一般开关闭合时间都是很短的，而且 τ 越小，采样输出脉冲的幅度就越准确地反映输入信号在离散时间点上的瞬时值。当 $\tau \ll T$ 时，采样脉冲就接近于 δ 函数。

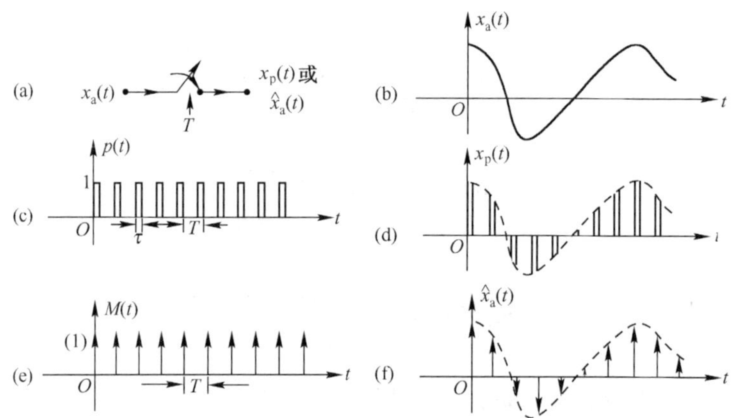

图 1.15 连续时间信号的采样过程

1.3.1 理想采样

理想采样就是假设采样开关闭合时间无限短，即 $\tau \to 0$ 的极限情况。此时，采样脉冲序列 $p(t)$ 变成冲激函数序列 $M(t)$，如图1.15(e)所示。这些冲激函数准确地出现在采样瞬间，面积为 1。采样后，输出理想采样信号的面积(即积分幅度)则准确地等于输入信号 $x_a(t)$ 在采样瞬间的幅度。理想采样过程如图 1.15(f)所示。以 $\hat{x}_a(t)$ 表示理想采样的输出[以后我们都以下标 a 表示连续信号(或称模拟信号)，如 $x_a(t)$，而以它的顶部符号“ˆ”表示它的理想采样，如 $\hat{x}_a(t)$]，周期冲激函数 $M(t)$ 为

$$M(t) = \sum_{n=-\infty}^{\infty} \delta(t - nT) \tag{1.25}$$

这样我们就可将理想采样表示为

$$\hat{x}_{\mathrm{a}}(t)=x_{\mathrm{a}}(t)M(t) \tag{1.26}$$

将式(1.25)代入式(1.26)可得

$$\hat{x}_{\mathrm{a}}(t)=\sum_{n=-\infty}^{\infty} x_{\mathrm{a}}(t)\delta(t-nT) \tag{1.27}$$

由于 $\delta(t-nT)$ 只在 $t=nT$ 时不为零，

$$x_{\mathrm{a}}(t)\delta(t-nT)=x_{\mathrm{a}}(nT)\delta(t-nT)$$

故

$$\hat{x}_{\mathrm{a}}(t)=\sum_{n=-\infty}^{\infty} x_{\mathrm{a}}(nT)\delta(t-nT) \tag{1.28}$$

在实际采样器中，任何开关都不能达到宽度为零的极限情况。但是当 τ 远远小于 T 时，实际采样器就很接近于一个理想采样器了。理想采样可以视为实际采样的一种科学本质的抽象，它可以更集中地反映采样过程的一切本质的特性。在以后的叙述中，还将看到，理想采样的概念对于 z 变换是相当重要的。

1.3.2　理想采样信号的频谱

我们首先看看通过理想采样后信号频谱发生了什么变化。在连续时间信号与系统中已学过，式(1.26)表示时域相乘，则其频域(傅里叶变换域)表示为卷积运算。若式(1.26)中各个信号的傅里叶变换分别表示为

$$X_{\mathrm{a}}(\mathrm{j}\Omega)=\int_{-\infty}^{\infty} x_{\mathrm{a}}(t)\mathrm{e}^{-\mathrm{j}\Omega t}\mathrm{d}t \tag{1.29}$$

$$M(\mathrm{j}\Omega)=\int_{-\infty}^{\infty} M(t)\mathrm{e}^{-\mathrm{j}\Omega t}\mathrm{d}t \tag{1.30}$$

$$\hat{X}_{\mathrm{a}}(\mathrm{j}\Omega)=\int_{-\infty}^{\infty} \hat{x}_{\mathrm{a}}(t)\mathrm{e}^{-\mathrm{j}\Omega t}\mathrm{d}t \tag{1.31}$$

则应满足

$$\hat{X}_{\mathrm{a}}(\mathrm{j}\Omega)=\frac{1}{2\pi}X_{\mathrm{a}}(\mathrm{j}\Omega)*M(\mathrm{j}\Omega) \tag{1.32}$$

现在来求 $M(\mathrm{j}\Omega)=F[M(t)]$。由于 $M(t)$ 是冲激函数以采样周期重复，因此是一个周期函数，可以用傅里叶级数表示，即

$$M(t)=\sum_{k=-\infty}^{\infty} a_k \mathrm{e}^{\mathrm{j}k\Omega_{\mathrm{s}}t}$$

此级数的基频为采样频率，即

$$f_{\mathrm{s}}=\frac{1}{T}，\quad \Omega_{\mathrm{s}}=\frac{2\pi}{T}=2\pi f_{\mathrm{s}}$$

一般，用符号 f 表示频率，单位为赫兹(Hz)；用 Ω 表示角频率，单位为弧度/秒；有时统称为“频率”。

根据傅里叶级数的知识，系数 a_k 可以通过以下运算求得：

$$a_k = \frac{1}{T}\int_{-T/2}^{T/2} M(t)\mathrm{e}^{-\mathrm{j}k\Omega_s t}\mathrm{d}t = \frac{1}{T}\int_{-T/2}^{T/2}\sum_{n=-\infty}^{\infty}\delta(t-nT)\mathrm{e}^{-\mathrm{j}k\Omega_s t}\mathrm{d}t$$

$$= \frac{1}{T}\int_{-T/2}^{T/2}\delta(t)\mathrm{e}^{-\mathrm{j}k\Omega_s t}\mathrm{d}t = \frac{1}{T}$$

以上结果的得出是考虑到在 $|t|\leqslant T/2$ 的积分区间内，只有一个冲激 $\delta(t)$，其他冲激 $\delta(t-nT)$（$n\neq 0$）时，都在积分区间之外，且利用了以下关系：

$$f(0) = \int_{-\infty}^{\infty} f(t)\delta(t)\mathrm{d}t$$

因而

$$M(t) = \frac{1}{T}\sum_{k=-\infty}^{\infty}\mathrm{e}^{\mathrm{j}k\Omega_s t} \tag{1.33}$$

由此得出

$$M(\mathrm{j}\Omega) = F[M(t)] = F\left[\frac{1}{T}\sum_{k=-\infty}^{\infty}\mathrm{e}^{\mathrm{j}k\Omega_s t}\right] = \frac{1}{T}\sum_{k=-\infty}^{\infty}F\left[\mathrm{e}^{\mathrm{j}k\Omega_s t}\right]$$

由于

$$F[\mathrm{e}^{\mathrm{j}k\Omega_s t}] = 2\pi\delta(\Omega - k\Omega_s) \tag{1.34}$$

因此

$$M(\mathrm{j}\Omega) = \frac{2\pi}{T}\sum_{k=-\infty}^{\infty}\delta(\Omega - k\Omega_s) = \Omega_s\sum_{k=-\infty}^{\infty}\delta(\Omega - k\Omega_s) \tag{1.35}$$

将式(1.35)代入式(1.32)可得

$$\hat{X}_a(\mathrm{j}\Omega) = \frac{1}{2\pi}\left[\frac{2\pi}{T}\sum_{k=-\infty}^{\infty}\delta(\Omega - k\Omega_s) * X_a(\mathrm{j}\Omega)\right]$$

根据冲激函数的性质，可得

$$\hat{X}_a(\mathrm{j}\Omega) = \frac{1}{T}\sum_{k=-\infty}^{\infty}X_a(\mathrm{j}\Omega - \mathrm{j}k\Omega_s) \tag{1.36}$$

或

$$\hat{X}_a(\mathrm{j}\Omega) = \frac{1}{T}\sum_{k=-\infty}^{\infty}X_a\left(\mathrm{j}\Omega - \mathrm{j}k\frac{2\pi}{T}\right) \tag{1.37}$$

由此看出，一个连续时间信号经过理想采样后，其频谱将沿着频率轴以采样角频率 $\Omega_s = 2\pi/T$ 为间隔而重复，这就是说频谱产生了周期性延拓，如图 1.16 所示。也就是说，理想采样信号的频谱，是 $X_a(\mathrm{j}\Omega)$ 的周期延拓函数，其周期为 Ω_s，而频谱的幅度则受 $1/T$ 加权，由于 T 是常数，所以除了一个常数因子，每一个延拓的谱分量都和原频谱分量相同。因此，只要各延拓分量与原频谱分量不发生频率混叠，就有可能恢复出原信号。如果 $x_a(t)$ 是带限信号，其频谱如图1.16(a)所示，且最高频谱分量 Ω_h 不超过 $\Omega_s/2$，即

$$X_a(\mathrm{j}\Omega) = \begin{cases} X_a(\mathrm{j}\Omega), & |\Omega| < \dfrac{\Omega_s}{2} \\ 0, & |\Omega| \geqslant \dfrac{\Omega_s}{2} \end{cases} \tag{1.38}$$

那么原信号的频谱和各次延拓分量的频谱彼此不重叠，如图1.16(c)所示。这时采用一个截止

频率为 $\Omega_s/2$ 的理想低通滤波器，就可以得到不失真的原信号频谱，也就可以不失真地还原出原来的连续信号。

如果信号的最高频谱 Ω_h 超过 $\Omega_s/2$，则各周期延拓分量产生频谱的交叠，称为频谱混叠现象，如图 1.16(d)所示。由于 $X_a(j\Omega)$ 一般是复数，因此混叠也是复数相加。为了简明起见，在图1.16 中将 $X_a(j\Omega)$ 作为标量来处理。

我们将采样频率的一半（$\Omega_s/2$）称为折叠频率，即

$$\frac{\Omega_s}{2}=\frac{\pi}{T} \tag{1.39}$$

它如同一面镜子，当信号频谱超过它时，就会被折叠回来，造成频谱的混叠。

图1.17 说明了在简单余弦信号情况下频谱混叠的情况。在图1.17(a)中，给出该余弦信号

$$x_a(t)=\cos\Omega_0 t \tag{1.40}$$

的傅里叶变换 $X_a(j\Omega)$。

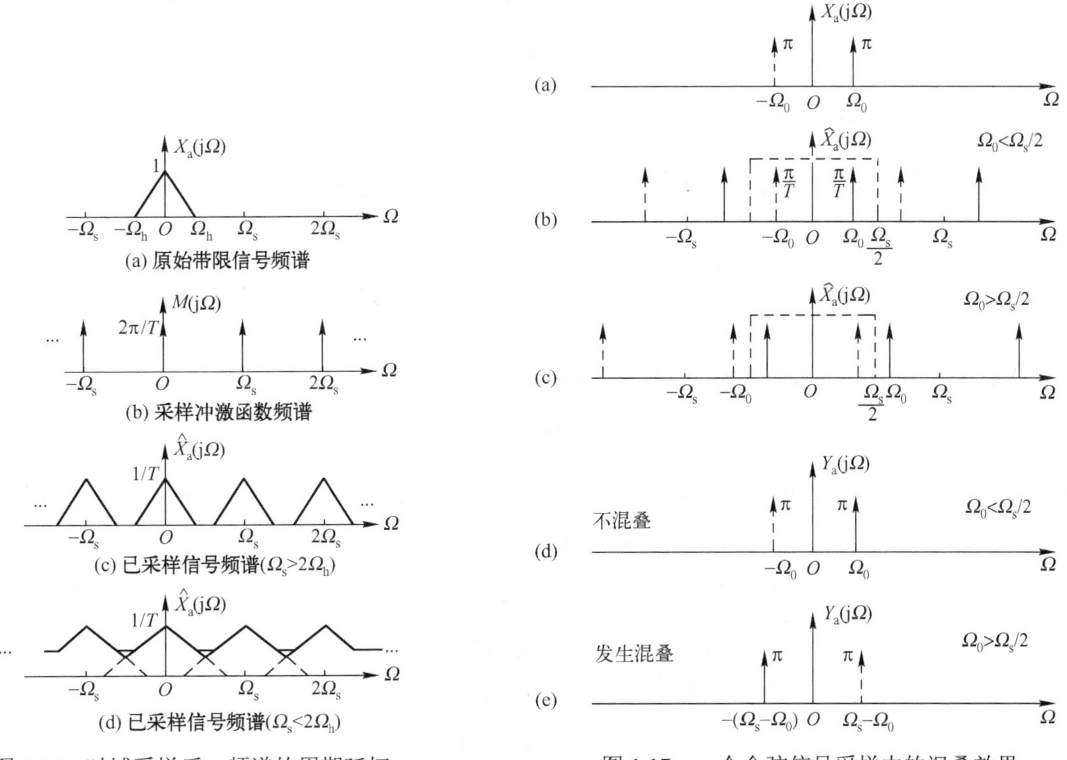

图 1.16　时域采样后，频谱的周期延拓

图 1.17　一个余弦信号采样中的混叠效果

图 1.17(b) 是在 $\Omega_0<\Omega_s/2$ 时，$\hat{x}_a(t)$ 的傅里叶变换。图 1.17(c) 是在 $\Omega_0>\Omega_s/2$ 时，$\hat{x}_a(t)$ 的傅里叶变换。图 1.17(d) 和图 1.17(e) 则分别对应于 $\Omega_0<\Omega_s/2$ 和 $\Omega_0>\Omega_s/2$ 时低通滤波器输出的傅里叶变换，在没有混叠时图 1.17(d) 恢复出的输出为 $y_a(t)=\cos\Omega_0 t$，在有混叠时图 1.17(e) 中的输出则是 $y_a(t)=\cos(\Omega_s-\Omega_0)t$，这就是说，作为采样和恢复的结果，高频信号 $\cos\Omega_0 t$ 被低频信号 $\cos(\Omega_s-\Omega_0)t$ 顶替了。这个讨论就是奈奎斯特采样定理的基础。

奈奎斯特、香农与采样定理

由此得出结论：要想采样后能够不失真地恢复出原信号，采样频率必须大于 2 倍信号频谱的最高频率（$\Omega_s>2\Omega_h$），这就是奈奎斯特采样定理。即

$$f_s > 2f_h$$

在实际工作中，为了避免频谱混叠现象发生，采样频率总是选得比奈奎斯特采样定理规定的下限频率更大些，如选到Ω_h的3～4倍。同时，为了避免高于折叠频率的杂散频谱进入采样器而造成频谱混叠，一般在采样器前加入一个保护性的前置低通滤波器，称为防混叠滤波器，其截止频率为$\Omega_s/2$，以便滤除掉高于$\Omega_s/2$的频率分量。

用同样的方法可以证明［也可将$j\Omega = s$代入式(1.36)］，理想采样后，信号的拉普拉斯变换在s平面上沿虚轴周期延拓。也就是说，$\hat{X}_a(s)$在s平面虚轴上是周期函数。即有

$$\hat{X}_a(s) = \frac{1}{T}\sum_{k=-\infty}^{\infty} X_a(s - jk\Omega_s) \tag{1.41}$$

式中

$$X_a(s) = \int_{-\infty}^{\infty} x_a(t)e^{-st}dt$$

$$\hat{X}_a(s) = \int_{-\infty}^{\infty} \hat{x}_a(t)e^{-st}dt$$

式中，$X_a(s)$和$\hat{X}_a(s)$分别是$x_a(t)$和$\hat{x}_a(t)$的双边拉普拉斯变换。

1.3.3 采样的恢复

若理想采样满足奈奎斯特定理，即模拟信号频谱的最高频率小于折叠频率

$$X_a(j\Omega) = \begin{cases} X_a(j\Omega), & |\Omega| < \dfrac{\Omega_s}{2} \\ 0, & |\Omega| \geqslant \dfrac{\Omega_s}{2} \end{cases}$$

则采样后不会产生频谱混叠，由式(1.37)可知

$$\hat{X}_a(j\Omega) = \frac{1}{T}X_a(j\Omega), \quad |\Omega| < \frac{\Omega_s}{2}$$

故将$\hat{X}_a(j\Omega)$通过一个理想低通滤波器，这个理想低通滤波器应该只让基带频谱通过，因而其带宽应该等于折叠频率，采样的恢复如图1.18所示。

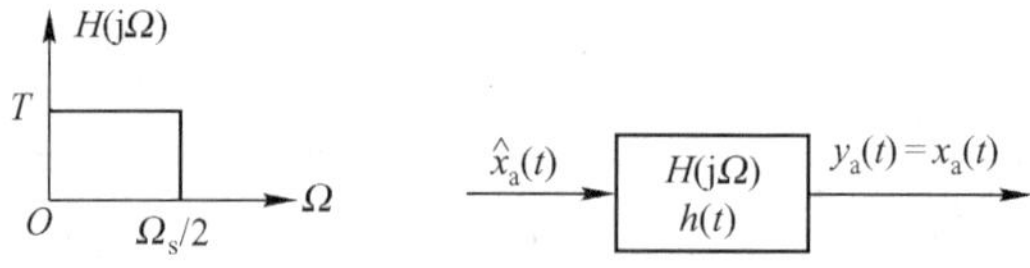

图1.18 采样的恢复

$$H(j\Omega) = \begin{cases} T, & |\Omega| < \dfrac{\Omega_s}{2} \\ 0, & |\Omega| \geqslant \dfrac{\Omega_s}{2} \end{cases}$$

采样信号通过这个滤波器后，就可滤出原模拟信号的频谱

$$Y_a(j\Omega) = \hat{X}_a(j\Omega)H(j\Omega) = X_a(j\Omega)$$

因此，在输出端可以得到原模拟信号

$$y_a(t) = x_a(t)$$

理想低通滤波器虽不可实现，但是在一定精度范围内，可用一个可实现的滤波器来逼近它。

1.3.4　由采样信号序列重构带限信号

理想低通滤波器的冲激响应为

$$h(t)=\frac{1}{2\pi}\int_{-\infty}^{\infty}H(\mathrm{j}\varOmega)\mathrm{e}^{\mathrm{j}\varOmega t}\mathrm{d}\varOmega=\frac{T}{2\pi}\int_{-\varOmega_s/2}^{\varOmega_s/2}\mathrm{e}^{\mathrm{j}\varOmega t}\mathrm{d}\varOmega$$
$$=\frac{\sin(\varOmega_s t/2)}{\varOmega_s t/2}=\frac{\sin(\pi t/T)}{\pi t/T}$$

由 $\hat{x}_a(t)$ 与 $h(t)$ 的卷积积分，可以得到理想低通滤波器的输出为

$$y_a(t)=\int_{-\infty}^{\infty}\hat{x}_a(\tau)h(t-\tau)\mathrm{d}\tau$$
$$=\int_{-\infty}^{\infty}\left[\sum_{n=-\infty}^{\infty}x_a(\tau)\delta(\tau-nT)\right]h(t-\tau)\mathrm{d}\tau$$
$$=\sum_{n=-\infty}^{\infty}\int_{-\infty}^{\infty}x_a(\tau)h(t-\tau)\delta(\tau-nT)\mathrm{d}\tau$$
$$=\sum_{n=-\infty}^{\infty}x_a(nT)h(t-nT)$$

其中，$h(t-nT)$ 称为内插函数，

$$h(t-nT)=\frac{\sin[\pi(t-nT)/T]}{\pi(t-nT)/T} \tag{1.42}$$

其波形见图1.19，其特点为：在采样点 nT 上，函数值为 1；在其余采样点上，函数值都为零。

由于 $y_a(t)=x_a(t)$，因此以上卷积结果也可以表示为

$$x_a(t)=\sum_{n=-\infty}^{\infty}x_a(nT)\frac{\sin[\pi(t-nT)/T]}{\pi(t-nT)/T} \tag{1.43}$$

式(1.43)称为采样内插公式，即信号的采样值 $x_a(nT)$ 经此公式而得到连续信号 $x_a(t)$。也就是说，$x_a(t)$ 等于各 $x_a(nT)$ 乘以对应的内插函数的总和。在每一采样点上，只有该点所对应的内插函数不为零，这使得各采样点上信号值不变，而采样点之间的信号则由加权内插函数波形的延伸叠加而成，如图 1.20 所示。这个公式说明只要采样频率高于两倍信号最高频率，整个连续信号就可以完全用它的采样值来代表，而不会丢掉任何信息。这就是奈奎斯特采样定理的意义。由上面的讨论可看出采样内插公式只限于使用到带限(频带有限)信号上。

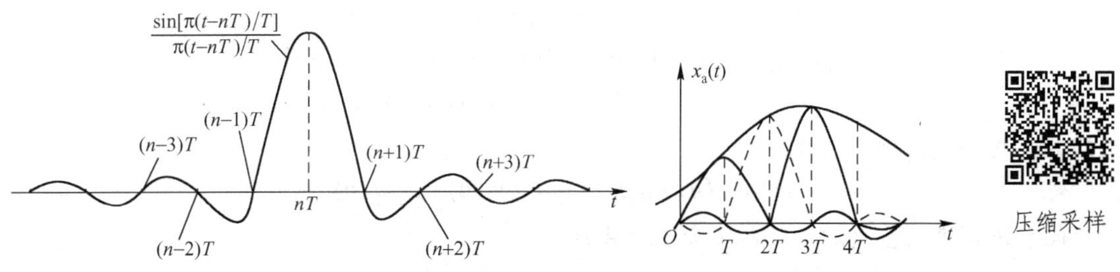

图 1.19　内插函数　　图 1.20　采样内插恢复

1.4 离散时间系统的时域分析

一个离散时间系统是将输入序列变换成输出序列的一种运算。若以 $T[\cdot]$来表示这种运算，则一个离散时间系统可由图1.21来表示，即

$$y(n)=T[x(n)] \tag{1.44}$$

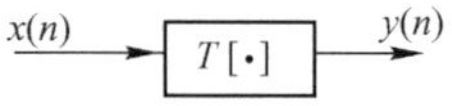

图 1.21 离散时间系统

离散时间系统中最重要、最常用的是“线性时不变系统”。

1.4.1 线性系统

满足叠加性和齐次性的系统称为线性系统，即若某一输入由 N 个信号的加权和组成，则输出就由系统对这 N 个信号中每一个的响应的同样加权和组成。

如果系统在 $x_1(n)$ 和 $x_2(n)$ 单独输入时的输出分别为 $y_1(n)$ 和 $y_2(n)$，即

$$y_1(n)=T[x_1(n)]$$

$$y_2(n)=T[x_2(n)]$$

那么当且仅当式(1.45a)和式(1.45b)成立时，该系统是线性的，

$$T[x_1(n)+x_2(n)]=T[x_1(n)]+T[x_2(n)]=y_1(n)+y_2(n) \tag{1.45a}$$

$$T[ax(n)]=aT[x(n)]=ay(n) \tag{1.45b}$$

式中，a 为任意常数。上述第一个性质称为叠加性，第二个性质称为齐次性或比例性。这两个性质合在一起就成为叠加原理，写成

$$T[a_1x_1(n)+a_2x_2(n)]=a_1T[x_1(n)]+a_2T[x_2(n)]=a_1y_1(n)+a_2y_2(n) \tag{1.46}$$

式(1.46)对任意常数 a_1 和 a_2 都成立。该式还可推广到多个输入的叠加，即

$$T\left[\sum_k a_kx_k(n)\right]=\sum_k a_kT[x_k(n)]=\sum_k a_ky_k(n) \tag{1.47}$$

式中，$y_k(n)$ 就是系统对输入 $x_k(n)$ 的响应。

在证明一个系统是线性系统时，必须证明此系统同时满足叠加性和比例性，而且信号以及任何比例常数都可以是复数。

例 1.7 判断以下系统是否为线性系统。

$$y(n)=2x(n)+3$$

解 很容易证明这个系统不是线性的，因为此系统不满足叠加原理。

$$T[a_1x_1(n)+a_2x_2(n)]=2[a_1x_1(n)+a_2x_2(n)]+3$$

$$\begin{aligned}a_1y_1(n)+a_2y_2(n)&=a_1[2x_1(n)+3]+a_2[2x_2(n)+3]\\&=2[a_1x_1(n)+a_2x_2(n)]+3a_1+3a_2\end{aligned}$$

很明显，在一般情况下

$$T[a_1x_1(n)+a_2x_2(n)]\neq a_1y_1(n)+a_2y_2(n)$$

所以此系统不满足叠加原理，故不是线性系统。

同样可以证明，$y(n)=\sum_{m=-\infty}^{n}x(m)$和$y(n)=x(n)\sin\left(\dfrac{2\pi}{9}n+\dfrac{\pi}{7}\right)$ 都是线性系统。

1.4.2　时不变系统

系统的运算关系 $T[\cdot]$在整个运算过程中不随时间(即不随序列的移位)而变化，这种系统称为时不变系统(或称移不变系统)。这个性质可用以下关系表达：若输入 $x(n)$ 时的输出为 $y(n)$，则将输入序列移动任意位后，其输出序列除了跟着移位，数值也应该保持不变，即若

$$T[x(n)]=y(n)$$

则

$$T[x(n-m)]=y(n-m)\quad（m \text{ 为任意整数}）\tag{1.48}$$

满足以上关系的系统就称为时不变系统。

例 1.8　证明 $y(n)=x(n)\sin\left(\dfrac{2\pi n}{9}+\dfrac{\pi}{7}\right)$ 不是时不变系统。

证明

$$T[x(n-m)]=x(n-m)\sin\left(\frac{2\pi n}{9}+\frac{\pi}{7}\right)$$

$$y(n-m)=x(n-m)\sin\left(\frac{2\pi(n-m)}{9}+\frac{\pi}{7}\right)$$

由于二者不相等，故不是时不变系统。

同时具有线性和时不变性的离散时间系统称为线性时不变(LTI)离散时间系统，简称 LTI 系统。除非特殊说明，本书都是研究 LTI 系统的。

1.4.3　单位脉冲响应与系统的输入/输出关系

线性时不变系统可用它的单位脉冲响应来表征。单位脉冲响应是指输入为单位脉冲序列时系统的输出。一般用 $h(n)$ 表示单位脉冲响应，即

$$h(n)=T[\delta(n)]$$

有了 $h(n)$ 就可以得到此线性时不变系统对任意输入的输出。下面讨论这个问题。

设系统输入序列为 $x(n)$，输出序列为 $y(n)$。从前面已经知道，任一序列 $x(n)$ 可以写成 $\delta(n)$ 的移位加权和，即

$$x(n)=\sum_{m=-\infty}^{\infty}x(m)\delta(n-m)$$

则系统的输出为

$$y(n)=T[x(n)]=T\left[\sum_{m=-\infty}^{\infty}x(m)\delta(n-m)\right]$$

由于系统是线性的，可利用叠加原理，则

$$T\left[\sum_{m=-\infty}^{\infty}x(m)\delta(n-m)\right]=\sum_{m=-\infty}^{\infty}x(m)T[\delta(n-m)]$$

又由于系统的时不变性，对移位的单位脉冲序列的响应就是单位脉冲响应的移位，即

$$T[\delta(n-m)]=h(n-m)$$

因此

$$y(n)=\sum_{m=-\infty}^{\infty}x(m)h(n-m)=x(n)*h(n)\tag{1.49}$$

线性时不变系统如图1.22所示。上式称为序列 $x(n)$ 与 $h(n)$ 的离散卷积，为了与以后的圆周卷积相区别，又将这种离散卷积称为“线性卷积”或“直接卷积”，或简称为“卷积”，并用“*”表示。

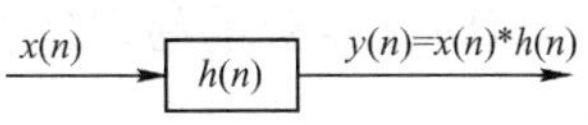

图 1.22　线性时不变系统

1.4.4 线性时不变系统的性质

1. 交换律

由于卷积运算与进行卷积的两序列的次序无关，即卷积服从交换律，故

$$y(n)=x(n)*h(n)=h(n)*x(n) \tag{1.50}$$

这就是说，如果把单位脉冲响应 $h(n)$ 改为输入，而把输入 $x(n)$ 改为系统的单位脉冲响应，则输出 $y(n)$ 不变。

2. 结合律

可以证明卷积运算服从结合律，即

$$\begin{aligned}x(n)*h_1(n)*h_2(n)&=[x(n)*h_1(n)]*h_2(n)\\&=[x(n)*h_2(n)]*h_1(n)\\&=x(n)*[h_1(n)*h_2(n)]\end{aligned} \tag{1.51}$$

这就是说，两个线性时不变系统级联后仍构成一个线性时不变系统，其单位脉冲响应为两系统各自单位脉冲响应的卷积，且线性时不变系统的单位脉冲响应与它们的级联次序无关，如图1.23所示。

3. 分配律

卷积运算也服从加法分配律：

$$x(n)*[h_1(n)+h_2(n)]=x(n)*h_1(n)+x(n)*h_2(n) \tag{1.52}$$

也就是说，两个线性时不变系统的并联等效系统的单位脉冲响应等于两系统各自单位脉冲响应之和，如图1.24所示。

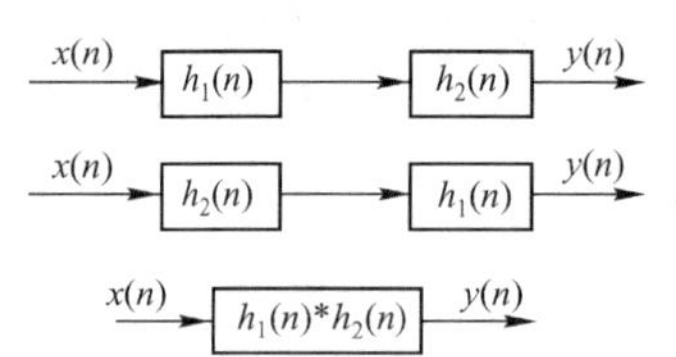

图 1.23 具有相同单位脉冲响应的三个线性时不变系统

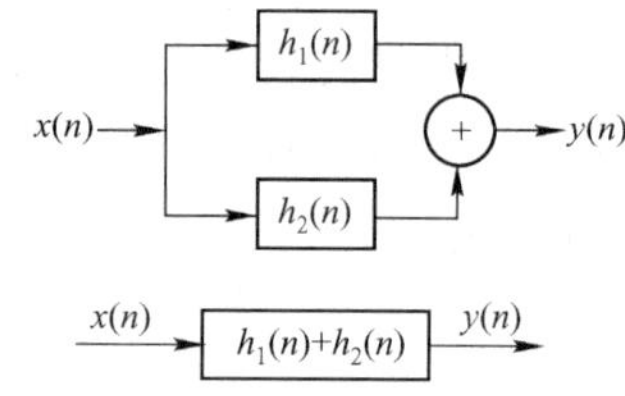

图 1.24 线性时不变系统的并联组合及其等效系统

交换律已经证明了以上三个性质，另外两个性质由卷积的定义也可以很容易地加以证明。

1.4.5 因果系统

所谓因果系统，就是系统在任何时刻的输出 $y(n)$ 只取决于该时刻以及该时刻以前的输入，即 $x(n), x(n-1), x(n-2), \cdots$。如果系统的输出 $y(n)$ 还取决于 $x(n+1), x(n+2), \cdots$，也即系统的输出还取决于未来的输入，这样在时间上就违背了因果关系，因而是非因果系统，即物理不可实现的系统。根据上述定义，可以知道，$y(n)=nx(n)$ 的系统是因果系统，而 $y(n)=x(n+2)+ax(n)$ 的系统是非因果系统。

从式(1.49)的卷积公式，我们可以看到线性时不变系统是因果系统的充分必要条件是

$$h(n)=0, \qquad n<0 \tag{1.53}$$

依照此定义，我们将 $n<0$ 时 $x(n)=0$ 的序列称为因果序列，表示这个因果序列可以作为一个

因果系统的单位脉冲响应。我们知道，许多重要的网络，如频率特性为理想矩形的理想低通滤波器及理想微分器等都是非因果的不可实现的系统。但是数字信号处理往往是非实时的，即使是实时处理，也允许有很大延时。这时对于某一个输出 $y(n)$ 来说，已有大量的“未来”输入 $x(n+1), x(n+2), \cdots$，记录在存储器中可以被调用，因而可以很接近于实现这些非因果系统。也就是说，可以用具有很大延时的因果系统去逼近非因果系统。这个概念在以后讲解有限长单位脉冲响应滤波器设计时经常会用到，这也是数字系统优于模拟系统的特点之一。因而数字系统比模拟系统更能获得接近理想的特性。

1.4.6　稳定系统

稳定系统是指有界输入产生有界输出(BIBO)的系统。若对于输入序列 $x(n)$，存在一个不变的正有限值 B_x，对于所有 n 值满足

$$|x(n)| \leqslant B_x < \infty \tag{1.54}$$

则称该输入序列是有界的。稳定性要求对于每个有界输入存在一个不变的正有限值 B_y，对于所有 n 值，输出序列 $y(n)$ 满足

$$|y(n)| \leqslant B_y < \infty \tag{1.55}$$

一个线性时不变系统是稳定系统的充分必要条件是单位脉冲响应绝对可和，即

$$S = \sum_{n=-\infty}^{\infty} |h(n)| < \infty \tag{1.56}$$

证明　充分条件：

若
$$S = \sum_{n=-\infty}^{\infty} |h(n)| < \infty$$

如果输入信号 $x(n)$ 有界，即对于所有 n 皆有 $|x(n)| \leqslant B_x < \infty$，则

$$|y(n)| = \left|\sum_{m=-\infty}^{\infty} x(m)h(n-m)\right| \leqslant \sum_{m=-\infty}^{\infty} |x(m)| \cdot |h(n-m)|$$

$$\leqslant B_x \sum_{m=-\infty}^{\infty} |h(n-m)| = B_x \sum_{k=-\infty}^{\infty} |h(k)| = B_x S < \infty$$

即输出信号 $y(n)$ 有界，故原条件是充分条件。

必要条件：利用反证法。已知系统稳定，假设

$$\sum_{n=-\infty}^{\infty} |h(n)| = \infty$$

可以找到一个有界的输入

$$x(n) = \begin{cases} 1, & h(-n) \geqslant 0 \\ -1, & h(-n) < 0 \end{cases}$$

输出 $y(n)$ 在 $n=0$ 这一点上的值为

$$y(0) = \sum_{m=-\infty}^{\infty} x(m)h(0-m) = \sum_{m=-\infty}^{\infty} |h(-m)|$$

$$= \sum_{m=-\infty}^{\infty} |h(m)| = \infty$$

也即 $y(0)$ 是无界的，这不符合稳定的条件，因而假设不成立。所以 $\sum_{n=-\infty}^{\infty}|h(n)|<\infty$ 是稳定的必要条件。

要证明一个系统不稳定，只需找一个特别的有界输入，如果此时能得到一个无界的输出，那么就一定能判定一个系统是不稳定的。但是，要证明一个系统是稳定的，就不能只用某一个特定的输入作用来证明，而要利用在所有有界输入下都产生有界输出的办法来证明系统的稳定性。

显然，既满足稳定条件又满足因果条件的系统，即稳定的因果系统是最主要的系统。这种线性时不变系统的单位脉冲响应应该既是因果的(单边的)又是绝对可和的，即

$$\left.\begin{aligned}&h(n)=\begin{cases}h(n), & n\geqslant 0\\ 0, & n<0\end{cases}\\ &\sum_{n=-\infty}^{\infty}|h(n)|<\infty\end{aligned}\right\}\tag{1.57}$$

这种稳定因果系统既是可实现的，又是稳定工作的，因而这种系统正是一切数字系统设计的目标。

例 1.9 判断单位脉冲响应为 $h(n)=a^n u(n)$ 的线性时不变系统是否具有因果性和稳定性。

解

(1) 判断因果性：当 $n<0$ 时，$h(n)=0$，故此系统是因果系统。

(2) 判断稳定性：$\sum_{n=-\infty}^{\infty}|h(n)|=\sum_{n=0}^{\infty}|a^n|=\begin{cases}\dfrac{1}{1-|a|}, & |a|<1\\ \infty, & |a|\geqslant 1\end{cases}$

所以，当 $|a|<1$ 时，系统是稳定的，当 $|a|\geqslant 1$ 时，系统是不稳定的。

例 1.10 判断单位脉冲响应为 $h(n)=-a^n u(-n-1)$ 的线性时不变系统是否具有因果性和稳定性。

解

(1) 判断因果性：当 $n<0$ 时，$h(n)\neq 0$，故此系统是非因果系统。

(2) 判断稳定性：

$$\sum_{n=-\infty}^{\infty}|h(n)|=\sum_{n=-\infty}^{-1}|a^n|=\sum_{n=1}^{\infty}|a|^{-n}=\sum_{n=1}^{\infty}\frac{1}{|a|^n}=\begin{cases}\dfrac{\frac{1}{|a|}}{1-\frac{1}{|a|}}, & |a|>1\\ \infty, & |a|\leqslant 1\end{cases}=\begin{cases}\dfrac{1}{|a|-1}, & |a|>1\\ \infty, & |a|\leqslant 1\end{cases}$$

所以，当 $|a|>1$ 时，系统是稳定的；当 $|a|\leqslant 1$ 时，系统是不稳定的。

1.5 常系数线性差分方程

连续时间线性时不变系统的输入/输出关系常用常系数线性微分方程表示，而离散时间线性时不变系统的输入/输出关系除用式(1.49)表示外，常用以下形式的常系数线性差分方程

表示，即

$$\sum_{k=0}^{N} a_k y(n-k) = \sum_{k=0}^{M} b_k x(n-k) \tag{1.58}$$

所谓常系数是指决定系统特征的 $a_0, a_1, a_2, \cdots, a_N$， $b_0, b_1, b_2, \cdots, b_M$ 都是常数。若系数中含有 n，则称为“变系数”线性差分方程。差分方程的阶数等于未知序列［指 $y(n)$］变量序号的最高值与最低值之差。例如，式(1.58)即为 N 阶差分方程。

所谓线性是指各 $y(n-k)$ 及各 $x(n-k)$ 项都只有一次幂且不存在它们的相乘项(这和线性微分方程是一样的)，否则就是非线性的。

离散系统的差分方程表示法有两个主要的用途，一是从差分方程表达式比较容易直接得到系统的结构，二是便于求解系统的瞬态响应。

求解常系数线性差分方程可以用离散时域求解法，也可以用变换域求解法。

离散时域求解法有两种：

(1) 迭代法，此法较简单，但是只能得到数值解，不易直接得到解析解。

(2) 卷积计算法，用于系统起始状态为零时的求解。

变换域求解法与连续时间系统的拉普拉斯变换法类似，采用 z 变换方法来求解差分方程，实际使用上简单而有效。卷积方法前面已经讨论过了，只要知道系统单位脉冲响应就能得知任意输入时的输出响应。z 变换方法将在后面讨论。这里仅简单讨论离散时域的迭代解法。

差分方程在给定的输入和给定的初始条件下，可用递推迭代的办法求系统的响应。若输入是 $\delta(n)$ 这一特定情况，则输出响应就是单位脉冲响应 $h(n)$。例如，利用 $\delta(n)$ 只在 $n=0$ 取值为 1 的特点，可用迭代法求出其单位脉冲响应 $h(0), h(1), \cdots, h(n)$ 的值，下面举例说明。

例 1.11　常系数线性差分方程

$$y(n) = x(n) + \frac{1}{2} y(n-1)$$

输入为 $x(n)=\delta(n)$，初始条件为 $y(n)=0,\ n<0$，试给出系统的实现结构并求其单位脉冲响应。

解　系统的实现结构如图 1.25 所示。图中 ⊕ 代表加法器，⊗ 代表乘法器，z^{-1} 代表一阶延迟。

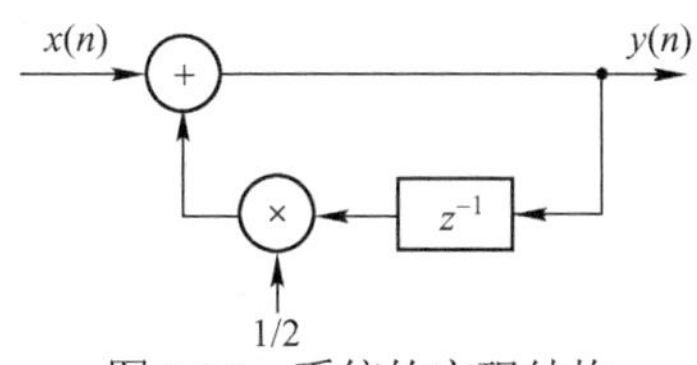

图 1.25　系统的实现结构

由于初始条件已给定了 $n=0$ 以前的输出，因此系统的输出响应只要从 $n=0$ 开始求起。又因为输入 $x(n)=\delta(n)$，所以系统的输出 $y(n)$ 即系统的单位脉冲响应 $h(n)$。先由初始条件及输入求 $h(0)$ 值：

$$h(0) = \frac{1}{2} h(-1) + \delta(0) = 0 + 1 = 1$$

再由 $h(0)$ 值及输入推导 $h(1)$，并依次推导得 $h(2), h(3)$，…，因而有

$$h(1) = \frac{1}{2} h(0) + \delta(1) = \frac{1}{2} + 0 = \frac{1}{2}$$

$$h(2) = \frac{1}{2} h(1) + \delta(2) = \left(\frac{1}{2}\right)^2 + 0 = \left(\frac{1}{2}\right)^2$$

$$\vdots$$

$$h(n) = \frac{1}{2} h(n-1) + \delta(n) = \left(\frac{1}{2}\right)^n + 0 = \left(\frac{1}{2}\right)^n$$

故系统的单位脉冲响应为

$$h(n)=\begin{cases}\left(\dfrac{1}{2}\right)^n, & n\geqslant 0\\ 0, & n<0\end{cases}$$

即

$$h(n)=\left(\frac{1}{2}\right)^n u(n)$$

这样的系统相当于因果系统，而且系统是稳定的。

一个常系数线性差分方程并不一定代表因果系统，初始条件不同，则可能得到非因果系统。利用同一例子，分析如下。

例 1.12 设 $x(n)=\delta(n)$，但假设初始条件为 $y(n)=0$，$n>0$，可得 $n>0$ 时，$h(n)=y(n)=0$，将 $y(n)=x(n)+\frac{1}{2}y(n-1)$ 改写为另一种递推关系

$$y(n-1)=2[y(n)-x(n)]$$

或

$$y(n)=2[y(n+1)-x(n+1)]$$

又利用已得出的结果 $h(n)=0$，$n>0$，则有

$$h(0)=2[h(1)-\delta(1)]=0$$

$$h(-1)=2[h(0)-\delta(0)]=-2=-\left(\frac{1}{2}\right)^{-1}$$

$$h(-2)=2[h(-1)-\delta(-1)]=-2^2=-\left(\frac{1}{2}\right)^{-2}$$

$$\vdots$$

$$h(n)=2h(n+1)=-\left(\frac{1}{2}\right)^n$$

所以

$$h(n)=\begin{cases}0, & n\geqslant 0\\ -\left(\dfrac{1}{2}\right)^n, & n<0\end{cases}$$

也可表示为

$$h(n)=-\left(\frac{1}{2}\right)^n u(-n-1)$$

这样的系统是非因果系统，而且是非稳定的。

*1.6 实例分析——语音信号基音周期轨迹的平滑

基音周期是语音最重要的参数之一，根据加窗语音来估计基音周期，在语音编码、语音合成、语音识别、说话人识别等领域都很重要。无论采用哪一种算法求得的基音周期轨迹与真实的基音周期轨迹都不可能完全吻合。实际情况是大部分段落是吻合的，而在一些局部段落或区域中有一个或几个基音周期估值偏离了正常轨迹(通常是偏离到正常值的2倍或1/2)，此种情况下称基音周期轨迹产生了若干“野点”。

去除野点的方法有很多，滑动平均滤波器就是其中之一。一种非因果的滑动平均滤波器的数学模型为

$$y(n)=\frac{1}{2M+1}\sum_{k=-M}^{M}x(n-k)$$

对于待处理的数据 $x(n)$，可以在 n 点附近取 $\pm M$ 点的数据求平均，即取和以后再除以 $(2M+1)$，如图1.26所示。

图 1.27 是一段语音信号的基音周期轨迹图，对该基音周期轨迹进行三项滑动平均滤波，三项滑动平均滤波器的单位脉冲响应为

$$h(n)=\frac{1}{3}\left[\delta(n-1)+\delta(n)+\delta(n+1)\right]$$

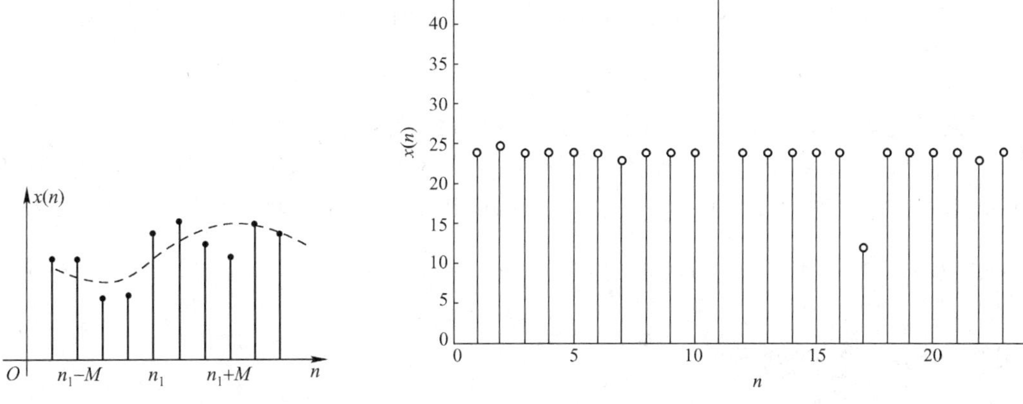

图 1.26　滑动平均滤波器

图 1.27　语音信号基音周期轨迹

滤波的结果如图 1.28 所示。该图说明滑动平均滤波器可以消除信号中的快速变化，使波形变化缓慢。

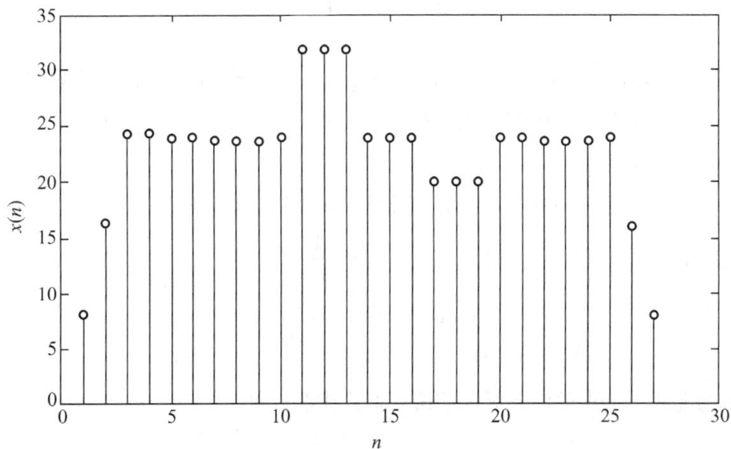

图 1.28　语音基音周期轨迹三项滑动平均滤波的结果

本章提要

1. 介绍了常见的离散时间信号，包括单位脉冲序列、单位阶跃序列、矩形序列、实指数序列、正弦型序列和复指数序列，重点要求掌握序列之间的关系及各序列的特点。

2. 序列的基本运算包括移位、翻褶、和、积、累加、差分、时间尺度变换、卷积和等，其中的重点是卷积和的计算，它是求解离散时间系统响应的重要方法。卷积和的常用计算方法有：解析式法、图解法、对位相乘求和法、利用性质等。

3. 正弦序列的周期性判断包括3种情况：

(1) $\dfrac{2\pi}{\omega_0}=N$，即二者比值为正整数，序列是周期性的，周期为 N。

(2) $\dfrac{2\pi}{\omega_0}=\dfrac{N}{k}$，$\dfrac{N}{k}$ 为有理数，N 和 k 互素，序列仍是周期性的，周期 $N=k\dfrac{2\pi}{\omega_0}$。

(3) 当 $\dfrac{2\pi}{\omega_0}$ 为无理数，找不到满足 $x(n+N)=x(n)$ 的 N 值，此时序列是非周期性的。

4. 连续时间信号的采样是数字信号处理的基础，重点是理想采样，包括理想采样信号的频谱、采样定理、采样的恢复、由采样信号序列重构带限信号等。

5. 一个离散时间系统是将输入序列变换成输出序列的一种运算，同时具有线性和时不变性的离散时间系统称为线性时不变(LTI)离散时间系统，其输入/输出关系可以由单位脉冲响应表示 $y(n)=\sum\limits_{m=-\infty}^{\infty}x(m)h(n-m)=x(n)*h(n)$。系统具有因果性要求 $h(n)=0$，$n<0$，系统具有稳定性要求 $S=\sum\limits_{n=-\infty}^{\infty}|h(n)|<\infty$。

6. 离散时间线性时不变系统的输入/输出关系常用常系数线性差分方程来表示，差分方程的时域求解有迭代法和卷积法，变换域求解有 z 变换法等。

习　题

1. 对三个正弦信号 $x_{a1}(t)=\cos 2\pi t$，$x_{a2}(t)=-\cos 6\pi t$，$x_{a3}(t)=\cos 10\pi t$ 进行理想采样，采样频率为 $\Omega_s=8\pi$。求三个采样输出序列，比较这三个结果。画出 $x_{a1}(t)$，$x_{a2}(t)$ 和 $x_{a3}(t)$ 的波形及采样点位置，并解释频谱混叠现象。

2. 以下序列是系统的单位脉冲响应 $h(n)$，试指出系统的因果性及稳定性。

(1) $0.3^n u(n)$　(2) $\dfrac{1}{n^2}u(n)$　(3) $\dfrac{1}{n!}u(n)$　(4) $\delta(n+4)$

(5) $\sin(n),\ n\geqslant 0$　(6) $\delta(n+1)+\delta(n)+3\delta(n-1)$

(7) $u(5-n)$　(8) $2^n R_N(n)$

3. 判断下列信号是否为周期的，并对周期信号求其基本周期。

(1) $x(n)=\cos(0.125\pi n)$　(2) $x(n)=\mathrm{Re}\left\{e^{j\frac{n\pi}{12}}\right\}+\mathrm{Im}\left\{e^{j\frac{n\pi}{18}}\right\}$

(3) $x(n)=A\cos\left(\dfrac{3\pi}{7}n-\dfrac{\pi}{8}\right)$　(4) $x(n)=e^{j\left(\frac{n}{6}-\pi\right)}$

4．判断下列系统是否为线性、时不变、因果、稳定系统，说明其理由。其中，$x(n)$ 与 $y(n)$ 分别为系统的输入与输出。

（1）$y(n)=nx(n)$　　（2）$y(n)=x(n)\sin\left(\dfrac{3\pi}{7}n+\dfrac{\pi}{4}\right)$

（3）$y(n)=\sum\limits_{m=-\infty}^{n}x(m)$　　（4）$y(n)=x(n+1)-x(n-1)$

5．已知线性时不变系统的输入为 $x(n)$，系统的单位脉冲响应为 $h(n)$，试求系统的输出 $y(n)$。

（1）$x(n)=2^n u(n)$，$h(n)=\left(\dfrac{1}{2}\right)^n u(n)$

（2）$x(n)=R_4(n)$，$h(n)=R_4(n)$

（3）$x(n)=a^n u(n)$，　$0<a<1$，$h(n)=b^n u(n)$，　$0<b<1$，$a\neq b$

（4）$x(n)=u(n)$，$h(n)=\delta(n-2)-\delta(n-3)$

6．写出图1.29所示系统的差分方程，并按初始条件 $y(n)=0, n<0$，求输入为 $x(n)=R_3(n)$ 时的输出响应。

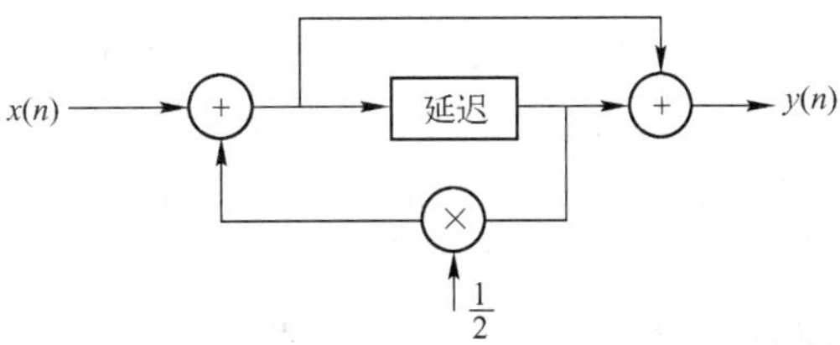

图 1.29　习题 6 的图示

7．已知一系统的差分方程为

$$y(n)-\frac{1}{2}y(n-1)=x(n)$$

其输入序列 $x(n)=k\delta(n)$，初始条件为 $y(-1)=a$，求系统的输出 $y(n)$。

8．设有一系统，其输入/输出关系由以下差分方程确定：

$$y(n)-\frac{1}{2}y(n-1)=x(n)+\frac{1}{2}x(n-1)$$

设系统是因果性的。试求：

（1）该系统的单位脉冲响应；

（2）由(1)的结果，利用卷积和求输入 $x(n)=\mathrm{e}^{\mathrm{j}\omega n}u(n)$ 的响应。

9．有一理想采样系统，采样频率为 $\Omega_s=6\pi$，采样后经理想低通滤波器 $H_a(\mathrm{j}\Omega)$ 还原，其中

$$H_a(\mathrm{j}\Omega)=\begin{cases}\dfrac{1}{2}, & |\Omega|<3\pi\\ 0, & |\Omega|\geqslant 3\pi\end{cases}$$

有两个输入信号 $x_{a1}(t)=\cos 2\pi t$，$x_{a2}(t)=\cos 5\pi t$，问输出信号 $y_{a1}(t)$ 和 $y_{a2}(t)$ 是否有失真？

第 2 章　z 变　换

2.1　引言

对于连续时间信号与系统，傅里叶变换和拉普拉斯变换是对其进行频域和复频域分析的重要工具；对于离散时间信号与系统，离散时间傅里叶变换和 z 变换则是对其进行频域和复频域分析的重要工具。z 变换在离散时间信号与系统中的地位与作用，类似于连续时间信号与系统中的拉普拉斯变换。

棣莫弗与 z 变换

很久以前人们就已经认识了 z 变换方法的原理，其历史可以追溯到 18 世纪。早在 1730 年，英国数学家棣莫弗(De Moivre，1667—1754)将生成函数(Generating function)的概念用于概率理论的研究。实质上，这种生成函数的形式与 z 变换相同。从 19 世纪的拉普拉斯(P. S. Laplace)至 20 世纪的沙尔(H. L. Seal)等人，在这方面不断做出贡献。然而，在那样一个较为局限的数学领域中，z 变换的概念没能得到充分运用与发展。20 世纪 50 年代与 60 年代，采样数据控制系统和数字计算机的研究与实践为 z 变换的应用开辟了广阔的天地，从此，在离散时间信号与系统的理论研究中，z 变换成为一种重要的数学工具。它把离散时间系统的数学模型——差分方程转化为简单的代数方程，使其求解过程得到简化。

本章在讨论 z 变换的定义、性质及其与拉普拉斯变换、傅里叶变换的关系的基础上，研究了离散时间系统的 z 域分析方法，给出了离散系统的系统函数与频率响应的概念。必须指出，类似于连续时间系统的 s 域分析，在离散系统的 z 域分析中将看到，利用系统函数在 z 平面的零点和极点分布特性研究系统的时域特性、频域特性及稳定性的方法，也具有同样重要的意义。

离散时间信号与系统的 z 域分析是学习滤波器的基本结构及设计方法时必不可少的理论基础。

2.2　z 变换的定义和典型序列的 z 变换

2.2.1　z 变换的定义

一个离散序列 $x(n)$ 的 z 变换定义为

$$X(z)=\sum_{n=-\infty}^{\infty}x(n)z^{-n} \tag{2.1}$$

式中，z 是一个复变量，它所在的复平面称为 z 平面。我们常用 $Z[x(n)]$ 表示对序列 $x(n)$ 进行 z 变换，也即

$$Z\left[x(n)\right]=X(z) \tag{2.2}$$

这种变换也称为双边 z 变换，与此相应的单边 z 变换的定义如下：

$$X(z)=\sum_{n=0}^{\infty}x(n)z^{-n} \tag{2.3}$$

这种单边 z 变换的求和限是从零到无穷，因此对于因果序列，用两种 z 变换定义计算出的结果是一样的。单边 z 变换只有在少数几种情况下才与双边 z 变换有所区别。本书中如不另外说明，均用双边 z 变换对信号进行分析和变换。

2.2.2 对 z 变换式的理解

$$\begin{aligned}X(z)&=\sum_{n=-\infty}^{\infty}x(n)z^{-n}\\&=\underbrace{\cdots+x(-2)z^{2}+x(-1)z^{1}}_{z\text{的正幂}}\\&\quad+x(0)z^{0}+\underbrace{x(1)z^{-1}+x(2)z^{-2}+\cdots+x(n)z^{-n}+\cdots}_{z\text{的负幂}}\end{aligned}$$

由上式可以看出，$X(z)$ 是 z^{-1} 的幂级数（也称洛朗级数），级数的系数是 $x(n)$。$-\infty<n\leqslant-1$，z 的正幂级数构成左边序列；$0\leqslant n<\infty$，z 的负幂级数构成右边序列。

2.2.3 典型序列的 z 变换

1．单位脉冲序列

$$\delta(n)=\begin{cases}1, & n=0\\0, & n\neq 0\end{cases}$$

$$X(z)=\sum_{n=-\infty}^{\infty}\delta(n)z^{-n}=1 \tag{2.4}$$

可见，与连续时间系统的单位冲激函数 $\delta(t)$ 的拉普拉斯变换类似，单位脉冲序列 $\delta(n)$ 的 z 变换等于 1。

2．单位阶跃序列

$$u(n)=\begin{cases}1, & n\geqslant 0\\0, & n<0\end{cases}$$

$$X(z)=\sum_{n=0}^{\infty}z^{-n}=1+z^{-1}+z^{-2}+z^{-3}+\cdots=\frac{1}{1-z^{-1}}=\frac{z}{z-1},\quad |z|>1 \tag{2.5}$$

3．斜变序列（用间接方法求）

$$\begin{cases}x(n)=nu(n)\\X(z)=\sum_{n=0}^{\infty}nz^{-n}=\dfrac{z}{(z-1)^{2}}, & |z|>1\end{cases}$$

推导过程如下：

$$Z[u(n)]=\sum_{n=0}^{\infty}z^{-n}=\frac{1}{1-z^{-1}},\quad |z|>1$$

将上式两端对 z^{-1} 求导，得到

$$\sum_{n=0}^{\infty} n(z^{-1})^{n-1} = \frac{1}{(1-z^{-1})^2}$$

两边同时乘以 z^{-1}，可得

$$Z[nu(n)] = \sum_{n=0}^{\infty} nz^{-n} = \frac{z}{(z-1)^2}, \quad |z| > 1 \tag{2.6}$$

同理可得

$$n^2u(n) \leftrightarrow \sum_{n=0}^{\infty} n^2 z^{-n} = \frac{z(z+1)}{(z-1)^3} \tag{2.7}$$

$$n^3u(n) \leftrightarrow \sum_{n=0}^{\infty} n^3 z^{-n} = \frac{z(z^2+4z+1)}{(z-1)^4} \tag{2.8}$$

4．指数序列

（1）右边序列 $x(n) = a^n u(n)$

$$\begin{aligned} X(z) &= \sum_{n=0}^{\infty} a^n z^{-n} \\ &= \frac{1}{1-az^{-1}} \\ &= \frac{z}{z-a}, \quad |z| > |a| \end{aligned} \tag{2.9}$$

当 $a = \mathrm{e}^b$，设 $|z| > |\mathrm{e}^b|$，则 $Z\left[\mathrm{e}^{bn} u(n)\right] = \dfrac{z}{z-\mathrm{e}^b}$

当 $a = \mathrm{e}^{\mathrm{j}\omega_0}$，设 $|z| > 1$，则 $Z\left[\mathrm{e}^{\mathrm{j}\omega_0 n} u(n)\right] = \dfrac{z}{z-\mathrm{e}^{\mathrm{j}\omega_0}}$

（2）左边序列

$$x(n) = -a^n u(-n-1)$$

$$\begin{aligned} X(z) &= \sum_{n=-\infty}^{-1} (-a^n) z^{-n} \\ &= -\sum_{n=0}^{\infty} (a^{-1}z)^n + 1 \\ &= \frac{z}{z-a}, \quad |z| < |a| \end{aligned} \tag{2.10}$$

5．正弦与余弦序列

单边余弦序列 $\cos(\omega_0 n)u(n)$

因为 $\cos(\omega_0 n) = \dfrac{\mathrm{e}^{\mathrm{j}\omega_0 n} + \mathrm{e}^{-\mathrm{j}\omega_0 n}}{2}$

$$Z\left[\mathrm{e}^{\mathrm{j}\omega_0 n} u(n)\right] = \frac{z}{z-\mathrm{e}^{\mathrm{j}\omega_0}}, \quad |z| > 1$$

所以

$$Z[\cos(\omega_0 n)u(n)] = \frac{1}{2}\left(\frac{z}{z-\mathrm{e}^{\mathrm{j}\omega_0}} + \frac{z}{z-\mathrm{e}^{-\mathrm{j}\omega_0}}\right) = \frac{z(z-\cos\omega_0)}{z^2 - 2z\cos\omega_0 + 1}, \quad |z| > 1 \tag{2.11}$$

同理

$$Z[\sin(\omega_0 n)u(n)] = \frac{1}{2\mathrm{j}}\left(\frac{z}{z-\mathrm{e}^{\mathrm{j}\omega_0}} - \frac{z}{z-\mathrm{e}^{-\mathrm{j}\omega_0}}\right) = \frac{z\sin\omega_0}{z^2-2z\cos\omega_0+1}, \qquad |z|>1 \qquad (2.12)$$

表 2.1 中列出了几种常用序列的 z 变换。

表 2.1　几种常用序列的 z 变换

序　号	序　列	z 变 换	收 敛 域
1	$\delta(n)$	1	全部 z
2	$u(n)$	$\frac{z}{z-1}=\frac{1}{1-z^{-1}}$	$\|z\|>1$
3	$u(-n-1)$	$-\frac{z}{z-1}=\frac{-1}{1-z^{-1}}$	$\|z\|<1$
4	$a^n u(n)$	$\frac{z}{z-a}=\frac{1}{1-az^{-1}}$	$\|z\|>\|a\|$
5	$a^n u(-n-1)$	$\frac{-z}{z-a}=\frac{-1}{1-az^{-1}}$	$\|z\|<\|a\|$
6	$R_N(n)$	$\frac{z^N-1}{z^{N-1}(z-1)}=\frac{1-z^{-N}}{1-z^{-1}}$	$\|z\|>0$
7	$nu(n)$	$\frac{z}{(z-1)^2}=\frac{z^{-1}}{(1-z^{-1})^2}$	$\|z\|>1$
8	$na^n u(n)$	$\frac{az}{(z-a)^2}=\frac{az^{-1}}{(1-az^{-1})^2}$	$\|z\|>\|a\|$
9	$na^n u(-n-1)$	$\frac{-az}{(z-a)^2}=\frac{-az^{-1}}{(1-az^{-1})^2}$	$\|z\|<\|a\|$
10	$\mathrm{e}^{-\mathrm{j}\omega_0 n}u(n)$	$\frac{z}{z-\mathrm{e}^{-\mathrm{j}\omega_0}}=\frac{1}{1-\mathrm{e}^{-\mathrm{j}\omega_0}z^{-1}}$	$\|z\|>1$
11	$\sin(\omega_0 n)u(n)$	$\frac{z\sin\omega_0}{z^2-2z\cos\omega_0+1}=\frac{z^{-1}\sin\omega_0}{1-2z^{-1}\cos\omega_0+z^{-2}}$	$\|z\|>1$
12	$\cos(\omega_0 n)u(n)$	$\frac{z^2-z\cos\omega_0}{z^2-2z\cos\omega_0+1}=\frac{1-z^{-1}\cos\omega_0}{1-2z^{-1}\cos\omega_0+z^{-2}}$	$\|z\|>1$
13	$\mathrm{e}^{-an}\sin(\omega_0 n)u(n)$	$\frac{z^{-1}\mathrm{e}^{-a}\sin\omega_0}{1-2z^{-1}\mathrm{e}^{-a}\cos\omega_0+\mathrm{e}^{-2a}z^{-2}}$	$\|z\|>\mathrm{e}^{-a}$
14	$\mathrm{e}^{-an}\cos(\omega_0 n)u(n)$	$\frac{1-z^{-1}\mathrm{e}^{-a}\cos\omega_0}{1-2z^{-1}\mathrm{e}^{-a}\cos\omega_0+\mathrm{e}^{-2a}z^{-2}}$	$\|z\|>\mathrm{e}^{-a}$
15	$(n+1)a^n u(n)$	$\frac{z^2}{(z-a)^2}$	$\|z\|>\|a\|$
16	$\frac{(n+1)(n+2)}{2!}a^n u(n)$	$\frac{z^3}{(z-a)^3}$	$\|z\|>\|a\|$
17	$\frac{(n+1)(n+2)\cdots(n+m)}{m!}a^n u(n)$	$\frac{z^{m+1}}{(z-a)^{m+1}}$	$\|z\|>\|a\|$

2.3　z 变换的收敛域

2.3.1　收敛域的定义

对于任意给定的序列 $x(n)$，能使 $X(z)=\sum\limits_{n=-\infty}^{\infty}x(n)z^{-n}$ 收敛的所有 z 值的集合称为收敛域。收敛域用符号 ROC(Region of Convergence)来表示。不同的 $x(n)$，由于收敛域不同，可能对应于相同的 z 变换，故在确定 z 变换时，必须指明收敛域。

2.3.2 两种判定法

根据级数理论，式(2.1)所示级数收敛的充分条件是满足绝对可和条件，即要求

$$\sum_{n=-\infty}^{\infty}\left|x(n)z^{-n}\right|<\infty \tag{2.13}$$

式(2.13)的左边构成正项级数，通常可以用两种方法——比值判别法和根值判别法来判定正项级数的收敛性。

1. 比值判别法

若有一个正项级数，$\sum\limits_{n=-\infty}^{\infty}|a_n|$，令

$$\lim_{n\to\infty}\left|\frac{a_{n+1}}{a_n}\right|=\rho \tag{2.14}$$

则 $\rho<1$ 时级数收敛，$\rho=1$ 时级数可能收敛也可能发散，$\rho>1$ 时级数发散。

2. 根值判别法

令正项级数的一般项 $|a_n|$ 的 n 次根的极限等于 ρ，即

$$\lim_{n\to\infty}\sqrt[n]{|a_n|}=\rho \tag{2.15}$$

则 $\rho<1$ 时级数收敛，$\rho=1$ 时级数可能收敛也可能发散，$\rho>1$ 时级数发散。

下面利用上述判定法讨论几类序列的 z 变换的收敛域问题。

(1) 有限长序列：这类序列只在有限区间($n_1\leqslant n\leqslant n_2$)具有非零的有限值，此时 z 变换为

$$X(z)=\sum_{n=n_1}^{n_2}x(n)z^{-n}$$

由于 n_1 和 n_2 是有限整数，$X(z)$ 是有限项级数之和，因此除 0 与 ∞ 两点是否收敛与 n_1 和 n_2 的取值情况有关外，整个 z 平面均收敛。若 $n_1<0$，则收敛域不包括 ∞ 点；若 $n_2>0$，则收敛域不包括 0 点；若是因果序列，则收敛域包括 ∞ 点。具体有限长序列的收敛域表示如下：

$$n_1<0,\ n_2\leqslant 0\ \text{时}，\quad 0\leqslant|z|<\infty \tag{2.16a}$$

$$n_1<0,\ n_2>0\ \text{时}，\quad 0<|z|<\infty \tag{2.16b}$$

$$n_1\geqslant 0,\ n_2>0\ \text{时}，\quad 0<|z|\leqslant\infty \tag{2.16c}$$

有时将开域$(0,\infty)$称为“有限 z 平面”。

例 2.1 求矩形序列 $x(n)=R_N(n)$ 的 z 变换及其收敛域。

解

$$X(z)=\sum_{n=-\infty}^{\infty}R_N(n)z^{-n}=\sum_{n=0}^{N-1}z^{-n}$$
$$=1+z^{-1}+z^{\ 2}+\cdots+z^{-(N-1)}$$

这是一个有限项几何级数之和，计算可得

$$X(z)=\frac{1-z^{-N}}{1-z^{-1}},\qquad 0<|z|<\infty$$

$X(z)$ 的收敛域如图 2.1 所示。

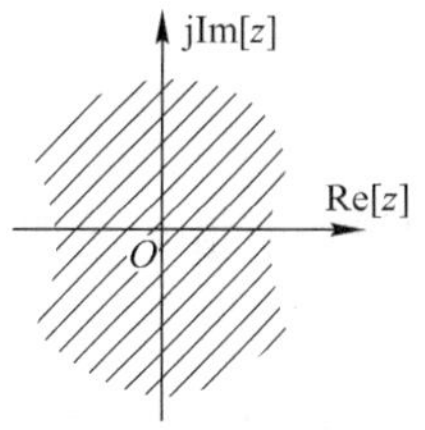

图 2.1 矩形序列 z 变换的收敛域

(2) 右边序列：右边序列是指 $x(n)$ 只在 $n\geqslant n_1$ 时有值，在 $n<n_1$ 时 $x(n)=0$ 。其 z 变换为

$$X(z)=\sum_{n=n_1}^{\infty}x(n)z^{-n}$$

由式(2.15)，若满足
$$\lim_{n\to\infty}\sqrt[n]{\left|x(n)z^{-n}\right|}<1$$

即
$$|z|>\lim_{n\to\infty}\sqrt[n]{|x(n)|}=R_{x1} \tag{2.17}$$

则该级数收敛，其中 R_{x1} 是级数的收敛半径。可见，右边序列的收敛域是半径为 R_{x1} 的圆外部分。若 $n_1\geqslant 0$ ，则收敛域包含 $z=\infty$ ，即 $|z|>R_{x1}$ ；若 $n_1<0$ ，则收敛域不包括 $z=\infty$ ，即 $R_{x1}<|z|<\infty$ 。显然，当 $n_1=0$ 时，右边序列变成因果序列，也就是说，因果序列是右边序列的一种特殊情况，它的收敛域是 $|z|>R_{x1}$ 。

收敛域上函数必须是解析的，因此收敛域内不允许有极点存在。所以，右边序列的 z 变换如果有 N 个有限极点 $\{z_1,z_2,\cdots,z_N\}$ 存在，那么收敛域一定在模值最大的这个极点所在圆以外，即

$$R_{x1}=\max\left[|z_1|,|z_2|,\cdots,|z_N|\right]$$

对于因果序列，∞ 处也不能有极点。

例 2.2 求信号 $x(n)=\begin{cases}\left(\dfrac{1}{3}\right)^n, & n\geqslant 0\\ 0, & n<0\end{cases}$ 的 z 变换的收敛域。

解

$$X(z)=\sum_{n=0}^{\infty}x(n)z^{-n}=\sum_{n=0}^{\infty}\left(\frac{1}{3}\right)^n z^{-n}=\sum_{n=0}^{\infty}\left(\frac{1}{3z}\right)^n$$
$$=1+\frac{1}{3z}+\frac{1}{(3z)^2}+\frac{1}{(3z)^3}+\cdots$$

若该序列收敛，则要求 $\dfrac{1}{3|z|}<1$ ，即收敛域为 $|z|>\dfrac{1}{3}$ ，如图 2.2 所示。

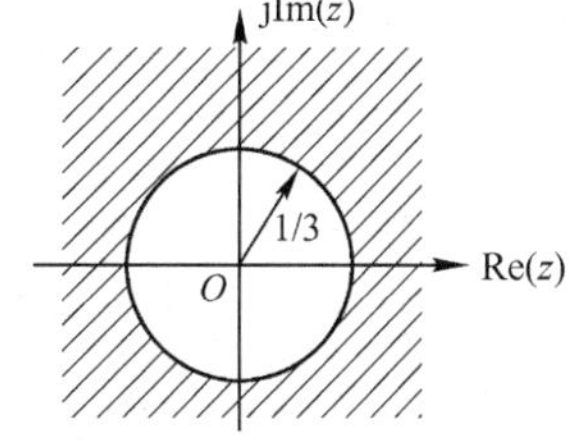

图 2.2 例 2.2 序列 z 变换的收敛域

(3) 左边序列：左边序列是指在 $n\leqslant n_2$ 时 $x(n)$ 有值，而在 $n>n_2$ 时 $x(n)=0$ ，其 z 变换为

$$X(z)=\sum_{n=-\infty}^{n_2}x(n)z^{-n}$$

若令 $m=-n$ ，则上式变为

$$X(z)=\sum_{m=-n_2}^{\infty}x(-m)z^m$$

如果将变量 m 再改为 n，则 $$X(z)=\sum_{n=-n_2}^{\infty}x(-n)z^n$$

根据式(2.15)，若满足 $$\lim_{n\to\infty}\sqrt[n]{\left|x(-n)z^n\right|}<1$$

即 $$|z|<\frac{1}{\lim\limits_{n\to\infty}\sqrt[n]{|x(-n)|}}=R_{x2} \tag{2.18}$$

则该级数收敛。可见，左边序列的收敛域是半径为 R_{x2} 的圆内部分。若 $n_2>0$，则收敛域不包括 $z=0$，即 $0<|z|<R_{x2}$；若 $n_2\leqslant 0$，则收敛域包括 $z=0$，即 $|z|<R_{x2}$。

例 2.3 求信号 $x(n)=\begin{cases}0, & n\geqslant 0\\ \left(\dfrac{1}{2}\right)^{-n}, & n<0\end{cases}$ 的 z 变换的收敛域。

解

$$X(z)=\sum_{n=-\infty}^{-1}x(n)z^{-n}=\sum_{n=-\infty}^{-1}\left(\frac{1}{2}\right)^{-n}z^{-n}=\sum_{n=1}^{\infty}\left(\frac{1}{2}\right)^{n}z^{n}=\sum_{n=1}^{\infty}\left(\frac{z}{2}\right)^{n}$$

$$=\left(\frac{z}{2}\right)^1+\left(\frac{z}{2}\right)^2+\left(\frac{z}{2}\right)^3+\cdots$$

$$=\frac{-z}{z-2}$$

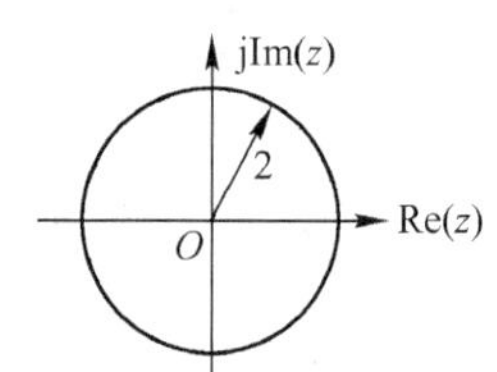

图 2.3 例 2.3 序列 z 变换的收敛域

所以 $\left|\dfrac{z}{2}\right|<1$，收敛域为 $|z|<2$，如图2.3所示。

对于左边序列，如果序列的 z 变换有 N 个有限极点 $\{z_1,z_2,\cdots,z_N\}$ 存在，那么收敛域一定在模值最小的这个极点所在圆以内，这样 $X(z)$ 才能在整个圆内解析，即

$$R_{x2}=\min\left[|z_1|,|z_2|,\cdots,|z_N|\right]$$

(4) 双边序列：一个双边序列可以视为一个右边序列和一个左边序列之和，即

$$X(z)=\sum_{n=-\infty}^{\infty}x(n)z^{-n}=\sum_{n=0}^{\infty}x(n)z^{-n}+\sum_{n=-\infty}^{-1}x(n)z^{-n}$$

因而其收敛域应该是右边序列与左边序列收敛域的重叠部分。等式右边第一项为右边序列，其收敛域为 $|z|>R_{x1}$；第二项为左边序列，其收敛域为 $|z|<R_{x2}$。若 $R_{x1}<R_{x2}$，则存在公共收敛区域，$X(z)$ 有收敛域

$$R_{x1}<|z|<R_{x2}$$

这是一个环状区域。若 $R_{x1}>R_{x2}$，则无公共收敛区域，$X(z)$ 无收敛域，也即在 z 平面的任何地方都没有有界的 $X(z)$ 值，因此就不存在 z 变换的解析式，这种 z 变换就没有什么意义。

例 2.4　$x(n)=a^{|n|}$，a 为实数，求其 z 变换及收敛域。

解　这是一个双边序列，其 z 变换为

$$X(z)=\sum_{n=-\infty}^{\infty}x(n)z^{-n}=\sum_{n=0}^{\infty}a^{n}z^{-n}+\sum_{n=-\infty}^{-1}a^{-n}z^{-n}$$

设

$$X_1(z)=\sum_{n=0}^{\infty}a^{n}z^{-n}=\frac{1}{1-az^{-1}},\qquad |z|>|a|$$

$$X_2(z)=\sum_{n=-\infty}^{-1}a^{-n}z^{-n}=\frac{az}{1-az},\qquad |z|<1/|a|$$

若 $|a|<1$，则存在公共收敛域

$$X(z)=X_1(z)+X_2(z)=\frac{1}{1-az^{-1}}+\frac{az}{1-az}$$

$$=\frac{(1-a^2)z}{(z-a)(1-az)},\qquad |a|<|z|<1/|a|$$

其序列及收敛域如图 2.4 所示。若 $|a|\geqslant 1$，则无公共收敛域，因此也就不存在 z 变换的封闭函数，这种序列如图 2.5 所示。序列两端都发散，显然这种序列是不现实的序列。

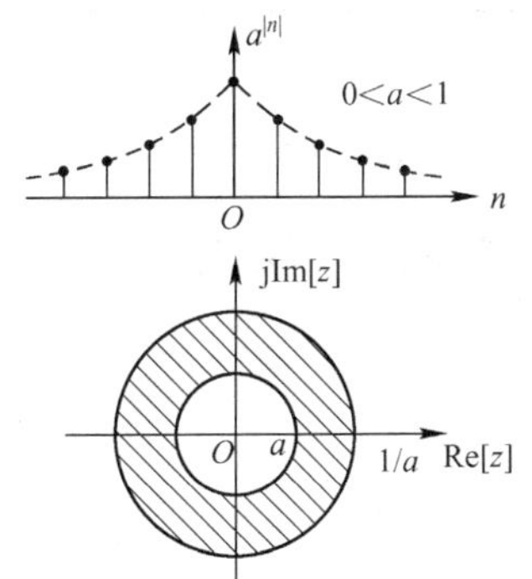

图 2.4　序列 $x(n)=a^{|n|}$ 及其 z 变换收敛域

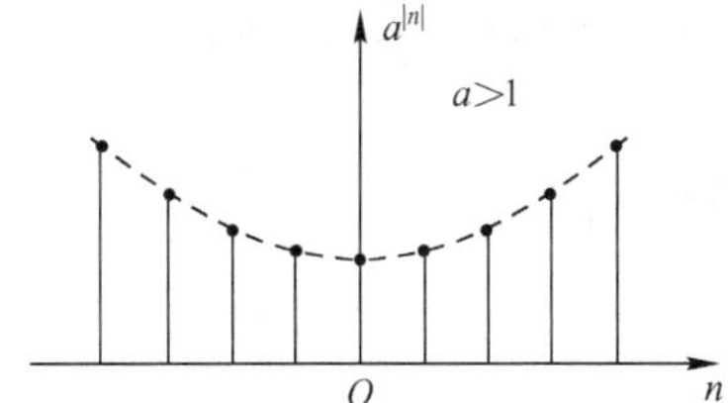

图 2.5　z 变换无收敛域的序列

上面讨论了各种序列的双边 z 变换的收敛域，显然，收敛域决定于序列的形式。为便于对比，将上述几类序列的双边 z 变换的收敛域列于表 2.2 中。

表 2.2　序列的形式与双边 z 变换收敛域的关系

序列形式		z 变换收敛域
有限长序列 1. $n_1<0$，$n_2>0$	x(n)，n_1，O，n_2，n	jIm[z]，Re[z]，O；$0<\lvert z\rvert<\infty$
2. $n_1\geqslant 0$，$n_2>0$	x(n)，O，n_1，n_2，n	jIm[z]，Re[z]，O；$0<\lvert z\rvert$
3. $n_1<0$，$n_2\leqslant 0$	x(n)，n_1，n_2，O，n	jIm[z]，Re[z]，O；$\lvert z\rvert<\infty$

（续表）

序 列 形 式	z 变换收敛域
右边序列 1. $n_1 < 0$，$n_2 = \infty$	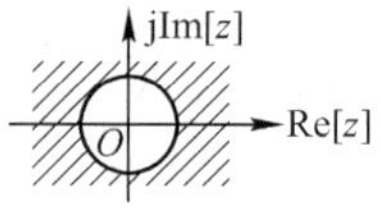 $R_{x1} < \|z\| < \infty$
2. $n_1 \geqslant 0$，$n_2 = \infty$ 因果序列 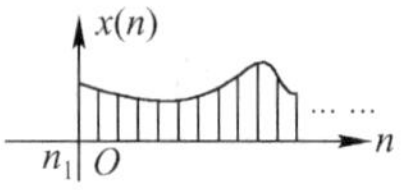	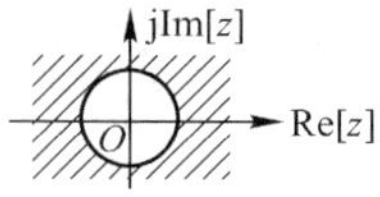 $R_{x1} < \|z\|$
左边序列 1. $n_1 = -\infty$，$n_2 > 0$ 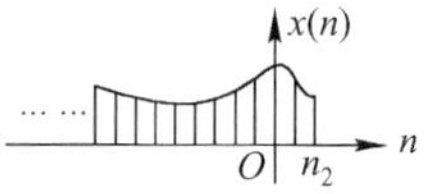	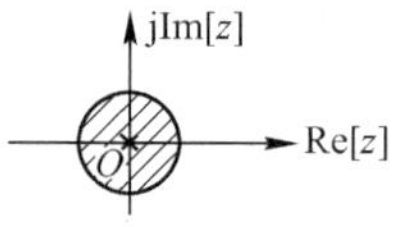 $0 < \|z\| < R_{x2}$
2. $n_1 = -\infty$，$n_2 \leqslant 0$ 	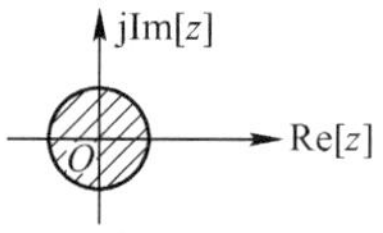 $\|z\| < R_{x2}$
双边序列 $n_1 = -\infty$，$n_2 = \infty$ 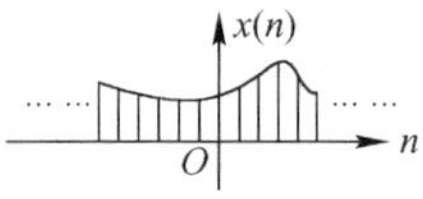	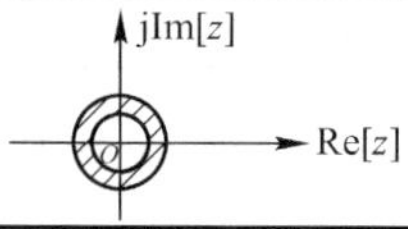 $R_{x1} < \|z\| < R_{x2}$

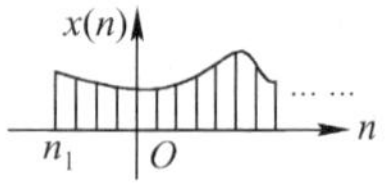

2.4 z 逆变换

已知函数 $X(z)$ 及其收敛域，反过来求序列的变换称为 z 逆变换，表示为

$$x(n) = Z^{-1}\left[X(z)\right]$$

z 逆变换的一般公式为

$$x(n) = \frac{1}{2\pi \mathrm{j}}\oint_c X(z) z^{n-1} \mathrm{d}z\,, \qquad c \in (R_{x1},\ R_{x2}) \tag{2.19}$$

c 是包围 $X(z)z^{n-1}$ 所有极点之逆时针闭合积分路线，通常选 z 平面收敛域内以原点为中心的圆，如图2.6所示。

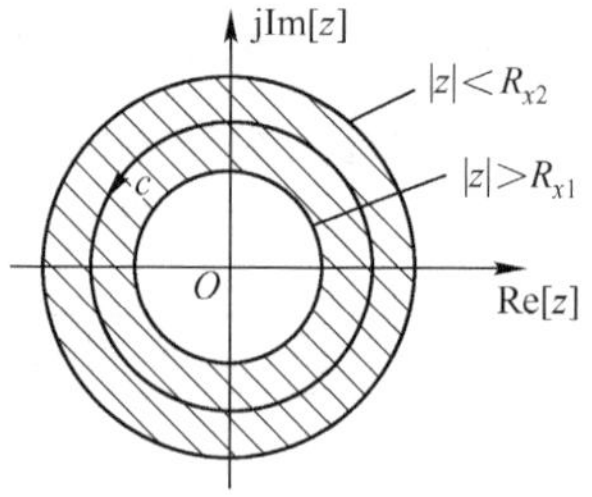

下面从 z 变换定义表达式导出逆变换式(2.19)。已知

$$X(n) = \sum_{n=-\infty}^{\infty} x(n) z^{-n}$$

对此式两端分别乘以 z^{m-1}，然后沿围线 c 积分，得到

$$\oint_c z^{m-1} X(z)\mathrm{d}z = \oint_c \left[\sum_{n=-\infty}^{\infty} x(n) z^{-n}\right] z^{m-1}\mathrm{d}z \tag{2.20}$$

图 2.6 z 逆变换积分围线的选择

积分与求和互换

$$\oint_c z^{m-1} X(z)\mathrm{d}z = \sum_{n=-\infty}^{\infty} x(n) \oint_c z^{m-n-1}\mathrm{d}z \tag{2.21}$$

根据复变函数中的柯西定理，已知

$$\oint_c z^{k-1}\mathrm{d}z = \begin{cases} 2\pi \mathrm{j}, & k = 0 \\ 0, & k \neq 0 \end{cases} \tag{2.22}$$

这样，式(2.21)的右边只存在 $m=n$ 一项，其余均等于零。于是式(2.22)变成

$$\oint_c X(z)z^{n-1}\mathrm{d}z = 2\pi\mathrm{j}x(n) \tag{2.23}$$

即

$$x(n)=\frac{1}{2\pi\mathrm{j}}\oint_c X(z)z^{n-1}\mathrm{d}z \tag{2.24}$$

直接计算围线积分是比较麻烦的，实际上，求 z 逆变换时，往往可以不必直接计算围线积分。一般求 z 逆变换的常用方法有三种：围线积分法(留数法)、部分分式展开法和幂级数展开法(长除法)。

2.4.1 围线积分法(留数法)

这是求 z 逆变换的一种有用的分析方法。根据留数定理，若函数 $F(z)=X(z)z^{n-1}$ 在围线 c 以内有 K 个极点 z_k，则有

$$\frac{1}{2\pi\mathrm{j}}\oint_c X(z)z^{n-1}\mathrm{d}z = \sum_K \mathrm{Res}[X(z)z^{n-1}, z_k] \tag{2.25}$$

式中，$\mathrm{Res}\left[X(z)z^{n-1}, z_k\right]$ 表示函数 $F(z)=X(z)z^{n-1}$ 在极点 $z=z_k$ 处的留数。式(2.25)表示函数 $F(z)$ 沿围线 c 逆时针方向的积分等于 $F(z)$ 在围线 c 内部各极点的留数之和。

现在来讨论如何求 $X(z)z^{n-1}$ 在任一极点 z_m 处的留数。

如果 $X(z)z^{n-1}$ 在 $z=z_m$ 处有 k 阶极点，此时它的留数由下式决定：

$$\mathrm{Res}\left[X(z)z^{n-1}\right]\Big|_{z=z_m} = \frac{1}{(k-1)!}\left\{\frac{\mathrm{d}^{k-1}}{\mathrm{d}z^{k-1}}(z-z_m)^k X(z)z^{n-1}\right\}_{z=z_m} \tag{2.26}$$

若只含有一阶极点，即 $k=1$，则有

$$\mathrm{Res}\left[X(z)z^{n-1}\right]\Big|_{z=z_m} = \left[(z-z_m)X(z)z^{n-1}\right]\Big|_{z=z_m} \tag{2.27}$$

例 2.5 已知 $X(z)=\dfrac{1}{(z-1)^2}$，$|z|>1$，求其逆变换。

解 当 $n\geqslant 1$ 时，$X(z)z^{n-1}$ 有一个二阶极点 $P_{1,2}=1$

$$\mathrm{Res}\left[X(z)z^{n-1}\right]\Big|_{z=1} = \frac{1}{(2-1)!}\frac{\mathrm{d}}{\mathrm{d}z}\left[(z-1)^2\frac{1}{(z-1)^2}z^{n-1}\right]_{z=1}$$

$$=\frac{\mathrm{d}}{\mathrm{d}z}(z^{n-1})\Big|_{z=1} = (n-1)z^{n-2}\Big|_{z=1} = n-1$$

所以

$$\mathrm{Res}\left[X(z)z^{n-1}\right]\Big|_{z=1} = (n-1)u(n-1)$$

当 $n=0$ 时，

$$x(0)=\sum_m \mathrm{Res}\left[X(z)z^{0-1}\right]\Big|_{z=z_m}$$

$$X(z)z^{0-1}=\frac{1}{(z-1)^2 z}$$

有一个二阶极点 $P_{1,2}=1$，又多了一个一阶极点 $P_1=0$，

$$\text{Res}\left[\frac{1}{z(z-1)^2}\right]\Bigg|_{z=0}=\left[z\cdot\frac{1}{z(z-1)^2}\right]\Bigg|_{z=0}=1$$

$$\text{Res}\left[\frac{1}{z(z-1)^2}\right]\Bigg|_{z=1}=\frac{\mathrm{d}}{\mathrm{d}z}\left[(z-1)^2\cdot\frac{1}{z(z-1)^2}\right]\Bigg|_{z=1}=\frac{-1}{z^2}\Bigg|_{z=1}=-1$$

所以
$$x(0)=1+(-1)=0$$

$$x(n)=(n-1)u(n-1)$$

2.4.2 部分分式展开法

在实际应用中，一般 $X(z)$ 是 z 的有理分式，可表示成 $X(z)=\dfrac{N(z)}{D(z)}$，$N(z)$ 及 $D(z)$ 都是实系数多项式，且没有公因式。可将 $X(z)$ 展开成部分分式的形式，然后利用表2.1的基本 z 变换对的公式求各简单分式的 z 逆变换(注意收敛域)，再将各个逆变换相加起来，就得到了所求的 $x(n)$。

z 变换的基本形式为 $\dfrac{z}{z-z_m}$，在利用 z 变换的部分分式展开法的时候，通常先将 $\dfrac{X(z)}{z}$ 展开，然后把每个分式乘以 z，这样对于一阶极点，$X(z)$ 可以展开成 $\dfrac{z}{z-z_m}$ 形式。

z 变换式的一般形式为

$$X(z)=\frac{N(z)}{D(z)}=\frac{b_0+b_1z+b_2z^2+\cdots+b_{r-1}z^{r-1}+b_rz^r}{a_0+a_1z+a_2z^2+\cdots+a_{k-1}z^{k-1}+a_kz^k} \tag{2.28}$$

对于因果序列，它的 z 变换收敛域为 $|z|>R_{x1}$，为保证在 $z=\infty$ 处收敛，其分母多项式的阶次应不低于分子多项式的阶次，即满足 $k\geqslant r$。

$X(z)$ 的极点可以分一阶极点和高阶极点。若 $X(z)$ 只含有一阶极点，则 $\dfrac{X(z)}{z}$ 可以展开为

$$\frac{X(z)}{z}=\frac{A_0}{z}+\sum_{m=1}^{K}\frac{A_m}{z-z_m}=\frac{A_0}{z}+\frac{A_1}{z-z_1}+\frac{A_2}{z-z_2}+\cdots+\frac{A_K}{z-z_K} \tag{2.29}$$

$$A_0=\frac{b_0}{a_0}\text{，极点 } z=0 \text{ 的系数}$$

$$A_m=(z-z_m)\frac{X(z)}{z}\Bigg|_{z=z_m}\text{，极点 } z=z_m \text{ 的系数}$$

所以
$$X(z)=A_0+\frac{A_1z}{z-z_1}+\frac{A_2z}{z-z_2}+\cdots+\frac{A_Kz}{z-z_K}$$

$$x(n)=A_0\delta(n)+A_1(z_1)^n+A_2(z_2)^n+\cdots+A_K(z_K)^n,\qquad n\geqslant 0$$

例 2.6　已知 $X(z)=\dfrac{z^2}{(z-1)(z-2)}$，ROC：$|z|>2$，求 $x(n)$。

解　$X(z)$ 除以 z，得

$$\frac{X(z)}{z}=\frac{z}{(z-1)(z-2)}$$

将上式展开成部分分式，得

$$\frac{X(z)}{z}=\frac{A}{z-1}+\frac{B}{z-2}$$

$$A=(z-1)\frac{z}{(z-1)(z-2)}\bigg|_{z=1}=-1$$

同理，$B=2$

所以

$$\frac{X(z)}{z}=\frac{-1}{z-1}+\frac{2}{z-2}$$

部分分式乘以 z，

$$X(z)=\frac{-z}{z-1}+\frac{2z}{z-2}$$

$$x(n)=-u(n)+2(2)^n u(n)=\left[2(2)^n-1\right]u(n)$$

同样的 $X(z)$，改变收敛域，得到的序列将不同。

当 $1<|z|<2$ 时，　$x(n)=-u(n)-2(2)^n u(-n-1)$

当 $|z|<1$ 时，　$x(n)=u(-n-1)-2(2)^n u(-n-1)$

如果 $X(z)$ 中含有高阶极点，设 $X(z)$ 中除含有 M 个一阶极点以外，在 $z=z_i$ 处还含有一个 s 阶极点，此时 $X(z)$ 应展开成

$$\begin{aligned}X(z)&=\sum_{m=0}^{M}\frac{A_m z}{z-z_m}+\sum_{j=1}^{s}\frac{B_j z}{(z-z_i)^j}\\&=A_0+\sum_{m=1}^{M}\frac{A_m z}{z-z_m}+\sum_{j=1}^{s}\frac{B_j z}{(z-z_i)^j}\end{aligned}$$

式中 A_m 的确定方法同前，而

$$B_j=\frac{1}{(s-j)!}\left[\frac{\mathrm{d}^{s-j}}{\mathrm{d}z^{s-j}}(z-z_i)^s\frac{X(z)}{z}\right]_{z=z_i}$$

在这种情况下，$X(z)$ 也可以展开成

$$X(z)=A_0+\sum_{m=1}^{M}\frac{A_m z}{z-z_m}+\sum_{j=1}^{s}\frac{C_j z^j}{(z-z_i)^j}$$

式中，对于 $j=s$ 项系数

$$C_s=\left[\left(\frac{z-z_i}{z}\right)^s X(z)\right]_{z=z_i}$$

其他各系数 C_j 由待定系数法求出。

例 2.7 已知 $X(z)=\frac{1}{(z-1)^2}$，$|z|>1$，求 $x(n)$。

解

$$\frac{X(z)}{z}=\frac{1}{z(z-1)^2}=\frac{A_0}{z}+\frac{B_1}{z-1}+\frac{B_2}{(z-1)^2}$$

$$B_j=\frac{1}{(s-j)!}\left[\frac{\mathrm{d}^{s-j}}{\mathrm{d}z^{s-j}}(z-z_i)^s\frac{X(z)}{z}\right]_{z=z_i}$$

其中，$s=2$，$j=1,2$。

$$A_0=z\frac{1}{z(z-1)^2}\bigg|_{z=0}=1 \qquad \text{或} \qquad A_0=\frac{b_0}{a_0}=\frac{1}{1}=1$$

$$B_1=\frac{1}{(2-1)!}\left[\frac{\mathrm{d}}{\mathrm{d}z}(z-1)^2\frac{1}{z(z-1)^2}\right]\bigg|_{z=1}=-1$$

$$B_2=(z-1)^2\frac{1}{z(z-1)^2}\bigg|_{z=1}=1$$

所以

$$X(z)=1+\frac{-z}{z-1}+\frac{z}{(z-1)^2}$$

$$x(n)=\delta(n)-u(n)+nu(n)$$

2.4.3 幂级数展开法(长除法)

$x(n)$ 的 z 变换 $X(z)$ 可以表示成 z^{-1} 的幂级数，即

$$X(z)=\sum_{n=-\infty}^{\infty}x(n)z^{-n}=\cdots x(-2)z^2+x(-1)z^1+x(0)z^0+x(1)z^{-1}+x(2)z^{-2}+\cdots$$

级数的系数就是 $x(n)$。

z 变换式一般是 z 的有理函数，可以表示为

$$X(z)=\frac{N(z)}{D(z)}=\frac{b_0+b_1z+b_2z^2+\cdots+b_{r-1}z^{r-1}+b_rz^r}{a_0+a_1z+a_2z^2+\cdots+a_{k-1}z^{k-1}+a_kz^k}$$

如果 $X(z)$ 的收敛域是 $|z|>R_{x1}$，则 $x(n)$ 必然是因果序列

$$X(z)=\sum_{n=0}^{\infty}x(n)z^{-n}=x(0)z^0+x(1)z^{-1}+x(2)z^{-2}+\cdots$$

此时，$N(z)$ 和 $D(z)$ 按 z 的降幂(或 z^{-1} 的升幂)次序进行排列。若收敛域是 $|z|<R_{x2}$，则 $x(n)$ 必然是 $n_2\leqslant 0$ 的左边序列

$$X(z)=\sum_{n=-\infty}^{0}x(n)z^{-n}=x(0)z^0+x(-1)z^1+x(-2)z^2+x(-3)z^3+\cdots$$

此时，$N(z)$ 和 $D(z)$ 按 z 的升幂(或 z^{-1} 的降幂)次序进行排列。

例 2.8　已知 $X(z)=\dfrac{z}{z^2-2z+1}$，$|z|>1$，求 $x(n)$。

解　收敛域在圆外，是右边序列，按 z 的降幂排列。

$$
\begin{array}{r l}
 & z^{-1}+2z^{-2}+3z^{-3}+4z^{-4}+\cdots \\
z^2-2z+1 \big) & z \\
 & \underline{z-2+z^{-1}} \\
 & \quad 2-z^{-1} \\
 & \quad \underline{2-4z^{-1}+2z^{-2}} \\
 & \qquad 3z^{-1}-2z^{-2} \\
 & \qquad \underline{3z^{-1}-6z^{-2}+3z^{-3}} \\
 & \qquad\quad 4z^{-2}-3z^{-3} \\
 & \qquad\quad \underline{4z^{-2}-8z^{-3}+4z^{-4}} \\
 & \qquad\qquad 5z^{-3}-4z^{-4} \\
 & \qquad\qquad \vdots
\end{array}
$$

因为
$$X(z)=x(0)z^0+x(1)z^{-1}+x(2)z^{-2}+\cdots$$

所以
$$x(n)=\left\{\underset{\substack{\uparrow\\ n=0}}{0},1,2,3,4,\cdots\right\}$$

例 2.9　已知 $X(z)=\dfrac{z}{z^2-2z+1}$，$|z|<1$，求 $x(n)$。

解　收敛域在圆内，是左边序列，按 z 的升幂排列。

$$
\begin{array}{r l}
 & z+2z^2+3z^3+4z^4+\cdots \\
z-2z+z^2 \big) & z \\
 & \underline{z-2z^2+z^3} \\
 & \quad 2z^2-z^3 \\
 & \quad \underline{2z^2-4z^3+2z^4} \\
 & \qquad 3z^3-2z^4 \\
 & \qquad \underline{3z^3-6z^4+3z^5} \\
 & \qquad\quad 4z^4-3z^5 \\
 & \qquad\quad \underline{4z^4-8z^5+4z^6} \\
 & \qquad\qquad 5z^6-4z^7 \\
 & \qquad\qquad \vdots
\end{array}
$$

所以
$$x(n)=\left\{\cdots,4,3,2,\underset{\substack{\uparrow\\ n=-1}}{1}\right\}$$

2.5　z 变换的基本性质

1. 线性

z 变换是一种线性变换，它满足叠加原理，即若有

$$Z[x(n)]=X(z),\quad R_{x1}<|z|<R_{x2}$$
$$Z[y(n)]=Y(z),\quad R_{y1}<|z|<R_{y2}$$

则
$$Z[ax(n)+by(n)]=aX(z)+bY(z),\qquad R_1<|z|<R_2 \tag{2.30}$$

式中，a 和 b 为任意常数。

ROC：一般情况下，取二者的重叠，即 $\max(R_{x1}, R_{y1}) < |z| < \min(R_{x2}, R_{y2})$，在一些线性组合中若某些零点与极点相抵消，则收敛域可能扩大。

例 2.10 求双曲余弦序列 $\cosh(\omega_0 n)u(n)$ 的 z 变换。

解 已知

$$Z\left[a^n u(n)\right] = \frac{z}{z-a}, \qquad |z| > |a|$$

并且

$$\cosh(\omega_0 n) = \frac{1}{2}(\mathrm{e}^{\omega_0 n} + \mathrm{e}^{-\omega_0 n})$$

所以

$$\begin{aligned} Z\left[\cosh(\omega_0 n)u(n)\right] &= \frac{1}{2}Z\left[\mathrm{e}^{\omega_0 n}u(n)\right] + \frac{1}{2}Z\left[\mathrm{e}^{-\omega_0 n}u(n)\right] \\ &= \frac{1}{2}\frac{z}{z-\mathrm{e}^{\omega_0}} + \frac{1}{2}\frac{z}{z-\mathrm{e}^{-\omega_0}} \\ &= \frac{z\left[z-\cosh(\omega_0)\right]}{z^2 - 2z\cosh(\omega_0) + 1} \end{aligned}$$

$$\text{ROC}: \ |z| > \max\left(\left|\mathrm{e}^{\omega_0}\right|, \ \left|\mathrm{e}^{-\omega_0}\right|\right)$$

同理，

$$\sinh(\omega_0 n)u(n) \leftrightarrow \frac{z\sinh(\omega_0)}{z^2 - 2z\cosh(\omega_0) + 1}$$

$$\text{ROC}: \ |z| > \max\left(\left|\mathrm{e}^{\omega_0}\right|, \ \left|\mathrm{e}^{-\omega_0}\right|\right)$$

例 2.11 求序列 $a^n u(n) - a^n u(n-1)$ 的 z 变换。

解 已知 $x(n) = a^n u(n)$， $X(z) = \dfrac{z}{z-a}$，$|z| > |a|$

$y(n) = a^n u(n-1)$，

$$\begin{aligned} Y(z) &= \sum_{n=1}^{\infty} a^n z^{-n} \\ &= \frac{a}{z-a}, |z| > |a| \end{aligned}$$

所以

$$Z[a^n u(n) - a^n u(n-1)] = X(z) - Y(z) = 1$$

可见，线性叠加后零点和极点相抵消，收敛域扩大为整个 z 平面。

2. 位移性

位移性表示序列移位后的 z 变换与原序列 z 变换的关系。在实际中可能遇到序列的左移(超前)和右移(延迟)两种不同情况，所取的变换形式又可能有单边 z 变换和双边 z 变换，它们的移位性质基本相同，但又有不同的特点，下面分几种情况进行讨论。

(1) 双边 z 变换

双边序列移位以后，原序列不变，只影响在时间轴上的位置。

若序列 $x(n)$ 的双边 z 变换为

$$Z\left[x(n)\right] = X(z), \qquad R_{x1} < |z| < R_{x2}$$

其右移序列的 z 变换为

$$Z\left[x(n-m)\right] = z^{-m}X(z), \qquad R_{x1} < |z| < R_{x2} \tag{2.31}$$

式中，m 为任意正整数。

证明

根据双边 z 变换的定义可得

$$Z[x(n-m)] = \sum_{n=-\infty}^{\infty} x(n-m)z^{-n}$$

令 $n-m=k$，则

$$Z[x(n-m)] = z^{-m}\sum_{k=-\infty}^{\infty} x(k)z^{-k} = z^{-m}X(z)$$

同理，左移位后的变换为

$$Z[x(n+m)] = z^{m}X(z),\quad R_{x1} < |z| < R_{x2} \tag{2.32}$$

式中，m 为任意正整数。

由式(2.31)和式(2.32)可以看出，双边序列移位只会使 z 变换在 $z=0$ 及 $z=\infty$ 处的零点和极点情况发生变化。

例 2.12 求序列 $a^{n-1}u(n-1)$ 的 z 变换。

解 **已知** $x(n)=a^n u(n)$，$X(z)=\dfrac{z}{z-a}$，　　$|z|>|a|$

$$y(n)=a^{n-1}u(n-1)$$

根据序列 z 变换的位移性

$$Y(z)=z^{-1}X(z)=\frac{1}{z-a},\quad |z|>|a|$$

例 2.11 中的序列 $a^n u(n-1)$ 也可以看成 $a\cdot a^{n-1}u(n-1)$，利用位移性求其 z 变换。

(2) 单边 z 变换

若 $x(n)$ 为双边序列，其单边 z 变换为

$$Z[x(n)u(n)] = X(z)$$

则序列左移后，它的单边 z 变换等于

$$Z[x(n+m)u(n)] = z^{m}\left[X(z)-\sum_{k=0}^{m-1}x(k)z^{-k}\right] \tag{2.33}$$

式中，m 是任意正整数。

证明

根据单边 z 变换的定义，可得

$$Z[x(n+m)u(n)] = \sum_{n=0}^{\infty} x(n+m)z^{-n}$$

$$= z^{m}\sum_{n=0}^{\infty} x(n+m)z^{-(n+m)}$$

令 $k=n+m$，则

$$z^{m}\sum_{k=m}^{\infty}x(k)z^{-k} = z^{m}\left[\sum_{k=0}^{\infty}x(k)z^{-k} - \sum_{k=0}^{m-1}x(k)z^{-k}\right]$$

$$= z^{m}\left[X(z)-\sum_{k=0}^{m-1}x(k)z^{-k}\right]$$

同样，可以得到右移位序列的单边 z 变换

$$Z\left[x(n-m)u(n)\right]=z^{-m}\left[X(z)+\sum_{k=-m}^{-1}x(k)z^{-k}\right] \tag{2.34}$$

式中，m 是任意正整数。

对于 $m=1,2$ 的情况，式(2.33)和式(2.34)可以写为

$$Z\left[x(n+1)u(n)\right]=zX(z)-zx(0)$$

$$Z\left[x(n+2)u(n)\right]=z^2X(z)-z^2x(0)-zx(1)$$

$$Z\left[x(n-1)u(n)\right]=z^{-1}X(z)+x(-1)$$

$$Z\left[x(n-2)u(n)\right]=z^{-2}X(z)+z^{-1}x(-1)+x(-2)$$

若 $x(n)$ 是因果序列，则式(2.34)右边的 $\sum_{k=-m}^{-1}x(k)z^{-k}$ 项都等于零。于是，右移序列的单边 z 变换变为

$$Z\left[x(n-m)u(n)\right]=z^{-m}X(z) \tag{2.35}$$

而左移位序列的单边 z 变换仍为 $Z\left[x(n+m)u(n)\right]=z^{m}\left[X(z)-\sum_{k=0}^{m-1}x(k)z^{-k}\right]$。

例 2.13 已知线性时不变系统的差分方程为 $y(n)+\frac{1}{2}y(n-1)=x(n)+x(n-1)$，$x(n)=\left(\frac{1}{2}\right)^n u(n)$，$x(-1)=0$，$y(-1)=2$，求 $y(n)$。

解 方程两边取 z 变换

$$Y(z)+\frac{1}{2}\left[z^{-1}Y(z)+y(-1)\right]=X(z)+z^{-1}X(z)+x(-1)$$

代入边界条件

$$Y(z)+\frac{1}{2}z^{-1}Y(z)+1=X(z)(1+z^{-1})+0$$

整理为

$$Y(z)=\left[\frac{z}{z-\frac{1}{2}}\left(1+\frac{1}{z}\right)-1\right]\frac{1}{1+\frac{1}{2z}}$$

$$=\frac{\frac{3}{2}z}{\left(z-\frac{1}{2}\right)\left(z+\frac{1}{2}\right)}=\frac{3}{2}\left(\frac{z}{z-\frac{1}{2}}-\frac{z}{z+\frac{1}{2}}\right)$$

进行逆变换

$$y(n)=\frac{3}{2}\left[\left(\frac{1}{2}\right)^n-\left(-\frac{1}{2}\right)^n\right]u(n)$$

本例初步说明如何利用 z 变换方法求解差分方程，其中利用了 z 变换的两个性质：线性和位移性。

3．序列线性加权(z 域微分)

若 $Z\left[x(n)\right]=X(z)$，$R_{x1}<|z|<R_{x2}$

则 $$nx(n) \leftrightarrow -z\frac{dX(z)}{dz} = z^{-1}\frac{dX(z)}{dz^{-1}},\quad R_{x1} < |z| < R_{x2} \tag{2.36}$$

$\left(因为 -z\frac{dX(z)}{dz} = -z\frac{dX(z)}{d(z^{-1})}\cdot\frac{d(z^{-1})}{dz} = z^{-1}\frac{dX(z)}{dz^{-1}}\right)$

证明

将 $Z[x(n)] = X(z)$ 两边对 z 求导，得

$$\frac{dX(z)}{dz} = \frac{d}{dz}\left[\sum_{n=-\infty}^{\infty} x(n)z^{-n}\right],\qquad R_{x1} < |z| < R_{x2}$$

交换求和与求导的次序，则得

$$\frac{dX(z)}{dz} = \sum_{n=-\infty}^{\infty} x(n)\frac{d}{dz}(z^{-n}) = -z^{-1}\sum_{n=-\infty}^{\infty} nx(n)z^{-n} = -z^{-1}Z[nx(n)]$$

所以 $$Z[nx(n)] = -z\frac{dX(z)}{dz},\quad R_{x1} < |z| < R_{x2}$$

推广可得 $$Z[n^m x(n)] = \left[-z\frac{d}{dz}\right]^m X(z)$$

式中，n 是离散变量，所以对 n 没有微积分运算；z 是连续变量，所以对 z 有微积分运算。$\left[-z\frac{d}{dz}\right]^m$ 表示 $-z\frac{d}{dz}\left[-z\frac{d}{dz}\left(-z\frac{d}{dz}\cdots\left(-z\frac{d}{dz}X(z)\right)\right)\right]$，共求 m 次导。

例 2.14 求序列 $na^n u(n)$ 的 z 变换 $X(z)$。

解 因为 $Z\left[a^n u(n)\right] = \frac{z}{z-a},\qquad |z| > |a|$

所以 $$Z\left[na^n u(n)\right] = -z\frac{d\left(\frac{z}{z-a}\right)}{dz} = -z\frac{z-a-z}{(z-a)^2} = \frac{za}{(z-a)^2},\qquad |z| > |a|$$

4．序列指数加权（z 域尺度变换）

若 $Z[x(n)] = X(z)$，$R_{x1} < |z| < R_{x2}$

则 $$Z[a^n x(n)] = X\left(\frac{z}{a}\right),\qquad R_{x1} < \left|\frac{z}{a}\right| < R_{x2} \tag{2.37}$$

a 为非零常数。

证明

$$Z\left[a^n x(n)\right] = \sum_{n=-\infty}^{\infty} a^n x(n)z^{-n} = \sum_{n=-\infty}^{\infty} x(n)\left(\frac{z}{a}\right)^{-n} = X\left(\frac{z}{a}\right)$$

同理 $$a^{-n}x(n) \leftrightarrow X(az),\qquad R_{x1} < |az| < R_{x2}$$

$$(-1)^n x(n) \leftrightarrow X(-z),\qquad R_{x1} < |z| < R_{x2}$$

例 2.15 已知$Z\left[\sin(n\omega_0)u(n)\right]=\dfrac{z\sin(\omega_0)}{z^2-2z\cos(\omega_0)+1}$，求序列$\beta^n\sin(n\omega_0)u(n)$的$z$变换。

解

$$Z\left[\beta^n\sin(n\omega_0)u(n)\right]$$

$$\xlongequal{z\to\frac{z}{\beta}}\frac{\left(\frac{z}{\beta}\right)\sin(\omega_0)}{\left(\frac{z}{\beta}\right)^2-2\left(\frac{z}{\beta}\right)\cos(\omega_0)+1}=\frac{\beta z\sin(\omega_0)}{z^2-2\beta z\cos(\omega_0)+\beta^2}$$

收敛域$\left|\dfrac{z}{\beta}\right|>1$，即$|z|>|\beta|$。

同理，
$$Z\left[\beta^n\cos(n\omega_0)u(n)\right]=\frac{z^2-\beta z\cos(\omega_0)}{z^2-2\beta z\cos(\omega_0)+\beta^2}$$

5．复序列的共轭

若$Z\left[x(n)\right]=X(z)$，$R_{x1}<|z|<R_{x2}$

则
$$Z\left[x^*(n)\right]=X^*(z^*),\qquad R_{x1}<|z|<R_{x2}\tag{2.38}$$

式中，符号“*”表示取共轭复数。

证明

$$Z\left[x^*(n)\right]=\sum_{n=-\infty}^{\infty}x^*(n)z^{-n}=\sum_{n=-\infty}^{\infty}\left[x(n)(z^*)^{-n}\right]^*$$

$$=\left[\sum_{n=-\infty}^{\infty}x(n)(z^*)^{-n}\right]^*=X^*(z^*),\qquad R_{x1}<|z|<R_{x2}$$

6．翻褶序列

若$Z\left[x(n)\right]=X(z)$，$R_{x1}<|z|<R_{x2}$

则
$$Z[x(-n)]=X\left(\frac{1}{z}\right),\qquad \frac{1}{R_{x2}}<|z|<\frac{1}{R_{x1}}\tag{2.39}$$

证明

$$Z\left[x(-n)\right]=\sum_{n=-\infty}^{\infty}x(-n)z^{-n}=\sum_{n=-\infty}^{\infty}x(n)z^{n}=\sum_{n=-\infty}^{\infty}x(n)(z^{-1})^{-n}=X\left(\frac{1}{z}\right)$$

而收敛域为
$$R_{x1}<\left|z^{-1}\right|<R_{x2}$$

故可写成
$$\frac{1}{R_{x2}}<|z|<\frac{1}{R_{x1}}$$

例 2.16 求序列$u(-n-1)$的z变换$X(z)$。

解 因为
$$Z\left[u(n)\right]=\frac{z}{z-1},\qquad |z|>1$$

利用z变换的序列位移性质，可求出

$$Z\left[u(n-1)\right]=\frac{z}{z-1}\cdot z^{-1}=\frac{1}{z-1},\qquad |z|>1$$

再利用 $Z[x(-n)]=X\left(\frac{1}{z}\right)$，可求出

$$Z[u(-n-1)]=\frac{1}{\frac{1}{z}-1}=\frac{z}{1-z}=-\frac{z}{z-1},\qquad |z|<1$$

这里，将序列 $u(n-1)$ 进行翻褶时，是将其自变量 n 取相反数，而不是将 $(n-1)$ 取相反数。在应用序列 z 变换的翻褶性质时，尤其需要注意这一点。

7．初值定理

对于因果序列，$x(n)=0$，$n<0$，$X(z)=Z[x(n)]=\sum_{n=0}^{\infty}x(n)z^{-n}$

则
$$x(0)=\lim_{z\to\infty}X(z) \tag{2.40}$$

证明

由于 $x(n)$ 是因果序列，则有

$$X(z)=\sum_{n=0}^{\infty}x(n)z^{-n}=x(0)+x(1)z^{-1}+x(2)z^{-2}+\cdots$$

$$\lim_{z\to\infty}X(z)=x(0)$$

初值定理把 $X(z)$ 在 z 足够大时的动态特性与 $x(n)$ 的初值联系在一起。可以继续求 $x(1)$，因为

$$x(1)=x(n+1)\big|_{n=0}$$

而且
$$Z[x(n+1)]=z[X(z)-x(0)]$$

所以
$$x(1)=\lim_{z\to\infty}z[X(z)-x(0)]$$

例 2.17　已知一个因果序列的 z 变换为 $X(z)=\dfrac{z^2+2z}{z^3+0.5z^2-z+7}$，求该序列的初值 $x(0)$ 和 n=1 时的序列值 $x(1)$。

解
$$x(0)=\lim_{z\to\infty}X(z)=0$$

$$x(1)=\lim_{z\to\infty}z[X(z)-x(0)]=\lim_{z\to\infty}\frac{1+\frac{2}{z}}{1+0.5\frac{1}{z}-\frac{1}{z^2}+\frac{7}{z^3}}=1$$

8．终值定理

设 $x(n)$ 为因果序列，且 $X(z)=Z[x(n)]$ 的全部极点除有一个一阶极点可以在 $z=1$ 处外，其余都在单位圆内，则

$$\lim_{n\to\infty}x(n)=\lim_{z\to 1}[(z-1)X(z)] \tag{2.41}$$

证明

利用序列的移位性质可得

$$Z[x(n+1)-x(n)]=zX(z)-X(z)=(z-1)X(z)=\sum_{n=-\infty}^{\infty}[x(n+1)-x(n)]z^{-n}$$

$x(n)$ 为因果序列，可得

$$(z-1)X(z)=\sum_{n=-1}^{\infty}\left[x(n+1)-x(n)\right]z^{-n}=\lim_{n\to\infty}\left[\sum_{m=-1}^{n}x(m+1)z^{-m}-\sum_{m=0}^{n}x(m)z^{-m}\right]$$

因为 $(z-1)X(z)$ 在单位圆上无极点，故上式两端可对 $z\to 1$ 取极限。

$$\begin{aligned}\lim_{z\to 1}\left[(z-1)X(z)\right]&=\lim_{n\to\infty}\left[\sum_{m=-1}^{n}x(m+1)-\sum_{m=0}^{n}x(m)\right]\\&=\lim_{n\to\infty}\left\{x(0)+\left[x(1)-x(0)\right]+\left[x(2)-x(1)\right]+\cdots+\left[x(n+1)-x(n)\right]\right\}\\&=\lim_{n\to\infty}x(n+1)=\lim_{n\to\infty}x(n)\end{aligned}$$

可得

$$\lim_{n\to\infty}x(n)=\lim_{z\to 1}\left[(z-1)X(z)\right]$$

从推导中可以看出，终值定理只有当 $n\to\infty$ 时 $x(n)$ 收敛才可以应用，也就是要求 $X(z)$ 的极点必须在单位圆内(在单位圆上的只能是位于 $z=1$ 的一阶极点)。

9．时域卷积定理

已知

$$X(z)=Z\left[x(n)\right],\qquad R_{x1}<|z|<R_{x2}$$

$$H(z)=Z\left[h(n)\right],\qquad R_{h1}<|z|<R_{h2}$$

则

$$Z\left[x(n)*h(n)\right]=X(z)H(z)\tag{2.42}$$

一般情况下，收敛域取二者的重叠部分，即 $\max(R_{x1},R_{h1})<|z|<\min(R_{x2},R_{h2})$。如果在某些线性组合中有零点与极点相抵消，则收敛域可能扩大。

证明

$$\begin{aligned}Y(z)=Z[x(n)*h(n)]&=\sum_{n=-\infty}^{\infty}[x(n)*h(n)]z^{-n}\\&=\sum_{n=-\infty}^{\infty}\sum_{m=-\infty}^{\infty}x(m)h(n-m)z^{-n}\\&=\sum_{m=-\infty}^{\infty}x(m)\left[\sum_{n=-\infty}^{\infty}h(n-m)z^{-n}\right]\\&=\sum_{m=-\infty}^{\infty}x(m)z^{-m}H(z)\\&=X(z)H(z)\end{aligned}$$

或写为 $x(n)*h(n)=Z^{-1}\left[X(z)H(z)\right]$，$\max(R_{x1},R_{h1})<|z|<\min(R_{x2},R_{h2})$

可见，两序列在时域中的卷积等效于在 z 域中两序列 z 变换的乘积。在线性时不变系统中，如果输入为 $x(n)$，系统的单位脉冲响应为 $h(n)$，则输出 $y(n)$ 是 $x(n)$ 与 $h(n)$ 的卷积；利用卷积定理，求出 $X(z)$ 和 $H(z)$，然后求出乘积 $X(z)H(z)$ 的 z 逆变换，从而可得 $y(n)$。这个定理得到广泛应用。

例 2.18 设 $x(n)=a^nu(n)$，$h(n)=b^nu(n)-ab^{n-1}u(n-1)$，求 $y(n)=x(n)*h(n)$。

解

$$X(z)=Z\left[x(n)\right]=\frac{z}{z-a},\qquad |z|>|a|$$

$$H(z)=Z\left[h(n)\right]=\frac{z}{z-b}-\frac{a}{z-b}=\frac{z-a}{z-b},\qquad |z|>|b|$$

所以

$$Y(z)=X(z)H(z)=\frac{z}{z-b},\qquad |z|>|b|$$

其 z 逆变换为

$$\begin{aligned} y(n) &= x(n) * h(n) \\ &= Z^{-1}[Y(z)] \\ &= b^n u(n) \end{aligned}$$

显然，在 $z=a$ 处，$X(z)$ 的极点被 $H(z)$ 的零点所抵消，若 $|b| < |a|$，则 $Y(z)$ 的收敛域比 $X(z)$ 与 $H(z)$ 收敛域的重叠部分要大，如图2.7所示。

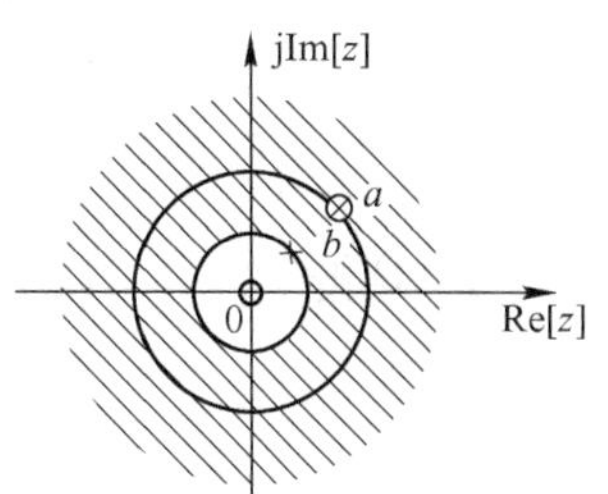

图 2.7　序列 $a^n u(n) * [b^n u(n) - ab^{n-1} u(n-1)]$ 的 z 变换收敛域

10．序列乘积（z 域复卷积定理）

已知两序列 $x(n)$ 与 $h(n)$，其 z 变换为

$$X(z) = Z[x(n)], \qquad R_{x1} < |z| < R_{x2}$$

$$H(z) = Z[h(n)], \qquad R_{h1} < |z| < R_{h2}$$

则

$$Z[x(n)h(n)] = \frac{1}{2\pi \mathrm{j}} \oint_{c_1} X\left(\frac{z}{v}\right) H(v) v^{-1} \mathrm{d}v \tag{2.43}$$

或

$$Z[x(n)h(n)] = \frac{1}{2\pi \mathrm{j}} \oint_{c_2} X(v) H\left(\frac{z}{v}\right) v^{-1} \mathrm{d}v \tag{2.44}$$

式中，c_1 和 c_2 分别为 $X\left(\frac{z}{v}\right)$ 与 $H(v)$ 或 $X(v)$ 与 $H\left(\frac{z}{v}\right)$ 收敛域重叠部分内逆时针旋转的围线。而 $Z[x(n)h(n)]$ 的收敛域一般为 $X\left(\frac{z}{v}\right)$ 与 $H(v)$ 或 $X(v)$ 与 $H\left(\frac{z}{v}\right)$ 收敛域的重叠部分，即

$$R_{x1}R_{h1} < |z| < R_{x2}R_{h2}$$

证明

$$\begin{aligned} Z[x(n)h(n)] &= \sum_{n=-\infty}^{\infty} [x(n)h(n)] z^{-n} \\ &= \sum_{n=-\infty}^{\infty} \left[\frac{1}{2\pi \mathrm{j}} \oint_{c_2} X(v) v^{n-1} \mathrm{d}v\right] h(n) z^{-n} \\ &= \frac{1}{2\pi \mathrm{j}} \sum_{n=-\infty}^{\infty} h(n) \left[\oint_{c_2} X(v) v^{n} \frac{\mathrm{d}v}{v}\right] z^{-n} \\ &= \frac{1}{2\pi \mathrm{j}} \oint_{c_2} \left[X(v) \sum_{n=-\infty}^{\infty} h(n) \left(\frac{z}{v}\right)^{-n}\right] \frac{\mathrm{d}v}{v} \\ &= \frac{1}{2\pi \mathrm{j}} \oint_{c_2} X(v) H\left(\frac{z}{v}\right) v^{-1} \mathrm{d}v, \qquad R_{x1}R_{h1} < |z| < R_{x2}R_{h2} \end{aligned}$$

同样可以证明式(2.43)。

从前面证明过程可以看出，$X(v)$ 的收敛域与 $X(z)$ 的相同，$H\left(\frac{z}{v}\right)$ 的收敛域与 $H(z)$ 相同，即

$$R_{x1} < |v| < R_{x2}$$

$$R_{h1} < \left|\frac{z}{v}\right| < R_{h2}$$

合并两式，可以得到$Z[x(n)h(n)]$的收敛域，它至少为

$$R_{x1}R_{h1} < |z| < R_{x2}R_{h2}$$

为了看出式(2.44)类似于卷积，假设围线是一个圆，圆心在原点，即令

$$v = \rho e^{j\theta}$$
$$z = re^{j\varphi}$$

代入式(2.44)得 $$Z[x(n)h(n)] = \frac{1}{2\pi j}\oint_{c_2} X(\rho e^{j\theta})H\left(\frac{re^{j\varphi}}{\rho e^{j\theta}}\right)\frac{d(\rho e^{j\theta})}{\rho e^{j\theta}}$$
$$= \frac{1}{2\pi j}\oint_{c_2} X(\rho e^{j\theta})H\left(\frac{r}{\rho}e^{j(\varphi-\theta)}\right)d\theta$$

由于c_2是圆，故θ的积分限为$-\pi \sim +\pi$，这样上式变为

$$Z[x(n)h(n)] = \frac{1}{2\pi}\int_{-\pi}^{\pi} X(\rho e^{j\theta})H\left(\frac{r}{\rho}e^{j(\varphi-\theta)}\right)d\theta \tag{2.45}$$

可以将其视为以θ为变量的$X(\rho e^{j\theta})$与$H(\rho e^{j\theta})$之卷积。

在应用z域卷积公式(2.43)和式(2.44)时，通常可以利用留数定理，这时应当注意围线c_2在收敛域内的正确选择。

$$\frac{1}{2\pi j}\oint_{c_2} X(v)H\left(\frac{z}{v}\right)v^{-1}dv = \sum_k \text{Res}\left[X(v)H\left(\frac{z}{v}\right)v^{-1}, d_k\right] \tag{2.46}$$

式中，$\{d_k\}$为$X(v)H\left(\frac{z}{v}\right)v^{-1}$在围线$c_2$内的全部极点。

例 2.19 设$x(n) = \left(\frac{1}{3}\right)^n u(n), y(n) = \left(\frac{1}{2}\right)^n u(n)$，应用复卷积定理求两序列的乘积，即$w(n) = x(n)y(n)$。

解 $$X(z) = Z[x(n)] = Z\left[\left(\frac{1}{3}\right)^n u(n)\right] = \frac{1}{1-\frac{1}{3}z^{-1}} = \frac{z}{z-\frac{1}{3}}, \qquad |z| > \frac{1}{3}$$

$$Y(z) = Z[y(n)] = Z\left[\left(\frac{1}{2}\right)^n u(n)\right] = \frac{1}{1-\frac{1}{2}z^{-1}} = \frac{z}{z-\frac{1}{2}}, \qquad |z| > \frac{1}{2}$$

利用复卷积公式 $$W(z) = Z[x(n)y(n)]$$
$$= \frac{1}{2\pi j}\oint_c \frac{v}{v-\frac{1}{3}} \cdot \frac{\frac{z}{v}}{\frac{z}{v}-\frac{1}{2}} \cdot v^{-1}dv$$
$$= \frac{1}{2\pi j}\oint_c \frac{-2z}{\left(v-\frac{1}{3}\right)(v-2z)}dv$$

围线c所在的收敛域为$|v| > \frac{1}{3}$与$\left|\frac{z}{v}\right| > \frac{1}{2}$的重叠区域，即要求$\frac{1}{3} < |v| < 2|z|$。被积函数有

两个极点，$v=\frac{1}{3}$，$v=2z$，如图 2.8 所示。但只有极点$v=\frac{1}{3}$在围线c内，而极点$v=2z$在围线c外，可得

$$W(z)=\text{Res}\left[\frac{-2z}{\left(v-\frac{1}{3}\right)(v-2z)},\frac{1}{3}\right]$$

$$=\left(v-\frac{1}{3}\right)\frac{-2z}{\left(v-\frac{1}{3}\right)(v-2z)}\Bigg|_{v=\frac{1}{3}}$$

$$=\frac{-2z}{\frac{1}{3}-2z}=\frac{1}{1-\frac{1}{6}z^{-1}}$$

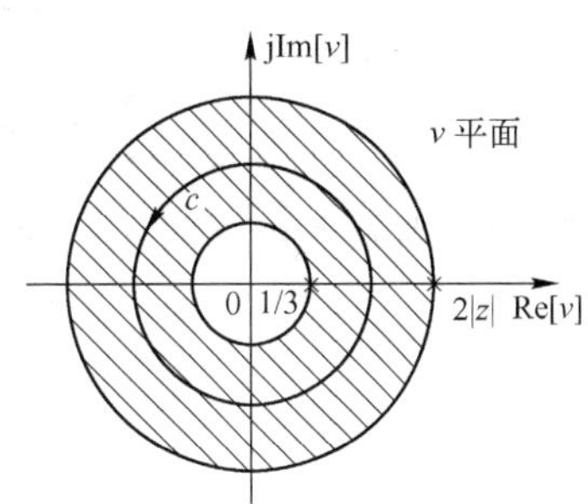

图 2.8　例 2.21 被积函数的极点及积分围线

$W(z)$ 的收敛域为$|z|>\frac{1}{6}$，则　　$w(n)=Z^{-1}[W(z)]=\left(\frac{1}{6}\right)^n u(n)$

11．帕塞瓦尔(Parseval)定理

利用复卷积定理可以得到重要的帕塞瓦尔定理。若有两序列$x(n)$和$y(n)$，

$$X(z)=Z[x(n)],\qquad R_{x1}<|z|<R_{x2}$$
$$Y(z)=Z[y(n)],\qquad R_{y1}<|z|<R_{y2}$$

它们的收敛域满足以下条件：

$$R_{x1}R_{y1}<1,\qquad R_{x2}R_{y2}>1$$

则
$$\sum_{n=-\infty}^{\infty}x(n)y^*(n)=\frac{1}{2\pi\text{j}}\oint_c X(v)Y^*\left(\frac{1}{v^*}\right)v^{-1}\text{d}v \tag{2.47}$$

式中，“*”表示取复共轭，积分闭合围线c应在$X(v)$和$Y^*\left(\frac{1}{v^*}\right)$的公共收敛域内，即

$$\max\left[R_{x1},\frac{1}{R_{y2}}\right]<|v|<\min\left[R_{x2},\frac{1}{R_{y1}}\right]$$

证明

令
$$w(n)=x(n)y^*(n)$$

由于
$$Z[y^*(n)]=Y^*(z^*)$$

利用复卷积公式可得
$$W(z)=Z[w(n)]=\sum_{n=-\infty}^{\infty}[x(n)y^*(n)]z^{-n}$$

$$=\frac{1}{2\pi\text{j}}\oint_c X(v)Y^*\left(\frac{z^*}{v^*}\right)v^{-1}\text{d}v$$

$$R_{x1}R_{y1}<|z|<R_{x2}R_{y2}$$

由于假设条件中已规定收敛域满足$R_{x1}R_{y1}<1<R_{x2}R_{y2}$，因此$|z|=1$在收敛域内，也就是$W(z)$在单位圆上收敛，$W(z)|_{z=1}$存在。

$$W(z)|_{z=1}=\frac{1}{2\pi j}\oint_c X(v)Y^*\left(\frac{1}{v^*}\right)v^{-1}dv$$

同时 $$W(z)|_{z=1}=\sum_{n=-\infty}^{\infty}x(n)y^*(n)z^{-n}|_{z=1}=\sum_{n=-\infty}^{\infty}x(n)y^*(n)$$

因此 $$\sum_{n=-\infty}^{\infty}x(n)y^*(n)=\frac{1}{2\pi j}\oint_c X(v)Y^*\left(\frac{1}{v^*}\right)v^{-1}dv$$

若 $x(n)$ 和 $y(n)$ 都满足绝对可积，即 $X(z)$ 和 $Y(z)$ 在单位圆上都收敛，则以上积分路径可以选单位圆，这时

$$v=e^{j\omega}$$

$$\sum_{n=-\infty}^{\infty}x(n)y^*(n)=\frac{1}{2\pi}\int_{-\pi}^{\pi}X(e^{j\omega})Y^*(e^{j\omega})d\omega \tag{2.48}$$

若 $y(n)$ 是实序列，则上式两边共轭(*)号可取消。

帕塞瓦尔定理的一个很重要的应用是计算序列的能量，一个序列模值的平方和 $\sum_{n=-\infty}^{\infty}|x(n)|^2$ 称为“序列能量”，利用式(2.48)，若有 $x(n)=y(n)$，则

$$\sum_{n=-\infty}^{\infty}|x(n)|^2=\frac{1}{2\pi}\int_{-\pi}^{\pi}|X(e^{j\omega})|^2 d\omega \tag{2.49}$$

这表明同一序列在时域中求得的能量与在频域中求得的能量是一致的。

z 变换的主要性质归纳于表 2.3 中。

表 2.3 z 变换的主要性质

序 列	z 变 换	收 敛 域
1. $ax(n)+by(n)$	$aX(z)+bY(z)$	$\max(R_{x1},R_{y1})<\|z\|<\min(R_{x2},R_{y2})$
2. $x(n-n_0)$	$z^{-n_0}X(z)$	$R_{x1}<\|z\|<R_{x2}$
3. $a^n x(n)$	$X(a^{-1}z)$	$\|a\|R_{x1}<\|z\|<\|a\|R_{x2}$
4. $nx(n)$	$-z\dfrac{dX(z)}{dz}$	$R_{x1}<\|z\|<R_{x2}$
5. $x^*(n)$	$X^*(z^*)$	$R_{x1}<\|z\|<R_{x2}$
6. $x(n)*y(n)$	$X(z)Y(z)$	$\max(R_{x1},R_{y1})<\|z\|<\min(R_{x2},R_{y2})$
7. $x(n)y(n)$	$\dfrac{1}{2\pi j}\oint_{c_1}X\left(\dfrac{z}{v}\right)H(v)v^{-1}dv$	$R_{x1}R_{y1}<\|z\|<R_{x2}R_{y2}$
8. $\sum_{n=-\infty}^{\infty}x(n)y^*(n)=\frac{1}{2\pi j}\oint_c X(v)Y^*\left(\frac{1}{v^*}\right)v^{-1}dv$		$R_{x1}R_{y1}<1<R_{x2}R_{y2}$
9. $x(0)=\lim_{z\to\infty}X(z)$		$x(n)$ 为因果序列，$\|z\|>R_{x1}$
10. $x(\infty)=\lim_{z\to 1}(z-1)X(z)$		$x(n)$ 为因果序列且当 $\|z\|\geqslant 1$ 时，$(z-1)X(z)$ 收敛

2.6 拉普拉斯变换、傅里叶变换与 z 变换

2.6.1 拉普拉斯变换与 z 变换

首先讨论序列的 z 变换与理想采样信号的拉普拉斯变换的关系。

设连续信号为 $x_a(t)$，理想采样后的采样信号为 $\hat{x}_a(t)$，它们的拉普拉斯变换分别为

$$X_a(s)=\int_{-\infty}^{\infty}x_a(t)e^{-st}dt$$

$$\hat{X}_a(s)=\int_{-\infty}^{\infty}\hat{x}_a(t)e^{-st}dt$$

拉普拉斯与复频域分析

代入 $\hat{x}_a(t)=\sum\limits_{n=-\infty}^{\infty}x_a(nT)\delta(t-nT)$，可得

$$\begin{aligned}\hat{X}_a(s)&=\int_{-\infty}^{\infty}\sum_{n=-\infty}^{\infty}x_a(nT)\delta(t-nT)e^{-st}dt\\&=\sum_{n=-\infty}^{\infty}x_a(nT)\int_{-\infty}^{\infty}\delta(t-nT)e^{-st}dt\\&=\sum_{n=-\infty}^{\infty}x_a(nT)e^{-nsT}\end{aligned}\tag{2.50}$$

采样序列 $x(n)=x_a(nT)$ 的 z 变换为

$$X(z)=\sum_{n=-\infty}^{\infty}x_a(nT)z^{-n}=\sum_{n=-\infty}^{\infty}x(n)z^{-n}$$

$X(z)$ 对比式(2.50)可以看出，当 $z=e^{sT}$ 时，采样序列的 z 变换就等于其理想采样信号的拉普拉斯变换：

$$X(z)\big|_{z=e^{sT}}=X(e^{sT})=\hat{X}_a(s)\tag{2.51}$$

这说明，从理想采样信号的拉普拉斯变换到采样序列的 z 变换，就是由复变量 s 平面到复变量 z 平面的映射，其映射关系为

$$\begin{cases}z=e^{sT}\\s=\dfrac{1}{T}\ln z\end{cases}\tag{2.52}$$

这个变换称为标准变换。下面来讨论这一映射关系。将 s 平面用直角坐标表示为

$$s=\sigma+j\Omega$$

而 z 平面用极坐标表示为

$$z=re^{j\omega}$$

将它们代入式(2.52)中，得到

$$re^{j\omega}=e^{(\sigma+j\Omega)T}=e^{\sigma T}e^{j\Omega T}$$

因此

$$r=e^{\sigma T}\tag{2.53a}$$

$$\omega=\Omega T\tag{2.53b}$$

这两个等式表明，z 的模 r 仅对应于 s 的实部 σ，z 的相角 ω 仅对应于 s 的虚部 Ω。

从上式可以看出 s 平面与 z 平面有如下映射关系：

(1) s 平面的原点($\sigma=0,\Omega=0$)映射到 z 平面上 $r=1,\ \omega=0$，即 $z=1$。

(2) s 的实轴 σ 与 z 的模 r 的关系，即式(2.53a)

$$\begin{cases}\sigma=0\rightarrow r=1\\\sigma<0\rightarrow r<1\\\sigma>0\rightarrow r>1\end{cases}$$

这说明 s 平面虚轴($\sigma=0$)映射到 z 平面上是半径为 1 的圆($r=1$)，即单位圆；s 的左半平面($\sigma<0$)

映射到 z 平面单位圆内部($r<1$)；s 的右半平面($\sigma>0$)映射到 z 平面单位圆外部($r>1$)。

(3) s 的虚轴 Ω 与 z 的相角 ω 的关系式(2.53b)，即 $\omega=\Omega T$ 是线性关系，当 $\Omega=0$ 时 $\omega=0$，即 s 平面的实轴映射到 z 平面上正实轴；但是由于 $z=r\mathrm{e}^{\mathrm{j}\omega}$ 是 ω 的周期函数，因此当 Ω 由 $-\pi/T$ 增长到 π/T 时，ω 由 $-\pi$ 增长到 π，相角旋转了一周，映射了整个 z 平面，因此 Ω 每增加一个采样频率 $\Omega_s=2\pi/T$，ω 就增加了一个 2π，也就是重复旋转一周，z 平面重叠一次。这种多值函数的映射关系可以想象为将 s 平面"裁"成一条条宽为 Ω_s 的"横带"，这些横带互相重叠地映射到整个 z 平面，如图2.9所示。也可以把 z 平面想象为以原点为中心的无穷层重叠在一起的螺旋面，即无穷阶黎曼平面，当 s 平面上沿 $\mathrm{j}\Omega$ 轴变化时，映射到 z 域的黎曼面上则是随着相角 ω 的增加由一个螺旋面旋转到另一个螺旋面。

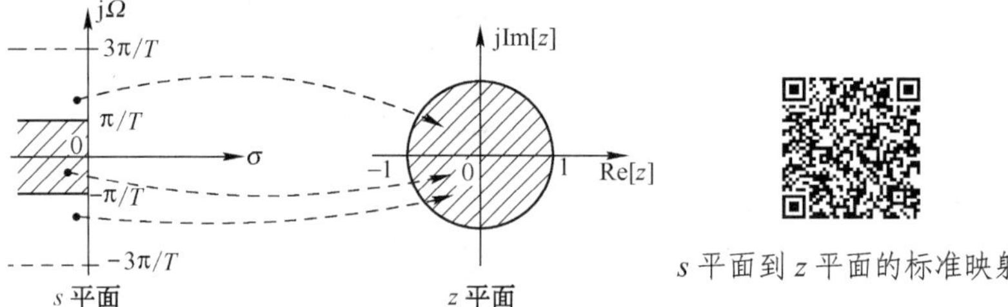

图 2.9　s 平面与 z 平面的映射关系

有了 s 平面到 z 平面的映射关系，就可以进一步通过理想采样所提供的桥梁，找到连续信号 $x_a(t)$ 本身的拉普拉斯变换 $X_a(s)$ 与采样序列 $x(n)$ 的 z 变换 $X(z)$ 之间的关系。将 1.2 节中的式(1.36)重写如下。

$$\hat{X}_a(s)=\frac{1}{T}\sum_{k=-\infty}^{\infty}X_a(s-\mathrm{j}k\Omega_s)$$

将此式代入式(2.51)，即得 $X(z)$ 与 $X_a(s)$ 的关系。

$$X(z)\big|_{z=\mathrm{e}^{sT}}=\frac{1}{T}\sum_{k=-\infty}^{\infty}X_a(s-\mathrm{j}k\Omega_s)=\frac{1}{T}\sum_{k=-\infty}^{\infty}X_a\left(s-\mathrm{j}\frac{2\pi}{T}k\right) \tag{2.54}$$

2.6.2　连续时间信号的傅里叶变换与序列的 z 变换

再看傅里叶变换与 z 变换的关系，傅里叶变换是拉普拉斯变换(双边)在虚轴上的特例，即 $s=\mathrm{j}\Omega$，映射到 z 平面上正是单位圆 $z=\mathrm{e}^{\mathrm{j}\Omega T}$，将这两个关系代入式(2.51)可得

$$X(z)\big|_{z=\mathrm{e}^{\mathrm{j}\Omega T}}=X(\mathrm{e}^{\mathrm{j}\Omega T})=\hat{X}_a(\mathrm{j}\Omega) \tag{2.55}$$

$$X(\mathrm{e}^{\mathrm{j}\Omega T})=\frac{1}{T}\sum_{k=-\infty}^{\infty}X_a\left(\mathrm{j}\Omega-\mathrm{j}\frac{2\pi}{T}k\right) \tag{2.56}$$

式(2.55)表明：采样序列在单位圆上的 z 变换，就等于其理想采样信号的傅里叶变换 $\hat{X}_a(\mathrm{j}\Omega)$(频谱)。

2.6.3　数字频率与频谱

从式(2.53b)可看到，z 平面的相角变量 ω 直接对应着 s 平面的角频率变量 Ω，因此 ω 具有角频率的意义，称为数字域角频率，它与模拟域角频率 Ω 的关系是

$$\omega = \Omega T = \frac{\Omega}{f_s} \tag{2.57}$$

可以看出数字域角频率是模拟域角频率对采样频率 f_s 的归一化值，它代表了序列值变化的速率，所以它只有相对的时间意义(相对于采样周期 T)，而没有绝对时间和角频率的意义。

将式(2.57)代入式(2.56)可得

$$X(z)\big|_{z=e^{j\omega}} = X(e^{j\omega}) = \hat{X}_a(j\Omega)\big|_{\Omega=\omega/T} = \frac{1}{T}\sum_{k=-\infty}^{\infty} X_a\left(j\frac{\omega-2\pi k}{T}\right) \tag{2.58}$$

可见，单位圆上的 z 变换是和采样信号的频谱相联系的，因而常称单位圆上序列的 z 变换为序列的傅里叶变换，也称为数字序列的频谱。同时，式(2.58)表明：数字频谱是其被采样的连续信号频谱周期延拓后再对采样频率的归一化。

定义单位圆上的 z 变换为序列的傅里叶变换。序列 $x(n)$ 的 z 变换公式为

$$X(z) = \sum_{n=-\infty}^{\infty} x(n) z^{-n}$$

令 $z = e^{j\omega}$，$|z| = 1$，即取单位圆上的 z 变换

$$X(e^{j\omega}) = X(z)\big|_{z=e^{j\omega}} = \sum_{n=-\infty}^{\infty} x(n) e^{-jn\omega}$$

由此可以得出序列的傅里叶变换。而反变换

$$\begin{aligned} x(n) &= \frac{1}{2\pi j}\oint_{|z|=1} X(z) z^{n-1} dz \\ &= \frac{1}{2\pi j}\oint_{|z|=1} X(e^{j\omega}) e^{jn\omega} \cdot e^{-j\omega} d(e^{j\omega}) \\ &= \frac{1}{2\pi j}\int_{-\pi}^{\pi} X(e^{j\omega}) e^{jn\omega} e^{-j\omega} \cdot j e^{j\omega} d\omega \\ &= \frac{1}{2\pi}\int_{-\pi}^{\pi} X(e^{j\omega}) e^{jn\omega} d\omega \end{aligned} \tag{2.59}$$

序列的傅里叶变换也称为离散时间傅里叶变换(Discrete Time Fourier Transform，DTFT)。通常用以下符号分别表示对 $x(n)$ 取傅里叶变换或反变换。

$$\text{DTFT}[x(n)] = X(e^{j\omega}) = \sum_{n=-\infty}^{\infty} x(n) e^{-jn\omega} \tag{2.60}$$

$$\text{IDTFT}\left[X(e^{j\omega})\right] = x(n) = \frac{1}{2\pi}\int_{-\pi}^{\pi} X(e^{j\omega}) e^{jn\omega}\, d\omega \tag{2.61}$$

这个公式成立的条件是 $X(z)$ 在单位圆上必须收敛，即序列 $x(n)$ 必须绝对可和。其收敛条件为

$$\sum_{n=-\infty}^{\infty} |x(n)| < \infty \tag{2.62}$$

绝对可和是傅里叶变换存在的一个充分条件。也就是说，若序列 $x(n)$ 绝对可和，则它的傅里叶变换一定存在且连续。$X(e^{j\omega})$ 是 ω 的复函数，可表示为

$$\begin{aligned} X(e^{j\omega}) &= \left|X(e^{j\omega})\right| e^{j\varphi(\omega)} \\ &= \text{Re}[X(e^{j\omega})] + j\text{Im}[X(e^{j\omega})] \end{aligned} \tag{2.63}$$

$X(\mathrm{e}^{\mathrm{j}\omega})$ 表示 $x(n)$ 的频域特性，也称 $x(n)$ 的频谱，$\left|X(\mathrm{e}^{\mathrm{j}\omega})\right|$ 为幅度谱，$\varphi(\omega)$ 为相位谱，二者都是 ω 的连续函数。由于 $\mathrm{e}^{\mathrm{j}\omega}$ 是 ω 以 2π 为周期的周期函数，因此 $X(\mathrm{e}^{\mathrm{j}\omega})$ 也是以 2π 为周期的周期函数。

例 2.20 若 $x(n)=R_5(n)=u(n)-u(n-5)$，求此序列的傅里叶变换 $X(\mathrm{e}^{\mathrm{j}\omega})$。

解

$$
\begin{aligned}
X(\mathrm{e}^{\mathrm{j}\omega}) &= \mathrm{DTFT}[R_5(n)] \\
&= \sum_{n=0}^{4}\mathrm{e}^{-\mathrm{j}\omega n} = \frac{1-\mathrm{e}^{-\mathrm{j}5\omega}}{1-\mathrm{e}^{-\mathrm{j}\omega}} = \frac{\mathrm{e}^{-\mathrm{j}\frac{5}{2}\omega}}{\mathrm{e}^{-\mathrm{j}\frac{1}{2}\omega}}\left(\frac{\mathrm{e}^{\mathrm{j}\frac{5}{2}\omega}-\mathrm{e}^{-\mathrm{j}\frac{5}{2}\omega}}{\mathrm{e}^{\mathrm{j}\frac{1}{2}\omega}-\mathrm{e}^{-\mathrm{j}\frac{1}{2}\omega}}\right) \\
&= \mathrm{e}^{-\mathrm{j}2\omega}\left[\frac{\sin\left(\frac{5}{2}\omega\right)}{\sin\left(\frac{1}{2}\omega\right)}\right] = \left|X(\mathrm{e}^{\mathrm{j}\omega})\right|\mathrm{e}^{\mathrm{j}\varphi(\omega)}
\end{aligned}
$$

其中，幅频特性

$$
\left|X(\mathrm{e}^{\mathrm{j}\omega})\right| = \left|\frac{\sin\left(\frac{5}{2}\omega\right)}{\sin\left(\frac{1}{2}\omega\right)}\right|
$$

相频特性

$$
\varphi(\omega) = -2\omega + \arg\left[\frac{\sin\left(\frac{5}{2}\omega\right)}{\sin\left(\frac{1}{2}\omega\right)}\right]
$$

式中，$\arg[\cdot]$ 表示方括号内表达式引入的相移，此处，其值在不同 ω 区间分别为 0，π，2π，3π，⋯图 2.10 画出了 $R_5(n)$ 及其幅频特性和相频特性。

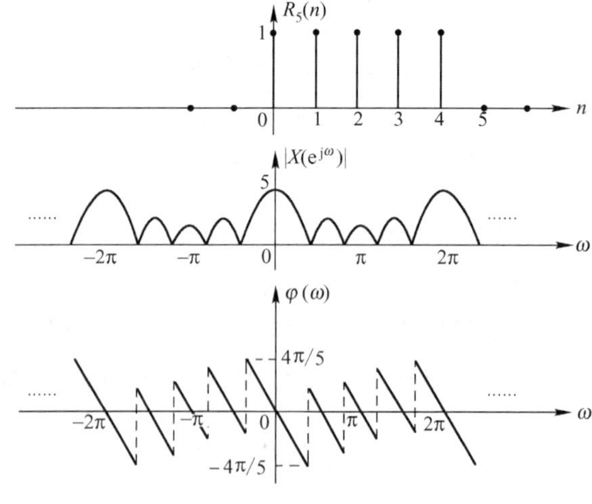

图 2.10 序列 $R_5(n)$ 的傅里叶变换

既然序列的傅里叶变换是单位圆上的 z 变换，它的一切特性都可以直接由 z 变换的特性得到，这里不再进行讨论，将它的主要性质列入表 2.4 中。应该指出，序列的傅里叶变换直接关系到序列和频谱的关系，因此数字滤波器设计中经常采用。

表 2.4　序列傅里叶变换的主要性质

序　　号	序　　列	傅里叶变换
1	$x(n)$	$X(\mathrm{e}^{\mathrm{j}\omega})$
2	$h(n)$	$H(\mathrm{e}^{\mathrm{j}\omega})$
3	$ax(n)+bh(n)$	$aX(\mathrm{e}^{\mathrm{j}\omega})+bH(\mathrm{e}^{\mathrm{j}\omega})$
4	$x(n-m)$	$\mathrm{e}^{-\mathrm{j}\omega m}X(\mathrm{e}^{\mathrm{j}\omega})$
5	$a^n x(n)$	$X\left(\frac{1}{a}\mathrm{e}^{\mathrm{j}\omega}\right)$
6	$\mathrm{e}^{\mathrm{j}n\omega_0}x(n)$	$X(\mathrm{e}^{\mathrm{j}(\omega-\omega_0)})$
7	$x(n)*h(n)$	$X(\mathrm{e}^{\mathrm{j}\omega})H(\mathrm{e}^{\mathrm{j}\omega})$
8	$x(n)h(n)$	$\frac{1}{2\pi}\int_{-\pi}^{\pi}X(\mathrm{e}^{\mathrm{j}\theta})H(\mathrm{e}^{\mathrm{j}(\omega-\theta)})\mathrm{d}\theta$
9	$x^*(n)$	$X^*(\mathrm{e}^{-\mathrm{j}\omega})$
10	$x(-n)$	$X(\mathrm{e}^{-\mathrm{j}\omega})$
11	$x^*(-n)$	$X^*(\mathrm{e}^{\mathrm{j}\omega})$
12	$\mathrm{Re}[x(n)]$	$X_{\mathrm{e}}(\mathrm{e}^{\mathrm{j}\omega})=\frac{X(\mathrm{e}^{\mathrm{j}\omega})+X^*(\mathrm{e}^{-\mathrm{j}\omega})}{2}$
13	$\mathrm{j\,Im}[x(n)]$	$X_{\mathrm{o}}(\mathrm{e}^{\mathrm{j}\omega})=\frac{X(\mathrm{e}^{\mathrm{j}\omega})-X^*(\mathrm{e}^{-\mathrm{j}\omega})}{2}$
14	$x_{\mathrm{e}}(n)=\frac{x(n)+x^*(-n)}{2}$	$\mathrm{Re}[X(\mathrm{e}^{\mathrm{j}\omega})]$
15	$x_{\mathrm{o}}(n)=\frac{x(n)-x^*(-n)}{2}$	$\mathrm{j\,Im}[X(\mathrm{e}^{\mathrm{j}\omega})]$
16	$x(n)$ 为实序列	$\begin{cases}X(\mathrm{e}^{\mathrm{j}\omega})=X^*(\mathrm{e}^{-\mathrm{j}\omega})\\ \mathrm{Re}[X(\mathrm{e}^{\mathrm{j}\omega})]=\mathrm{Re}[X(\mathrm{e}^{-\mathrm{j}\omega})]\\ \mathrm{Im}[X(\mathrm{e}^{\mathrm{j}\omega})]=-\mathrm{Im}[X(\mathrm{e}^{-\mathrm{j}\omega})]\\ \lvert X(\mathrm{e}^{\mathrm{j}\omega})\rvert=\lvert X(\mathrm{e}^{-\mathrm{j}\omega})\rvert\\ \arg[X(\mathrm{e}^{\mathrm{j}\omega})]=-\arg[X(\mathrm{e}^{-\mathrm{j}\omega})]\end{cases}$
17	$x_{\mathrm{e}}(n)=\frac{x(n)+x(-n)}{2}$ [$x(n)$ 为实序列]	$\mathrm{Re}[X(\mathrm{e}^{\mathrm{j}\omega})]$
18	$x_{\mathrm{o}}(n)=\frac{x(n)-x(-n)}{2}$ [$x(n)$ 为实序列]	$\mathrm{j\,Im}[X(\mathrm{e}^{\mathrm{j}\omega})]$
19	$\sum_{n=-\infty}^{\infty}x(n)h^*(n)=\frac{1}{2\pi}\int_{-\pi}^{\pi}X(\mathrm{e}^{\mathrm{j}\omega})H^*(\mathrm{e}^{\mathrm{j}\omega})\mathrm{d}\omega$（帕塞瓦尔公式）	
20	$\sum_{n=-\infty}^{\infty}\lvert x(n)\rvert^2=\frac{1}{2\pi}\int_{-\pi}^{\pi}\lvert X(\mathrm{e}^{\mathrm{j}\omega})\rvert^2\mathrm{d}\omega$（帕塞瓦尔公式）	

2.7　系统函数

在时域中，一个线性时不变系统完全可以由它的单位脉冲响应 $h(n)$ 来表示。对于一个给定的输入 $x(n)$，其输出 $y(n)$ 为

$$y(n)=x(n)*h(n)=\sum_{m=-\infty}^{\infty}x(m)h(n-m)$$

对等式两端取 z 变换，得

$$Y(z)=X(z)H(z)$$

则

$$H(z)=\frac{Y(z)}{X(z)} \tag{2.64}$$

把 $H(z)$ 定义为线性时不变系统的系统函数，它是单位脉冲响应的 z 变换，即

$$H(z)=Z[h(n)]=\sum_{n=-\infty}^{\infty}h(n)z^{-n} \tag{2.65}$$

在单位圆上($z=\mathrm{e}^{\mathrm{j}\omega}$)的系统函数就是系统的频率响应 $H(\mathrm{e}^{\mathrm{j}\omega})$。

$$H(\mathrm{e}^{\mathrm{j}\omega})=\mathrm{DTFT}[h(n)]=\sum_{n=-\infty}^{\infty}h(n)\mathrm{e}^{-\mathrm{j}\omega n} \tag{2.66}$$

2.7.1 因果系统

单位脉冲响应 $h(n)$ 为因果序列的系统称为因果系统，前面已经介绍过，一个线性时不变因果系统的系统函数 $H(z)$ 具有包括 $z=\infty$ 的收敛域，即

$$R_{x1}<|z|\leqslant\infty \tag{2.67}$$

2.7.2 稳定系统

由前面的讨论已知，一个线性时不变系统稳定的充分必要条件为 $h(n)$ 必须满足绝对可和条件，即

$$\sum_{n=-\infty}^{\infty}|h(n)|<\infty$$

而 $H(z)$ 的 z 变换的收敛域由满足 $\sum\limits_{n=-\infty}^{\infty}\left|h(n)z^{-n}\right|<\infty$ 的那些 z 值确定，因此稳定系统的系统函数 $H(z)$ 必须在单位圆上收敛，即收敛域包括单位圆 $|z|=1$，$H(\mathrm{e}^{\mathrm{j}\omega})$ 存在。

2.7.3 因果稳定系统

因果稳定系统是最普遍、最重要的一种系统，它的系统函数 $H(z)$ 必须在从单位圆到 ∞ 的整个 z 域内收敛，即

$$R_{x1}<|z|\leqslant\infty,\qquad R_{x1}<1 \tag{2.68}$$

也就是说，系统函数的全部极点必须在单位圆内。

2.7.4 系统函数和差分方程的关系

一个线性时不变系统也可以用常系数线性差分方程来表示，其 N 阶常系数线性差分方程的一般形式为

$$\sum_{k=0}^{N}a_k y(n-k)=\sum_{k=0}^{M}b_k x(n-k)$$

若系统起始状态为零，则可以直接对上式两端取 z 变换，利用 z 变换的线性特性和移位特性可得

$$\sum_{k=0}^{N}a_k z^{-k}Y(z)=\sum_{k=0}^{M}b_k z^{-k}X(z)$$

因此

$$H(z)=\frac{Y(z)}{X(z)}=\frac{\sum\limits_{k=0}^{M}b_k z^{-k}}{\sum\limits_{k=0}^{N}a_k z^{-k}} \tag{2.69}$$

由此看出系统函数分子、分母多项式的系数分别就是差分方程的系数。式(2.69)是两个 z^{-1} 的多项式之比，将其分别进行因式分解，可得

$$H(z)=\left(\frac{b_0}{a_0}\right)\frac{\prod_{k=1}^{M}(1-c_k z^{-1})}{\prod_{k=1}^{N}(1-d_k z^{-1})}=A\frac{\prod_{k=1}^{M}(1-c_k z^{-1})}{\prod_{k=1}^{N}(1-d_k z^{-1})} \tag{2.70}$$

式中，$z=c_k$ 是 $H(z)$ 的零点，$z=d_k$ 是 $H(z)$ 的极点，它们都由差分方程的系数 b_k 和 a_k 决定。因此，除了比例常数 $A=b_0/a_0$，系统函数完全由它的全部零点和极点来确定。

但是式(2.69)或式(2.70)并没有给定 $H(z)$ 的收敛域，因而可代表不同的系统。这和前述的差分方程并不唯一地确定一个线性系统的单位脉冲响应是一致的。同一个系统函数，收敛域不同，所代表的系统就不同，所以必须同时给定系统的收敛域才行。而对于稳定系统，其收敛域必须包括单位圆，因而，在 z 平面以零–极点图描述系统函数，通常都画出单位圆，以便看出极点是在单位圆内还是在单位圆外。

例 2.21　已知系统函数为

$$H(z)=\frac{-\frac{3}{2}z^{-1}}{\left(1-\frac{1}{2}z^{-1}\right)(1-2z^{-1})}=\frac{1}{1-\frac{1}{2}z^{-1}}-\frac{1}{1-2z^{-1}}, \qquad 2<|z|\leqslant\infty$$

求系统的单位脉冲响应及系统性质。

解　系统函数 $H(z)$ 有两个极点 $z_1=0.5$，$z_2=2$。

从收敛域看，收敛域包括∞点，因此系统一定是因果系统。但是单位圆不在收敛域内，因此可以判定系统是不稳定的。

$$h(n)=\left(\frac{1}{2}\right)^n u(n)-2^n u(n)$$

由于 $2^n u(n)$ 项是发散的，可见系统确实是不稳定的。

例 2.22　系统函数如下：

$$H(z)=\frac{-\frac{3}{2}z^{-1}}{\left(1-\frac{1}{2}z^{-1}\right)(1-2z^{-1})}=\frac{1}{1-\frac{1}{2}z^{-1}}-\frac{1}{1-2z^{-1}}, \qquad \frac{1}{2}<|z|<2$$

求系统的单位脉冲响应及系统性质。

解　收敛域包括单位圆但不包括∞点，因此系统是稳定的但是非因果的。由系统函数的 z 逆变换可得

$$h(n)=\left(\frac{1}{2}\right)^n u(n)+2^n u(-n-1)$$

由于存在 $2^n u(-n-1)$ 项，因此系统是非因果的。

例 2.23　已知系统差分方程为

$$y(n)-\frac{3}{2}y(n-1)+\frac{1}{2}y(n-2)=x(n)，\quad y(-1)=4, y(-2)=10,$$

输入 $x(n)=\left(\frac{1}{4}\right)^n u(n)$，求对应的输出 $y(n)$。

解

方法1：方程两边取 z 变换

$$Y(z)-\frac{3}{2}z^{-1}[Y(z)+y(-1)z]+\frac{1}{2}z^{-2}[Y(z)+y(-1)z+y(-2)z^2]=X(z)$$

代入初始条件，整理得

$$Y(z)=\frac{1}{1-\frac{1}{2}z^{-1}}+\frac{\frac{2}{3}}{1-z^{-1}}+\frac{\frac{1}{3}}{1-\frac{1}{4}z^{-1}}$$

经反变换可得：
$$y(n)=\left(\frac{1}{2}\right)^n u(n)+\frac{2}{3}u(n)+\frac{1}{3}\left(\frac{1}{4}\right)^n u(n)$$

方法2：先求出系统函数，再由零状态、零输入解两部分得到完全解

(1) 求零状态响应

方程两边取 z 变换，此处不考虑初始条件

$$Y(z)-\frac{3}{2}z^{-1}Y(z)+\frac{1}{2}z^{-2}Y(z)=X(z)$$

求得系统函数
$$H(z)=\frac{1}{\left(1-\frac{1}{2}z^{-1}\right)(1-z^{-1})}$$

输入的 z 变换
$$X(z)=\frac{1}{1-\frac{1}{4}z^{-1}}$$

则输出的 z 变换
$$Y_{zs}(z)=X(z)H(z)=\frac{-2}{1-\frac{1}{2}z^{-1}}+\frac{\frac{8}{3}}{1-z^{-1}}+\frac{\frac{1}{3}}{1-\frac{1}{4}z^{-1}}$$

零状态响应
$$y_{zs}(n)=-2\left(\frac{1}{2}\right)^n u(n)+\frac{8}{3}u(n)+\frac{1}{3}\left(\frac{1}{4}\right)^n u(n)$$

(2) 求零输入响应

方程两边取 z 变换，令输入 $x(n)=0$

$$Y(z)-\frac{3}{2}z^{-1}[Y(z)+y(-1)z]+\frac{1}{2}z^{-2}[Y(z)+y(-1)z+y(-2)z^2]=0$$

零输入响应的 z 变换
$$Y_{zi}(z)=\frac{3}{1-\frac{1}{2}z^{-1}}+\frac{2}{1-z^{-1}}$$

零输入响应
$$y_{zi}(n)=3\left(\frac{1}{2}\right)^n u(n)-2u(n)$$

系统输出
$$y(n)=y_{zs}(n)+y_{zi}(n)=\left(\frac{1}{2}\right)^n u(n)+\frac{2}{3}u(n)+\frac{1}{3}\left(\frac{1}{4}\right)^n u(n)$$

2.7.5 系统的频率响应

为了研究离散线性系统对输入频谱的处理作用，有必要研究线性系统对复指数序列或正弦序列的稳态响应，即系统的频域表示法。

对于稳定系统，若输入序列是一个频率为 ω 的复正弦序列：

$$x(n)=\mathrm{e}^{\mathrm{j}\omega n},\qquad -\infty<n<\infty$$

线性时不变系统的单位脉冲响应为 $h(n)$，则其输出为

$$\begin{aligned}y(n)=x(n)*h(n)&=\sum_{m=-\infty}^{\infty}h(m)x(n-m)\\&=\sum_{m=-\infty}^{\infty}h(m)\mathrm{e}^{\mathrm{j}\omega(n-m)}=\mathrm{e}^{\mathrm{j}\omega n}\sum_{m=-\infty}^{\infty}h(m)\mathrm{e}^{-\mathrm{j}\omega m}\end{aligned}$$

式中

$$\sum_{m=-\infty}^{\infty}h(m)\mathrm{e}^{-\mathrm{j}\omega m}=H(\mathrm{e}^{\mathrm{j}\omega})$$

因此

$$y(n)=\mathrm{e}^{\mathrm{j}\omega n}H(\mathrm{e}^{\mathrm{j}\omega})\tag{2.71}$$

上式表明，当线性时不变系统输入频率为 ω 的复正弦序列时，输出为同频复正弦序列乘以加权函数 $H(\mathrm{e}^{\mathrm{j}\omega})$。显然，$H(\mathrm{e}^{\mathrm{j}\omega})$ 描述了复正弦序列通过线性时不变系统后，幅度和相位随频率 ω 的变化。换句话说，系统对复正弦序列的响应完全由 $H(\mathrm{e}^{\mathrm{j}\omega})$ 决定，故称 $H(\mathrm{e}^{\mathrm{j}\omega})$ 为线性时不变系统的频率响应。线性时不变系统的频率响应是其单位脉冲响应的傅里叶变换。

线性时不变系统的频率响应 $H(\mathrm{e}^{\mathrm{j}\omega})$ 是以 2π 为周期的连续周期函数，是复函数。它可以写成模和相位的形式：

$$H(\mathrm{e}^{\mathrm{j}\omega})=\left|H(\mathrm{e}^{\mathrm{j}\omega})\right|\mathrm{e}^{\mathrm{j}\arg[H(\mathrm{e}^{\mathrm{j}\omega})]}$$

式中，频率响应的模 $\left|H(\mathrm{e}^{\mathrm{j}\omega})\right|$ 称为系统的幅度响应(或幅频响应)，频率响应的相位 $\arg[H(\mathrm{e}^{\mathrm{j}\omega})]$ 称为系统的相位响应(或相频响应)。系统频率响应 $H(\mathrm{e}^{\mathrm{j}\omega})$ 存在且连续的条件是 $h(n)$ 绝对可和，即要求系统是稳定系统。

线性时不变系统在任意输入情况下，输入与输出两者的傅里叶变换间的关系，可通过以下公式推导得出

$$y(n)=x(n)*h(n)$$

$$\mathrm{DTFT}\left[y(n)\right]=\mathrm{DTFT}\left[x(n)*h(n)\right]$$

即

$$Y(\mathrm{e}^{\mathrm{j}\omega})=X(\mathrm{e}^{\mathrm{j}\omega})H(\mathrm{e}^{\mathrm{j}\omega})\tag{2.72}$$

$H(\mathrm{e}^{\mathrm{j}\omega})$ 就是系统的频率响应。由式(2.72)得知，对于线性时不变系统，其输出序列的傅里叶变换等于输入序列的傅里叶变换与系统频率响应的乘积。

若对 $Y(\mathrm{e}^{\mathrm{j}\omega})$ 取傅里叶反变换，则可求得输出序列为

$$y(n)=\frac{1}{2\pi}\int_{-\pi}^{\pi}H(\mathrm{e}^{\mathrm{j}\omega})X(\mathrm{e}^{\mathrm{j}\omega})\mathrm{e}^{\mathrm{j}\omega n}\mathrm{d}\omega\tag{2.73}$$

若用极坐标形式表示频率响应，则系统的输入和输出的傅里叶变换的振幅和相位间的关系可表示为

$$\left|Y(\mathrm{e}^{\mathrm{j}\omega})\right|=\left|X(\mathrm{e}^{\mathrm{j}\omega})\right|\left|H(\mathrm{e}^{\mathrm{j}\omega})\right|\tag{2.74}$$

$$\arg\left[Y(\mathrm{e}^{\mathrm{j}\omega})\right]=\arg\left[X(\mathrm{e}^{\mathrm{j}\omega})\right]+\arg\left[H(\mathrm{e}^{\mathrm{j}\omega})\right]\tag{2.75}$$

例 2.24 设有一系统，其输入/输出关系由以下差分方程确定：

$$y(n)-\frac{1}{2}y(n-1)=x(n)+\frac{1}{2}x(n-1)$$

设系统是因果的。

(1) 求该系统的单位脉冲响应。

(2) 由(1)的结果，求输入 $x(n)=\mathrm{e}^{\mathrm{j}\pi n}$ 的响应。

解

(1) 对差分方程两端分别进行 z 变换可得

$$Y(z)-\frac{1}{2}z^{-1}Y(z)=X(z)+\frac{1}{2}z^{-1}X(z)$$

系统函数

$$H(z)=\frac{Y(z)}{X(z)}=\frac{1+\frac{1}{2}z^{-1}}{1-\frac{1}{2}z^{-1}}=\frac{2}{1-\frac{1}{2}z^{-1}}-1$$

系统函数 $H(z)$ 仅有一个极点，$z_1=\frac{1}{2}$，因为系统是因果的，故 $H(z)$ 的收敛域必须包含 ∞，所以收敛域为 $|z|>\frac{1}{2}$。该收敛域又包括单位圆，所以系统也是稳定的。

对系统函数 $H(z)$ 进行 z 逆变换，可得单位脉冲响应为

$$h(n)=Z^{-1}\left[H(z)\right]=2\times\left(\frac{1}{2}\right)^{n}u(n)-\delta(n)$$

(2) 解法一：系统的频率响应为

$$H(\mathrm{e}^{\mathrm{j}\omega})=H(z)\big|_{z=\mathrm{e}^{\mathrm{j}\omega}}=\frac{1+\frac{1}{2}\mathrm{e}^{-\mathrm{j}\omega}}{1-\frac{1}{2}\mathrm{e}^{-\mathrm{j}\omega}}$$

由于系统是线性时不变且因果稳定的，故当输入 $x(n)=\mathrm{e}^{\mathrm{j}\pi n}$ 时，应用式(2.71)，可得输出响应为

$$y(n)=x(n)H(\mathrm{e}^{\mathrm{j}\pi})=\mathrm{e}^{\mathrm{j}\pi n}\cdot\frac{1+\frac{1}{2}\mathrm{e}^{-\mathrm{j}\pi}}{1-\frac{1}{2}\mathrm{e}^{-\mathrm{j}\pi}}=\frac{1}{3}\mathrm{e}^{\mathrm{j}\pi n}$$

解法二：

$$y(n)=x(n)*h(n)=\sum_{m=-\infty}^{\infty}h(m)\mathrm{e}^{\mathrm{j}\pi(n-m)}=\mathrm{e}^{\mathrm{j}\pi n}\sum_{m=-\infty}^{\infty}h(m)\mathrm{e}^{-\mathrm{j}\pi m}$$

$$=\mathrm{e}^{\mathrm{j}\pi n}H(\mathrm{e}^{\mathrm{j}\pi})=\mathrm{e}^{\mathrm{j}\pi n}\cdot\frac{1+\frac{1}{2}\mathrm{e}^{-\mathrm{j}\pi}}{1-\frac{1}{2}\mathrm{e}^{-\mathrm{j}\pi}}=\frac{1}{3}\mathrm{e}^{\mathrm{j}\pi n}$$

对于一个采样数字信号处理系统，其频率响应如何确定。图 2.11 所示的采样处理系统可以等效为图2.12所示的模拟系统，这里就是要找到这一等效的系统函数 $H_{\mathrm{a}}(\mathrm{j}\Omega)$。

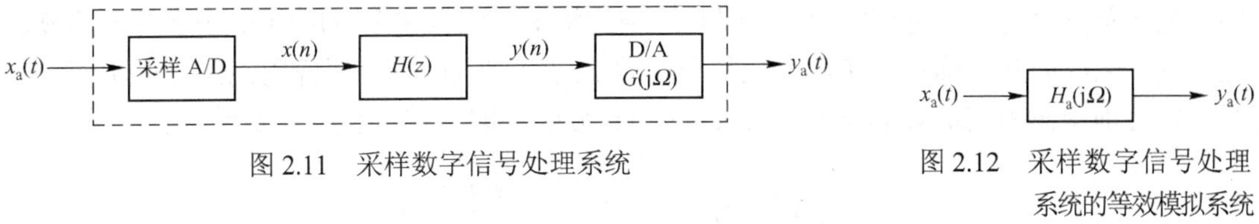

图 2.11　采样数字信号处理系统

图 2.12　采样数字信号处理系统的等效模拟系统

先看输入模拟信号经过采样 A/D 变换后得到采样序列 $x(n)=x_a(nT)$，根据式(2.56)和式(2.58)，序列的傅里叶变换为

$$X(\mathrm{e}^{\mathrm{j}\omega})=\frac{1}{T}\sum_{m=-\infty}^{\infty}X_a\left(\mathrm{j}\frac{\omega-2\pi m}{T}\right)$$

或

$$X(\mathrm{e}^{\mathrm{j}\Omega T})=\frac{1}{T}\sum_{m=-\infty}^{\infty}X_a\left(\mathrm{j}\Omega-\mathrm{j}\frac{2\pi m}{T}\right)$$

通过离散系统处理后

$$Y(\mathrm{e}^{\mathrm{j}\omega})=X(\mathrm{e}^{\mathrm{j}\omega})H(\mathrm{e}^{\mathrm{j}\omega})$$

或

$$Y(\mathrm{e}^{\mathrm{j}\Omega T})=X(\mathrm{e}^{\mathrm{j}\Omega T})H(\mathrm{e}^{\mathrm{j}\Omega T})$$

最后将输出序列 $y(n)$ 在 D/A 变换器中转换为冲激脉冲，再通过理想低通滤波器 $G(\mathrm{j}\Omega)$，这样就得到模拟输出信号 $y_a(t)$，它的频谱为

$$Y_a(\mathrm{j}\Omega)=G(\mathrm{j}\Omega)Y(\mathrm{e}^{\mathrm{j}\Omega T})=G(\mathrm{j}\Omega)H(\mathrm{e}^{\mathrm{j}\Omega T})X(\mathrm{e}^{\mathrm{j}\Omega T})$$

若理想低通滤波器的特性为

$$G(\mathrm{j}\Omega)=\begin{cases}T, & |\Omega|<\dfrac{\pi}{T}\\[2mm] 0, & |\Omega|>\dfrac{\pi}{T}\end{cases}$$

则

$$Y_a(\mathrm{j}\Omega)=G(\mathrm{j}\Omega)H(\mathrm{e}^{\mathrm{j}\Omega T})\frac{1}{T}\sum_{m=-\infty}^{\infty}X_a(\mathrm{j}\Omega-\mathrm{j}2\pi m/T)$$

输入信号总是满足带限要求的(一般都有前置滤波器)，即

$$X_a(\mathrm{j}\Omega)=0,\qquad |\Omega|>\frac{\pi}{T}$$

因此

$$G(\mathrm{j}\Omega)\frac{1}{T}\sum_{m=-\infty}^{\infty}X_a(\mathrm{j}\Omega-\mathrm{j}2\pi m/T)=X_a(\mathrm{j}\Omega)$$

这样

$$Y_a(\mathrm{j}\Omega)=H(\mathrm{e}^{\mathrm{j}\Omega T})X_a(\mathrm{j}\Omega)\tag{2.76}$$

等效的系统函数为

$$H_a(\mathrm{j}\Omega)=\frac{Y_a(\mathrm{j}\Omega)}{X_a(\mathrm{j}\Omega)}=H(\mathrm{e}^{\mathrm{j}\Omega T}),\qquad |\Omega|<\frac{\pi}{T}\tag{2.77}$$

可见采样系统的频率响应也正是决定于数字系统的频率响应。或者反过来说，数字系统的频率响应正是采样系统的归一化频率响应：

$$H(\mathrm{e}^{\mathrm{j}\omega})=H_a(\mathrm{j}\omega/T),\qquad |\Omega|<\pi\tag{2.78}$$

2.7.6　频率响应的几何确定法

一个 N 阶的系统函数 $H(z)$ 完全可以用它在 z 平面上的零点和极点确定。由于 $H(z)$ 在单

位圆上的 z 变换即是系统的频率响应，因此系统的频率响应也完全可以由 $H(z)$ 的零点和极点确定。频率响应的几何确定法实际上就是利用 $H(z)$ 在 z 平面上的零点和极点，采用几何方法直观、定性地求出系统的频率响应。$H(z)$ 的因式分解，即用零点和极点表示为

$$H(z)=A\frac{\prod_{k=1}^{M}(1-c_k z^{-1})}{\prod_{k=1}^{N}(1-d_k z^{-1})}=Az^{(N-M)}\frac{\prod_{k=1}^{M}(z-c_k)}{\prod_{k=1}^{N}(z-d_k)} \tag{2.79}$$

式中，A 为实数，用 $z=\mathrm{e}^{\mathrm{j}\omega}$ 代入，即得系统的频率响应为

$$\begin{aligned}H(\mathrm{e}^{\mathrm{j}\omega})&=A\frac{\prod_{k=1}^{M}(1-c_k\mathrm{e}^{-\mathrm{j}\omega})}{\prod_{k=1}^{N}(1-d_k\mathrm{e}^{-\mathrm{j}\omega})}=A\mathrm{e}^{\mathrm{j}(N-M)\omega}\frac{\prod_{k=1}^{M}(\mathrm{e}^{\mathrm{j}\omega}-c_k)}{\prod_{k=1}^{N}(\mathrm{e}^{\mathrm{j}\omega}-d_k)}\\&=\left|H(\mathrm{e}^{\mathrm{j}\omega})\right|\mathrm{e}^{\mathrm{j}\arg[H(\mathrm{e}^{\mathrm{j}\omega})]}\end{aligned} \tag{2.80}$$

其模等于

$$\left|H(\mathrm{e}^{\mathrm{j}\omega})\right|=|A|\frac{\prod_{k=1}^{M}\left|(\mathrm{e}^{\mathrm{j}\omega}-c_k)\right|}{\prod_{k=1}^{N}\left|(\mathrm{e}^{\mathrm{j}\omega}-d_k)\right|} \tag{2.81}$$

其相角为

$$\arg\left[H(\mathrm{e}^{\mathrm{j}\omega})\right]=\arg[A]+\sum_{k=1}^{M}\arg\left[\mathrm{e}^{\mathrm{j}\omega}-c_k\right]-\sum_{k=1}^{N}\arg\left[\mathrm{e}^{\mathrm{j}\omega}-d_k\right]+(N-M)\omega \tag{2.82}$$

在 z 平面上，$z=c_k(k=1,2,\cdots,M)$ 表示 $H(z)$ 的零点(图上用∘表示)，而 $z=d_k(k=1,2,\cdots,N)$ 表示 $H(z)$ 的极点(图上用×表示)，如图2.13所示。$\mathrm{e}^{\mathrm{j}\omega}-c_k$ 可以用一个由零点 c_k 指向单位圆上 $\mathrm{e}^{\mathrm{j}\omega}$ 点的矢量 $\boldsymbol{C}_k$ 来表示：

$$\boldsymbol{C}_k=\mathrm{e}^{\mathrm{j}\omega}-c_k=e_k\mathrm{e}^{\mathrm{j}\alpha_k}$$

同样，$\mathrm{e}^{\mathrm{j}\omega}-d_k$ 可以用一个由极点 d_k 指向单位圆上 $\mathrm{e}^{\mathrm{j}\omega}$ 点的矢量 $\boldsymbol{D}_k$ 来表示：

$$\boldsymbol{D}_k=\mathrm{e}^{\mathrm{j}\omega}-d_k=l_k\mathrm{e}^{\mathrm{j}\beta_k}$$

因此

$$\left|H(\mathrm{e}^{\mathrm{j}\omega})\right|=|A|\frac{\prod_{k=1}^{M}e_k}{\prod_{k=1}^{N}l_k} \tag{2.83}$$

也就是说，频率响应的幅度函数就等于各零点至 $\mathrm{e}^{\mathrm{j}\omega}$ 点矢量长度之积除以各极点至 $\mathrm{e}^{\mathrm{j}\omega}$ 点矢量长度之积，再乘以常数 $|A|$。

而频率响应的相角

$$\arg\left[H(\mathrm{e}^{\mathrm{j}\omega})\right]=\arg[A]+\sum_{k=1}^{M}\alpha_k-\sum_{k=1}^{N}\beta_k+(N-M)\omega \tag{2.84}$$

也就是说，频率响应的相位函数等于各零点至 $\mathrm{e}^{\mathrm{j}\omega}$ 点矢量的相角之和减去各极点至 $\mathrm{e}^{\mathrm{j}\omega}$ 点矢量的相角之和加上常数 A 的相角 $\arg[A]$，再加上线性相移分量 $(N-M)\omega$。当频率 ω 由 0 到 2π 时，

这些矢量的终端点沿单位圆逆时针方向旋转一圈，从而可以估算出整个系统的频率响应。例如，图2.13表示了具有两个极点和一个零点的系统及其频率响应。

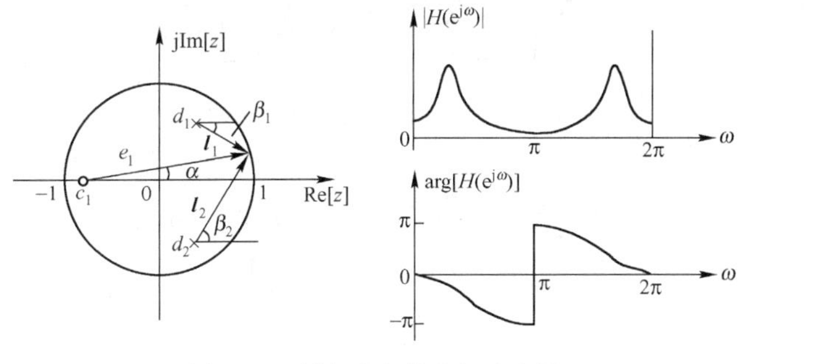

图 2.13　频率响应的几何确定法

频率响应的几何确定法

式(2.83)和式(2.84)也可以看出零点和极点的位置对系统频率响应的影响。在 $z=0$ 处的零点或极点对幅频响应不产生影响，但会影响相位响应；当 $e^{j\omega}$ 在某个极点 d_k 附近时，这时 $\boldsymbol{D}_k$ 矢量的长度最短，l_k 出现极小值，因而频率响应在这附近可能出现峰值。同时极点 d_k 越靠近单位圆，l_k 的极小值越小，频率响应出现的峰值越尖锐，当极点 d_k 在单位圆上时，l_k 的极小值为零，在 d_k 所在点的频率响应将为 ∞，这相当于在该频率处出现无耗($Q=\infty$)谐振；当极点越出单位圆时系统处于不稳定状态，对于一个现实系统来说，这是不希望出现的。

零点的位置则正好相反，当 $e^{j\omega}$ 越接近某零点 c_k，频率响应就越低，因此在零点附近，频率响应将出现谷点，零点越接近单位圆，谷点越接近于零。当零点处在单位圆上时，谷点为零，也即在零点所在频率上出现传输零点。最后零点可以出现在单位圆外，不受稳定性约束。

例 2.25　设一个因果系统的差分方程为

$$y(n)=x(n)+ay(n-1)\,,\quad |a|<1,\quad a\text{ 为实数}$$

求系统的频率响应。

解　将差分方程两端取 z 变换，可求得

$$H(z)=\frac{Y(z)}{X(z)}=\frac{1}{1-az^{-1}},\qquad |z|>|a|$$

单位脉冲响应为

$$h(n)=a^n u(n)$$

该系统的频率响应为

$$H(e^{j\omega})=H(z)\big|_{z=e^{j\omega}}=\frac{1}{1-ae^{-j\omega}}$$

$$=\frac{1}{(1-a\cos\omega)+ja\sin\omega}$$

幅度响应为

$$\left|H(e^{j\omega})\right|=(1+a^2-2a\cos\omega)^{-1/2}$$

相位响应为

$$\arg\left[H(e^{j\omega})\right]=-\arctan\left(\frac{a\sin\omega}{1-a\cos\omega}\right)$$

系统的各种特性如图2.14所示。

例 2.26　设系统的差分方程为

$$y(n)=x(n)+ax(n-1)+a^2x(n-2)+\cdots+a^{M-1}x(n-M+1)=\sum_{k=0}^{M-1}a^k x(n-k)$$

这是$M-1$个延时单元及M个抽头相加所组成的系统，常称为横向滤波器。试求其频率响应。

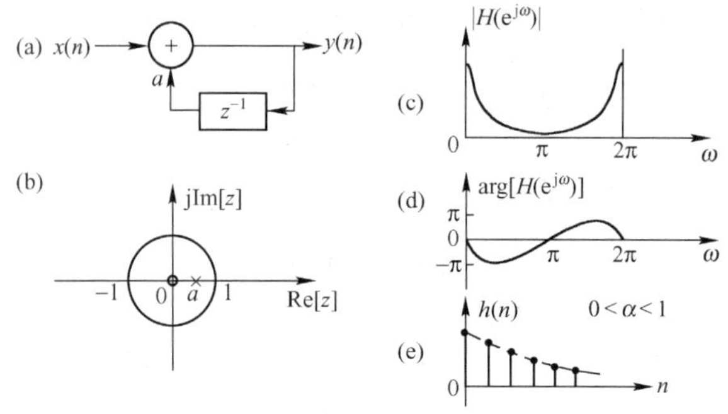

图 2.14　一阶离散系统的各种特性

解　令$x(n)=\delta(n)$，将所给差分方程等式两端取z变换，可得系统函数为

$$H(z)=\sum_{k=0}^{M-1}a^k z^{-k}=\frac{1-a^M z^{-M}}{1-az^{-1}}=\frac{z^M-a^M}{z^{M-1}(z-a)},\qquad |z|>0 \tag{2.85}$$

若a为正实数，$H(z)$的零点为　$z^M-a^M=0$

即　$z_i=a\mathrm{e}^{\mathrm{j}\frac{2\pi}{M}i},\ \ i=0,1,2,\cdots,M-1$

这些零点分布在$|z|=a$的圆周上，并对圆周进行M等分。特别是它的第一个零点$i=0$，$z_0=a$正好和式(2.85)分母上的$(z-a)$抵消，因此整个系统函数$H(z)$共有

$$\begin{cases}M-1\text{个零点}, & z_i=a\mathrm{e}^{\mathrm{j}\frac{2\pi}{M}i},\ i=1,2,\cdots,M-1\\ M-1\text{ 阶极点}, & \text{都集中原点处 } z_0=0\end{cases}$$

图2.15给出了$M=8$，$0<a<1$时的情况，它的频率响应特性上有M次起伏波纹。这种结构系统的最大特点是它的单位脉冲响应只有有限长，$h(n)$一共有M个序列值。

$$h(n)=\begin{cases}a^n, & 0\leqslant n\leqslant M-1\\ 0, & \text{其他}\end{cases}$$

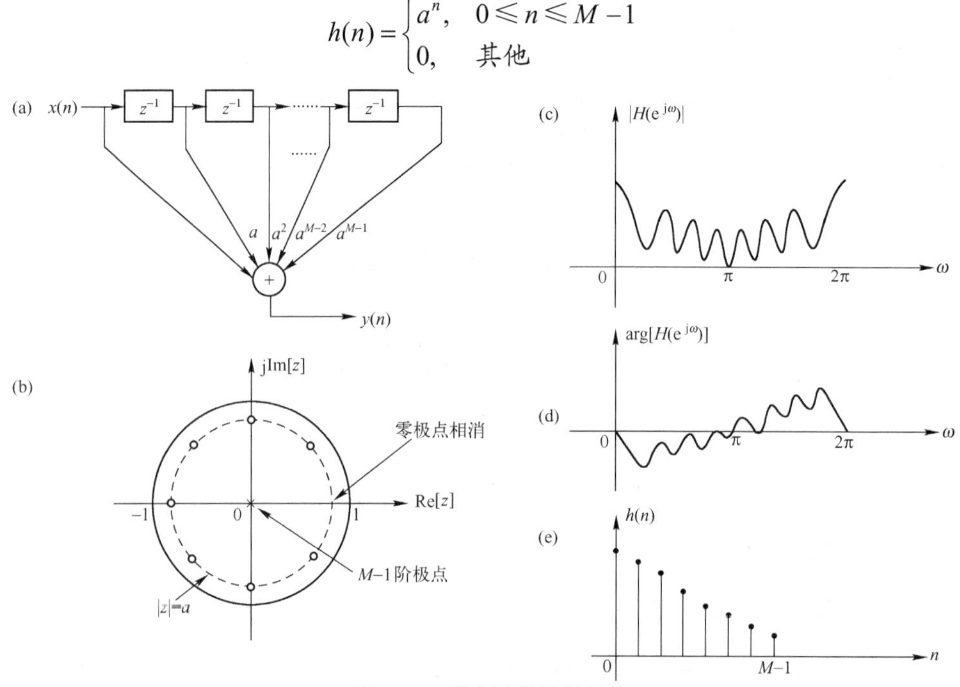

图 2.15　横向结构滤波器

2.7.7　FIR 系统与 IIR 系统

从例 2.26 可以看到，横向结构的系统的单位脉冲响应是一个有限长序列，因此这种系统称为“有限长单位脉冲响应系统”，简称为 FIR 系统；若系统的单位脉冲响应延伸到无限长，则称为“无限长单位脉冲响应系统”，简称为 IIR 系统。

从系统函数上看，一个 N 阶系统的系统函数的一般表达式为

$$H(z)=\frac{\sum_{k=0}^{M} b_k z^{-k}}{\sum_{k=0}^{N} a_k z^{-k}}$$

进行归一化使 $a_0=1$（用原 a_0 除分子分母中的每一项即可），表示成

$$H(z)=\frac{\sum_{k=0}^{M} b_k z^{-k}}{1-\sum_{k=1}^{N} a_k z^{-k}} \tag{2.86}$$

只要式(2.86)的分母多项式有一个系数 $a_k \neq 0$，则有限 z 平面就会出现极点，这个系统就是 IIR 系统。这可分成两种情况，一种是分子只有常数项 b_0，此时在有限 z 平面上只有极点，称为全极点系统，或称为自回归系统（AR系统）；另一种是 $H(z)$ 是有理函数，如式(2.86)所示，在有限 z 平面内既有极点又有零点，称为零-极点系统或称为自回归滑动平均系统（ARMA 系统）。若全部 $a_k=0\ (k=1,2,\cdots,N)$，则系统就属于 FIR 系统。这是因为前面已经说过，有限长序列 $h(n)$ 的 z 变换 $H(z)$ 在有限 z 平面 $0<|z|<\infty$ 处收敛，也就是说，$H(z)$ 在有限 z 平面不能有极点，只存在零点，因此又称全零点系统，或称为滑动平均系统（MA 系统）。

从结构类型上来看，IIR 系统至少有一个 $a_k \neq 0$，其差分方程表达式（设 $a_0=1$）为

$$y(n)=\sum_{k=0}^{M} b_k x(n-k)+\sum_{k=1}^{N} a_k y(n-k)$$

可以看出，$a_k \neq 0$，求 $y(n)$ 时，需要将各 $y(n-k)$ 反馈回来，用 a_k 加权后和各 $b_k x(n-k)$ 相加，因而有反馈环路，这种结构称为递归型结构。也可以看出，IIR 系统输出不但与各 $x(n-k)$ 有关，而且与各 $y(n-k)$ 有关。

如果全部 $a_k=0(k=1,2,\cdots,N)$，则没有反馈结构，称为非递归型结构。也可以看出，FIR 系统的输出只与各输入 $x(n-k)$ 有关。

IIR 系统只能采用递归型结构，FIR 系统大多采用非递归型结构，但是用零点和极点互相抵消的方法，也可以采用递归型结构。

IIR 系统和 FIR 系统在特性和设计方法上都有很大的差异，而递归型与非递归型结构在量化运算中的误差效果上的差别也是很大的，因此它们构成了数字滤波器的两大类型，在后面章节中将对这两大类滤波器分别进行分析和讨论。

本章提要

1．z 变换是求解常系数线性差分方程的重要工具，一个离散序列 $x(n)$ 的 z 变换定义为 $X(z)=\sum_{n=-\infty}^{\infty}x(n)z^{-n}$ ，典型的序列包括：单位脉冲序列、单位阶跃序列、斜变序列、指数序列及正弦和余弦系列。z 变换形式十分重要，需要认真掌握。

2．不同的 $x(n)$ 的 z 变换，由于收敛域不同，可能对应于相同的 z 变换，故在确定 z 变换时，必须指明收敛域。收敛域有两种判别方法：比值和根值。除了一些特殊的点，可以简单总结收敛域为：有限长序列的收敛域为有限 z 平面，左边序列收敛域为圆内区域，右边序列收敛域为圆外区域，双边序列收敛域为圆环区域。

3．求解 z 逆变换的常用方法包括：围线积分法、部分分式展开法和幂级数展开法，其中部分分式展开法最常用，需要熟练掌握。

4．z 变换的基本性质有线性、位移性、序列线性加权、序列指数加权、复序列的共轭、翻褶序列、初值定理、终值定理、时域相乘、时域卷积、帕塞瓦尔定理等。其中时域卷积是求解系统响应的常用方法。

5．对拉普拉斯变换、傅里叶变换和 z 变换之间的关系进行分析，其中序列的 z 变换与理想采样信号的拉普拉斯变换的关系最为重要，s 平面和 z 平面也有重要的一些映射关系。采样序列在单位圆上的 z 变换，就等于其理想采样信号的傅里叶变换，由此导出数字频率和频谱。

6．系统函数 $H(z)$ 和系统的输入/输出存在关系 $H(z)=\dfrac{Y(z)}{X(z)}$，由系统函数可以描述系统的性能，如因果性、稳定性等。系统函数和差分方程还可以相互转化。

7．单位脉冲响应是一个有限长序列，这种系统称为“有限长单位脉冲响应系统”，简称为 FIR 系统；若系统的单位脉冲响应延伸到无限长，则称为“无限长单位脉冲响应系统”，简称为 IIR 系统。FIR 系统和 IIR 系统在性能、结构和设计工作上都是不同的。

习　题

1．求下列序列的 z 变换 $X(z)$，并标明收敛域，绘出 $X(z)$ 的零-极点图。

(1) $\left(\dfrac{1}{2}\right)^n u(n)$　　(2) $\left(-\dfrac{1}{4}\right)^n u(n)$

(3) $(-0.5)^n u(-n-1)$　　(4) $\delta(n+1)$

(5) $\left(\dfrac{1}{2}\right)^n [u(n)-u(n-10)]$　　(6) $a^{|n|},\ 0<|a|<1$

2．求下列 $X(z)$ 的逆变换。

(1) $X(z)=\dfrac{1}{1+0.5z^{-1}},\ |z|>0.5$　　(2) $X(z)=\dfrac{1-0.5z^{-1}}{1+\dfrac{3}{4}z^{-1}+\dfrac{1}{8}z^{-2}},\ |z|>\dfrac{1}{2}$

(3) $X(z)=\dfrac{1-2z^{-1}}{1-\dfrac{1}{4}z^{-1}},\ |z|<\dfrac{1}{4}$　　(4) $X(z)=\dfrac{z-a}{1-az},\ |z|>\left|\dfrac{1}{a}\right|$

3．假如 $x(n)$ 的 z 变换代数表示式是下式，问 $X(z)$ 可能有多少不同的收敛域，对应不同的收敛域求 $x(n)$。

$$X(z)=\frac{1-\frac{1}{4}z^{-2}}{\left(1+\frac{1}{4}z^{-2}\right)\left(1+\frac{5}{4}z^{-1}+\frac{3}{8}z^{-2}\right)}$$

4．已知因果序列的 z 变换 $X(z)$，求序列的初值 $x(0)$ 和终值 $x(\infty)$。

（1）$X(z)=\dfrac{1+z^{-1}+z^{-2}}{(1-z^{-1})(1-2z^{-1})}$　　（2）$X(z)=\dfrac{z^{-1}}{1-1.5z^{-1}+0.5z^{-2}}$

5．已知 $Z[x(n)]=X(z)$，求证 $Z\left[\sum_{k=0}^{n}x(k)\right]=\dfrac{z}{z-1}X(z)$。

6．对因果序列，初值定理是 $x(0)=\lim\limits_{z\to\infty}X(z)$，如果序列为 $n>0$ 时 $x(n)=0$，那么相应的定理是什么？

讨论一个序列 $x(n)$，其 z 变换为

$$X(z)=\frac{\frac{7}{12}-\frac{19}{24}z^{-1}}{1-\frac{5}{2}z^{-1}+z^{-2}}$$

$X(z)$ 的收敛域包括单位圆，求其 $x(0)$（序列）值。

7．有一信号 $y(n)$，它与另两个信号 $x_1(n)$ 和 $x_2(n)$ 的关系是

$$y(n)=x_1(n+3)*x_2(-n+1)$$

其中　　$x_1(n)=\left(\dfrac{1}{2}\right)^n u(n)$，$x_2(n)=\left(\dfrac{1}{3}\right)^n u(n)$

已知　　$Z[a^n u(n)]=\dfrac{1}{1-az^{-1}}$，$|z|>|a|$

利用 z 变换性质求 $y(n)$ 的 z 变换 $Y(z)$。

8．求以下序列 $x(n)$ 的频谱 $X(\mathrm{e}^{\mathrm{j}\omega})$。

（1）$\delta(n-n_0)$　　（2）$\mathrm{e}^{-an}u(n)$

（3）$\mathrm{e}^{-(\alpha+\mathrm{j}\omega_0)n}u(n)$　　（4）$\mathrm{e}^{-an}u(n)\cos(\omega_0 n)$

9．设 $X(\mathrm{e}^{\mathrm{j}\omega})$ 是如下图所示的 $x(n)$ 信号的傅里叶变换，不必求出 $X(\mathrm{e}^{\mathrm{j}\omega})$，试完成下列计算。

（1）$X(\mathrm{e}^{\mathrm{j}0})$　　（2）$\int_{-\pi}^{\pi}X(\mathrm{e}^{\mathrm{j}\omega})\mathrm{d}\omega$

（3）$\int_{-\pi}^{\pi}\left|X(\mathrm{e}^{\mathrm{j}\omega})\right|^2\mathrm{d}\omega$　　（4）$\int_{-\pi}^{\pi}\left|\dfrac{\mathrm{d}X(\mathrm{e}^{\mathrm{j}\omega})}{\mathrm{d}\omega}\right|^2\mathrm{d}\omega$

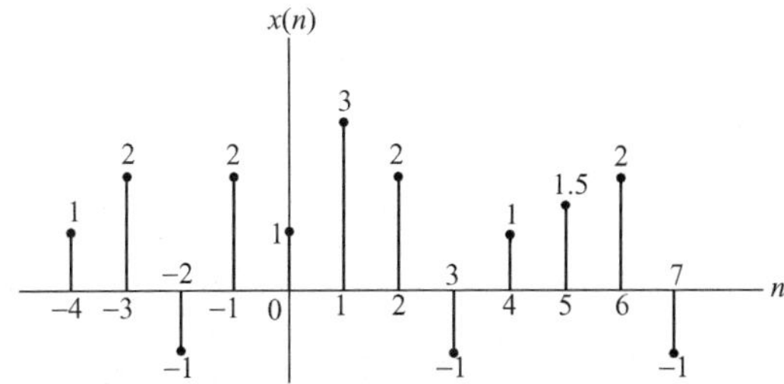

10．已知 $x(n)$ 的傅里叶变换 $X(\mathrm{e}^{\mathrm{j}\omega})$，用 $X(\mathrm{e}^{\mathrm{j}\omega})$ 表示下列信号的傅里叶变换。

（1）$x_1(n)=x(1-n)+x(-1-n)$　　（2）$x_2(n)=\dfrac{x^*(-n)+x(n)}{2}$

（3）$x_3(n)=(n-1)^2x(n)$

11．已知用下列差分方程描述的一个线性时不变因果系统：

$$y(n)=y(n-1)+y(n-2)+x(n-1)$$

(1) 求这个系统的系统函数，画出其零-极点图并指出其收敛区域。

(2) 求此系统的单位脉冲响应。

(3) 画出系统的结构框图。

(4) 若 $n<0$ 时， $y(n)=0$ ， $x(n)=2\times(0.4)^n u(n)$ ，求输出 $y(n)$ 。

12．研究一个输入为 $x(n)$ 和输出为 $y(n)$ 的时域线性时不变因果系统，已知它满足

$$y(n)-\frac{5}{6}y(n-1)+\frac{1}{6}y(n-2)=x(n)$$

试求其系统函数和单位脉冲响应。

13．下图是一个因果稳定系统的结构，试列出系统差分方程，求系统函数。当 $b_0=0.5,\ b_1=1,\ a_1=0.5$ 时，求系统单位脉冲响应，画出系统零-极点图和频率响应曲线。

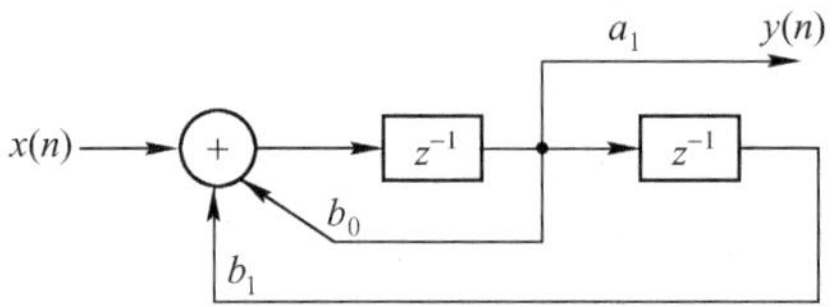

14．已知一个线性时不变离散系统，其激励 $x(n)$ 和响应 $y(n)$ 满足下列差分方程：

$$y(n)-\frac{1}{3}y(n-1)=x(n)$$

(1) 试画出该系统的结构框图。

(2) 求该系统的系统函数 $H(z)$ ，并画出零-极点图。

(3) 求系统的单位脉冲响应 $h(n)$ ，并讨论系统的稳定性和因果性。

第 3 章　离散傅里叶变换

3.1　引　言

有限长序列在数字信号处理中是很重要的一种序列，虽然可以使用序列的傅里叶变换和 z 变换进行研究，但是这两种变换都无法用计算机直接进行计算，本章中将介绍一种针对序列“有限长”特点的变换——离散傅里叶变换。

傅里叶与频域分析

离散傅里叶变换作为有限长序列的一种傅里叶表示法，除了在理论上相当重要，由于存在有效的快速算法——快速傅里叶变换，也具有重要的实际应用价值，因而在各种数字信号处理的算法中起着核心作用。

有限长序列的离散傅里叶变换(Discrete Fourier Transform，DFT)和周期序列的离散傅里叶级数(Discrete Fourier Series，DFS)本质上是一样的，DFS 是理解 DFT 的基础。在讨论 DFT 和 DFS 之前，我们先回顾一下傅里叶变换的几种可能形式。无论哪一种形式的傅里叶变换，都是建立在以时间为自变量的“信号”和以频率为自变量的“频谱函数”之间的某种变换关系。当自变量“时间”和“频率”分别取连续值或离散值时，就形成了各种不同形式的傅里叶变换对。

图 3.1 给出了各种形式的傅里叶变换。一个实连续的非周期时间信号 $x_a(t)$ 的傅里叶变换(频谱) $X_a(j\Omega)$ 是一个连续的非周期函数，$X_a(j\Omega)$ 的幅度特性如图 3.1(a)所示。一个周期为 T_0 的连续的周期性时间信号 $x_p(t)$，可展成系数为 $X_p(k)$ 的傅里叶级数，$x_p(t)$ 的频谱 $X_p(jk\Omega_0)$ 是由各次谐波分量组成的非周期离散频率函数，幅度特性如图 3.1(b)所示。一个离散非周期信号(序列) $x(nT)$ 的傅里叶变换 $X(e^{j\omega})$ 是以 2π 为周期的连续函数，幅度特性如图 3.1(c)所示。

比较图3.1(a)、图3.1(b)和图3.1(c)可发现有以下规律：若信号在频域是离散的，则其在时域表现为周期性的。相反，若信号在时域是离散的，则其在频域必然表现为周期性的。不难设想，一个时间离散的周期序列，它的频谱一定既是周期的又是离散的，其幅度特性如图 3.1(d)所示，即时域和频域都是周期的，离散的。可以得出一般的规律：一个域的离散必然对应另一个域的周期延拓，一个域的连续必然对应另一个域的非周期。表 3.1 对这 4 种傅里叶变换形式的规律做了简要归纳。

表 3.1　4 种傅里叶变换形式的规律

	时间函数	对应关系	频率函数
1	连续 非周期	⇄（交叉对应）	连续 非周期
2	连续 周期	⇄（交叉对应）	离散 非周期
3	离散 非周期	⇄（交叉对应）	连续 周期
4	离散 周期	⇄（交叉对应）	离散 周期

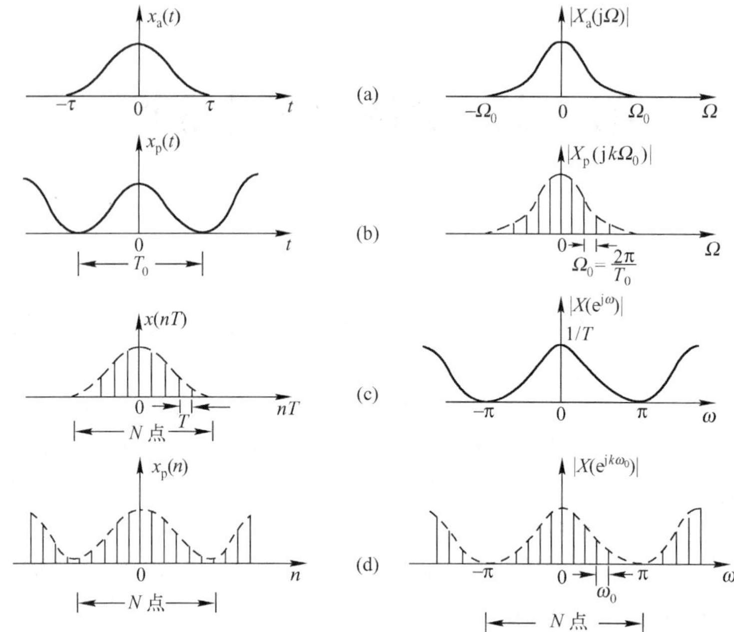

图 3.1 各种形式的傅里叶变换。(a) 连续的非周期信号及其傅里叶变换；(b) 连续的周期信号及其傅里叶变换；(c) 离散非周期信号及其傅里叶变换；(d) 离散周期信号及其傅里叶变换

3.2 周期序列的离散傅里叶级数

设 $\tilde{x}(n)$ 是一个周期为 N 的周期序列，即

$$\tilde{x}(n)=\tilde{x}(n+rN), \qquad r\text{ 为任意整数}$$

虽然周期序列不绝对可和，不能用 z 变换进行分析，但可以用离散傅里叶级数表示。离散周期序列的离散傅里叶级数用周期为 N 的复指数序列来表示，与表示连续周期信号的复指数信号在表现形式上相似，表 3.2 列出了二者形式的对比。

表 3.2 连续时间周期信号与离散周期序列频谱分量对比表

	周 期	基 频	基 频 序 列	k 次谐波序列
连续周期信号	T_0	$\Omega_0=\frac{2\pi}{T_0}$	$e_1(t)=e^{j\left(\frac{2\pi}{T_0}\right)t}$	$e_k(t)=e^{jk\left(\frac{2\pi}{T_0}\right)t}$
离散周期序列	N	$\omega_0=\frac{2\pi}{N}$	$e_1(n)=e^{j\left(\frac{2\pi}{N}\right)n}$	$e_k(n)=e^{jk\left(\frac{2\pi}{N}\right)n}$

实际上，二者的频谱分量还有着本质的区别。连续周期信号的傅里叶级数有无穷多个谐波成分，而离散周期序列的傅里叶级数只有 N 个独立的谐波成分。因为

$$e^{j\frac{2\pi}{N}(k+rN)n}=e^{j\left(\frac{2\pi}{N}\right)kn}, \qquad r\text{ 为任意整数} \tag{3.1}$$

因而只能取 $k=0$ 到 $N-1$ 的一个周期内的 N 个独立谐波分量，表示周期序列的傅里叶级数，否则会产生二义性。将 $\tilde{x}(n)$ 展开成如下的离散傅里叶级数：

$$\tilde{x}(n)=\frac{1}{N}\sum_{k=0}^{N-1}\tilde{X}(k)e^{j\frac{2\pi}{N}kn} \tag{3.2}$$

式中，求和符号前所乘的 1/N 是习惯上常采用的常数，$\tilde{X}(k)$ 是 k 次谐波的系数。下面利用复正弦序列的正交特性求解系数 $\tilde{X}(k)$

$$\frac{1}{N}\sum_{n=0}^{N-1}\mathrm{e}^{\mathrm{j}\frac{2\pi}{N}rn}=\begin{cases}\dfrac{1}{N}\cdot N=1, & r=mN，m\text{ 为整数}\\ \dfrac{1}{N}\cdot\dfrac{1-\mathrm{e}^{\mathrm{j}\frac{2\pi}{N}rN}}{1-\mathrm{e}^{\mathrm{j}\frac{2\pi}{N}r}}=0, & \text{其他}\end{cases}\tag{3.3}$$

将式(3.2)两端同乘以 $\mathrm{e}^{-\mathrm{j}\frac{2\pi}{N}rn}$，然后从 $n=0$ 到 $N-1$ 的一个周期内求和，则得到

$$\sum_{n=0}^{N-1}\tilde{x}(n)\mathrm{e}^{-\mathrm{j}\frac{2\pi}{N}rn}=\frac{1}{N}\sum_{n=0}^{N-1}\sum_{k=0}^{N-1}\tilde{X}(k)\mathrm{e}^{\mathrm{j}\frac{2\pi}{N}(k-r)n}=\sum_{k=0}^{N-1}\tilde{X}(k)\left[\frac{1}{N}\sum_{n=0}^{N-1}\mathrm{e}^{\mathrm{j}\frac{2\pi}{N}(k-r)n}\right]=\tilde{X}(r)$$

将 r 替换成 k 可得

$$\tilde{X}(k)=\sum_{n=0}^{N-1}\tilde{x}(n)\mathrm{e}^{-\mathrm{j}\frac{2\pi}{N}kn}\tag{3.4}$$

这就是求 $k=0$ 到 $N-1$ 的 N 个谐波系数 $\tilde{X}(k)$ 的公式。可证 $\tilde{X}(k)$ 也是一个以 N 为周期的周期序列，即时域周期序列 $\tilde{x}(n)$ 的离散傅里叶级数系数 $\tilde{X}(k)$ 也是一个同周期的周期序列。

为了表示方便，引入符号 W_N：

$$W_N=\mathrm{e}^{-\mathrm{j}\frac{2\pi}{N}}$$

将式(3.2)与式(3.4)表示为

正变换
$$\tilde{X}(k)=\mathrm{DFS}[\tilde{x}(n)]=\sum_{n=0}^{N-1}\tilde{x}(n)\mathrm{e}^{-\mathrm{j}\frac{2\pi}{N}nk}=\sum_{n=0}^{N-1}\tilde{x}(n)W_N^{nk}\tag{3.5}$$

反变换
$$\tilde{x}(n)=\mathrm{IDFS}\left[\tilde{X}(k)\right]=\frac{1}{N}\sum_{k=0}^{N-1}\tilde{X}(k)\mathrm{e}^{\mathrm{j}\frac{2\pi}{N}nk}=\frac{1}{N}\sum_{k=0}^{N-1}\tilde{X}(k)W_N^{-nk}\tag{3.6}$$

式中，DFS[·]表示离散傅里叶级数正变换，IDFS[·]表示离散傅里叶级数反变换。

从上面看出，只要知道周期序列一个周期的内容，其他的内容也就知道了。所以，这种无限长的周期序列实际上只有一个周期中的 N 个序列值有信息。因而周期序列和有限长序列有着本质的联系。

例 3.1　设 $\tilde{x}(n)$ 为周期脉冲串，求其 DFS 系数。

$$\tilde{x}(n)=\sum_{r=-\infty}^{\infty}\delta(n+rN)\qquad (r\text{ 为整数})$$

解　将周期脉冲串 $\tilde{x}(n)$ 展开成离散傅里叶级数

$$\tilde{x}(n)=\frac{1}{N}\sum_{k=0}^{N-1}\tilde{X}(k)\mathrm{e}^{\mathrm{j}\frac{2\pi}{N}kn}=\frac{1}{N}\sum_{k=0}^{N-1}\tilde{X}(k)W_N^{-kn}$$

$\tilde{X}(k)$ 就是其 k 次谐波系数。

因为对于 $0\leqslant n\leqslant N-1$，$\tilde{x}(n)=\delta(n)$，所以利用式(3.5)求出 $\tilde{x}(n)$ 的 DFS 系数为

$$\tilde{X}(k)=\sum_{n=0}^{N-1}\tilde{x}(n)W_N^{nk}=\sum_{n=0}^{N-1}\delta(n)W_N^{nk}=1$$

在这种情况下，对于所有的 k 值均相同。

例 3.2 已知周期序列 $\tilde{x}(n)$ 如图 3.2 所示，其周期 $N=10$，试求解 $\tilde{x}(n)$ 的傅里叶级数系数 $\tilde{X}(k)$。

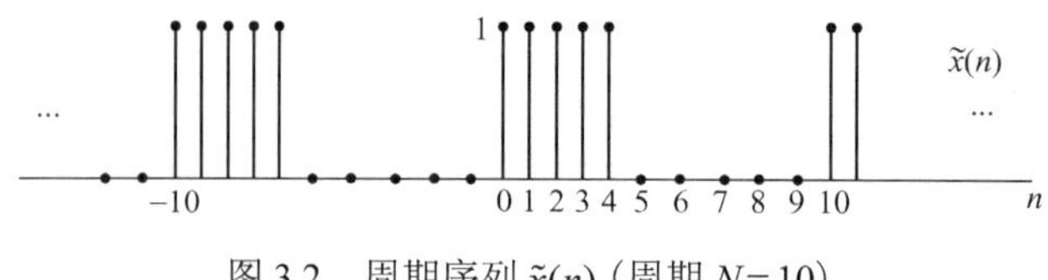

图 3.2 周期序列 $\tilde{x}(n)$（周期 $N=10$）

解 由式(3.5)有

$$\tilde{X}(k)=\sum_{n=0}^{10-1}\tilde{x}(n)W_{10}^{nk}=\sum_{n=0}^{4}\mathrm{e}^{-\mathrm{j}\frac{2\pi}{10}nk}$$

$$\tilde{X}(k)=\frac{1-\mathrm{e}^{-\mathrm{j}\frac{2\pi k}{10}\cdot 5}}{1-\mathrm{e}^{-\mathrm{j}\frac{2\pi k}{10}}}=\mathrm{e}^{-\mathrm{j}\frac{4\pi k}{10}}\frac{\sin(5\pi k/10)}{\sin(\pi k/10)} \tag{3.7}$$

图3.3为离散傅里叶级数系数 $\tilde{X}(k)$ 的幅值示意图。

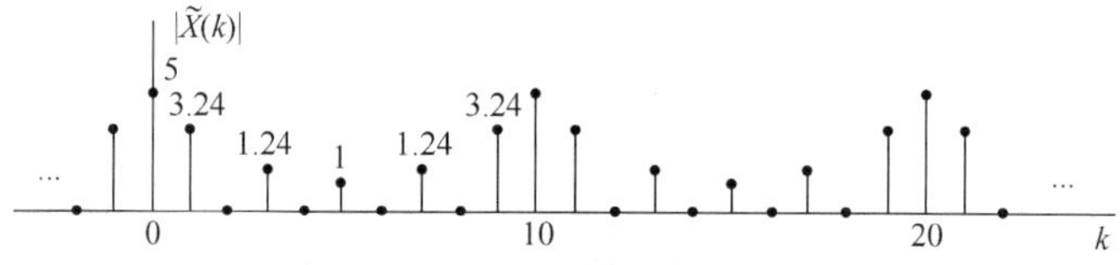

图 3.3 周期序列 $\tilde{x}(n)$ 的傅里叶级数系数 $\tilde{X}(k)$ 的幅值

3.3 离散傅里叶级数的性质

由于可以用采样 z 变换来解释离散傅里叶级数(DFS)，因此它的许多性质与 z 变换性质非常相似，但是，由于 $\tilde{x}(n)$ 和 $\tilde{X}(k)$ 两者都具有周期性，这就使它与 z 变换性质还有一些重要差别。此外，DFS 在时域和频域之间具有严格的对偶关系，这是序列的 z 变换所不具有的。

设 $\tilde{x}_1(n)$ 和 $\tilde{x}_2(n)$ 都是周期为 N 的周期序列，它们各自的 DFS 为

$$\tilde{X}_1(k)=\mathrm{DFS}[\tilde{x}_1(n)]$$
$$\tilde{X}_2(k)=\mathrm{DFS}[\tilde{x}_2(n)]$$

3.3.1 线性

$$\mathrm{DFS}[a\tilde{x}_1(n)+b\tilde{x}_2(n)]=a\tilde{X}_1(k)+b\tilde{X}_2(k) \tag{3.8}$$

式中，a 和 b 为任意常数，所得到的频域序列也是周期序列，周期为 N。

3.3.2 序列的移位

$$\mathrm{DFS}[\tilde{x}(n+m)]=W_N^{-mk}\tilde{X}(k)=\mathrm{e}^{\mathrm{j}\frac{2\pi}{N}mk}\tilde{X}(k) \tag{3.9}$$

$$\text{DFS}\left[W_N^{nl}\tilde{x}(n)\right]=\tilde{X}(k+l) \tag{3.10}$$

或
$$\text{IDFS}\left[\tilde{X}(k+l)\right]=W_N^{nl}\tilde{x}(n)=\mathrm{e}^{-\mathrm{j}\frac{2\pi}{N}nl}\tilde{x}(n) \tag{3.11}$$

证明

$$\text{DFS}\left[\tilde{x}(n+m)\right]=\sum_{n=0}^{N-1}\tilde{x}(n+m)W_N^{nk}=\sum_{i=m}^{N-1+m}\tilde{x}(i)W_N^{ki}W_N^{-mk},\qquad i=n+m$$

由于 $\tilde{x}(i)$ 和 W_N^{ki} 都是以 N 为周期的周期函数，故

$$\text{DFS}\left[\tilde{x}(n+m)\right]=W_N^{-mk}\sum_{i=0}^{N-1}\tilde{x}(i)W_N^{ki}=W_N^{-mk}\tilde{X}(k)$$

由于 $\tilde{x}(n)$ 与 $\tilde{X}(k)$ 的对称特点，可以用相似的方法证明式(3.10)：

$$\text{DFS}\left[W_N^{nl}\tilde{x}(n)\right]=\sum_{n=0}^{N-1}W_N^{nl}\tilde{x}(n)W_N^{nk}=\sum_{n=0}^{N-1}\tilde{x}(n)W_N^{(l+k)n}=\tilde{X}(k+l)$$

3.3.3 周期卷积和

若
$$\tilde{Y}(k)=\tilde{X}_1(k)\tilde{X}_2(k)$$

则
$$\tilde{y}(n)=\text{IDFS}\left[\tilde{Y}(k)\right]=\sum_{m=0}^{N-1}\tilde{x}_1(m)\tilde{x}_2(n-m) \tag{3.12}$$

或
$$\tilde{y}(n)=\text{IDFS}\left[\tilde{Y}(k)\right]=\sum_{m=0}^{N-1}\tilde{x}_2(m)\tilde{x}_1(n-m) \tag{3.13}$$

证明

$$\tilde{y}(n)=\text{IDFS}\left[\tilde{X}_1(k)\tilde{X}_2(k)\right]=\frac{1}{N}\sum_{k=0}^{N-1}\tilde{X}_1(k)\tilde{X}_2(k)W_N^{-nk}$$

代入
$$\tilde{X}_1(k)=\sum_{m=0}^{N-1}\tilde{x}_1(m)W_N^{mk}$$

得
$$\begin{aligned}\tilde{y}(n)&=\frac{1}{N}\sum_{k=0}^{N-1}\sum_{m=0}^{N-1}\tilde{x}_1(m)\tilde{X}_2(k)W_N^{-(n-m)k}\\&=\sum_{m=0}^{N-1}\tilde{x}_1(m)\left[\frac{1}{N}\sum_{k=0}^{N-1}\tilde{X}_2(k)W_N^{-(n-m)k}\right]\\&=\sum_{m=0}^{N-1}\tilde{x}_1(m)\,\tilde{x}_2(n-m)\end{aligned}$$

将变量进行简单换元，即可得到等价的表示式

$$\tilde{y}(n)=\sum_{m=0}^{N-1}\tilde{x}_2(m)\tilde{x}_1(n-m)$$

式(3.12)和式(3.13)是卷积和公式，但是它们与非周期序列的线性卷积不同。第一，$\tilde{x}_1(m)$ 和 $\tilde{x}_2(n-m)$，或 $\tilde{x}_2(m)$ 和 $\tilde{x}_1(n-m)$，都是变量 m 的周期序列，周期为 N，故乘积也是周期为 N 的周期序列；第二，求和只在一个周期上进行，即从 $m=0$ 到 $N-1$，所以称为周期卷积和。

周期卷积的过程可以用图3.4来说明，周期卷积过程中一个周期的某一序列值移出计算区间时，相邻周期中的对应位置的序列值就移入计算区间。运算在 $m=0$ 到 $N-1$ 区间内进行，

即在一个周期内将 $\tilde{x}_2(n-m)$ 与 $\tilde{x}_1(m)$ 逐点相乘后求和，先计算出 $n=0,1,\cdots,N-1$ 的结果，然后将所得结果周期延拓，就得到所求的整个周期序列 $\tilde{y}(n)$。

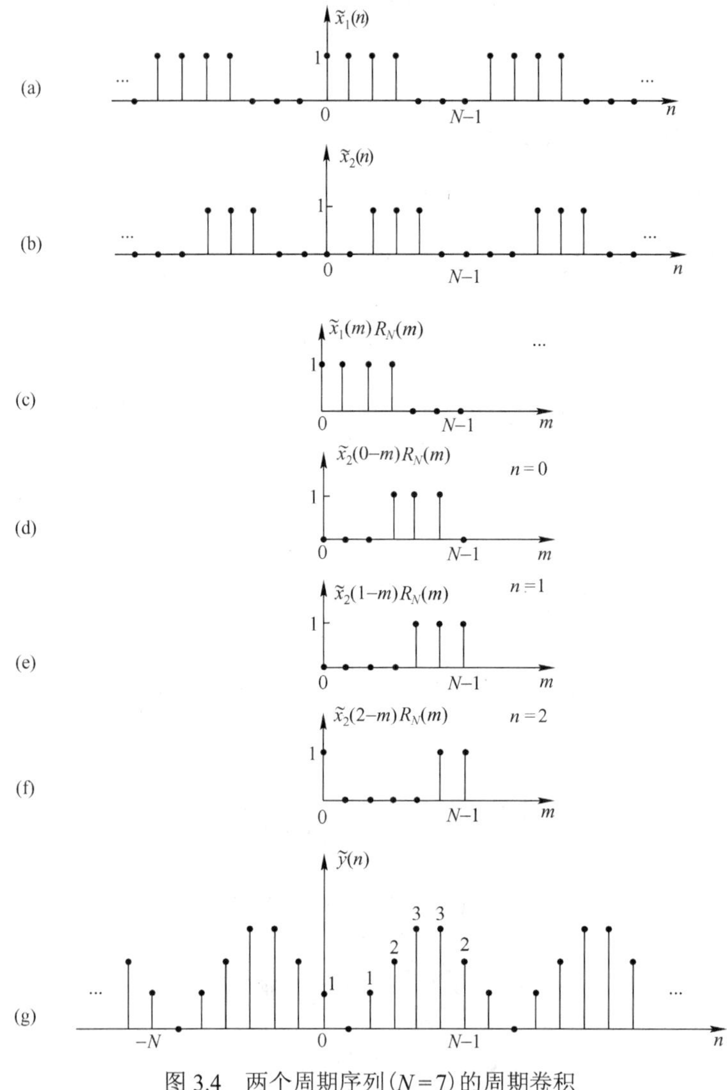

图 3.4 两个周期序列($N=7$)的周期卷积

由于 DFS 和 IDFS 变换的对称性，可以证明(请读者自己证明)时域周期序列的乘积对应着频域周期序列的周期卷积。即若

$$\tilde{y}(n)=\tilde{x}_1(n)\tilde{x}_2(n)$$

则

$$\tilde{Y}(k)=\mathrm{DFS}[\tilde{y}(n)]=\sum_{n=0}^{N-1}\tilde{y}(n)W_N^{nk}=\frac{1}{N}\sum_{l=0}^{N-1}\tilde{X}_1(l)\tilde{X}_2(k-l)=\frac{1}{N}\sum_{l=0}^{N-1}\tilde{X}_2(l)\tilde{X}_1(k-l) \tag{3.14}$$

例 3.3 已知实数周期序列 $\tilde{x}(n)$ 如图3.5(a)所示，其周期 N=8，不直接计算傅里叶级数系数 $\tilde{X}(k)$，利用 DFS 的性质，判断下列各式是否正确。

(1) 对于所有 k，$\tilde{X}(k)=\tilde{X}(k+8)$。

(2) $\tilde{X}(0)=1$。

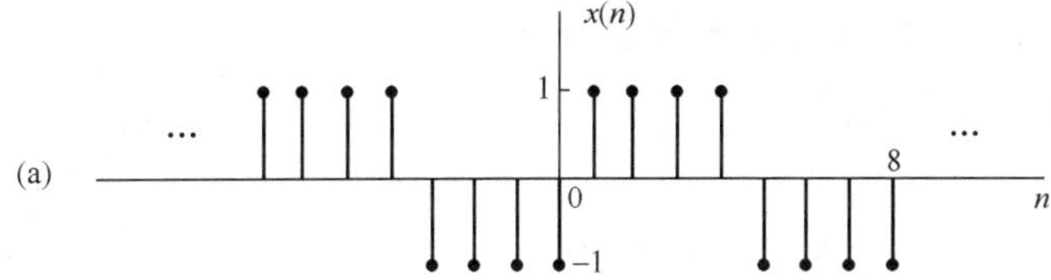

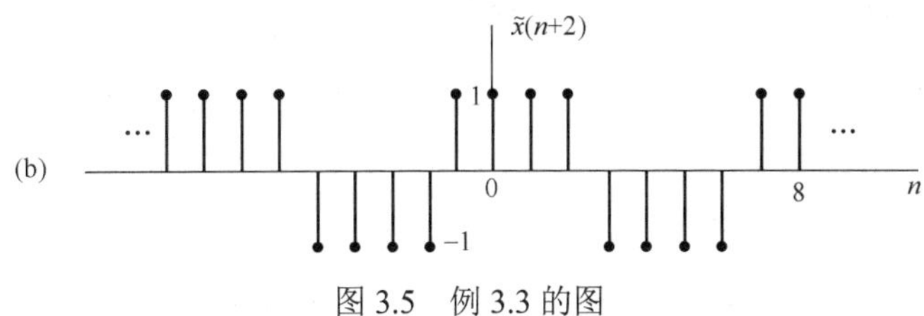

图 3.5　例 3.3 的图

解

（1）正确。因为 $\tilde{x}(n)$ 是周期为 8 的周期序列，所以 $\tilde{X}(k)$ 也是周期为 8 的周期序列。

（2）错误。因为 $\tilde{X}(k)=\sum_{n=0}^{7}\tilde{x}(n)\mathrm{e}^{-\mathrm{j}\frac{2\pi}{8}kn}$，所以 $\tilde{X}(0)=\sum_{n=0}^{7}\tilde{x}(n)=0$。

3.4　有限长序列离散傅里叶变换(DFT)

3.4.1　DFT 的定义

周期序列实际上只有有限个值有意义，因而和有限长序列有着本质的联系。本节将由周期序列的离散傅里叶级数表达式推导得到有限长序列的离散频域表示，即离散傅里叶变换(DFT)。

把长度为 N 的有限长序列 $x(n)$ 视为周期为 N 的周期序列的一个周期，这样利用离散傅里叶级数计算周期序列的一个周期，也就计算了有限长序列的离散傅里叶变换。

设 $x(n)$ 为有限长序列，长度为 N，即

$$x(n)=\begin{cases}x(n), & 0\leqslant n\leqslant N-1\\ 0, & \text{其他}\end{cases}$$

为了引用周期序列的概念，我们把它视为周期为 N 的周期序列 $\tilde{x}(n)$ 的一个周期，而把 $\tilde{x}(n)$ 视为 $x(n)$ 的以 N 为周期的周期延拓，即表示成

$$x(n)=\begin{cases}\tilde{x}(n), & 0\leqslant n\leqslant N-1\\ 0, & \text{其他}\end{cases}\tag{3.15}$$

$$\tilde{x}(n)=\sum_{r=-\infty}^{\infty}x(n+rN)\tag{3.16}$$

这个关系可以用图 3.6 表示。通常把 $\tilde{x}(n)$ 从 $n=0$ 到 $N-1$ 的区间定义为“主值区间”，称 $x(n)$ 为 $\tilde{x}(n)$ 的“主值序列”，即主值区间上的序列。而称 $\tilde{x}(n)$ 为 $x(n)$ 的周期延拓。对不同的 r 值，$x(n+rN)$ 之间彼此并不重叠，故上式可写成

$$\tilde{x}(n)=x(n\text{模}N)=x((n))_N\tag{3.17}$$

用 $((n))_N$ 表示 $(n\text{模}N)$，称为“n 对 N 取模值”，在数学意义上表示“n 对 N 取余数”。

令

$$n=n_1+mN,\qquad 0\leqslant n_1\leqslant N-1,\ m\text{ 为整数}$$

则 n_1 为 n 对 N 的余数。

例如，$\tilde{x}(n)$ 是周期为 $N=9$ 的序列，则有

$$\tilde{x}(8)=x((8))_9=x(8)$$

$$\tilde{x}(13)=x((13))_9=x(4)$$

$$\tilde{x}(22)=x((22))_9=x(4)$$

$$\tilde{x}(-1)=x((-1))_9=x(8)$$

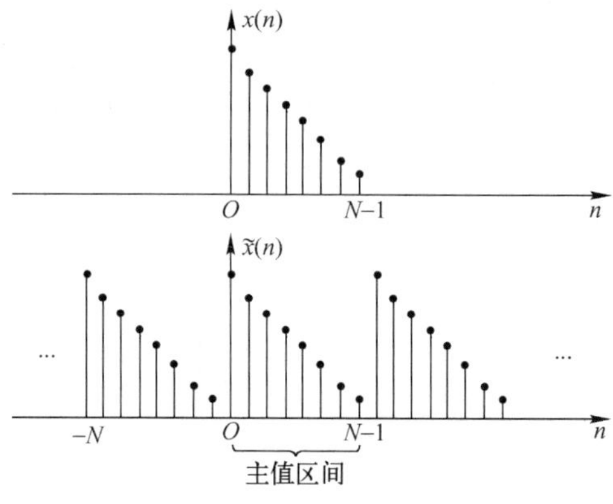

图 3.6　有限长序列及其周期延拓

利用矩形序列 $R_N(n)$，式(3.15)可以表示为

$$x(n)=\tilde{x}(n)R_N(n)\tag{3.18}$$

同理，频域的周期序列 $\tilde{X}(k)$ 也可视为对有限长序列 $X(k)$ 的周期延拓，而有限长序列 $X(k)$ 可视为周期序列 $\tilde{X}(k)$ 的主值序列，即

$$\tilde{X}(k)=X((k))_N\tag{3.19}$$

$$X(k)=\tilde{X}(k)R_N(k)\tag{3.20}$$

我们再看表达 DFS 与 IDFS 的式(3.5)和式(3.6)：

$$\tilde{X}(k)=\text{DFS}\left[\tilde{x}(n)\right]=\sum_{n=0}^{N-1}\tilde{x}(n)W_N^{nk}$$

$$\tilde{x}(n)=\text{IDFS}\left[\tilde{X}(k)\right]=\frac{1}{N}\sum_{k=0}^{N-1}\tilde{X}(k)W_N^{-nk}$$

这两个公式的求和都只限定在 $n=0$ 到 $N-1$ 和 $k=0$ 到 $N-1$ 的主值区间进行，它们完全适用于主值序列 $x(n)$ 与 $X(k)$，因而我们可以得到有限长序列的离散傅里叶变换的定义：

正变换　$$X(k)=\text{DFT}\left[x(n)\right]=\sum_{n=0}^{N-1}x(n)W_N^{nk},\qquad 0\leqslant k\leqslant N-1\tag{3.21}$$

反变换　$$x(n)=\text{IDFT}\left[X(k)\right]=\frac{1}{N}\sum_{k=0}^{N-1}X(k)W_N^{-nk},\qquad 0\leqslant n\leqslant N-1\tag{3.22}$$

上两式是有限长序列的离散傅里叶变换对。式(3.21)为 $x(n)$ 的 N 点离散傅里叶变换(DFT)，式(3.22)为 $X(k)$ 的 N 点离散傅里叶反变换(IDFT)。已知其中一个序列，就能唯一地确定另一序列。

值得强调的是，离散傅里叶变换所处理的有限长序列都是作为周期序列的一个周期来表示的，即离散傅里叶变换隐含着周期性。

例 3.4　已知序列 $x(n)=\delta(n)$，求它的 N 点 DFT。

解　$$X(k)=\text{DFT}\left[x(n)\right]=\sum_{n=0}^{N-1}\delta(n)W_N^{nk}=W_N^0=1,\qquad k=0,1,\cdots,N-1$$

即得到的 $X(k)$ 为矩形序列

$$X(k)=R_N(k)\,,\qquad k=0,1,\cdots,N-1$$

如图3.7所示。这是一个很特殊的例子，它表明对序列 $\delta(n)$ 来说，不论对它进行多少点的DFT，所得结果都是一个矩形序列，且该矩形序列的长度等于进行DFT运算的点数。

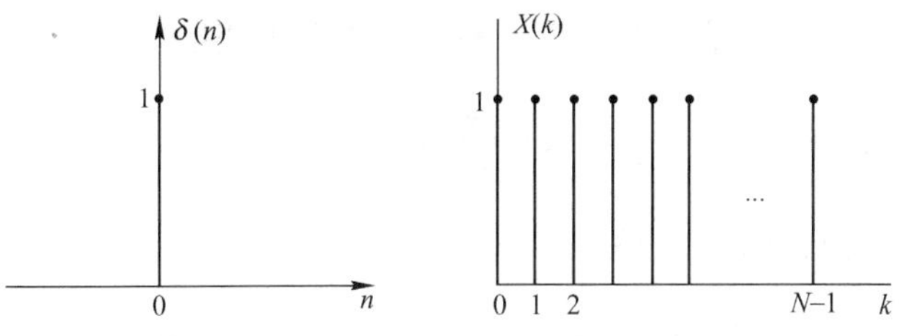

图 3.7　序列 $\delta(n)$ 及其离散傅里叶变换

例 3.5　已知 $x(n)=\cos(n\pi/6)$ 是一个长度 $N=12$ 的有限长序列，求 $x(n)$ 的 N 点 DFT。

解

$$X(k)=\sum_{n=0}^{11}\cos\frac{n\pi}{6}W_{12}^{nk}=\sum_{n=0}^{11}\frac{1}{2}\left(\mathrm{e}^{\mathrm{j}\frac{n\pi}{6}}+\mathrm{e}^{-\mathrm{j}\frac{n\pi}{6}}\right)\mathrm{e}^{-\mathrm{j}\frac{2\pi}{12}nk}=\frac{1}{2}\left(\sum_{n=0}^{11}\mathrm{e}^{-\mathrm{j}\frac{2\pi}{12}n(k-1)}+\sum_{n=0}^{11}\mathrm{e}^{-\mathrm{j}\frac{2\pi}{12}n(k+1)}\right)$$

利用复正弦序列的正交特性式(3.3)，再考虑到 k 的取值区间，可得

$$X(k)=\begin{cases}6, & k=1,11\\ 0, & \text{其他}, k\in[0,11]\end{cases}$$

有限长序列 $x(n)$ 和 $X(k)$ 如图3.8所示。

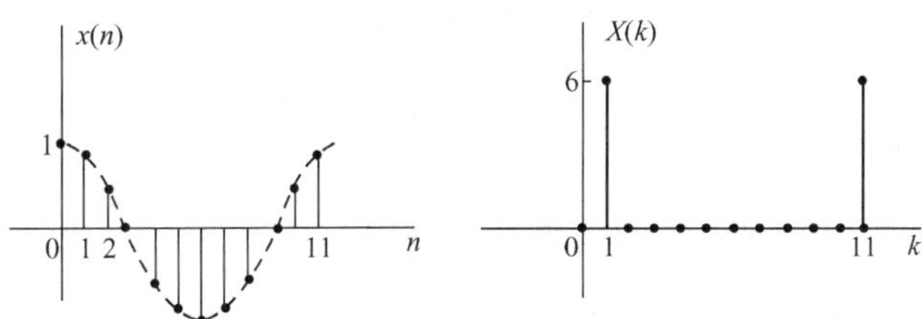

图 3.8　有限长序列及其 DFT

例 3.6　已知如下 $X(k)$，求其 10 点 IDFT。

$$X(k)=\begin{cases}5, & k=0\\ 1, & 1\leqslant k\leqslant 9\end{cases}$$

解　$X(k)$ 可以表示为

$$X(k)=R_N(k)+4\delta(k)\,,\qquad 0\leqslant k\leqslant 9$$

写成这种形式后，利用例 3.4 中得到的单位脉冲序列的 N 点 DFT 的结论，以及 DFT 正、反变换的对称性质，可以很容易地求出 $X(k)$ IDFT 的结果。

$$x_1(n)=\delta(n)\ \overset{N点}{\Leftrightarrow}\ X_1(k)=\mathrm{DFT}[x_1(n)]=R_N(k),\qquad 0\leqslant n\leqslant 9,\qquad 0\leqslant k\leqslant 9$$

$$x_2(n)=R_N(n)\ \overset{N点}{\Leftrightarrow}\ X_2(k)=\mathrm{DFT}[x_2(n)]=N\delta(k)\,,\qquad 0\leqslant n\leqslant 9,\qquad 0\leqslant k\leqslant 9$$

所以

$$x(n)=\delta(n)+\frac{2}{5}R_N(n),\qquad 0\leqslant n\leqslant 9$$

3.4.2　DFT 与 DTFT、z 变换的关系

1. DFT 与 z 变换的关系

若 $x(n)$ 是一个长度为 N 的有限长序列，对 $x(n)$ 进行 z 变换

$$X(z)=\sum_{n=0}^{N-1}x(n)z^{-n}$$

比较 z 变换与 DFT，我们看到，当 $z=W_N^{-k}$ 时

$$X(z)\Big|_{z=W_N^{-k}}=\sum_{n=0}^{N-1}x(n)W_N^{nk}=\mathrm{DFT}\left[x(n)\right]$$

即

$$X(k)=X(z)\Big|_{z=W_N^{-k}} \tag{3.23}$$

$z=W_N^{-k}=\mathrm{e}^{\mathrm{j}\left(\frac{2\pi}{N}\right)k}$ 表明 W_N^{-k} 是 z 平面单位圆上辐角为 $\omega=\dfrac{2\pi}{N}k$ 的点，即为将 z 平面单位圆 N 等分后的第 k 点，所以 $X(k)$ 也就是对 $X(z)$ 在 z 平面单位圆上 N 点等间隔采样值，如图3.9(a)所示。

2. DFT 与 DTFT 变换的关系

由于DTFT(序列的傅里叶变换) $X(\mathrm{e}^{\mathrm{j}\omega})$ 即单位圆上的 z 变换，根据式(3.23)，DFT 与 DTFT 的关系为

$$X(k)=X(\mathrm{e}^{\mathrm{j}\omega})\Big|_{\omega=\frac{2\pi}{N}k}=X(\mathrm{e}^{\mathrm{j}k\omega_N}) \tag{3.24}$$

$$\omega_N=\frac{2\pi}{N}$$

上式说明 $X(k)$ 也可以视为序列 $x(n)$ 的傅里叶变换 $X(\mathrm{e}^{\mathrm{j}\omega})$ 在区间 $[0,\ 2\pi]$ 上的 N 点等间隔采样，其采样间隔为 $\omega_N=2\pi/N$，图3.9(b)给出了 $\left|X(\mathrm{e}^{\mathrm{j}\omega})\right|$ 和 $\left|X(k)\right|$ 的关系。DFT 的变换区间长度 N 不同，表示对 $X(\mathrm{e}^{\mathrm{j}\omega})$ 在区间 $[0,\ 2\pi]$ 上的采样间隔和采样点数不同，所以 DFT 的变换结果也不同。

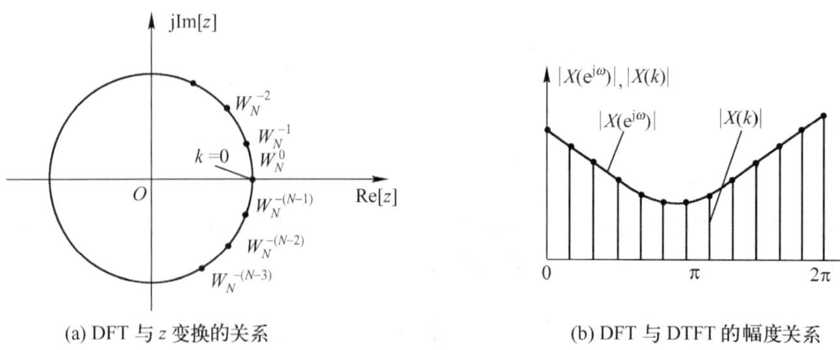

(a) DFT 与 z 变换的关系　　(b) DFT 与 DTFT 的幅度关系

图 3.9　DFT 与 DTFT、z 变换的关系

例 3.7　有限长序列 $x(n)$ 为下式，求其 $N=5$ 点和 N=10 点的离散傅里叶变换 $X(k)$。

$$x(n)=\begin{cases}1, & 0\leqslant n\leqslant 4\\ 0, & \text{其他}\end{cases}$$

解　(1)序列 $x(n)$ 如图3.10(a)所示，以 $N=5$ 为周期将 $x(n)$ 延拓成周期序列 $\tilde{x}(n)$，如图3.10(b)所示，$\tilde{x}(n)$ 的 DFS 与 $x(n)$ 的 DFT 相对应。

$$\tilde{X}(k)=\text{DFS}[\tilde{x}(n)]=\sum_{n=0}^{N-1}1\cdot e^{-j(2\pi k/N)n}=\begin{cases}N\times 1=N, & k=mN，m\text{ 为任意整数}\\ \dfrac{1-e^{-j2\pi k}}{1-e^{-j(2\pi k/N)}}=0, & \text{其他}\end{cases}\tag{3.25}$$

即只有在 $k=0$ 和 $k=N$ 的整数倍处才有非零的 $\tilde{X}(k)$ 值，图 3.10(c)示出了 $|X(e^{j\omega})|$ 和 $|\tilde{X}(k)|$，从侧面反映出傅里叶级数 $\tilde{X}(k)$ 与 $x(n)$ 的频谱 $X(e^{j\omega})$ 间的关系，显然，$\tilde{X}(k)$ 就是 $X(e^{j\omega})$ 在频率 $\omega_k=2\pi k/N$ 处的采样值序列。按照式(3.21)，$x(n)$ 的 DFT 对应于 $\tilde{X}(k)$ 的主值序列 $X(k)$，$x(n)$ 的 5 点 DFT 的幅值如图3.10(d)所示。也可以利用式(3.21)DFT 的定义式直接计算 $X(k)$

$$X(k)=\sum_{n=0}^{5-1}x(n)e^{-j\frac{2\pi}{5}nk}=\begin{cases}5\times 1=5, & k=0\\ \dfrac{1-e^{-j2\pi k}}{1-e^{-j\frac{2\pi}{5}k}}=0, & k=1,2,3,4\end{cases}$$

(2) 如果将 $x(n)$ 换成长度 $N=10$ 的序列，则 $x(n)$ 以 $N=10$ 为周期的延拓序列 $\tilde{x}(n)$ 如图3.11(b)所示，它正是例 3.2 中所用的周期序列。其 $|\tilde{X}(k)|$ 正如图 3.3 所示，在这里和 $|X(e^{j\omega})|$ 共同示于图 3.11(c)。$x(n)$ 的 10 点 DFT $X(k)$ 是 $\tilde{X}(k)$ 的主值序列，其幅值 $|X(k)|$ 如图 3.11(d)所示。

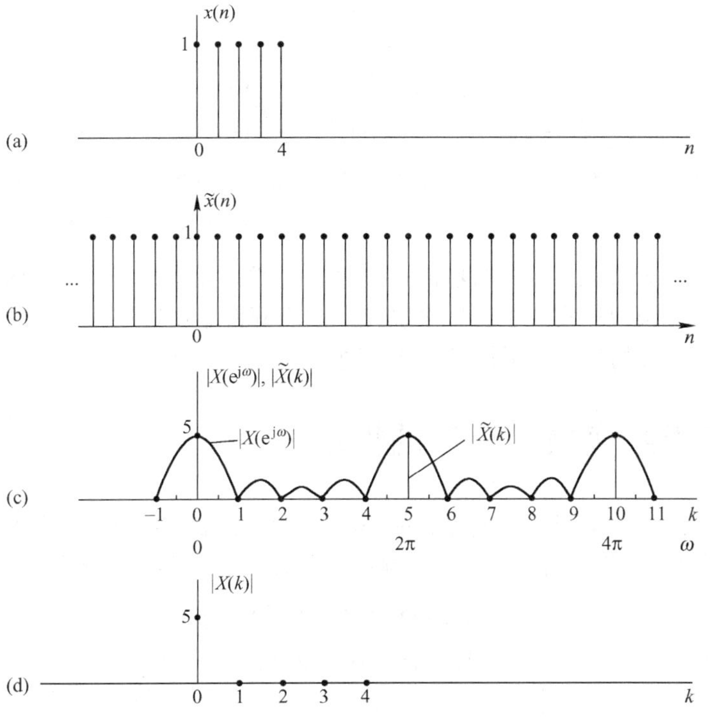

图 3.10　有限长序列 $x(n)$ 的 DFT 举例 1。(a)有限长序列 $x(n)$；(b) $x(n)$ 的周期延拓序列的 $\tilde{x}(n)$ $(N=5)$；(c) $\tilde{x}(n)$ 的 DFS 系数的幅值 $|\tilde{X}(k)|$ 和 DTFT 的幅值 $|X(e^{j\omega})|$；(d) $x(n)$ 的 DFT 的幅值 $|X(k)|$

因为有限长序列 $x(n)$ 和周期序列 $\tilde{x}(n)$ 可以通过式(3.17)和式(3.18)的关系式直接相互构造，所以看起来二者之间的差别似乎很小。然而在研究 DFT 的性质以及改变 $x(n)$ 对 $X(k)$ 的影响时，这种差别是很明显也很重要的。

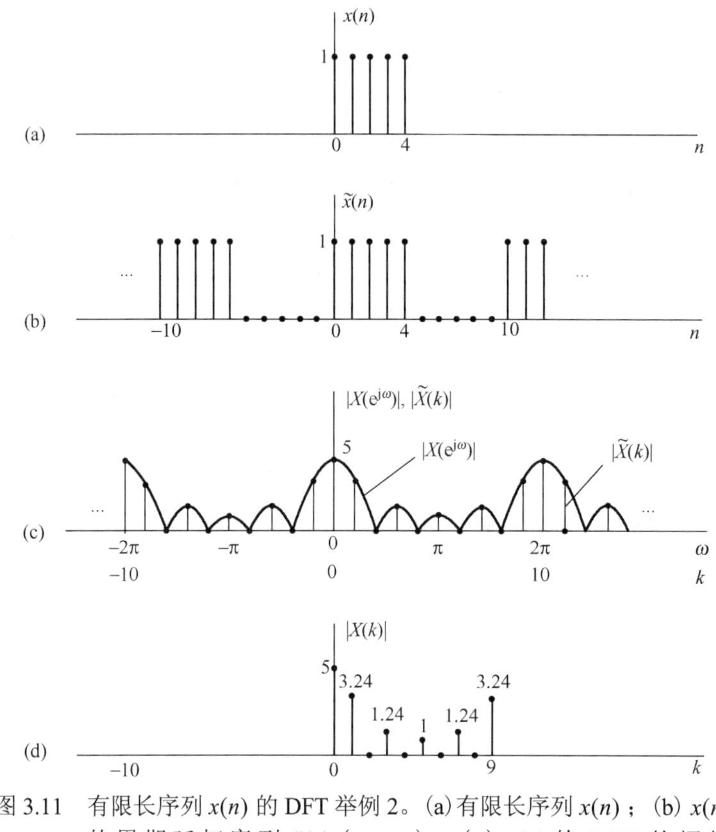

图 3.11　有限长序列 $x(n)$ 的 DFT 举例 2。(a) 有限长序列 $x(n)$；(b) $x(n)$ 的周期延拓序列 $\tilde{x}(n)$（$N=10$）；(c) $x(n)$ 的 DFT 的幅值

信号时域采样理论实现了信号时域的离散化，使我们能用数字技术在时域对信号进行处理。而离散傅里叶变换理论实现了频域离散化，因而开辟了用数字技术在频域处理信号的新途径，从而推进了信号的频谱分析技术向更深更广的领域发展。

3.5　离散傅里叶变换(DFT)的性质

有限长序列及其 DFT 表达式具有隐含的周期性，DFT 本质上和 DFS 概念有关。本节讨论 DFT 的性质，设所讨论的序列 $x_1(n)$ 和 $x_2(n)$ 都是 N 点有限长序列，用 DFT[·] 表示 N 点 DFT，且

$$\mathrm{DFT}\left[x_1(n)\right]=X_1(k)$$

$$\mathrm{DFT}\left[x_2(n)\right]=X_2(k)$$

3.5.1　线性

$$\mathrm{DFT}\left[ax_1(n)+bx_2(n)\right]=aX_1(k)+bX_2(k) \tag{3.26}$$

式中，a 和 b 为任意常数。该式可根据 DFT 定义证明。

3.5.2　圆周移位

1. 定义

一个长度为 N 的有限长序列 $x(n)$ 的圆周移位定义为

$$y(n)=x((n+m))_N R_N(n) \tag{3.27}$$

我们可以这样来理解上式所表达的圆周移位的含义。首先，将 $x(n)$ 以 N 为周期进行周期延拓得到周期序列 $\tilde{x}(n)=x((n))_N$；再将 $\tilde{x}(n)$ 加以移位：

$$x((n+m))_N=\tilde{x}(n+m) \tag{3.28}$$

取主值区间（$n=0$ 到 $N-1$）上的序列值，即 $x((n+m))_N R_N(n)$。所以，一个有限长序列 $x(n)$ 的圆周移位序列 $y(n)$ 仍然是一个长度为 N 的有限长序列，这一过程可用图 3.12(a) 至图 3.12(d) 来表达。

从图上可以看出，由于是周期序列的移位，当我们只观察 $0\leqslant n\leqslant N-1$ 这一主值区间时，某一采样值从该区间的一端移出时，与其相同值的采样又从该区间的另一端循环移进。因而，可以想象成 $x(n)$ 排列在一个 N 等分的圆周上，序列 $x(n)$ 的圆周移位就相当于 $x(n)$ 在圆上旋转，如图3.12(e)至图3.12(g)所示。将 $x(n)$ 向左圆周移位时，此圆是顺时针旋转的；将 $x(n)$ 向右圆周移位时，此圆是逆时针旋转的。此外，如果围绕圆周观察几圈，那么看到的就是周期序列 $\tilde{x}(n)$。

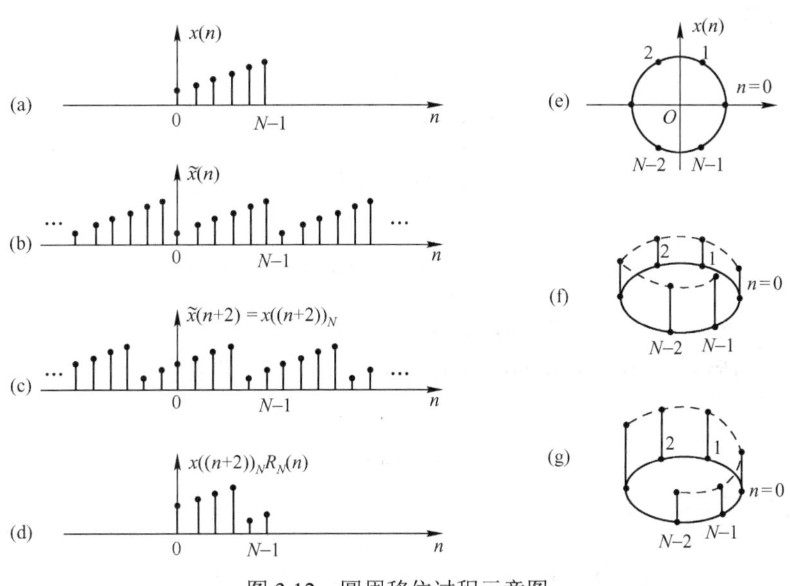

图 3.12　圆周移位过程示意图

2. 时域圆周移位定理

设 $x(n)$ 是长度为 N 的有限长序列，$y(n)$ 为 $x(n)$ 圆周移位，即

$$y(n)=x((n+m))_N R_N(n)$$

则圆周移位后的 DFT 为

$$Y(k)=\mathrm{DFT}\left[y(n)\right]=\mathrm{DFT}\left[x((n+m))_N R_N(n)\right]=W_N^{-mk}X(k) \tag{3.29}$$

证明 利用周期序列的移位性质加以证明。

$$\text{DFS}\left[x((n+m))_N\right]=\text{DFS}\left[\tilde{x}(n+m)\right]=W_N^{-mk}\tilde{X}(k)$$

再利用 DFS 和 DFT 关系

$$\begin{aligned}\text{DFT}\left[x((n+m))_N R_N(n)\right]&=\text{DFT}\left[\tilde{x}(n+m)R_N(n)\right]\\&=W_N^{-mk}\tilde{X}(k)R_N(k)\\&=W_N^{-mk}X(k)\end{aligned}$$

这表明，有限长序列的圆周移位在离散频域中引入一个和频率成正比的线性相移 $W_N^{-km}=\mathrm{e}^{\left(\mathrm{j}\frac{2\pi}{N}k\right)m}$，对频谱的幅度没有影响。

3. 频域圆周移位定理

频域有限长序列 $X(k)$，可视为分布在一个 N 等分的圆周上，所以 $X(k)$ 的圆周移位，利用频域与时域的对偶关系，具有以下性质：

若
$$X(k)=\text{DFT}\left[x(n)\right]$$

则
$$\text{IDFT}\left[X((k+l))_N R_N(k)\right]=W_N^{nl}x(n)=\mathrm{e}^{-\mathrm{j}\frac{2\pi}{N}nl}x(n) \tag{3.30}$$

该性质也称为调制特性，式(3.30)表明，时域序列的调制等效于频域序列的圆周移位。

3.5.3 圆周卷积

若
$$Y(k)=X_1(k)X_2(k)$$

则
$$\begin{aligned}y(n)&=\text{IDFT}\left[Y(k)\right]\\&=\sum_{m=0}^{N-1}x_1(m)x_2((n-m))_N R_N(n)\\&=\sum_{m=0}^{N-1}x_2(m)x_1((n-m))_N R_N(n)\end{aligned} \tag{3.31}$$

称式(3.31)所表示的运算为 $x_1(n)$ 和 $x_2(n)$ 的 N 点圆周卷积。

证明 这个圆周卷积相当于周期序列 $\tilde{x}_1(n)$ 和 $\tilde{x}_2(n)$ 做周期卷积后再取其主值序列。先将 $Y(k)$ 周期延拓，即

$$\tilde{Y}(k)=\tilde{X}_1(k)\tilde{X}_2(k)$$

根据 DFS 的周期卷积公式

$$\tilde{y}(n)=\sum_{m=0}^{N-1}\tilde{x}_1(m)\tilde{x}_2(n-m)=\sum_{m=0}^{N-1}x_1((m))_N x_2((n-m))_N$$

由于在主值区间 $0\leqslant m\leqslant N-1$，$x_1((m))_N=x_1(m)$，因此

$$y(n)=\tilde{y}(n)R_N(n)=\sum_{m=0}^{N-1}x_1(m)x_2((n-m))_N R_N(n)$$

将 $\tilde{y}(n)$ 经过简单换元，还可得到另一形式：

$$y(n)=\sum_{m=0}^{N-1}x_2(m)x_1((n-m))_N R_N(n)$$

卷积过程示于图3.13中。在圆周卷积的过程中，n 为变量，对哑变量 m 求和。先将 $x_2(m)$ 周期化，形成 $x_2((m))_N$，再以纵轴为对称轴翻转形成 $x_2((-m))_N$，取主值序列得到 $x_2((-m))_N R_N(m)$，称为 $x_2(m)$ 的圆周反转。对 $x_2(m)$ 的圆周反转序列圆周右移 n，形成 $x_2((n-m))_N R_N(m)$，当 $n=0,1,2,\cdots,N-1$ 时，分别将 $x_1(m)$ 与 $x_2((n-m))_N R_N(m)$ 相乘，并在 $m=0$ 到 $N-1$ 区间内求和，便得到圆周卷积 $y(n)$。

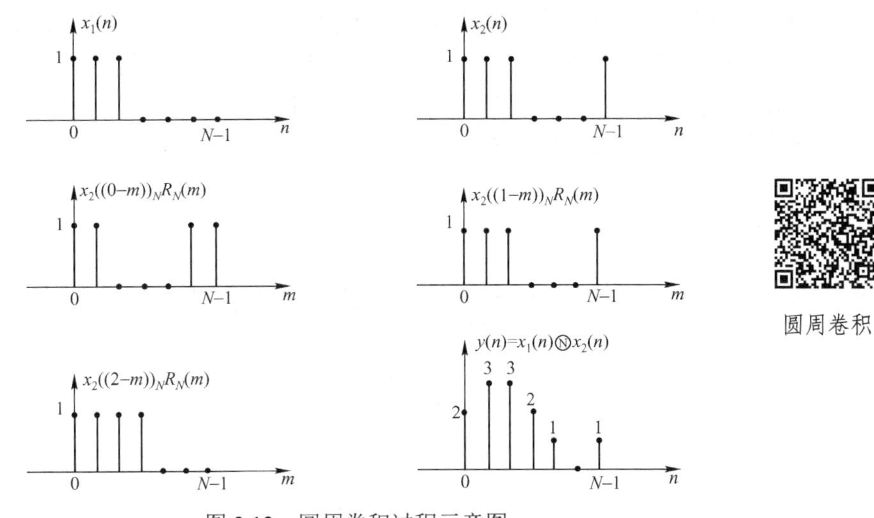

图 3.13　圆周卷积过程示意图

可以看出，圆周卷积和周期卷积过程一样，只是在圆周卷积中，最后的结果要取主值序列。特别要注意，两个长度等于 N 的序列进行 N 点圆周卷积后，所得序列的长度仍为 N，这与一般的线性卷积不同。圆周卷积用符号Ⓝ来表示。圆圈内的 N 表示所做的是 N 点圆周卷积。

$$
\begin{aligned}
y(n) &= x_1(n) \, Ⓝ \, x_2(n) \\
&= \sum_{m=0}^{N-1} x_1(m) x_2((n-m))_N R_N(n)
\end{aligned}
$$

或

$$
\begin{aligned}
y(n) &= x_2(n) \, Ⓝ \, x_1(n) \\
&= \sum_{m=0}^{N-1} x_2(m) x_1((n-m))_N R_N(n)
\end{aligned}
$$

利用时域与频域的对称性，可以证明如下的频域圆周卷积定理(请读者自己证明)。

若

$$y(n) = x_1(n) x_2(n)$$

其中，$x_1(n)$ 和 $x_2(n)$ 皆为 N 点有限长序列，则

$$
\begin{aligned}
Y(k) &= \mathrm{DFT}[y(n)] \\
&= \frac{1}{N} \sum_{l=0}^{N-1} X_1(l) X_2((k-l))_N R_N(k) \\
&= \frac{1}{N} \sum_{l=0}^{N-1} X_2(l) X_1((k-l))_N R_N(k) \\
&= \frac{1}{N} X_1(k) \, Ⓝ \, X_2(k)
\end{aligned}
\tag{3.32}
$$

即，时域序列乘积的 DFT 等于各个 DFT 的圆周卷积再乘以 $1/N$。

3.5.4 有限长序列的线性卷积与圆周卷积

时域圆周卷积在频域上相当于两序列的 DFT 的乘积，其中涉及的 DFT 运算可以采用快速算法——快速傅里叶变换(FFT)(见第 4 章)，因此圆周卷积与线性卷积相比，计算速度可以大大加快。但是实际问题中常常需要对线性卷积进行求解，例如，信号通过线性时不变系统，其输出就是输入信号与系统的单位脉冲响应的线性卷积。下面将要讨论，如果信号及系统的单位脉冲响应都是有限长序列，是否能用圆周卷积运算来代替线性卷积运算而不失真，从而充分利用 DFT 的快速算法来提高线性卷积的运算速度。

设 $x_1(n)$ 是 N_1 点的有限长序列($0\leqslant n\leqslant N_1-1$)，$x_2(n)$ 是 N_2 点的有限长序列($0\leqslant n\leqslant N_2-1$)。

(1) $x_1(n)$ 与 $x_2(n)$ 的线性卷积

$$y_l(n)=x_1(n)*x_2(n)=\sum_{m=-\infty}^{\infty}x_1(m)x_2(n-m)=\sum_{m=0}^{N_1-1}x_1(m)x_2(n-m) \tag{3.33}$$

$x_1(m)$ 的非零区间为

$$0\leqslant m\leqslant N_1-1$$

$x_2(n-m)$ 的非零区间为

$$0\leqslant n-m\leqslant N_2-1$$

将两个不等式相加，得到

$$0\leqslant n\leqslant N_1+N_2-2$$

在上述区间外，$x_1(m)=0$ 或者 $x_2(n-m)=0$，因而 $y_l(n)=0$。所以 $y_l(n)$ 是 N_1+N_2-1 点有限长序列，即线性卷积的长度等于参与卷积的两序列的长度之和减 1。例如，在图3.14中，$x_1(n)$ 为 $N_1=4$ 的矩形序列，$x_2(n)$ 为 $N_2=5$ 的矩形序列，它们的线性卷积 $y_l(n)$ 为 $N=N_1+N_2-1=8$ 点的有限长序列。

(a)
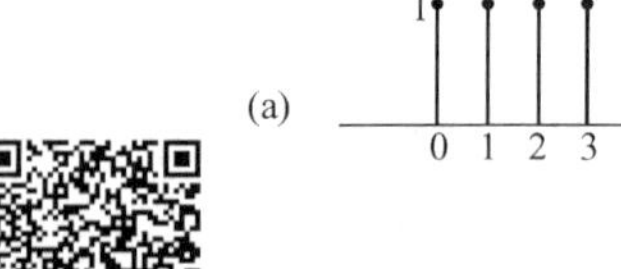

(b)
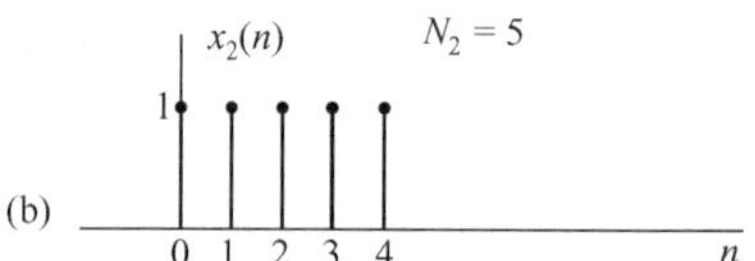

有限长序列的线性卷积与圆周卷积

(c)

(d)
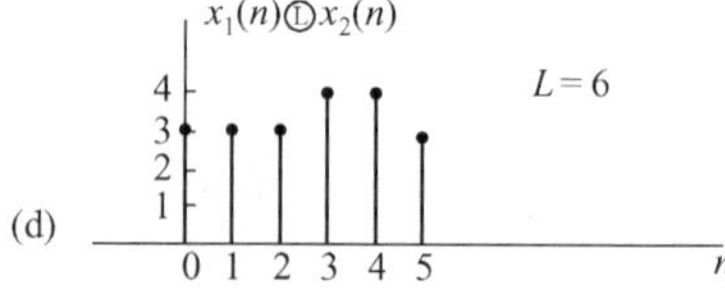

(e)
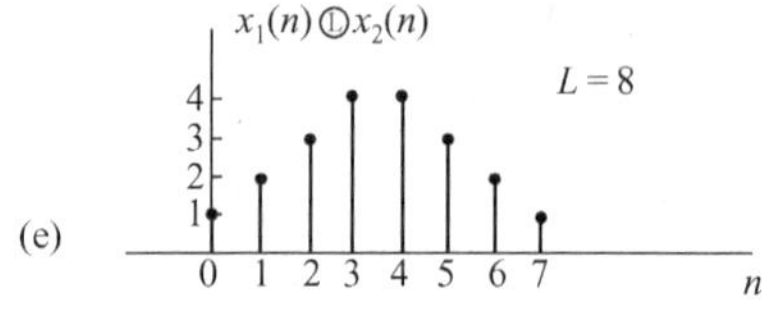

(f)
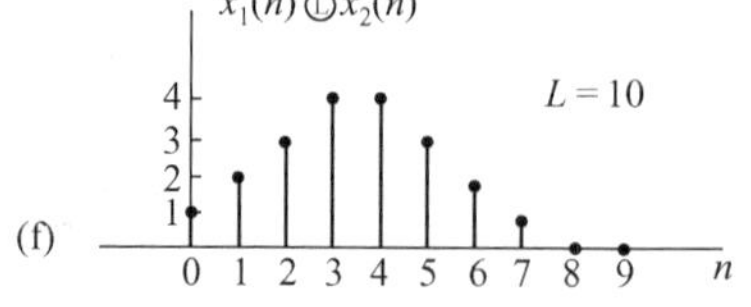

图 3.14 线性卷积与圆周卷积

(2) $x_1(n)$ 与 $x_2(n)$ 的圆周卷积

先假设进行 L 点的圆周卷积，再讨论 L 取何值时，圆周卷积才能代表线性卷积。设 $y(n)=x_1(n) \, \textcircled{L} \, x_2(n)$ 是两序列的 L 点圆周卷积，$L \geqslant \max[N_1, N_2]$，这样需要将 $x_1(n)$ 和 $x_2(n)$ 都视为 L 点的序列。在这 L 个序列值中，$x_1(n)$ 只有前 N_1 个是非零值，后 $L-N_1$ 个均为补充的零值；同样 $x_2(n)$ 只有前 N_2 个是非零值，后 $L-N_2$ 个均为补充的零值。

$$y(n)=x_1(n) \, \textcircled{L} \, x_2(n)=\sum_{m=0}^{L-1} x_1(m) x_2((n-m))_L R_L(n) \tag{3.34}$$

为了分析其圆周卷积，我们先将序列 $x_1(n)$ 与 $x_2(n)$ 以 L 为周期进行周期延拓：

$$\tilde{x}_1(n)=x_1((n))_L=\sum_{k=-\infty}^{\infty} x_1(n+kL)$$

$$\tilde{x}_2(n)=x_2((n))_L=\sum_{r=-\infty}^{\infty} x_2(n+rL)$$

它们的周期卷积序列为

$$\begin{aligned}\tilde{y}(n) &= \sum_{m=0}^{L-1} \tilde{x}_1(m) \tilde{x}_2(n-m) \\ &= \sum_{m=0}^{L-1} x_1(m) \sum_{r=-\infty}^{\infty} x_2(n+rL-m) \\ &= \sum_{r=-\infty}^{\infty} \sum_{m=0}^{L-1} x_1(m) x_2(n+rL-m) \\ &= \sum_{r=-\infty}^{\infty} y_l(n+rL)\end{aligned} \tag{3.35}$$

式中，$y_l(n)$ 就是式(3.33)的线性卷积。因此，式(3.35)表明：$\tilde{x}_1(n)$ 与 $\tilde{x}_2(n)$ 的周期卷积是 $x_1(n)$ 与 $x_2(n)$ 线性卷积的周期延拓，周期为 L。

通过前面的分析已知 $y_l(n)$ 具有 N_1+N_2-1 个非零值。因此，如果周期卷积的周期 $L < N_1+N_2-1$，那么 $y_l(n)$ 的周期延拓就必然有一部分非零序列值要交叠起来，从而出现交叠现象。只有在 $L \geqslant N_1+N_2-1$ 时，才不会产生交叠现象，这时 $y_l(n)$ 的周期延拓 $\tilde{y}(n)$ 中，每一个周期 L 内，前 N_1+N_2-1 个序列值正好是 $y_l(n)$ 的全部非零序列值，而剩下的 $L-(N_1+N_2-1)$ 个点上的序列值则是补充的零值。

因为圆周卷积正是周期卷积取主值序列，即

$$y(n)=x_1(n) \, \textcircled{L} \, x_2(n)=\tilde{y}(n) R_L(n)$$

所以

$$y(n)=\left[\sum_{r=-\infty}^{\infty} y_l(n+rL)\right] R_L(n) \tag{3.36}$$

因此，圆周卷积等于线性卷积而不产生交叠的必要条件为

$$L \geqslant N_1+N_2-1 \tag{3.37}$$

满足此条件，即有

$$y(n)=y_l(n)$$

即

$$x_1(n) \, \textcircled{L} \, x_2(n)=x_1(n) * x_2(n)$$

图 3.14(d)至图 3.14(f)反映了式(3.36)的圆周卷积与线性卷积的关系。在图 3.14(d)中，

$L=6$ 小于 $N_1+N_2-1=8$，这时产生交叠现象，其圆周卷积不等于线性卷积；在图 3.14(e) 和图 3.14(f) 中，$L=8$ 和 $L=10$，这时圆周卷积结果与线性卷积相同，所得 $y(n)$ 的前 8 点序列值正好代表线性卷积结果。所以只要满足 $L \geqslant N_1+N_2-1$，圆周卷积结果就能完全代表线性卷积。

例 3.8 一个有限长序列为

$$x(n)=\delta(n)+2\delta(n-5)$$

(1) 计算序列 $x(n)$ 的 10 点离散傅里叶变换。

(2) 若序列 $y(n)$ 的 DFT 为
$$Y(k)=\mathrm{e}^{\mathrm{j}2k\frac{2\pi}{10}}X(k)$$
式中，$X(k)$ 是 $x(n)$ 的 10 点离散傅里叶变换，求序列 $y(n)$。

(3) 若 10 点序列 $y(n)$ 的 10 点离散傅里叶变换是

$$Y(k)=X(k)W(k)$$

式中，$X(k)$ 是序列 $x(n)$ 的 10 点 DFT，$W(k)$ 是序列 $w(n)$ 的 10 点 DFT

$$w(n)=\begin{cases}1, & 0\leqslant n\leqslant 6\\ 0, & 其他\end{cases}$$

求序列 $y(n)$。

解

(1) 由式(3.21)可求得 $x(n)$ 的 10 点 DFT

$$X(k)=\sum_{n=0}^{N-1}x(n)W_N^{nk}=\sum_{n=0}^{10-1}\left[\delta(n)+2\delta(n-5)\right]W_{10}^{nk}$$

$$=1+2W_{10}^{5k}=1+2\mathrm{e}^{-\mathrm{j}\frac{2\pi}{10}5k}=1+2(-1)^k,\qquad 0\leqslant k\leqslant 9$$

(2) $X(k)$ 乘以一个 W_N^{km} 形式的复指数相当于将 $x(n)$ 进行 m 点圆周移位。本题中 $m=2$，$x(n)$ 向左圆周移位 2 点，就有

$$y(n)=x((n+2))_{10}R_{10}(n)=2\delta(n-3)+\delta(n-8)$$

(3) 在频域 $X(k)$ 乘以 $W(k)$ 相当于在时域 $x(n)$ 与 $w(n)$ 进行圆周卷积。为了计算圆周卷积，可以先计算线性卷积再将结果周期延拓并取主值序列。$x(n)$ 与 $w(n)$ 的线性卷积为

$$z(n)=x(n)*w(n)=\left\{\underset{n=0}{\underset{\uparrow}{1}},1,1,1,1,3,3,2,2,2,2,2\right\}$$

根据式(3.36)，由线性卷积的结果来计算圆周卷积，则

$$y(n)=\left[\sum_{r=-\infty}^{\infty}z(n+10r)\right]R_{10}(n)$$

由于进行的是 10 点的圆周卷积，结果 $y(n)$ 中也应仅有 10 个值。上面的求和式中，实际只有 $r=0$ 和 $r=1$ 时的两项相加，即只有 $z(n)$ 和 $z(n+10)$ 两项。求和的具体数值由下表列出，$z(n+10)$ 相当于截取了 $z(n)$ 处于 $0\leqslant n\leqslant 9$ 范围外的数值。

n	0	1	2	3	4	5	6	7	8	9	10	11
$z(n)$	1	1	1	1	1	3	3	2	2	2	2	2
$z(n+10)$	2	2	0	0	0	0	0	0	0	0	0	0
$y(n)$	3	3	1	1	1	3	3	2	2	2	—	—

所以 10 点圆周卷积为

$$y(n)=\{\underset{\substack{\uparrow\\ n=0}}{3},3,1,1,1,3,3,2,2,2\}$$

3.5.5 共轭对称性

设 $x^*(n)$ 为 $x(n)$ 的共轭复序列，则

$$\begin{aligned}\text{DFT}\left[x^*(n)\right]&=X^*((-k))_N R_N(k)=X^*((N-k))_N R_N(k)\\&=X^*(N-k),\qquad 0\leqslant k\leqslant N-1\end{aligned}\tag{3.38}$$

且

$$X(N)=X(0)$$

证明

$$\begin{aligned}\text{DFT}\left[x^*(n)\right]&=\sum_{n=0}^{N-1}x^*(n)W_N^{nk}=\left[\sum_{n=0}^{N-1}x(n)W_N^{-nk}\right]^*\\&=X^*((-k))_N R_N(k)=\left[\sum_{n=0}^{N-1}\tilde{x}(n)W_N^{(N-k)n}\right]^*\\&=X^*((N-k))_N R_N(k)=X^*(N-k),\qquad 0\leqslant k\leqslant N-1\end{aligned}$$

这里利用了

$$W_N^{nN}=\mathrm{e}^{-\mathrm{j}\frac{2\pi}{N}nN}=\mathrm{e}^{-\mathrm{j}2\pi n}=1$$

因为 $X(k)$ 的隐含周期性，故有 $X(N)=X(0)$ 。用同样的方法可以证明

$$\text{DFT}\left[x^*((-n))_N R_N(n)\right]=\text{DFT}\left[x^*((N-n))_N R_N(n)\right]=X^*(k)$$

也即

$$\text{DFT}\left[x^*(N-n)\right]=X^*(k)\tag{3.39}$$

在序列的傅里叶变换(DTFT)部分，涉及了共轭对称序列与共轭反对称序列，那里的对称性是指关于纵坐标的对称性。DFT 的对称性有所不同，在 DFT 中，涉及的序列 $x(n)$ 及其离散傅里叶变换 $X(k)$ 均为有限长序列，且定义区间为 0 到 $N-1$，所以这里的对称性是指关于 $N/2$ 点的对称性。

设有限长序列 $x(n)$ 的长度为 N 点，则它的圆周共轭对称分量 $x_{\text{ep}}(n)$ 和圆周共轭反对称分量 $x_{\text{op}}(n)$ 分别定义为

$$x_{\text{ep}}(n)=\frac{1}{2}\left[x(n)+x^*(N-n)\right]\tag{3.40}$$

$$x_{\text{op}}(n)=\frac{1}{2}\left[x(n)-x^*(N-n)\right]\tag{3.41}$$

则二者满足

$$x_{\text{ep}}(n)=x_{\text{ep}}^*(N-n),\qquad 0\leqslant n\leqslant N-1\tag{3.42}$$

$$x_{\text{op}}(n)=-x_{\text{op}}^*(N-n),\qquad 0\leqslant n\leqslant N-1\tag{3.43}$$

如同任何实函数都可以分解成偶对称分量和奇对称分量一样，任何有限长序列 $x(n)$ 都可以表示成其圆周共轭对称分量 $x_{\text{ep}}(n)$ 和圆周共轭反对称分量 $x_{\text{op}}(n)$ 之和，即

$$x(n)=x_{\text{ep}}(n)+x_{\text{op}}(n),\qquad 0\leqslant n\leqslant N-1\tag{3.44}$$

由式(3.40)及式(3.41)，并利用式(3.38)及式(3.39)，可得圆周共轭对称分量及圆周共轭反对称分量的 DFT 分别为

$$\mathrm{DFT}\left[x_{\mathrm{ep}}(n)\right]=\mathrm{Re}\left[X(k)\right] \tag{3.45}$$

$$\mathrm{DFT}\left[x_{\mathrm{op}}(n)\right]=\mathrm{j\,Im}\left[X(k)\right] \tag{3.46}$$

证明

$$\mathrm{DFT}\left[x_{\mathrm{ep}}(n)\right]=\mathrm{DFT}\left[\frac{1}{2}(x(n)+x^{*}(N-n))\right]$$

$$=\frac{1}{2}\mathrm{DFT}\left[x(n)\right]+\frac{1}{2}\mathrm{DFT}\left[x^{*}(N-n)\right]$$

利用式(3.39)，可得

$$\mathrm{DFT}\left[x_{\mathrm{ep}}(n)\right]=\frac{1}{2}\left[X(k)+X^{*}(k)\right]=\mathrm{Re}\left[X(k)\right]$$

则式(3.45)得证。同理可证式(3.46)。下面我们再来讨论序列实部与虚部的 DFT。若用 $x_{\mathrm{r}}(n)$ 及 $x_{\mathrm{j}}(n)$ 分别表示有限长序列 $x(n)$ 的实部及虚部，即

$$x(n)=x_{\mathrm{r}}(n)+\mathrm{j}x_{\mathrm{j}}(n) \tag{3.47}$$

式中，

$$x_{\mathrm{r}}(n)=\mathrm{Re}\left[x(n)\right]=\frac{1}{2}\left[x(n)+x^{*}(n)\right]$$

$$\mathrm{j}x_{\mathrm{j}}(n)=\mathrm{j\,Im}\left[x(n)\right]=\frac{1}{2}\left[x(n)-x^{*}(n)\right]$$

则有

$$\mathrm{DFT}\left[x_{\mathrm{r}}(n)\right]=X_{\mathrm{ep}}(k)=\frac{1}{2}\left[X(k)+X^{*}(N-k)\right] \tag{3.48}$$

$$\mathrm{DFT}\left[\mathrm{j}x_{\mathrm{j}}(n)\right]=X_{\mathrm{op}}(k)=\frac{1}{2}\left[X(k)-X^{*}(N-k)\right] \tag{3.49}$$

式中，$X_{\mathrm{ep}}(k)$ 为 $X(k)$ 的圆周共轭对称分量且 $X_{\mathrm{ep}}(k)=X_{\mathrm{ep}}^{*}(N-k)$, $X_{\mathrm{op}}(k)$ 为 $X(k)$ 的圆周共轭反对称分量且 $X_{\mathrm{op}}(k)=-X_{\mathrm{op}}^{*}(N-k)$。

证明

$$\mathrm{DFT}\left[x_{\mathrm{r}}(n)\right]=\frac{1}{2}\times\left\{\mathrm{DFT}\left[x(n)\right]+\mathrm{DFT}\left[x^{*}(n)\right]\right\}$$

利用式(3.38)，有

$$\mathrm{DFT}\left[x_{\mathrm{r}}(n)\right]=\frac{1}{2}\times\left[X(k)+X^{*}(N-k)\right]=X_{\mathrm{ep}}(k)$$

说明复序列实部的 DFT 等于序列 DFT 的圆周共轭对称分量。同理可证式(3.49)。式(3.49)说明复序列虚部乘以 j 的 DFT 等于序列 DFT 的圆周共轭反对称分量。此外，根据上述共轭对称特性可以证明有限长实序列 DFT 的共轭对称特性。

若 $x(n)$ 是实序列，这时 $x(n)=x^{*}(n)$，两边进行离散傅里叶变换并利用式(3.38)，有

$$X(k)=X^{*}((N-k))_{N}R_{N}(k)=X^{*}(N-k) \tag{3.50}$$

由上式可看出 $X(k)$ 只有圆周共轭对称分量。

若 $x(n)$ 是纯虚序列，则显然 $X(k)$ 只有圆周共轭反对称分量，即满足

$$X(k)=-X^*((N-k))_N R_N(k)=-X^*(N-k) \tag{3.51}$$

上述两种情况，不论哪一种，只要知道一半数目 $X(k)$ 就可以了；另一半可利用对称性求得，这些性质在计算 DFT 时可以节约运算，提高效率。

3.5.6　DFT 形式下的帕塞瓦尔定理

DFT 形式下的帕塞瓦尔定理如下：

$$\sum_{n=0}^{N-1} x(n)y^*(n)=\frac{1}{N}\sum_{k=0}^{N-1} X(k)Y^*(k) \tag{3.52}$$

证明

$$\begin{aligned}\sum_{n=0}^{N-1} x(n)y^*(n)&=\sum_{n=0}^{N-1} x(n)\left[\frac{1}{N}\sum_{k=0}^{N-1} Y(k)W_N^{-nk}\right]^*\\&=\frac{1}{N}\sum_{k=0}^{N-1} Y^*(k)\sum_{n=0}^{N-1} x(n)W_N^{nk}=\frac{1}{N}\sum_{k=0}^{N-1} X(k)Y^*(k)\end{aligned}$$

如果令 $y(n)=x(n)$，则式(3.52)变成

$$\sum_{n=0}^{N-1} x(n)x^*(n)=\frac{1}{N}\sum_{k=0}^{N-1} X(k)X^*(k)$$

即

$$\sum_{n=0}^{N-1} |x(n)|^2=\frac{1}{N}\sum_{k=0}^{N-1} |X(k)|^2 \tag{3.53}$$

表明一个序列在时域的能量与在频域的能量相等。

表 3.3 中列出了 DFT 的性质，以供参考。

表 3.3　DFT 性质表(序列长皆为 *N* 点)

序　号	序　　列	离散傅里叶变换(DFT)
1	$ax_1(n)+bx_2(n)$	$aX_1(k)+bX_2(k)$
2	$x((n+m))_N R_N(n)$	$W_N^{-mk}X(k)$
3	$W_N^{nl}x(n)$	$X((k+l))_N R_N(k)$
4	$x_1(n) \circledS x_2(n)=\sum_{m=0}^{N-1} x_1(m)x_2((n-m))_N R_N(n)$	$X_1(k)X_2(k)$
5	$x_1(n)x_2(n)$	$\frac{1}{N}\sum_{l=0}^{N-1} X_1(l)X_2((k-l))_N R_N(k)$
6	$x^*(n)$	$X^*(N-k)$
7	$x^*(N-n)$	$X^*(k)$
8	$x_{\mathrm{ep}}(n)=\frac{1}{2}\left[x(n)+x^*(N-n)\right]$	$\mathrm{Re}\left[X(k)\right]$
9	$x_{\mathrm{op}}(n)=\frac{1}{2}\left[x(n)-x^*(N-n)\right]$	$\mathrm{jIm}\left[X(k)\right]$
10	$\mathrm{Re}\left[x(n)\right]=\frac{1}{2}\left[x(n)+x^*(n)\right]$	$X_{\mathrm{ep}}(k)=\frac{1}{2}\left[X(k)+X^*(N-k)\right]$
11	$\mathrm{jIm}\left[x(n)\right]=\frac{1}{2}\left[x(n)-x^*(n)\right]$	$X_{\mathrm{op}}(k)=\frac{1}{2}\left[X(k)-X^*(N-k)\right]$
12	$x(n)$ 是任意实序列	$X^*(N-k)$
13	$\sum_{n=0}^{N-1} x(n)y^*(n)=\frac{1}{N}\sum_{k=0}^{N-1} X(k)Y^*(k)$	DFT 形式下的帕塞瓦尔定理
14	$\sum_{n=0}^{N-1} \lvert x(n)\rvert^2=\frac{1}{N}\sum_{k=0}^{N-1} \lvert X(k)\rvert^2$	

3.6 频域采样

信号时域采样理论实现了信号时域的离散化，使我们能用数字技术在时域对信号进行处理。时域采样定理表明，在一定条件下，可以由时域离散采样信号恢复原来的信号。在前面两节中，我们看到离散傅里叶变换实现了频域离散化，即实现了频域的采样。那么，是否也能由频域离散采样恢复原来的信号？采用什么办法进行逼近？其限制条件是什么？等等，这正是本节要讨论的一些基本问题。

3.6.1 频域采样

设 $x(n)$ 为任意非周期序列，绝对可和，它的 z 变换为

$$X(z)=\sum_{n=-\infty}^{\infty}x(n)z^{-n}$$

由于绝对可和，其 $X(z)$ 的收敛域包括单位圆，所以 $x(n)$ 的傅里叶变换存在且连续。如果我们对 $X(z)$ 在单位圆上进行 N 点等间隔采样，可得

$$X(k)=X(z)\Big|_{z=W_N^{-k}}=\sum_{n=-\infty}^{\infty}x(n)W_N^{nk}=X(\mathrm{e}^{\mathrm{j}\omega})\Big|_{\omega=\frac{2\pi}{N}k},\qquad k=0,1,\cdots,N-1 \tag{3.54}$$

上式也表示在区间 $[0,2\pi]$ 上对 $x(n)$ 的傅里叶变换 $X(\mathrm{e}^{\mathrm{j}\omega})$ 进行 N 点等间隔采样。问题在于，这样采样以后是否仍能不失真地恢复出原序列 $x(n)$，即频域采样后从 $X(k)$ 的反变换中所获得的有限长序列 $x_N(n)=\mathrm{IDFT}[X(k)]$，能不能代表原序列 $x(n)$？为此，我们先来分析 $X(k)$ 的周期延拓序列 $\tilde{X}(k)$ 的离散傅里叶级数的反变换 $\tilde{x}_N(n)$。

$$\tilde{x}_N(n)=\mathrm{IDFS}\left[\tilde{X}(k)\right]=\frac{1}{N}\sum_{k=0}^{N-1}\tilde{X}(k)W_N^{-nk}=\frac{1}{N}\sum_{k=0}^{N-1}X(k)W_N^{-nk}$$

将式(3.54)代入，可得

$$\tilde{x}_N(n)=\frac{1}{N}\sum_{k=0}^{N-1}\left[\sum_{m=-\infty}^{\infty}x(m)W_N^{mk}\right]W_N^{-nk}=\sum_{m=-\infty}^{\infty}x(m)\left[\frac{1}{N}\sum_{k=0}^{N-1}W_N^{(m-n)k}\right]$$

由于

$$\frac{1}{N}\sum_{k=0}^{N-1}W_N^{(m-n)k}=\begin{cases}1, & m=n+rN,\ r\text{ 为任意整数}\\ 0, & \text{其他}\end{cases}$$

有

$$\tilde{x}_N(n)=\sum_{r=-\infty}^{\infty}x(n+rN)$$

上式表明由 $\tilde{X}(k)$ 得到的周期序列 $\tilde{x}_N(n)$ 是原有限长序列 $x(n)$ 的周期延拓，其时域周期为频域采样点数 N。在第 1 章中已经知道，时域采样造成频域的周期延拓，这里又看到与其对称的特性，即频域采样会造成时域的周期延拓。

(1) 如果 $x(n)$ 是长度为 M 的有限长序列，频域采样不失真的条件是频域采样点数 N 需要满足：$N\geqslant M$。此时可得到

$$x_N(n)=\tilde{x}_N(n)R_N(n)=\sum_{r=-\infty}^{\infty}x(n+rN)R_N(n)=x(n),\qquad N\geqslant M \tag{3.55}$$

也就是说，点数为 N(或小于 N)的有限长序列，可以利用它的 z 变换在单位圆上的 N 个等间隔频域采样值精确地表示。

而当频域采样不够密，即 $N<M$ 时，$x(n)$ 以 N 为周期进行延拓，就会造成混叠。这时，从 $\tilde{x}_N(n)$ 就不能无失真地恢复出原信号 $x(n)$。

(2) 若 $x(n)$ 为无限长序列，则进行时域周期延拓后，必然造成混叠现象，因而一定会产生误差；当 $x(n)$ 的值随着 n 的增加衰减得越快，或频域采样越密(即采样点数 N 越大)时，误差越小，即 $x_N(n)$ 越接近 $x(n)$。

3.6.2 内插公式

设 $x(n)$ 为 N 点有限长序列，根据频域采样定理，N 个频域采样 $X(k)$ 能不失真地代表 $x(n)$，那么这 N 个采样值 $X(k)$ 也一定能够完全地表达整个 $X(z)$ 及频率响应 $X(e^{j\omega})$。现讨论如下：

$$X(z)=\sum_{n=0}^{N-1}x(n)z^{-n}$$

将

$$x(n)=\text{IDFT}\left[X(k)\right]=\frac{1}{N}\sum_{k=0}^{N-1}X(k)W_N^{-nk}$$

代入 $X(z)$ 表达式中，得到

$$\begin{aligned}X(z)&=\sum_{n=0}^{N-1}\left[\frac{1}{N}\sum_{k=0}^{N-1}X(k)W_N^{-nk}\right]z^{-n}=\frac{1}{N}\sum_{k=0}^{N-1}X(k)\left[\sum_{n=0}^{N-1}W_N^{-nk}z^{-n}\right]\\&=\frac{1}{N}\sum_{k=0}^{N-1}X(k)\frac{1-W_N^{-Nk}z^{-N}}{1-W_N^{-k}z^{-1}}\end{aligned}$$

由于 $W_N^{-Nk}=1$，因此

$$X(z)=\frac{1-z^{-N}}{N}\sum_{k=0}^{N-1}\frac{X(k)}{1-W_N^{-k}z^{-1}} \tag{3.56}$$

可以表示为

$$X(z)=\sum_{k=0}^{N-1}X(k)\varPhi_k(z) \tag{3.57}$$

式中

$$\varPhi_k(z)=\frac{1}{N}\cdot\frac{1-z^{-N}}{1-W_N^{-k}z^{-1}} \tag{3.58}$$

式(3.56)称为用单位圆上 $X(z)$ 的 N 个等间隔频率采样值 $X(k)$ 来表示 $X(z)$ 的内插公式。$\varPhi_k(z)$ 称为内插函数。令 $z=e^{j\omega}$，由式(3.57)和式(3.58)可得

$$X(e^{j\omega})=\sum_{k=0}^{N-1}X(k)\varPhi_k(e^{j\omega}) \tag{3.59}$$

而

$$\begin{aligned}\varPhi_k(e^{j\omega})&=\frac{1}{N}\cdot\frac{1-e^{-j\omega N}}{1-e^{-j\left(\omega-k\frac{2\pi}{N}\right)}}=\frac{1}{N}\cdot\frac{\sin\left(\frac{\omega N}{2}\right)}{\sin\left(\frac{\omega-\frac{2\pi}{N}k}{2}\right)}e^{-j\left(\frac{N-1}{2}\omega+\frac{k\pi}{N}\right)}\\&=\frac{1}{N}\cdot\frac{\sin\left[N\left(\frac{\omega}{2}-\frac{\pi}{N}k\right)\right]}{\sin\left(\frac{\omega}{2}-\frac{\pi}{N}k\right)}e^{j\frac{k\pi}{N}(N-1)}e^{-j\frac{N-1}{2}\omega}\end{aligned} \tag{3.60}$$

令

$$\varPhi_k(e^{j\omega})=\varPhi\left(\omega-k\frac{2\pi}{N}\right) \tag{3.61}$$

整理，可得简化形式

$$X(\mathrm{e}^{\mathrm{j}\omega})=\sum_{k=0}^{N-1}X(k)\Phi\left(\omega-\frac{2\pi}{N}k\right) \tag{3.62}$$

$$\Phi(\omega)=\frac{1}{N}\cdot\frac{\sin(\omega N/2)}{\sin(\omega/2)}\mathrm{e}^{-\mathrm{j}\left(\frac{N-1}{2}\right)\omega} \tag{3.63}$$

频域采样理论推进了信号的频谱分析技术向更深更广的领域发展。在数字滤波器的结构和设计的有关章节中将会看到，频域采样理论以及有关公式可提供有用的滤波器结构和滤波器设计途径。

*3.7 DFT 实例分析

3.7.1 信号消噪

若信号在传输过程中，受到噪声的干扰，则在接收端由于受到噪声的干扰，信号将难以辨识。用 DFT 方法消噪就是对含噪信号 $x(t)$的频谱 $X(k)$(离散频谱)进行处理，将噪声所在频段的 $X(k)$ 值全部置零后，再对处理后的 $X(k)$ 进行离散傅里叶反变换(IDFT)，可得原信号的近似结果。这种方法要求噪声与信号的频谱不在同一频段，否则此方法将不适用。

将上述消噪原理用于语音消噪，如图 3.15 所示。图 3.15(a) 中语音信号受到了强烈的啸叫噪声干扰，信号淹没在噪声中(信噪比只有−10 dB)，无法听清语义。下面讨论用 DFT 方法消噪。

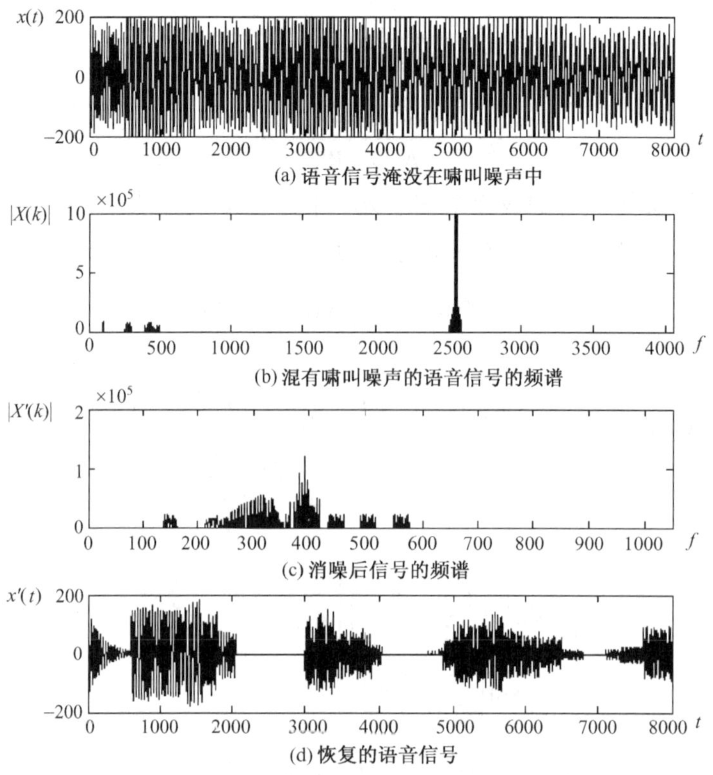

图 3.15 语音信号消噪示意图

首先对混有噪声的信号进行 DFT 变换，得到其频谱如图3.15(b)所示，可见在频率 2.5 kHz 附近有一极强分量，这就是啸叫噪声干扰；图中在频率 30～800 Hz 范围内的分量是语音信号。

其次对频谱进行修正，消除噪声频段，将大于 2.5 kHz 部分的 $X(k)$值全部置为零；图3.15(c)是消噪后信号的频谱。最后，再进行离散傅里叶反变换(IDFT)重构信号，得到的消噪后的语音信号如图3.15(d)所示。这时恢复后信号的信噪比为 14 dB，比消噪前提高了 24 dB。这就是早期数字式录音的音乐中所采用的消噪方法。

3.7.2　信号的频域分析

一个长度为 N 的时域离散序列 $x(n)$，其离散傅里叶变换 $X(k)$ 是由实部和虚部组成的复数，即

$$X(k) = X_{\mathrm{R}}(k) + \mathrm{j}X_{\mathrm{I}}(k) \tag{3.64}$$

对实信号 $x(n)$，其频谱是共轭偶对称的，故只要求出 k 在 $0,1,2,\cdots,N/2$ 上的 $X(k)$ 即可。将 $X(k)$ 写成极坐标形式

$$X(k) = |X(k)|\mathrm{e}^{\mathrm{j}\arg[X(k)]} \tag{3.65}$$

式中，$|X(k)|$ 称为幅频谱，$\arg[X(k)]$ 称为相频谱。将式(3.65)绘成的图形称为频谱图。由频谱图可以知道信号存在哪些频率分量，它们就是谱图中峰值对应的点。谱图中最低频率为 $k=0$，对应实际频率为零(即直流)；最高频率为 $k=N/2$，对应实际频率为 $f=f_{\mathrm{s}}/2$；对处于 $0,1,2,\cdots,N/2$ 上的任意点 k，对应的实际频率为 $f=kF=kf_{\mathrm{s}}/N$。

由于所取单位不同，频率轴有几种定标方式。图3.16 列出频率轴几种定标方式的对应关系。

图 3.16 中 f' 为归一化频率，定义为

$$f' = \frac{f}{f_{\mathrm{s}}} \tag{3.66}$$

f' 无量纲，在归一化频率谱图中，最高频率为 0.5。专用频谱分析仪器常用归一化频率表示。

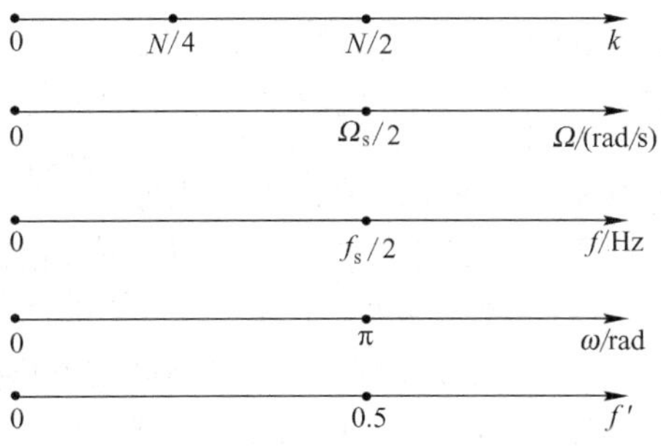

图 3.16　模拟频率与数字频率之间的定标关系

工程实际中也常常用信号的功率谱进行信号的频域表示，功率谱是幅频谱的平方，功率谱 PSD 定义为

$$\mathrm{PSD}(k) = \frac{|X(k)|^2}{N} \tag{3.67}$$

功率谱具有突出主频率的特性，在分析带有噪声干扰的信号时特别有用。

例 3.9 已知信号 $x(t)=0.15\sin(2\pi f_1 t)+\sin(2\pi f_2 t)-0.1\sin(2\pi f_3 t)$，其中 $f_1=1\,\text{Hz}$，$f_2=2\,\text{Hz}$，$f_3=3\,\text{Hz}$。从 $x(t)$ 的表达式可以看出，它包含三个正弦波，但从时域波形图 3.17(a)来看，似乎是一个正弦信号，很难看到小信号的存在，因为它被大信号所掩盖。取 $f_s=32\,\text{Hz}$ 做频谱分析。

解 因 $f_s=32\,\text{Hz}$，故

$$x(n)=x(nT)=0.15\sin\left(\frac{2\pi}{32}n\right)+\sin\left(\frac{4\pi}{32}n\right)-0.1\sin\left(\frac{6\pi}{32}n\right)$$

该信号为周期信号，其周期为 $N=32$。现对 $x(n)$ 做 32 点的离散傅里叶变换(DFT)，其幅度特性 $|X(k)|$ 如图 3.17(b)所示。图 3.17(b)中仅给出了 $k=0,1,\cdots,15$ 的结果。$k=16,17,\cdots,31$ 的结果可由 $|X(N-k)|=|X(k)|$ 得出。因 $N=32$，故频谱分辨率 $F=f_s/N=1\,\text{Hz}$；图 3.17 中，$k=1,2,3$ 所对应的频谱即为频率 $f_1=1\,\text{Hz}, f_2=2\,\text{Hz}, f_3=3\,\text{Hz}$ 的正弦波所对应的频谱，而且图中小信号成分可以清楚地显示出来。可见小信号成分在时域中很难辨识而在频域中容易识别。

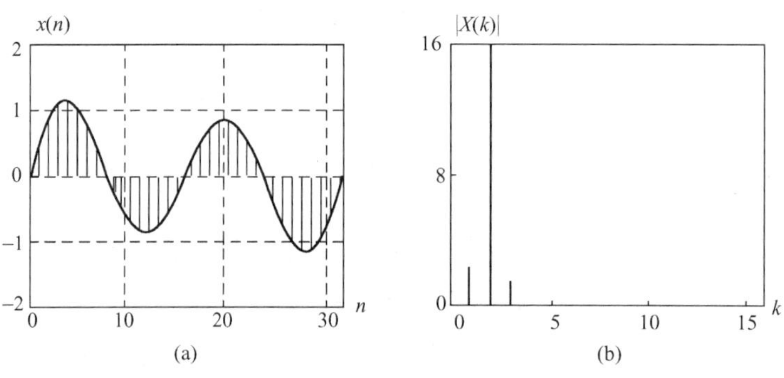

图 3.17 混合频率信号的时域、频域分析

本 章 提 要

1．傅里叶变换建立了以时间为变量的“信号”和以频率为变量的“频谱”之间的关系，根据时间和频率取值的不同情况可以构成不同的傅里叶变换形式，有 FT、FS、DTFT 和 DFS 等，这几种变换都不适合计算机计算，因为它们总有一个域上是连续或周期的。

2．离散时间周期序列的 DFS 是用 N 个独立的谐波成分 $\mathrm{e}^{\mathrm{j}\frac{2\pi}{N}(k+rN)n}=\mathrm{e}^{\mathrm{j}\left(\frac{2\pi}{N}\right)kn}$ 来表示信号的，其 DFS 也是同周期的频域周期序列。DFS 的性质有线性、序列的移位、周期卷积和等。

3．把长度为 N 的有限长序列 $x(n)$ 视为周期为 N 的周期序列的一个周期，这样利用离散傅里叶级数计算周期序列的一个周期，也就计算了有限长序列的离散傅里叶变换。DFT、DTFT 和 z 变换之间存在重要的关系，将 z 平面单位圆 N 等分后的第 k 点是 $X(k)$，所以 $X(k)$ 也就是对 $X(z)$ 在 z 平面单位圆上 N 点等间隔采样值，对 $X(\mathrm{e}^{\mathrm{j}\omega})$ 在区间 $[0,2\pi]$ 上 N 点等间隔采样就是 $X(k)$。

4．DFT 性质包括线性、圆周移位、圆周卷积，共轭对称性、圆周卷积和线性卷积的关系等，其中圆周卷积和线性卷积的关系十分重要，圆周卷积是周期卷积取主值序列，设 $x_1(n)$ 是 N_1 点的有限长序列($0\leqslant n\leqslant N_1-1$)，$x_2(n)$ 是 N_2 点的有限长序列($0\leqslant n\leqslant N_2-1$)，当圆周卷积长度 $L\geqslant N_1+N_2-1$ 时，圆周卷积和线性卷积结果相同。

5．频域采样会造成时域的周期延拓，如果 $x(n)$ 是长度为 M 的有限长序列，那么频域采样不失真的条件是频域采样点数 N 满足：$N\geqslant M$。

习　题

1．设 $x_a(t)$ 是一个周期连续时间信号，

$$x_a(t) = A\cos(200\pi t) + B\cos(500\pi t)$$

以采样频率 $f_s = 1\ \text{kHz}$ 对其进行采样，计算采样信号

$$\tilde{x}(n) = x_a(nT_s) = A\cos\left(\frac{\pi}{5}n\right) + B\cos\left(\frac{\pi}{2}n\right)$$

的离散傅里叶级数。

2．求下列序列的 N 点 DFT。

(1) $x(n) = 1$　　(2) $x(n) = \delta(n)$

(3) $x(n) = \delta(n-n_0)$，$0<n_0<N$　　(4) $x(n) = a^n$，$0 \leqslant n \leqslant N$

(5) $x(n) = u(n) - u(n-n_0)$，$0<n_0<N$　　(6) $x(n) = \mathrm{e}^{\mathrm{j}\frac{2\pi}{N}mn}$，$0<m<N$

(7) $x(n) = \cos\left(\frac{2\pi}{N}mn\right)$，$0<m<N$　　(8) $x(n) = \mathrm{e}^{\mathrm{j}\omega_0 n} \cdot R_N(n)$

(9) $x(n) = \sin(\omega_0 n) \cdot R_N(n)$　　(10) $x(n) = \cos(\omega_0 n) \cdot R_N(n)$

3．已知 $X(k)$，求其 10 点 IDFT。

$$X(k) = \begin{cases} 3, & k = 0 \\ 1, & 1 \leqslant k \leqslant 9 \end{cases}$$

4．计算序列

$$x(n) = \cos(n\omega_0),\ 0 \leqslant n \leqslant N-1$$

的 N 点 DFT，比较 $\omega_0 = 2\pi k_0/N$ 与 $\omega_0 \neq 2\pi k_0/N$ 时 DFT 系数的值，解释有什么不同。

5．两个长度为 N 的序列 $x(n)$ 和 $h(n)$ 的 N 点圆周卷积可以用矩阵的形式表示如下：

$$\boldsymbol{y} = \boldsymbol{H}\boldsymbol{x}$$

其中，$\boldsymbol{H}$ 是一个 $N \times N$ 的循环矩阵，$\boldsymbol{x}$ 和 $\boldsymbol{y}$ 是矢量，分别包含信号值 $x(0), x(1), \cdots, x(N-1)$ 和 $y(0), y(1), \cdots, y(N-1)$。确定矩阵 $\boldsymbol{H}$ 的形式。

6．设 $x(n) = \begin{cases} n+1, & 0 \leqslant n \leqslant 4 \\ 0, & 其他 \end{cases}$　　$h(n) = R_4(n-2)$

令 $\tilde{x}(n) = x((n))_6$，$\tilde{h}(n) = \tilde{h}((n))_6$，试求 $\tilde{x}(n)$ 与 $\tilde{h}(n)$ 的周期卷积并画图。

7．已知 $x(n)$ 为 $\{1,1,3,2,\quad n = 0,1,2,3\}$，试画出 $x((-n))_5$，$x((-n)_6 R_6(n))$，$x((n))_3 R_3(n)$，$x((-n))_6$，$x((n-3))_5 R_5(n)$，$x((n))_7 R_7(n)$ 等各序列。

8．已知两个有限长序列为

$$x(n) = \begin{cases} n+1, & 0 \leqslant n \leqslant 3 \\ 0, & 4 \leqslant n \leqslant 6 \end{cases}$$

$$y(n) = \begin{cases} -1, & 0 \leqslant n \leqslant 4 \\ 1, & 5 \leqslant n \leqslant 6 \end{cases}$$

试用作图法表示 $x(n), y(n)$ 以及 $f(n) = x(n)$ ⑦ $y(n)$。

9．已知 $x(n)$ 是 N 点有限长序列，$X(k) = \text{DFT}[x(n)]$。现将长度变成 rN 点的有限长序列 $y(n)$

$$y(n) = \begin{cases} x(n), & 0 \leqslant n \leqslant N-1 \\ 0, & N \leqslant n \leqslant rN-1 \end{cases}$$

试求 rN 点 $\text{DFT}[y(n)]$ 与 $X(k)$ 的关系。

10. 已知 $x(n)$ 是 N 点的有限长序列， $X(k)=\mathrm{DFT}[x(n)]$，现将 $x(n)$ 的每两点之间补进 $r-1$ 个零值点，得到一个 rN 点的有限长序列 $y(n)$

$$y(n)=\begin{cases}x(n/r), & n=ir, i=0,1,\cdots,N-1\\ 0, & 其他\end{cases}$$

试求 rN 点 $\mathrm{DFT}[y(n)]$ 与 $X(k)$ 的关系。

11. 频谱分析的模拟信号以 8 kHz 被采样，计算了 512 个采样的 DFT，试确定频谱采样之间的频率间隔，并证明。

12. 设有一谱分析用的信号处理器，采样点数必须为 2 的整数幂，假定没有采用任何特殊数据处理措施，要求频谱分辨率小于等于 10 Hz，如果采用的采样时间间隔为 0.1 ms，试确定：(1) 最小记录长度；(2) 所允许处理的信号的最高频率；(3) 在一个记录中的最少点数。

13. 设 $x(n)$ 为存在傅里叶变换的任意序列，其 z 变换为 $X(z)$， $X(k)$ 是对 $X(z)$ 在单位圆上的 N 点等间隔采样，即

$$X(k)=X(z)\Big|_{z=\mathrm{e}^{\mathrm{j}\frac{2\pi}{N}k}}, \quad k=0,1,\cdots,N-1$$

求 $X(k)$ 的 N 点离散傅里叶反变换（记为 $x_N(n)$）与 $x(n)$ 的关系式。

14. 用 DFT 对模拟信号进行谱分析，设模拟信号 $x_{\mathrm{a}}(t)$ 的最高频率为 200 Hz，以奈奎斯特频率采样得到时域离散序列 $x(n)=x_{\mathrm{a}}(nT)$，要求频谱分辨率为 10 Hz。假设模拟信号频谱如图 3.18 所示，试画出 $X(\mathrm{e}^{\mathrm{j}\omega})=\mathrm{DTFT}[x(n)]$ 和 $X(k)=\mathrm{DFT}[x(n)]$ 的谱线图，并标出每个 k 值对应数字频率 ω_k 和模拟频率 f_k 的值。

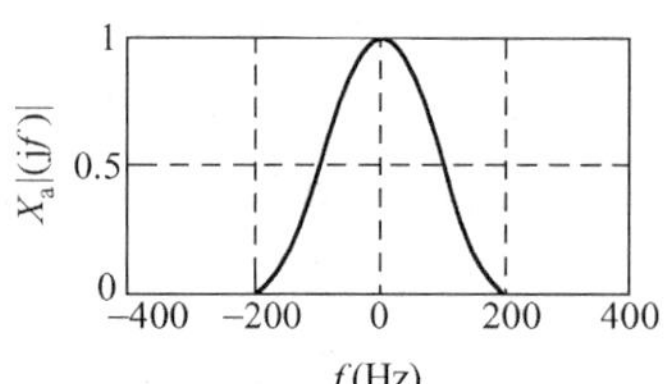

图 3.18 模拟信号 $x_{\mathrm{a}}(t)$ 的频谱图

15. 已知下列 $X(k)$，求 $x(n)=\mathrm{IDFT}[X(k)]$。

(1) $X(k)=\begin{cases}\dfrac{N}{2}\mathrm{e}^{\mathrm{j}\theta}, & k=m\\ \dfrac{N}{2}\mathrm{e}^{-\mathrm{j}\theta}, & k=N-m\\ 0, & 其他\end{cases}$

(2) $X(k)=\begin{cases}-\mathrm{j}\dfrac{N}{2}\mathrm{e}^{\mathrm{j}\theta}, & k=m\\ \mathrm{j}\dfrac{N}{2}\mathrm{e}^{-\mathrm{j}\theta}, & k=N-m\\ 0, & 其他\end{cases}$

其中，m 为正整数，$0<m<\dfrac{N}{2}$，N 为变换区间长度。

16. 证明 DFT 的对称定理，即假设

$$X(k)=\mathrm{DFT}[x(n)]$$

证明 $\mathrm{DFT}[X(n)]=Nx(N-k)$。

17. 如果 $X(k)=\mathrm{DFT}[x(n)]$，证明 DFT 的初值定理

$$x(0)=\frac{1}{N}\sum_{k=0}^{N-1}X(k)$$

第 4 章　快速傅里叶变换

4.1　引言

由于 DFT 无论在时域还是在频域都是离散的，因此可以使用计算机进行 DFT 运算，从而解决了用计算机进行信号与系统的分析问题。但是由于直接计算 DFT 运算量非常大，所需的时间也非常长，即使用计算机计算也不能解决实时性的问题，严重影响了 DFT 的实际应用。因此，如何减少 DFT 的运算量，提高其计算速度，成为了重要的研究课题。

库利、图基与 FFT

自从 1965 年库利(J. W. Cooley)和图基(J. W. Tukey)在《计算数学》杂志上发表了第一篇关于 DFT 快速算法的文章之后，又出现了各种快速计算 DFT 的算法，经过人们的不断改进，逐渐发展和完善成了一系列 DFT 的快速算法，这些快速算法统称为快速傅里叶变换(Fast Fourier Transform，FFT)。

FFT 能使 DFT 的计算大大简化，运算时间缩短，从而使 DFT 运算得到广泛的实际应用，也为数字信号处理技术应用于各种信号的实时处理创造了良好的条件，大大地推动了数字信号处理技术的发展。这里要强调的一点是：FFT 并不是一种新的变换，而是 DFT 的一种快速算法。

本章主要介绍按时间抽选的基-2 FFT 算法、按频率抽选的基-2 FFT 算法、IDFT 的快速算法及实序列的 FFT 算法等内容。

4.2　直接计算 DFT 的问题及改进的途径

4.2.1　DFT 的运算量

设 $x(n)$ 为 N 点有限长序列，其 DFT 为

$$X(k)=\sum_{n=0}^{N-1}x(n)W_N^{nk},\qquad k=0,1,\cdots,N-1 \tag{4.1}$$

反变换(IDFT)为

$$x(n)=\frac{1}{N}\sum_{k=0}^{N-1}X(k)W_N^{-nk},\qquad n=0,1,\cdots,N-1 \tag{4.2}$$

二者的差别只在于 W_N 的指数符号不同，以及差一个常数乘因子 $1/N$，因而下面只讨论 DFT 正变换式(4.1)的运算量，式(4.2)的运算量基本相同。

一般来说，$x(n)$ 和 W_N^{nk} 都是复数，$X(k)$ 也是复数，因此每计算一个 $X(k)$ 值，需要 N 次复数乘法（$x(n)$与W_N^{nk} 相乘）以及 $N-1$ 次复数加法。而 $X(k)$ 一共有 N 个点（k 从 0 取到 $N-1$），所以完成整个 DFT 运算共需 N^2 次复数乘法和 $N(N-1)$次复数加法。复数运算实际上是由实数运算来完成的，式(4.1)可写为

$$X(k)=\sum_{n=0}^{N-1}x(n)W_N^{nk}=\sum_{n=0}^{N-1}\left\{\mathrm{Re}\left[x(n)\right]+\mathrm{jIm}\left[x(n)\right]\right\}\left\{\mathrm{Re}\left[W_N^{nk}\right]+\mathrm{jIm}\left[W_N^{nk}\right]\right\}$$
$$=\sum_{n=0}^{N-1}\left\{\mathrm{Re}\left[x(n)\right]\mathrm{Re}\left[W_N^{nk}\right]-\mathrm{Im}\left[x(n)\right]\mathrm{Im}\left[W_N^{nk}\right]\right.$$
$$\left.+\mathrm{j}(\mathrm{Re}\left[x(n)\right]\mathrm{Im}\left[W_N^{nk}\right]+\mathrm{Im}\left[x(n)\right]\mathrm{Re}\left[W_N^{nk}\right])\right\} \tag{4.3}$$

由式(4.3)可见，一次复数乘法需用 4 次实数乘法和 2 次实数加法；一次复数加法则需 2 次实数加法。因而每运算一个 $X(k)$ 需 $4N$ 次实数乘法和 $2N+2(N-1)=2(2N-1)$次实数加法。所以整个 DFT 运算共需要 $4N^2$ 次实数乘法和 $N\times 2(2N-1)=2N(2N-1)$次实数加法。

上述统计与实际需要的运算次数有些出入，因为某些 W_N^{nk} 可能是 1 或 j，就不必相乘了，例如，$W_N^0=1, W_N^{N/2}=-1, W_N^{N/4}=-\mathrm{j}$ 等就不需乘法。但是为了比较，一般不考虑这些特殊情况，而是把 W_N^{nk} 都视为复数，当 N 很大时，这种特例的比重就很小。

因而，直接计算 DFT 时，乘法次数和加法次数都是与 N^2 成正比的，当 N 很大时，运算量很可观，例如，当 $N=8$ 时，DFT 需要 64 次复乘，而当 $N=1024$ 时，DFT 所需复乘为 1 048 576 次，即一百多万次复乘运算。对实时性很强的信号处理来说，要求计算速度快，因此需要改进 DFT 的计算方法，以大大减少运算次数。

4.2.2 减少运算量的途径

观察 DFT 的运算可以看出，利用系数 W_N^{nk} 的以下固有特性，就可以减少 DFT 的运算量：

(1) W_N^{nk} 的对称性

$$(W_N^{nk})^*=W_N^{-nk}$$

(2) W_N^{nk} 的周期性

$$W_N^{nk}=W_N^{(n+N)k}=W_N^{n(k+N)}$$

(3) W_N^{nk} 的可约性

$$W_N^{nk}=W_{mN}^{mnk},\qquad W_N^{nk}=W_{N/m}^{nk/m}\qquad (m\ \text{为非零整数})$$

另外，$W_N^{n(N-k)}=W_N^{(N-n)k}=W_N^{-nk},\qquad W_N^{N/2}=-1,\qquad W_N^{(k+N/2)}=-W_N^k$

这样，(1)利用这些特性，可以合并DFT运算中的某些项；(2)利用 W_N^{nk} 的对称性、周期性和可约性，可以将长序列的 DFT 分解为短序列的 DFT。前面已经提到，DFT 的运算量是与 N^2 成正比的，所以 N 越小运算量就越小。

FFT 算法正是基于这样的基本思路发展起来的，基本上可以分为两大类，即按时间抽选法(Decimation-In-Time，DIT)和按频率抽选法(Decimation-In-Frequency，DIF)。

4.3 按时间抽选的基-2 FFT 算法(Cooley-Tukey 算法)

4.3.1 算法原理

首先设序列点数为 $N=2^L$，L 为正整数。如果不满足这个条件，可以人为地加上若干零值点达到这一要求。这种 N 为 2 的整数幂的 FFT 算法也称为基-2 FFT 算法。

将 $N=2^L$ 的序列 $x(n)\ (n=0,1,\cdots,N-1)$ 先按 n 的奇偶分成以下两组：

$$\left.\begin{aligned}x(2r)&=x_1(r)\\x(2r+1)&=x_2(r)\end{aligned}\right\},\qquad r=0,1,\cdots,\frac{N}{2}-1$$

根据 DFT 定义，

$$\begin{aligned}X(k)&=\text{DFT}\left[x(n)\right]=\sum_{n=0}^{N-1}x(n)W_N^{nk}=\sum_{\substack{n=0\\n\text{ 为偶数}}}^{N-1}x(n)W_N^{nk}+\sum_{\substack{n=0\\n\text{ 为奇数}}}^{N-1}x(n)W_N^{nk}\\&=\sum_{r=0}^{\frac{N}{2}-1}x(2r)W_N^{2rk}+\sum_{r=0}^{\frac{N}{2}-1}x(2r+1)W_N^{(2r+1)k}\\&=\sum_{r=0}^{\frac{N}{2}-1}x_1(r)(W_N^2)^{rk}+W_N^k\sum_{r=0}^{\frac{N}{2}-1}x_2(r)(W_N^2)^{rk}\end{aligned}\tag{4.4}$$

利用系数 W_N^{nk} 的可约性，即 $W_N^2=\mathrm{e}^{-\mathrm{j}\frac{2\pi}{N}\cdot 2}=\mathrm{e}^{-\mathrm{j}2\pi/\left(\frac{N}{2}\right)}=W_{N/2}$，上式可表示为

$$X(k)=\sum_{r=0}^{\frac{N}{2}-1}x_1(r)W_{N/2}^{rk}+W_N^k\sum_{r=0}^{\frac{N}{2}-1}x_2(r)W_{N/2}^{rk}=X_1(k)+W_N^kX_2(k)\tag{4.5}$$

式中，$X_1(k)$ 与 $X_2(k)$ 分别是 $x_1(r)$ 及 $x_2(r)$ 的 $N/2$ 点 DFT：

$$X_1(k)=\sum_{r=0}^{\frac{N}{2}-1}x_1(r)W_{N/2}^{rk}=\sum_{r=0}^{\frac{N}{2}-1}x(2r)W_{N/2}^{rk}\tag{4.6}$$

$$X_2(k)=\sum_{r=0}^{\frac{N}{2}-1}x_2(r)W_{N/2}^{rk}=\sum_{r=0}^{\frac{N}{2}-1}x(2r+1)W_{N/2}^{rk}\tag{4.7}$$

由式(4.5)看出，一个 N 点 DFT 已分解成两个 $N/2$ 点的 DFT，它们按式(4.5)又组合成一个新的 DFT。但是，$x_1(r),x_2(r)$ 以及 $X_1(k),X_2(k)$ 都是 $N/2$ 点的序列，即 $r,k=0,1,\cdots,N/2-1$。而 $X(k)$ 却有 N 点，用式(4.5)计算得到的只是 $X(k)$ 的前一半结果，要用 $X_1(k)$ 和 $X_2(k)$ 来表示全部的 $X(k)$ 值，还必须应用系数的周期性，即

$$W_{N/2}^{rk}=W_{N/2}^{r\left(k+\frac{N}{2}\right)}$$

这样可得到

$$X_1\left(\frac{N}{2}+k\right)=\sum_{r=0}^{\frac{N}{2}-1}x_1(r)W_{N/2}^{r\left(\frac{N}{2}+k\right)}=\sum_{r=0}^{\frac{N}{2}-1}x_1(r)W_{N/2}^{rk}=X_1(k)\tag{4.8}$$

同理可得

$$X_2\left(\frac{N}{2}+k\right)=X_2(k)\tag{4.9}$$

式(4.8)和式(4.9)说明了后半部分 k 值（$N/2\leqslant k\leqslant N-1$）所对应的 $X_1(k)$ 和 $X_2(k)$ 分别等于前半部分 k 值（$0\leqslant k\leqslant N/2-1$）所对应的 $X_1(k)$ 和 $X_2(k)$。

再考虑到 W_N^k 的以下性质：

$$W_N^{\left(\frac{N}{2}+k\right)}=W_N^{N/2}W_N^k=-W_N^k\tag{4.10}$$

把式(4.8)、式(4.9)和式(4.10)代入式(4.5)，就可将 $X(k)$ 表达为前后两部分：

前半部分 $X(k)$ 为

$$X(k) = X_1(k) + W_N^k X_2(k), \qquad k = 0,1,\cdots,\frac{N}{2}-1 \tag{4.11}$$

后半部分 $X(k)$ 为

$$\begin{aligned} X\left(k+\frac{N}{2}\right) &= X_1\left(k+\frac{N}{2}\right) + W_N^{\left(k+\frac{N}{2}\right)} X_2\left(k+\frac{N}{2}\right) \\ &= X_1(k) - W_N^k X_2(k), \qquad k = 0,1,\cdots,\frac{N}{2}-1 \end{aligned} \tag{4.12}$$

这样，只要求出 0 到 $\frac{N}{2}-1$ 区间内的所有 $X_1(k)$ 和 $X_2(k)$ 值，即可求出 0 到 N–1 区间内的所有 $X(k)$ 值，这样就大大减少了运算量。式(4.11)和式(4.12)的运算可以用图 4.1 的蝶形信号流图符号表示。流图的表示法将在第 5 章中讨论，当支路上没有标出系数时，该支路的传输系数为 1。

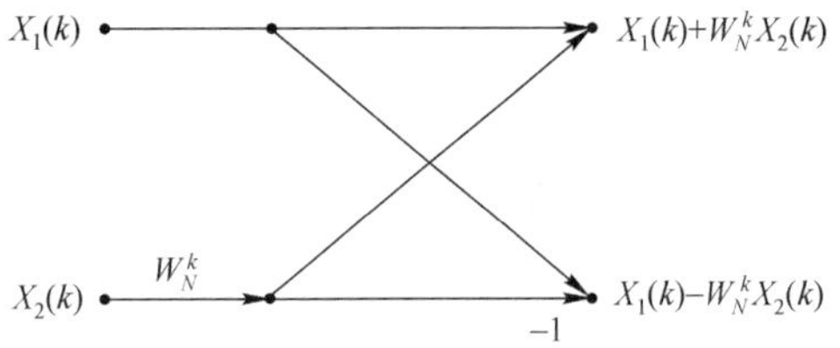

图 4.1 按时间抽选法蝶形运算流图符号

采用这种表示法，可将上面讨论的分解过程示于图4.2，此图表示 $N = 2^3 = 8$ 的情况，其中输出值 $X(0)$ 到 $X(3)$ 由式(4.11)给出，而输出值 $X(4)$ 到 $X(7)$ 由式(4.12)给出。

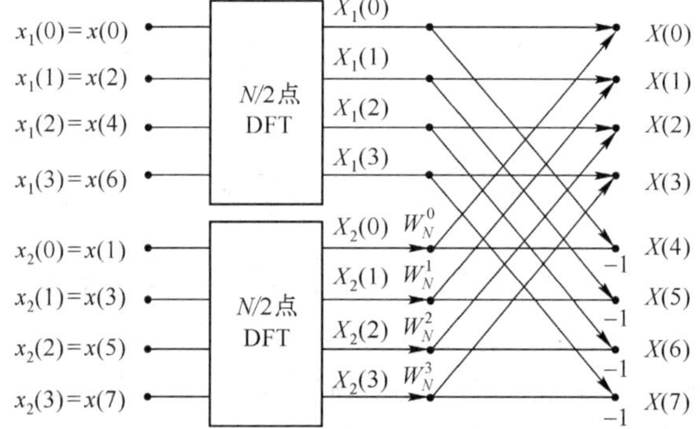

图 4.2 按时间抽选，将一个 N 点 DFT 分解为两个 $N/2$ 点 DFT

可以看出，每个蝶形运算需要一次复数乘法 $X_2(k)W_N^k$ 及两次复数加(减)法。因此，一个 N 点 DFT 分解为两个 $N/2$ 点 DFT 后，若直接计算 $N/2$ 点 DFT，则每一个 $N/2$ 点 DFT 只需要 $\left(\frac{N}{2}\right)^2 = \frac{N^2}{4}$ 次复数乘法和 $\frac{N}{2}\left(\frac{N}{2}-1\right)$ 次复数加法，两个 $N/2$ 点 DFT 共需 $2\times\left(\frac{N}{2}\right)^2 = \frac{N^2}{2}$ 次复数乘法和 $N\left(\frac{N}{2}-1\right)$ 次复数加法。此外把两个 $N/2$ 点 DFT 合成为 N 点 DFT 时，有 $N/2$ 个蝶形运算，还需要 $N/2$ 次复数乘法及 $2\times N/2 = N$ 次复数加法。因而通过一次这样的分解后，共需要 $\frac{N^2}{2}+\frac{N}{2} = \frac{N(N+1)}{2} \approx \frac{N^2}{2}$ 次复数乘法和 $N\left(\frac{N}{2}-1\right)+N = \frac{N^2}{2}$ 次复数加法，因此这样的分解可以使运算工作量几乎减少到一半。

既然如此，由于 $N = 2^L$，因而 $N/2$ 仍是偶数，可以进一步把每个 $N/2$ 点子序列再按其自变量 r 的奇偶分解为两个 $N/4$ 点的子序列。

$$\left.\begin{aligned}x_1(2l)&=x_3(l)\\x_1(2l+1)&=x_4(l)\end{aligned}\right\},\qquad l=0,1,\cdots,\frac{N}{4}-1 \tag{4.13}$$

则有

$$\begin{aligned}X_1(k)&=\sum_{r=0}^{\frac{N}{2}-1}x_1(r)W_{N/2}^{rk}\\&=\sum_{l=0}^{\frac{N}{4}-1}x_1(2l)W_{N/2}^{2lk}+\sum_{l=0}^{\frac{N}{4}-1}x_1(2l+1)W_{N/2}^{(2l+1)k}\\&=\sum_{l=0}^{\frac{N}{4}-1}x_3(l)W_{N/4}^{lk}+W_{N/2}^{k}\sum_{l=0}^{\frac{N}{4}-1}x_4(l)W_{N/4}^{lk}\\&=X_3(k)+W_{N/2}^{k}X_4(k),\qquad k=0,1,\cdots,\frac{N}{4}-1\end{aligned}$$

且

$$X_1\left(\frac{N}{4}+k\right)=X_3(k)-W_{N/2}^{k}X_4(k)\,,\qquad k=0,1,\cdots,\frac{N}{4}-1$$

其中，

$$X_3(k)=\sum_{l=0}^{\frac{N}{4}-1}x_3(l)W_{N/4}^{lk} \tag{4.14}$$

$$X_4(k)=\sum_{l=0}^{\frac{N}{4}-1}x_4(l)W_{N/4}^{lk} \tag{4.15}$$

图4.3给出 $N=8$ 时，将一个 $N/2$ 点 DFT 分解成两个 $N/4$ 点 DFT，由这两个 $N/4$ 点 DFT 组合成一个 $N/2$ 点 DFT 的流图。

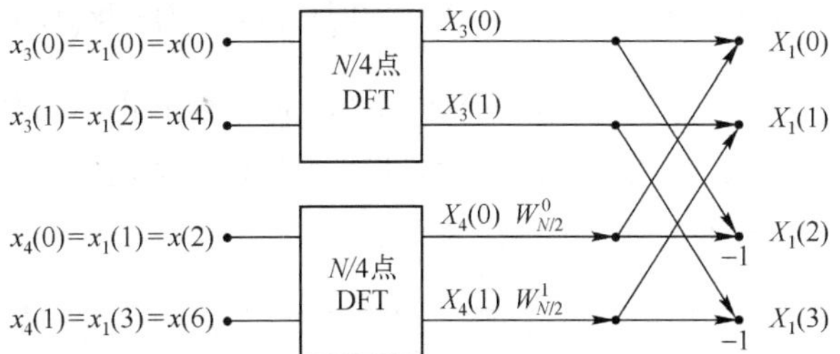

图 4.3　由两个 $N/4$ 点 DFT 组合成一个 $N/2$ 点 DFT

$X_2(k)$ 也可进行同样的分解：

$$\left.\begin{aligned}X_2(k)&=X_5(k)+W_{N/2}^{k}X_6(k)\\X_2\left(\frac{N}{4}+k\right)&=X_5(k)-W_{N/2}^{k}X_6(k)\end{aligned}\right\},\qquad k=0,1,\cdots,\frac{N}{4}-1$$

其中，

$$X_5(k)=\sum_{l=0}^{\frac{N}{4}-1}x_2(2l)W_{N/4}^{lk}=\sum_{l=0}^{\frac{N}{4}-1}x_5(l)W_{N/4}^{lk} \tag{4.16}$$

$$X_6(k)=\sum_{l=0}^{\frac{N}{4}-1}x_2(2l+1)W_{N/4}^{lk}=\sum_{l=0}^{\frac{N}{4}-1}x_6(l)W_{N/4}^{lk} \tag{4.17}$$

将系数统一为 $W_{N/2}^{k}=W_N^{2k}$，则一个 $N=8$ 点 DFT 就可分解为四个 $\frac{N}{4}=2$ 点 DFT，这样可得图4.4所示的流图。

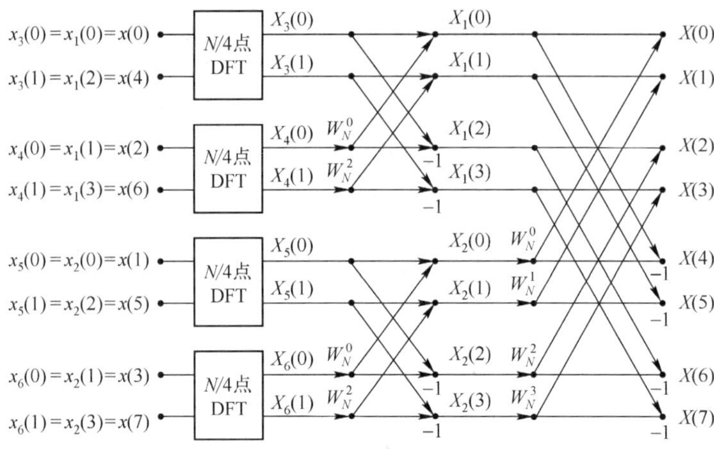

图 4.4 按时间抽选，将一个 N 点 DFT 分解为四个 $N/4$ 点 DFT($N=8$)

根据前面同样的分析知道，利用四个 $N/4$ 点的DFT及两级蝶形组合运算来计算 N 点DFT，比只用一次分解蝶形组合方式的计算量又减少了大约一半。

对于这个 $N=8$ 点的 DFT 的例子，不断分解，直至 2 点 DFT，其输出为 $X_3(k)$，$X_4(k)$，$X_5(k)$，$X_6(k)$，$k=0,1$，由式(4.14)到式(4.17)可以计算出来。例如，由式(4.15)可得

$$X_4(k)=\sum_{l=0}^{\frac{N}{4}-1}x_4(l)W_{N/4}^{lk}=\sum_{l=0}^{1}x_4(l)W_{N/4}^{lk},\qquad k=0,1$$

即

$$X_4(0)=x_4(0)+W_2^0x_4(1)=x(2)+W_2^0x(6)=x(2)+W_N^0x(6)$$
$$X_4(1)=x_4(0)+W_2^1x_4(1)=x(2)+W_2^1x(6)=x(2)-W_N^0x(6)$$

注意上式中 $W_2^1=\mathrm{e}^{-\mathrm{j}\frac{2\pi}{2}\times 1}=\mathrm{e}^{-\mathrm{j}\pi}=-1=-W_N^0$，而 $W_N^0=1$，故计算上式不需乘法运算。类似地可求出 $X_3(k)$，$X_5(k)$ 和 $X_6(k)$，这些两点 DFT 又都可用一个蝶形结构表示。由此可得出一个按时间抽选运算的完整的 8 点 DFT 流图，如图4.5所示。

按时间抽选
基-2FFT 算法

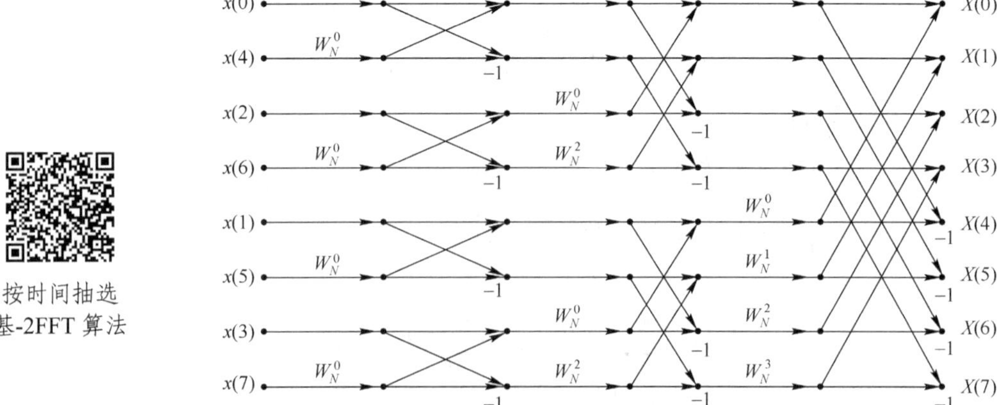

图 4.5 $N=8$ 时按时间抽选法 FFT 运算流图

这种方法的每一步分解都是按输入序列在时间上的次序的奇偶来分解为两个更短的子序列，所以称为“按时间抽选法”。

4.3.2　运算量

由按时间抽选法 FFT 的流图可见，当 $N=2^L$ 时，共有 L 级蝶形，每级都由 $N/2$ 个蝶形运算组成，每个蝶形有 1 次复数乘法和 2 次复数加法，因而每级运算都需 $N/2$ 次复数乘法和 N 次复数加法，这样 L 级运算共需要

复数乘法次数
$$m_F=\frac{N}{2}L=\frac{N}{2}\mathrm{lb}N \tag{4.18}$$

复数加法次数
$$a_F=NL=N\mathrm{lb}N \tag{4.19}$$

实际计算量与这个数字稍有不同，因为 $W_N^0=1$，$W_N^{N/2}=-1$，$W_N^{\pm N/4}=\mp\mathrm{j}$，与这几个系数相乘都不用进行乘法运算，但是这些情况在直接计算 DFT 时也是存在的。此外，当 N 较大时，这些特例相对而言就很少。所以，为了便于比较，下面的分析中都不排除这些特例。

由于计算机上乘法运算所需时间比加法运算所需时间多得多，故以乘法为例，在表 4.1 中将 FFT 算法与直接 DFT 算法的运行量进行了比较。直接 DFT 复数乘法次数是 N^2，FFT 算法复数乘法次数是 $\frac{N}{2}\mathrm{lb}N$。

直接计算 DFT 与 FFT 算法的计算量之比为

$$\frac{N^2}{\frac{N}{2}L}=\frac{N^2}{\frac{N}{2}\mathrm{lb}N}=\frac{2N}{\mathrm{lb}N} \tag{4.20}$$

这一比值也列在表 4.1 中。

表 4.1　FFT 算法与直接 DFT 算法的比较

N	N^2	$\frac{N}{2}\mathrm{lb}N$	$N^2\Big/\left(\frac{N}{2}\mathrm{lb}N\right)$
2	4	1	4.0
4	16	4	4.0
8	64	12	5.4
16	256	32	8.0
32	1 024	80	12.8
64	4 096	192	21.4
128	16 384	448	36.6
256	65 536	1 024	64.0
512	262 144	2 304	113.8
1024	1 048 576	5 120	204.8
2048	4 194 304	11 264	372.4

4.3.3　按时间抽选的 FFT 算法的特点

为了得出任何 $N=2^L$ 点的按时间抽选的基-2FFT 信号流图，我们来考虑这种按时间抽选法在运算方式上的特点。

1．原位运算(同址运算)

从图4.5 可以看出这种运算很有规律，其每级(每列)计算都由 $N/2$ 个蝶形运算构成，每一个蝶形结构完成下述基本迭代运算：

$$\begin{aligned}X_m(k)&=X_{m-1}(k)+X_{m-1}(j)W_N^r\\X_m(j)&=X_{m-1}(k)-X_{m-1}(j)W_N^r\end{aligned} \tag{4.21}$$

式中，m 表示第 m 列迭代，k 和 j 为数据所在行数。式(4.21)的蝶形运算如图 4.6 所示，由 1 次复数乘法和 2 次复数加(减)法组成。

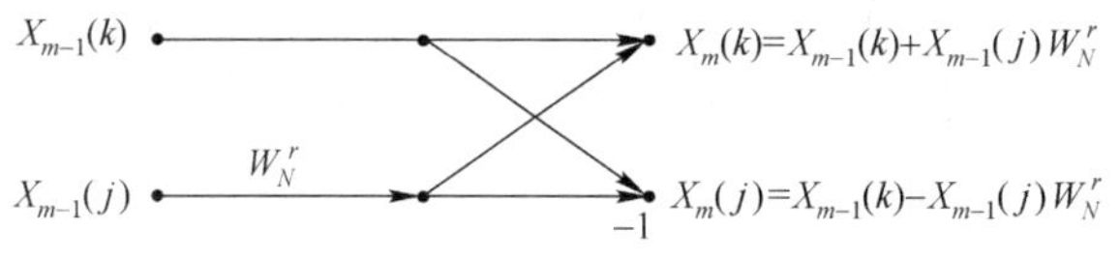

图 4.6 按时间抽选蝶形运算结构

由图 4.5 的流图看出，某一列的任何两个节点 k 和 j 的节点变量进行蝶形运算后，得到结果为下一列 k 和 j 两个节点的节点变量，而和其他节点变量无关，因而可以采用原位运算，即某一列的 N 个数据送到存储器后，经蝶形运算，其结果为另一列数据，它们以蝶形为单位仍存储在这同一组存储器中，直到最后输出，中间无须其他存储器。也就是每个蝶形的两个输出值仍放回这个蝶形的两个输入所在的存储器中。每列的 $N/2$ 个蝶形运算全部完成后，再开始下一列的蝶形运算。这样存储数据只需 N 个存储单元。下一级的运算仍采用这种原位方式，只不过进入蝶形结的组合关系有所不同。这种原位运算结构可以节省存储单元，降低设备成本。

2. 倒位序规律

由图 4.5 看出，按原位计算时，FFT 的输出 $X(k)$ 按正常顺序排列在存储单元中，即按 $X(0), X(1), \cdots, X(7)$ 的顺序排列，但是输入 $x(n)$ 却不是按自然顺序存储的，而是按 $x(0), x(4), \cdots, x(7)$ 的顺序存入存储单元，看起来好像是“混乱无序”的，实际上是有规律的，称之为倒位序。

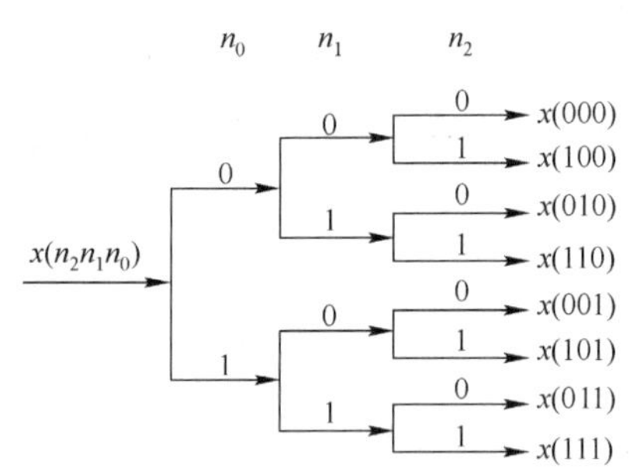

图 4.7 描述倒位序的树状图

造成倒位序的原因是输入 $x(n)$ 按标号 n 先偶后奇不断分组造成的。如果 n 用二进制数表示为 $(n_2\ n_1\ n_0)_2$ (当 $N=8=2^3$ 时，二进制数为三位)，第一次分组，由图 4.2 看出，n 为偶数在上半部分，n 为奇数在下半部分，观察 n 的二进制数的最低位 n_0，$n_0=0$ 序列值对应于偶数采样，$n_0=1$ 序列值对应于奇数采样。下一次则根据次最低位 n_1 的 0 和 1 来分偶奇(而不管原来的子序列是偶序列还是奇序列)。这种不断分成偶数子序列和奇数子序列的过程可用图 4.7 的二进制树状图来描述。这就是 DIT 的 FFT 算法输入序列的序数成为倒位序的原因。

3. 倒位序的实现

一般实际运算中，总是先按自然顺序将输入序列存入存储单元，为了得到倒位序的排列，可以通过变址运算来完成。如果输入序列的序号 n 用二进制数(如 $n_2n_1n_0$)表示，则其倒位序 $\hat{n}$ 二进制数就是 $(n_0n_1n_2)$，这样，在原来自然顺序时应该放 $x(n)$ 的单元，现在倒位序后应放 $x(\hat{n})$。如 $N=8$ 时，$x(3)$ 的标号是 $n=3$，它的二进制数是 011，倒位序的二进制数是 110，即 $\hat{n}=6$，所以原来存放 $x(011)$ 的单元现在存放的是 $x(110)$。表 4.2 列出了 $N=8$ 时的自然顺序二进制数及相应的倒位序二进制数。

表 4.2 码位的倒位序(N=8)

自然顺序(n)	二进制数	倒位序二进制数	倒位序顺序($\hat{n}$)
0	000	000	0
1	001	100	4
2	010	010	2
3	011	110	6
4	100	001	1
5	101	101	5
6	110	011	3
7	111	111	7

把按自然顺序存放在存储单元中的数据，换成 FFT 原位运算所要求的倒位序的变址功能如图4.8所示，当 $n=\hat{n}$ 时，不必调换，当 $n\neq\hat{n}$ 时，必须在原来存放数据 $x(n)$ 的存储单元内调入数据 $x(\hat{n})$，而在存放 $x(\hat{n})$ 的存储单元内调入 $x(n)$。为了避免把已调换过的数据再次调换，保证只调换一次(否则又回到原状)，只需看 $\hat{n}$ 是否比 n 小，若 $\hat{n}$ 比 n 小，则意味着此 $x(n)$ 在前边已和 $x(\hat{n})$ 互相调换过，不必再调换，只有当 $\hat{n}>n$ 时，才将原存放 $x(n)$ 及存放 $x(\hat{n})$ 的存储单元内的内容互换。这样就得到了所需的输入序号倒位序。可以看出，其结果与图 4.5 的要求是一致的。

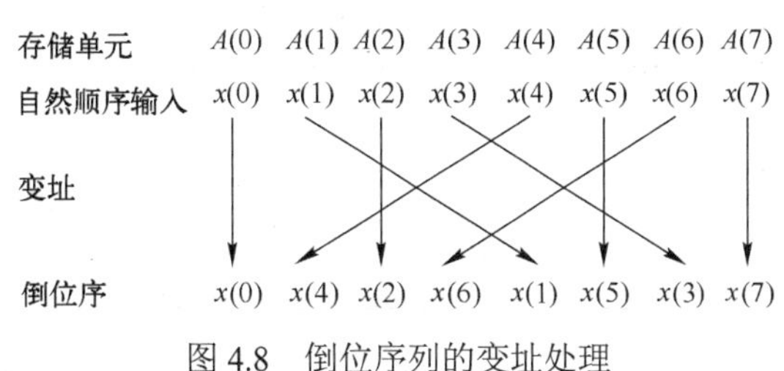

图 4.8 倒位序列的变址处理

4. 蝶形运算两节点的“距离”

以图 4.5 的 8 点 FFT 的流图为例，其输入序号是倒位序的，输出序号是自然顺序的，其第一级(第一列)每个蝶形的两节点间“距离”为 1，第二级每个蝶形的两节点间“距离”为 2，第三级每个蝶形的两节点间“距离”为 4，以此类推，对 $N=2^L$ 点 FFT，当输入序号为倒位序，输出序号为正常顺序时，其第 m 级运算，每个蝶形的两节点间“距离”为 2^{m-1}。

5. W_N^r 的确定

由于对第 m 级运算，一个 DIT 蝶形运算的两节点间“距离”为 2^{m-1}，因而式(4.21)可写为

$$\begin{aligned}X_m(k)&=X_{m-1}(k)+X_{m-1}(k+2^{m-1})W_N^r\\X_m(k+2^{m-1})&=X_{m-1}(k)-X_{m-1}(k+2^{m-1})W_N^r\end{aligned}\tag{4.22}$$

每个蝶形中，都有与因子 W_N^r 相乘的运算，各级的因子 W_N^r 不同。在 $N=2^L$ 时，用 m 表示蝶形图中从左向右计数的某级运算级数($m=1,2,\cdots,L$)，第 L 级的因子为

$$W_N^r=W_{2^m}^i,\qquad i=0,1,2,\cdots,2^{m-1}-1$$

当 $N=2^3=8$ 时的各级因子表示如下：

$m=1$ 时，$W_N^r=W_{N/4}^i=W_2^i=W_{2^m}^i$，$i=0$

$m=2$ 时，$W_N^r=W_{N/2}^i=W_4^i=W_{2^m}^i$，$i=0,1$

$m=3$ 时，$W_N^r=W_N^i=W_8^i=W_{2^m}^i$，$i=0,1,2,3$

6. 存储单元

由于是原位运算，因此只需要输入序列 $x(n)$ $(n=0,1,\cdots,N-1)$ 的 N 个存储单元，加上系数 W_N^r $(r=0,1,\cdots,N/2-1)$的$N/2$ 个存储单元。

例 4.1 已知序列 $x(n)=\{0,1,0,1,1,1,n=0,1,2,3,4,5\}$，求其 8 点 DFT。画出基-2 按时间抽选 FFT 流图，并计算每级蝶形的运算结果。

解

$x(n)$ 为长度 6 点序列，补零使其长度变为 N=8，再经过倒位序排列，输入 N=8 点基-2 按时间抽选 FFT 流图。

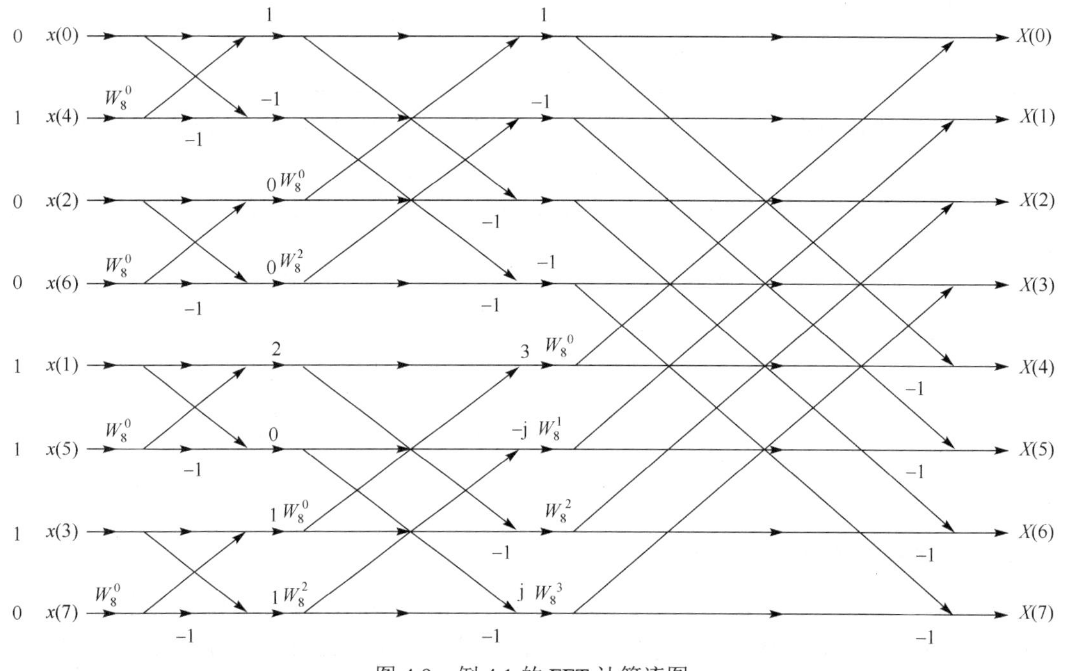

图 4.9 例 4.1 的 FFT 计算流图

根据图 4.9，由输入计算每一级蝶形输出，最后得到输出结果

$$X(0)=1+3W_8^0=4\text{，}\quad X(1)==-1+(-jW_8^1)=-1-\frac{\sqrt{2}}{2}-\frac{\sqrt{2}}{2}j\text{，}\quad X(2)=1+W_8^2=1-j\text{，}$$

$$X(3)=-1+jW_8^3=-1+\frac{\sqrt{2}}{2}-\frac{\sqrt{2}}{2}j\text{，}\quad X(4)=1-3W_8^0=-2\text{，}\quad X(5)=-1-(-\mathrm{j}W_8^1)=-1+\frac{\sqrt{2}}{2}+\frac{\sqrt{2}}{2}j\text{，}$$

$$X(6)=1-W_8^2=1+j\text{，}\quad X(7)=-1-W_8^3j=-1-\frac{\sqrt{2}}{2}+\frac{\sqrt{2}}{2}j\text{。}$$

4.4 按频率抽选的基-2 FFT 算法(Sande-Tukey 算法)

本节讨论另一种 FFT 算法，它将输出序列 $X(k)$ (也是 N 点序列)按其序号 k 的奇偶分解为越来越短的序列，称为按频率抽选(DIF)的 FFT 算法。

4.4.1 算法原理

设序列点数为 $N=2^L$，L 为正整数，在把输出 $X(k)$ 按序号 k 的奇偶分组之前，先把输入序列 $x(n)$ 按序号 n 分成前后两半：

$$X(k)=\sum_{n=0}^{N-1}x(n)W_N^{nk}=\sum_{n=0}^{\frac{N}{2}-1}x(n)W_N^{nk}+\sum_{n=\frac{N}{2}}^{N-1}x(n)W_N^{nk}$$

$$=\sum_{n=0}^{\frac{N}{2}-1}x(n)W_N^{nk}+\sum_{n=0}^{\frac{N}{2}-1}x\left(n+\frac{N}{2}\right)W_N^{\left(n+\frac{N}{2}\right)k}$$

$$=\sum_{n=0}^{\frac{N}{2}-1}\left[x(n)+x\left(n+\frac{N}{2}\right)W_N^{Nk/2}\right]W_N^{nk},\qquad k=0,1,\cdots,N-1$$

式中用的是 W_N^{nk}，而不是 $W_{N/2}^{nk}$，因而这并不是 $N/2$ 点 DFT。

由于 $W_N^{N/2}=-1$，故 $W_N^{Nk/2}=(-1)^k$，可得

$$X(k)=\sum_{n=0}^{\frac{N}{2}-1}\left[x(n)+(-1)^k x\left(n+\frac{N}{2}\right)\right]W_N^{nk},\qquad k=0,1,\cdots,N-1 \tag{4.23}$$

当 k 为偶数时，$(-1)^k=1$；当 k 为奇数时，$(-1)^k=-1$。因此，按 k 的奇偶可将 $X(k)$ 分为两部分，令

$$\left.\begin{aligned}k&=2r\\k&=2r+1\end{aligned}\right\},\qquad r=0,1,\cdots,\frac{N}{2}-1$$

则
$$X(2r)=\sum_{n=0}^{\frac{N}{2}-1}\left[x(n)+x\left(n+\frac{N}{2}\right)\right]W_N^{2nr}=\sum_{n=0}^{\frac{N}{2}-1}\left[x(n)+x\left(n+\frac{N}{2}\right)\right]W_{N/2}^{nr} \tag{4.24}$$

$$X(2r+1)=\sum_{n=0}^{\frac{N}{2}-1}\left[x(n)-x\left(n+\frac{N}{2}\right)\right]W_N^{n(2r+1)}=\sum_{n=0}^{\frac{N}{2}-1}\left\{\left[x(n)-x\left(n+\frac{N}{2}\right)\right]W_N^{n}\right\}W_{N/2}^{nr} \tag{4.25}$$

式(4.24)为输入 $x(n)$ 的前一半与后一半之和的 $N/2$ 点 DFT，式(4.25)为输入 $x(n)$ 的前一半与后一半之差与 W_N^n 之积的 $N/2$ 点 DFT，令

$$\left.\begin{aligned}x_1(n)&=x(n)+x\left(n+\frac{N}{2}\right)\\x_2(n)&=\left[x(n)-x\left(n+\frac{N}{2}\right)\right]W_N^n\end{aligned}\right\},\qquad n=0,1,\cdots,\frac{N}{2}-1 \tag{4.26}$$

则
$$\left.\begin{aligned}X(2r)&=\sum_{n=0}^{\frac{N}{2}-1}x_1(n)W_{N/2}^{nr}\\X(2r+1)&=\sum_{n=0}^{\frac{N}{2}-1}x_2(n)W_{N/2}^{nr}\end{aligned}\right\},\qquad r=0,1,\cdots,\frac{N}{2}-1 \tag{4.27}$$

式(4.26)所表示的运算关系可以用图4.10所示的蝶形运算来表示。

这样，我们就把一个 N 点 DFT 按 k 的奇偶分解为两个 $N/2$ 点的 DFT 了，如式(4.27)所示。$N=8$ 时，上述分解过程示于图 4.11。

与时间抽选法的推导过程一样，由于 $N=2^L$，$N/2$ 仍是一个偶数，因而可以将每个 $N/2$ 点 DFT 的输出再按序号分解为偶数组与奇数组，这就将 $N/2$ 点 DFT 进一步分解为两个 $N/4$ 点

DFT。这两个 $N/4$ 点 DFT 的输入也是先将 $N/2$ 点 DFT 的输入上下对半分开后通过蝶形运算而形成，图4.12示出了这一步分解的过程。

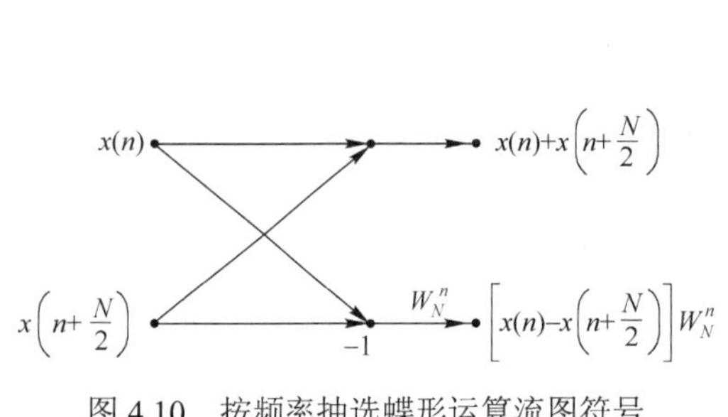

图 4.10　按频率抽选蝶形运算流图符号

图 4.11　按频率抽选，将 N 点 DFT 分解为两个 $N/2$ 点 DFT 的组合（$N=8$）

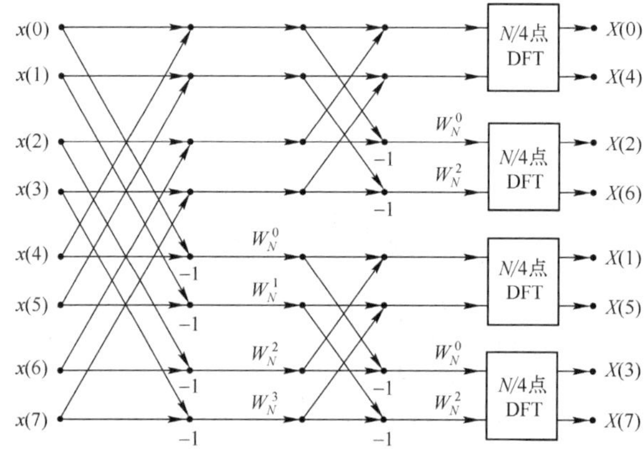

图 4.12　按频率抽选，将一个 N 点 DFT 分解为 4 个 $N/4$ 点 DFT（$N=8$）

这样的分解可以一直进行到第 L 次（$N=2^L$），第 L 次实际上是做两点 DFT，它只有加减运算。但是，为了比较并为了统一运算结构，我们仍然采用系数为 W_N^0 的蝶形运算来表示，这 $N/2$ 个两点 DFT 的 N 个输出就是 $x(n)$ 的 N 点 DFT 的结果 $X(k)$。图4.13表示一个 $N=8$ 的完整的按频率抽选的 FFT 结构。

按频率抽选基-2FFT 算法

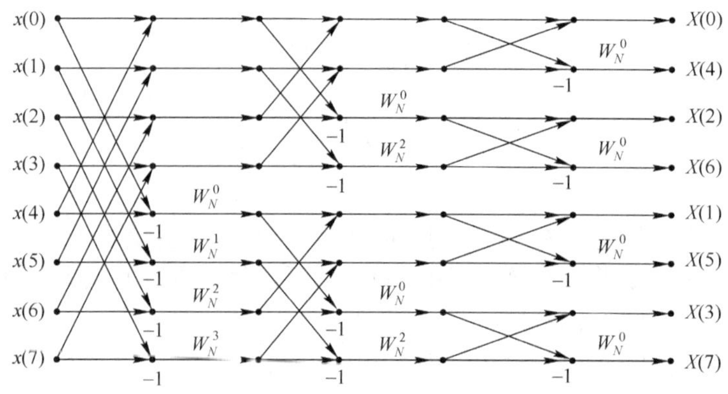

图 4.13　按频率抽选 FFT 流图（$N=8$）

4.4.2　按频率抽选的 FFT 算法的特点

1．原位运算

从图 4.13 可以看出，这种运算和按时间抽选法一样，是很有规律的，其每级(每列)计算都是由 $N/2$ 个蝶形运算构成的，每一个蝶形结构完成下述基本迭代运算：

$$x_m(k)=x_{m-1}(k)+x_{m-1}(j)$$

$$x_m(j)=\left[x_{m-1}(k)-x_{m-1}(j)\right]W_N^r$$

式中，m 表示第 m 列迭代，k 和 j 表示数据所在行数，此式的蝶形运算如图4.14 所示，也是由 1 次复数乘法和 2 次复数加法组成。

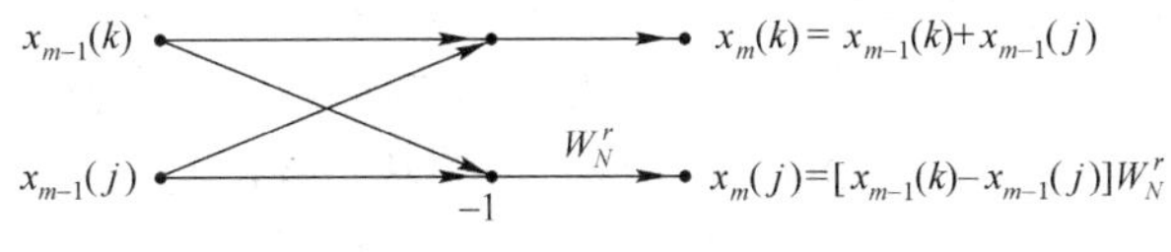

图 4.14　按频率抽选蝶形运算结构

从图4.13 的流图可以看出，按频率抽选 FFT 的这一流图仍是原位运算的，这里就不再讨论了。

2．蝶形运算的两节点间"距离"

从图 4.13 可以看出，当计算第一级(列)蝶形时($m=1$)，一个蝶形的两节点间"距离"为 4；当计算第二列时($m=2$)，蝶形的两节点间"距离"为 2；当计算第三列时($m=3$)，蝶形的两节点间"距离"为 1。由于 $N=2^L=2^3$，故可推出蝶形的两节点间"距离"为 $2^{L-m}=\dfrac{N}{2^m}$ (可通过严格的数学推导加以证明，这里不再讨论)。

3．W_N^r 的计算

由于对第 m 级计算，一个 DIF 蝶形运算的两节点间"距离"为 2^{L-m}，因而第 m 级的一个蝶形计算可表示为

$$x_m(k)=x_{m-1}(k)+x_{m-1}\left(k+\frac{N}{2^m}\right)$$

$$x_m\left(k+\frac{N}{2^m}\right)=\left[x_{m-1}(k)-x_{m-1}\left(k+\frac{N}{2^m}\right)\right]W_N^r \tag{4.28}$$

每个蝶形中，都有与因子 W_N^r 相乘的运算，各级的因子 W_N^r 不同。在 $N=2^L$ 的一般情况，用 J 表示蝶形图中从右向左(注意：与 4.3.3 节中级数 m 的计数方向相反)计数的某级运算级数($J=1,2,\cdots,L$)，第 J 级的因子为

$$W_N^r=W_{2^J}^i,\qquad i=0,1,2,\cdots,2^{J-1}-1$$

当 $N=2^3=8$ 时的各级因子表示如下：

$J=1$ 时，$W_N^r=W_{N/4}^i=W_2^i=W_{2^J}^i$，$i=0$

$J=2$ 时，$W_N^r=W_{N/2}^i=W_4^i=W_{2^J}^i$，$i=0,1$

$J=3$ 时，$W_N^r=W_N^i=W_8^i=W_{2^J}^i$，$i=0,1,2,3$

4.4.3 按频率抽选法与按时间抽选法的异同

由图 4.13 与图 4.5 相比较可以看出，DIF 法与 DIT 法的区别是：图4.13的 DIF 输入序号是自然顺序，输出序号是倒位序的，这与图 4.5 的 DIT 法正好相反。但这不是实质性的区别，因为 DIF 法与 DIT 法一样，都可将输入或输出进行重排，使二者的输入或输出顺序变成自然顺序或倒位顺序。DIF 的基本蝶形(参见图4.14)与 DIT 的基本蝶形(参见图4.6)则有所不同，DIF 的复数乘法出现在减法之后，DIT 则是先做复数乘法后做复数加减法。

但是，DIF 与 DIT 的运算量是相同的，即都有 L 级(列)运算，每级需 $N/2$ 个蝶形运算来完成，共需 $m_{\mathrm{F}}=(N/2)\mathrm{lb}N$ 次复数乘法与 $a_{\mathrm{F}}=N\mathrm{lb}N$ 次复数加法，DIF 法与 DIT 法都可进行原位运算。

按时间抽选法与按频率抽选法基本蝶形的关系由图 4.6 与图 4.14 的基本蝶形运算看出，如果将 DIT 的基本蝶形加以转置，就得到 DIF 的基本蝶形，反过来将 DIF 的基本蝶形加以转置，就得到 DIT 的基本蝶形，因而 DIT 法与 DIF 法的基本蝶形是互为转置的。所谓转置，就是将流图的所有支路方向都反向，并且交换输入与输出，但节点变量值不变，这样即可从图 4.5 得到图 4.14 或者从图 4.14 得到图 4.5，因而每一种按时间抽选的 FFT 流图都存在一个按频率抽选的 FFT 流图。按照转置定理，两个流图的输入/输出特性必然相同。

4.5 离散傅里叶反变换的快速计算方法

FFT 算法的思想同样可以适用于离散傅里叶反变换(IDFT)运算，本节将研究快速傅里叶反变换(IFFT)。由 IDFT 公式

$$x(n)=\mathrm{IDFT}\left[X(k)\right]=\frac{1}{N}\sum_{k=0}^{N-1}X(k)W_N^{-nk} \tag{4.29}$$

与 DFT 公式

$$X(k)=\mathrm{DFT}\left[x(n)\right]=\sum_{n=0}^{N-1}x(n)W_N^{nk} \tag{4.30}$$

的比较中可以看出，只要把 DFT 运算中的每一个系数 W_N^{nk} 换成 W_N^{-nk}，最后再乘以常数 $1/N$，则以上所有按时间抽选或按频率抽选的 FFT 都可以拿来运算 IDFT。例如，我们可以直接由按频率抽选的流图(即图 4.14)出发，把 W_N^{nk} 换成 W_N^{-nk}，并且在每列(级)运算中乘以 $1/2$ 因子(因为乘以 $1/N$ 等效于乘以 $1/N=1/2^L=(1/2)^L$，故相当于每列都乘以 $1/2$ 因子)，就可得到图 4.15 所示的 IFFT 信号流图。这里需要注意的是：当把按频率抽选的 FFT 流图用于 IDFT 时，由于输出变量变成 $x(n)$，此时是按 $x(n)$ 中序号 n 先偶后奇的方式分组，因而称之为按时间抽选的 IFFT 流图。同样，如果将按时间抽选的 FFT 流图用于 IDFT 时，由于输入变成 $X(k)$，此时是按输入 $X(k)$ 中序号 k 先偶后奇的方式分组，因而称之为按频率抽选的 IFFT 流图。

这种 IFFT 算法虽然编程很方便，但是需要稍稍改动 FFT 的程序和参数才能实现，下面讨论一种完全不用改变 FFT 的程序就可以计算 IFFT 的方法。对 IDFT 公式(4.29)取共轭

$$x^*(n)=\frac{1}{N}\sum_{k=0}^{N-1}X^*(k)W_N^{nk}$$

因而

$$x(n)=\frac{1}{N}\left[\sum_{k=0}^{N-1}X^*(k)W_N^{nk}\right]^*=\frac{1}{N}\left\{\mathrm{DFT}\left[X^*(k)\right]\right\}^* \tag{4.31}$$

这说明，只要先将 $X(k)$ 取共轭，就可直接利用 FFT 子程序，然后再将运算结果取一次共轭，并乘以 $1/N$，即可得到 $x(n)$ 值。因此 FFT 运算和 IFFT 运算就可以共用一个子程序块，非常方便。

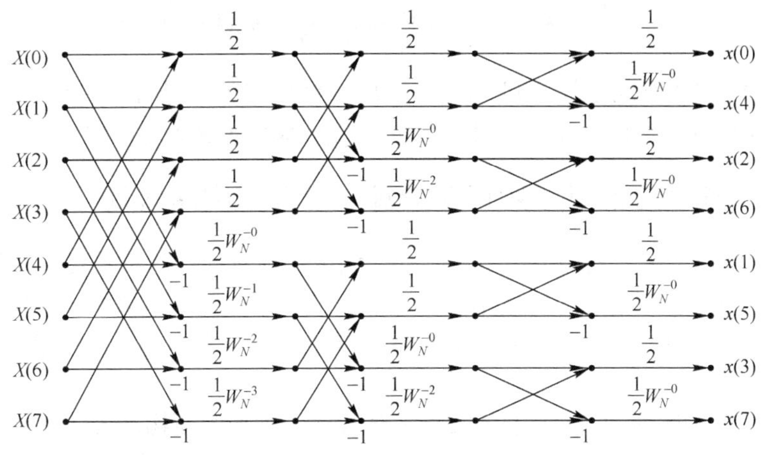

图 4.15　按时间抽选的 IFFT 流图（$N=8$）

4.6　实数序列的 FFT 算法

以上讨论的 FFT 算法都是复数运算，但在实际中，采集到的数据 $x(n)$ 常常是实数序列。如果直接用 FFT 运算流图计算，就是把 $x(n)$ 看成一个虚部为零的复序列进行计算，存储器要增加一倍，且计算机运行时，即使虚部为零，也要进行涉及虚部的运算，增大了运算量。采用离散哈特莱变换（DHT 变换）可以计算实序列 DFT（本书中不赘述）。另一种思路是利用复数 FFT 对实数序列进行有效计算，下面介绍两种方法。

4.6.1　用一个 N 点复序列 FFT 计算两个 N 点实序列 DFT

设 $x_1(n)$、$x_2(n)$ 是两个不同的 N 点实序列。

首先将 $x_1(n)$、$x_2(n)$ 分别当作实部及虚部构造一个复序列 $x(n)$，令

$$x(n)=x_1(n)+\mathrm{j}x_2(n) \tag{4.32}$$

则 $x(n)$ 是 N 点复序列，通过 N 点复数 FFT 运算可获得 $x(n)$ 的 DFT：

$$X(k)=\mathrm{DFT}[x(n)]=X_r(k)+jX_j(k) \tag{4.33}$$

其中

$$X_r(K)=\mathrm{Re}\left[X(k)\right],\quad X_j(K)=\mathrm{Im}\left[X(k)\right]$$

利用离散傅里叶变换的共轭对称性，

$$\begin{aligned}X_1(k)&=\mathrm{DFT}\left[x_1(n)\right]=X_{\mathrm{ep}}(k)=\frac{1}{2}\left[X(k)+X^*(N-k)\right]\\&=\frac{1}{2}\left[X_r(k)+X_r(N-k)\right]+\frac{1}{2}j\left[X_j(k)-X_j(N-k)\right]\end{aligned} \tag{4.34}$$

同理，由 $X(k)$ 也可以得到 $X_2(k)$ 的值。

即

$$\begin{aligned}X_2(k)&=\mathrm{DFT}\left[x_2(n)\right]=-jX_{\mathrm{op}}(k)=\frac{1}{2j}\left[X(k)-X^*(N-k)\right]\\&=\frac{1}{2}\left[X_j(k)+X_j(N-k)\right]-\frac{1}{2}j\left[X_r(k)-X_r(N-k)\right]\end{aligned}\tag{4.35}$$

这样通过作一次N点复序列的FFT，再用加、减法运算就可以将$X_1(k)$、$X_2(k)$分离出来，达到了计算两个N点实序列FFT的目的，显然，这将使运算效率提高近一倍。

4.6.2 用一个 $N/2$ 点复序列 FFT 计算一个 N 点实序列 DFT

前一种方法用两个实序列构造一个复序列，利用共轭对称性计算出实序列各自的DFT。如果只有一个N点实序列需要计算的话，那么此方法并不能简化运算量。利用本章中按时间抽选的基-2 FFT算法原理，将N点实序列分解为两个$N/2$点实序列，再采用前述方法则可以解决这一问题。

设$x(n)$为N点实序列，取$x(n)$的偶数点和奇数点分别作为新构造$N/2$点复序列$y(n)$的实部和虚部，即$x_1(n)=x(2n)$，$x_2(n)=x(2n+1)\quad n=0,1,\cdots,\frac{N}{2}-1$

$$y(n)=x_1(n)+jx_2(n)\qquad n=0,1,\cdots,\frac{N}{2}-1\tag{4.36}$$

对$y(n)$作$N/2$点复数FFT运算可获得$Y(k)$。则：

$$\left.\begin{aligned}X_1(k)&=\mathrm{DFT}\left[x_1(n)\right]=Y_{ep}(k)\\X_2(k)&=\mathrm{DFT}\left[x_2(n)\right]=-jY_{op}(k)\end{aligned}\right\},\quad k=0,1,\cdots,\frac{N}{2}-1\tag{4.37}$$

根据DIT-FFT的思想，可得到N点实序列$x(n)$的DFT前一半的值：

$$X(k)=X_1(k)+W_N^kX_2(k)\quad k=0,1,\cdots,\frac{N}{2}-1\tag{4.38}$$

由于$x(n)$为实序列，$X(k)$具有共轭对称性，后一半$X(k)$可由下式计算：

$$X(N-k)=X^*(k)\quad k=0,1,\cdots,\frac{N}{2}-1\tag{4.39}$$

4.7 FFT 实例分析

4.7.1 利用 FFT 分析时域连续信号频谱

频谱分析就是计算信号各个频率分量的幅值、相位和功率。DFT的重要应用之一是对时域连续信号的频谱进行分析。经典的频谱分析是利用FFT来实现的。

1. 基本步骤

时域连续信号离散傅里叶分析的基本步骤如图4.16所示。

在图4.16中，前置低通滤波器LPF(预滤波器)的作用，是为了消除或减少时域连续信号转换成序列时可能出现的频谱混叠的影响。在实际工作中，时域离散信号$x(n)$的持续时间很长，甚至是无限长的(如语音或音乐信号)。由于DFT的需要(实际应用FFT计算)，必须把$x(n)$

限制在一定的时间区间之内，即进行数据截断。数据的截断相当于加窗处理。因此，在计算 FFT 之前，用一个时域有限的窗函数 $w(n)$ 加到 $x(n)$ 上是非常必要的。

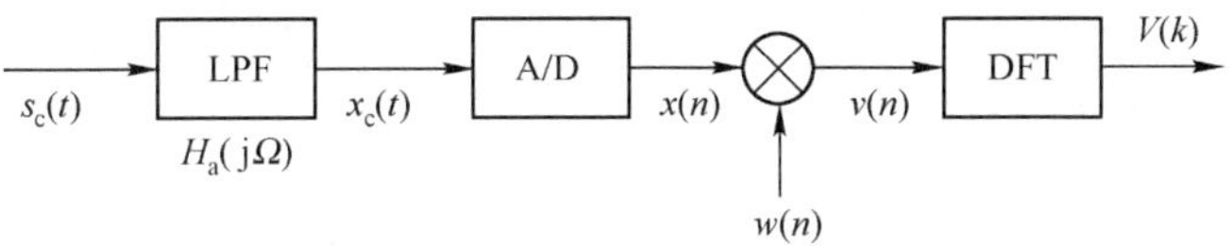

图 4.16　时域连续信号离散傅里叶分析的处理步骤

$x_c(t)$ 通过 A/D 变换器转换（忽略其幅度量化误差）成采样序列 $x(n)$，其频谱用 $X(e^{j\omega})$ 表示，它是频率 ω 的周期函数，即

$$X(e^{j\omega})=\frac{1}{T}\sum_{m=-\infty}^{\infty}X_c\left(j\frac{\omega}{T}-j\frac{2\pi m}{T}\right) \tag{4.40}$$

式中，$X_c(j\Omega)$ 或 $X_c\left(j\frac{\omega}{T}\right)$ 为 $x_c(t)$ 的频谱，即 $X(e^{j\omega})$ 是 $X_c\left(j\frac{\omega}{T}\right)$ 以采样频率 $\frac{2\pi}{T}$ 为周期进行的周期延拓。在实际应用中，前置低通滤波器的阻带不可能是无限衰减的，故由 $X_c(j\Omega)$ 周期延拓得到的 $X(e^{j\omega})$ 有非零重叠，即出现频谱混叠现象。

对序列 $x(n)$ 进行加窗处理，即 $v(n)=x(n)w(n)$，$v(n)$ 的 DFT 为

$$V(k)=\sum_{n=0}^{N-1}v(n)e^{-j\frac{2\pi}{N}nk},\qquad 0\leqslant k\leqslant N-1 \tag{4.41}$$

式中，假设窗函数长度 L 小于或等于 DFT 长度 N，为了使用基-2 的 FFT 算法，这里选择 N 为 2 的整数幂次即 $N=2^m$。有限长序列 $v(n)=x(n)w(n)$ 的 DFT 相当于 $v(n)$ 傅里叶变换的等间隔采样，即

$$V(k)=V(e^{j\omega})\Big|_{\omega=\frac{2\pi k}{N}} \tag{4.42}$$

因为 DFT 对应的数字域角频率间隔为 $\Delta\omega=2\pi/N$，且模拟域角频率 Ω 和数字域角频率 ω 间的关系为 $\omega=\Omega T$，其中 $\Omega=2\pi f$。所以，$V(k)$ 的第 k 点对应的模拟域角频率和模拟域频率分别为

$$\Omega_k=\frac{\omega}{T}=\frac{2\pi k}{NT} \tag{4.43}$$

$$f_k=\frac{k}{NT} \tag{4.44}$$

由式(4.44)很明显可看出，数字域角频率间隔 $\Delta\omega=2\pi/N$ 对应的模拟域谱线间距为

$$F=\frac{1}{NT}=\frac{f_s}{N} \tag{4.45}$$

谱线间距，又称频谱分辨率（单位为 Hz），它是指可分辨两频率的最小间距，即，如果设某频谱分析中的 $F=5$ Hz，那么意味着在据此所画出的频谱图中所分析的信号中频率相差小于 5 Hz 的两个频率分量就分辨不出来。

长度 $N=16$ 的时间信号 $v(n)=(1.1)^n R_{16}(n)$ 的图形如图 4.17(a)所示，$V(k)$ 为其 16 点的 DFT，$|V(k)|$ 如图4.17(b)所示，其中：T 为采样时间间隔（单位为 s）；f_s 为采样频率（单位为 Hz）；t_p

为截取连续时间信号的样本长度(又称记录长度，单位为 s)；F 为谱线间距，又称频谱分辨率(单位为 Hz)。注意：$|V(k)|$ 图中给出的频率间距 F 及 N 个频率点之间的频率 f_s 均指模拟域频率(单位为 Hz)。

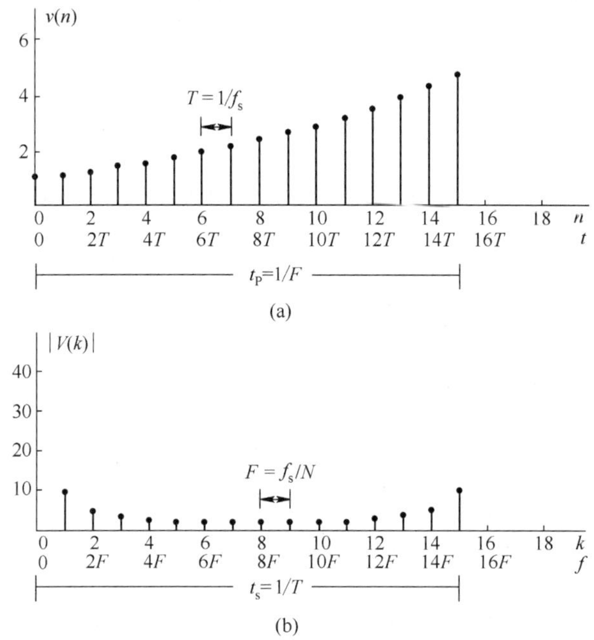

图 4.17 时间信号 $v(n)$和 $|V(k)|$ 的示意图

由图 4.17 可知：

$$t_p = NT \tag{4.46}$$

$$F = \frac{f_s}{N} = \frac{1}{NT} = \frac{1}{t_p} \tag{4.47}$$

在实际应用中，要根据信号最高频率 f_h 和频谱分辨率 F 的要求，来确定 T，t_p 和 N 的大小。

(1) 由采样定理，为保证采样信号不失真，$f_s > 2f_h$（f_h 为信号的最高频率分量，也就是前置低通滤波器阻带的截止频率)，即应使采样周期 T 满足

$$T < \frac{1}{2f_h} \tag{4.48}$$

(2) 由频谱分辨率 F 和 T 确定 N

$$N = \frac{f_s}{F} = \frac{1}{FT} \tag{4.49}$$

由式(4.47)可知，当 N 取值较大时，分辨率高，但会增加样本记录时间 t_p。

(3) 由 N 和 T 确定最小记录长度：$t_p = NT$ 。

例 4.2 有一频谱分析用的 FFT 处理器，其采样点数必须是 2 的整数幂，假定没有采用任何特殊的数据处理措施，已知条件为：① 频谱分辨率小于等于 10 Hz；②信号最高频率小于等于 4 kHz。试确定以下参量：

(1) 最小记录长度 t_p；

(2) 最大采样间隔 T(即最小采样频率)；

(3) 在一个记录中的最少点数 N。

解

(1) 由分辨率的要求确定最小长度 t_p

$$t_p = \frac{1}{F} = \frac{1}{10} = 0.1\ \text{s}$$

所以最小记录长度为 0.1 s。

(2) 从信号的最高频率确定最大可能的采样间隔 T(即最小采样频率 $f_s = 1/T$)。按采样定理

$$f_s > 2f_h$$

即

$$T < \frac{1}{2f_h} = \frac{1}{2\times 4\times 10^3} = 0.125\times 10^{-3}\ \text{s}$$

(3) 最小记录点数 N 应满足

$$N > \frac{2f_h}{F} = \frac{2\times 4\times 10^3}{10} = 800$$

取

$$N = 2^m = 2^{10} = 1024 > 800$$

如果我们事先不知道信号的最高频率，可以根据信号的时域波形图来估计它。例如，某信号的波形如图4.18所示。先找出相邻的波峰与波谷之间的距离，如图中的 t_1，t_2，t_3和 t_4。然后，选出其中最小的一个，如 t_4。这里，t_4可能就是由信号的最高频率分量形成的。峰与谷之间的距离就是周期的一半。因此，最高频率为

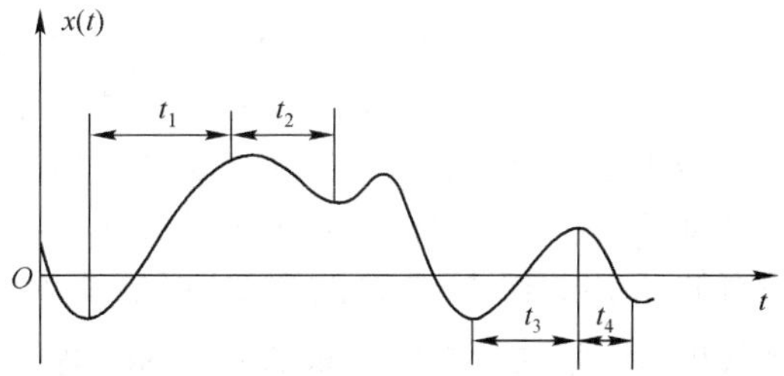

图 4.18　估算信号最高频率 f_h

$$f_h = \frac{1}{2t_4}\ \text{(Hz)}$$

知道 f_h 后就能确定采样频率

$$f_s > 2f_h$$

2. 可能出现的误差

利用 FFT 对连续信号进行傅里叶分析时可能造成的误差如下。

(1) 频谱混叠失真

在图4.16画出的基本步骤中，A/D 变换前利用前置低通滤波器进行预滤波，使 $x_c(t)$ 频谱中最高频率分量不超过 f_h。假设 A/D 变换器的采样频率为 f_s，按照奈奎斯特采样定理

$$f_s > 2f_h$$

也就是采样间隔 T 满足

$$T = \frac{1}{f_s} < \frac{1}{2f_h}$$

一般应取

$$f_s = (2.5 \sim 3.0)f_h \tag{4.50}$$

如果不满足 $f_s > 2f_h$，就会产生频谱混叠失真。

对于 FFT 来说，频谱函数也要采样，变成离散的序列，其采样间隔为 F(即频谱分辨率)。由式(4.47)可得

$$t_p = \frac{1}{F} \tag{4.51}$$

从以上 T 和 t_p 两个公式来看，信号的最高频率分量 f_h 与频谱分辨率 F 存在矛盾关系，要想 f_h 增加，则时域采样间隔 T 就一定要减小，而 f_s 就要增加，由式(4.49)可知，此时若是固定 N，必然要增加 F，即分辨率下降。

反之，要提高分辨率(减小 F)，就要增加 t_p，当 N 给定时，必然导致 T 的增加(f_s 减小)。如果要求不产生混叠失真，则必然会减小高频分量(信号的最高频率分量)f_h。

要兼顾高频分量 f_h 与频谱分辨率 F，即一个性能提高而另一个性能不变(或也得以提高)的唯一办法就是增加记录长度的点数 N，即要满足

$$N = \frac{f_s}{F} > \frac{2f_h}{F} \tag{4.52}$$

这个公式是未采用任何特殊数据处理(如加窗处理)的情况下，为实现基本 FFT 算法所必须满足的最低条件。若加窗处理，相当于时域相乘，则频域周期卷积，必然加宽频谱分量，频谱分辨率就可能变差，为了保证频谱分辨率不变，则须增加数据长度 t_p。

(2) 栅栏效应

利用 FFT 计算频谱，只能得出离散点 $\omega_k = 2\pi k/N$ 上的频谱采样值，而不可能得到连续频谱函数，这就像通过一个“栅栏”观看信号频谱，只能在离散点上看到信号频谱，称之为“栅栏效应”。这时，如果在两个离散的谱线之间有一个特别大的频谱分量，就无法检测出来了。

减小栅栏效应的一个方法就是要使频域采样更密，即增加频域采样点数 N，在不改变时域数据的情况下，必然是数据末端添加一些零值点，使一个周期内的点数增加，但并不改变原有的记录数据。随着 N 的增加，必然使频谱采样点 $2\pi k/N$ 的间距更近(单位圆上样点更多)，谱线更密，谱线变密后，原来看不到的谱分量就有可能看到了。

必须指出，补零以改变计算 FFT 的周期时，所用窗函数的宽度不能改变。换句话说，必须按照数据记录的原来的实际长度选择窗函数，而不能按照补了零值点后的长度来选择窗函数。补零不能提高频谱分辨率，这是因为数据的实际长度仍为补零前的数据长度。

(3) 频谱泄漏与谱间干扰

对信号进行 FFT 计算，首先必须使其变成时间有限的信号，这就相当于信号在时域乘以一个窗函数如矩形窗，窗内数据并不改变。时域相乘即 $v(n) = x(n)w(n)$，加窗对频域的影响，可用下面的卷积公式表示。

$$V(\mathrm{e}^{\mathrm{j}\omega}) = \frac{1}{2\pi}\int_{-\pi}^{\pi} X(\mathrm{e}^{\mathrm{j}(\theta)})\ W(\mathrm{e}^{\mathrm{j}(\omega-\theta)})\mathrm{d}\theta$$

卷积的结果，造成所得到的频谱 $V(\mathrm{e}^{\mathrm{j}\omega})$ 与原来的频谱 $X(\mathrm{e}^{\mathrm{j}\omega})$ 不同，有失真。这种失真最主要的影响是会造成频谱的“扩散”(拖尾、变宽)，这就是所谓的“频谱泄漏”。

可见，频谱泄漏是由于将信号截取成有限长信号造成的。对具有单一谱线的正弦波来说，它必须是无限长的。也就是说，如果输入信号是无限长的，那么 FFT 就能计算出完全正确的单一线频谱。可是实际上，只能取有限长记录样本。如果在该有限长记录样本中，正弦信号又不是整数个周期，就会产生频谱泄漏。例如，一个周期为 $N=16$ 的余弦信号 $x(n) = \cos(6\pi n/16)$，截取一个周期长度的信号即 $x_1(n) = \cos(6\pi n/16)R_{16}(n)$，其 16 点 FFT 的频谱图参见图4.19(a)，若时域截取的长度为 13，则其 16 点 FFT 的频谱图如图4.19(b)所示。由此可见，频谱不再是单一的谱线，它的能量散布到整个频谱的各处。这种能量散布到其他谱线位置的现象即为“频谱泄漏”。

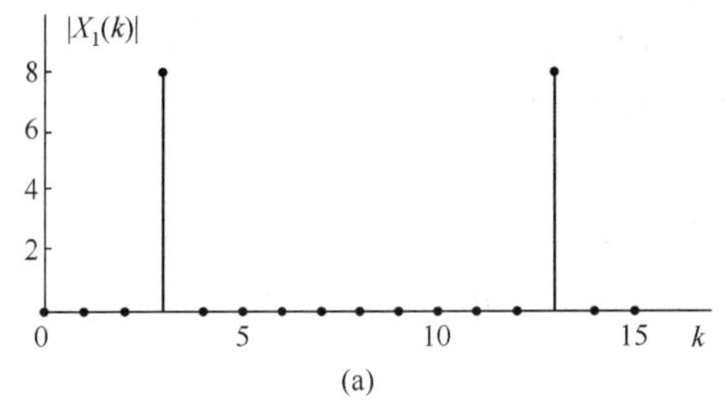

(a)

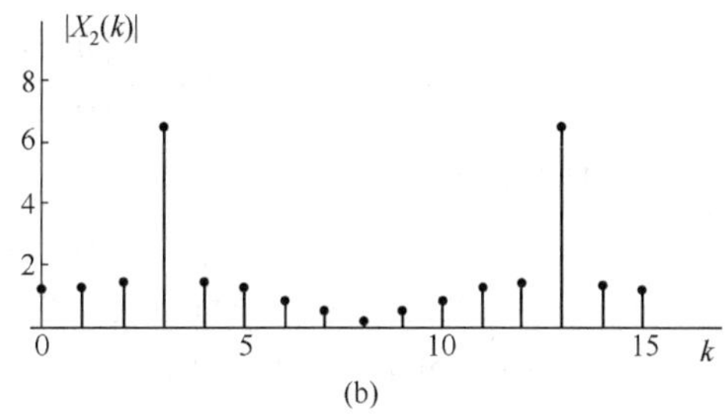

(b)

图 4.19　余弦信号频谱泄漏示例图

应该说明，因为泄漏将会导致频谱的扩展，从而使最高频率有可能超过折叠频率$(f_s/2)$，引起混叠失真。泄漏造成的后果是降低频谱的分辨率。此外，由于在主谱线两边形成很多旁瓣，引起不同频率分量间的干扰(简称谱间干扰)，特别是强信号谱的旁瓣可能淹没弱信号的主谱线，或者把强信号谱的旁瓣误认为是另一信号的谱线，从而造成假信号，这样就会使谱分析产生较大偏差。

在进行 FFT 运算时，要注意以下两点问题：第一，时域截断是必然的，因此频谱泄漏和谱间干扰也是不可避免的。为尽量减小泄漏和谱间干扰的影响，需增加加窗的时域宽度(频域主瓣变窄)，但这又会导致运算量及存储量的增加；第二，数据不要突然截断，也就是不要加矩形窗，而是加各种缓变的窗(例如，三角形窗、升余弦窗、改进的升余弦窗等)，使得窗谱的旁瓣能量更小，卷积后造成的泄漏减小，这个问题在第 7 章中讨论 FIR 滤波器设计时将会谈到。

4.7.2　线性卷积和线性相关的 FFT 算法

1. 线性卷积的 FFT 算法

设离散线性时不变系统的单位脉冲响应$h(n)$为M点有限长序列，系统的输入$x(n)$为L点有限长序列，输出$y(n)$为

$$y(n)=\sum_{m=0}^{M-1}h(m)x(n-m)$$

$y(n)$也是有限长序列，其点数为$L+M-1$点。由于每一个$x(n)$的输入值都必须和全部的$h(n)$值相乘一次，因而计算$y(n)$共需要LM次乘法，这就是直接计算线性卷积需要的乘法次数，以m_d表示为

$$m_d=LM \tag{4.53}$$

对于线性相位 FIR 滤波器(相应内容参见第 7 章)，满足

$$h(n)=\pm h(M-1-n) \tag{4.54}$$

其加权系数约减少了一半，因而相乘次数大约可以减少一半，即

$$m_d=\frac{LM}{2} \tag{4.55}$$

用 FFT 法也就是用圆周卷积来代替这一线性卷积时，为了不产生混叠，其必要条件是使$x(n)$和$h(n)$都补零值点，补到至少$N=M+L-1$，即

$$x(n)=\begin{cases}x(n), & 0\leqslant n\leqslant L-1\\ 0, & L\leqslant n\leqslant N-1\end{cases}$$

$$h(n)=\begin{cases}h(n), & 0\leqslant n\leqslant M-1\\ 0, & M\leqslant n\leqslant N-1\end{cases}$$

然后计算圆周卷积

$$y(n)=x(n)\,Ⓝ\,h(n)$$

这时，$y(n)$ 就能代表线性卷积的结果。用 FFT 计算 $y(n)$ 值的步骤如下：

① 求 $H(k)=\mathrm{DFT}\left[h(n)\right]$，$N$ 点；

② 求 $X(k)=\mathrm{DFT}\left[x(n)\right]$，$N$ 点；

③ 计算 $Y(k)=X(k)H(k)$；

④ 求 $y(n)=\mathrm{IDFT}\left[Y(k)\right]$，$N$ 点。

步骤①，②和④都可以用 FFT 来完成。此时的工作量如下：三次 FFT 运算共需要 $\frac{3}{2}N\mathrm{lb}N$ 次乘法，还有步骤③的 N 次乘法，因此共需乘法次数为

$$m_{\mathrm{F}}=\frac{3}{2}N\mathrm{lb}N+N=N\left(1+\frac{3}{2}\mathrm{lb}N\right) \tag{4.56}$$

这样，我们可以用线性相位 FIR 滤波器来比较直接计算线性卷积和 FFT 法计算线性卷积这两种方法的乘法次数。设式(4.55) m_{d} 与式(4.56) m_{F} 的比值为 K_{m}，当 $x(n)$ 与 $h(n)$ 点数差不多时，例如，$M=L$，$N=2M-1\approx 2M$ 时，则

$$K_{\mathrm{m}}=\frac{m_{\mathrm{d}}}{m_{\mathrm{F}}}=\frac{ML}{2N\left(1+\frac{3}{2}\mathrm{lb}M\right)}=\frac{M}{10+6\mathrm{lb}M}$$

可得下表：

$M=L$	8	32	64	128	256	512	1024	2048	4096
K_{m}	0.286	0.8	1.39	2.46	4.41	8	14.62	26.95	49.95

当 $M=8$，16，32 时，圆周卷积的运算量大于线性卷积；当 $M=64$ 时，二者相当(圆周卷积稍好)；当 $M=512$ 时，圆周卷积运算速度可快 8 倍，当 $M=4096$ 时，圆周卷积约可快 50 倍。可以看出，$M=L$ 且 M 超过 64 以后，M 越长圆周卷积的速度优势越明显。因而圆周卷积又称为快速卷积。

当 $x(n)$ 的点数很多时，即当

$$L\gg M$$

则

$$N=L+M-1=L$$

这时

$$K_{\mathrm{m}}=M/(2+3\mathrm{lb}L) \tag{4.57}$$

于是，当 L 太大时，会使 K_{m} 下降，圆周卷积的优势就表现不出来了，因此需要采用分段卷积或分段过滤的办法。

下面讨论一个短的有限长序列与一个长序列的卷积。例如，当 $x(n)$ 是很长的序列，利用圆周卷积时，$h(n)$ 必须补很多个零值点，成本较高。因而可以将 $x(n)$ 分成点数和 $h(n)$ 相仿的段，分别求出每段的卷积结果，然后用一定方式把它们合在一起，从而得到总的输出。对每一段的卷积均采用 FFT 方法处理。有两种分段卷积的办法，讨论如下。

(1) 重叠相加法

设 $h(n)$ 的点数为 M，信号 $x(n)$ 为很长的序列。我们将 $x(n)$ 分解为很多段，每段为 L 点，L 选择成和 M 的数量级相同，用 $x_i(n)$ 表示 $x(n)$ 的第 i 段：

$$x_i(n)=\begin{cases}x(n), & iL\leqslant n\leqslant (i+1)L-1\\ 0, & 其他\end{cases}\qquad i=0,1,\cdots \tag{4.58}$$

则输入序列可表示成

$$x(n)=\sum_{i=0}^{\infty}x_i(n) \tag{4.59}$$

这样，$x(n)$ 与 $h(n)$ 的线性卷积等于 $x_i(n)$ 与 $h(n)$ 的线性卷积之和，即

$$y(n)=x(n)*h(n)=\sum_{i=0}^{\infty}x_i(n)*h(n) \tag{4.60}$$

每一个 $x_i(n)*h(n)$ 都可用上面讨论的快速卷积办法来运算。由于 $x_i(n)*h(n)$ 为 $L+M-1$ 点，故先对 $x_i(n)$ 及 $h(n)$ 补零值点，补到 N 点。为便于利用基-2FFT 算法，一般取 $N=2^m\geqslant L+M-1$，然后做 N 点的圆周卷积：

$$y_i(n)=x_i(n)\ Ⓝ\ h(n)$$

由于 $x_i(n)$ 为 L 点，而 $y_i(n)$ 为 $L+M-1$ 点（设 $N=L+M-1$），故相邻两段输出序列必然有 $M-1$ 个点发生重叠，即前一段的后 $M-1$ 个点和后一段的前 $M-1$ 个点相重叠，如图4.20所示。按照式(4.60)，应该将这个重叠部分相加再与不重叠的部分共同组成输出 $y(n)$。

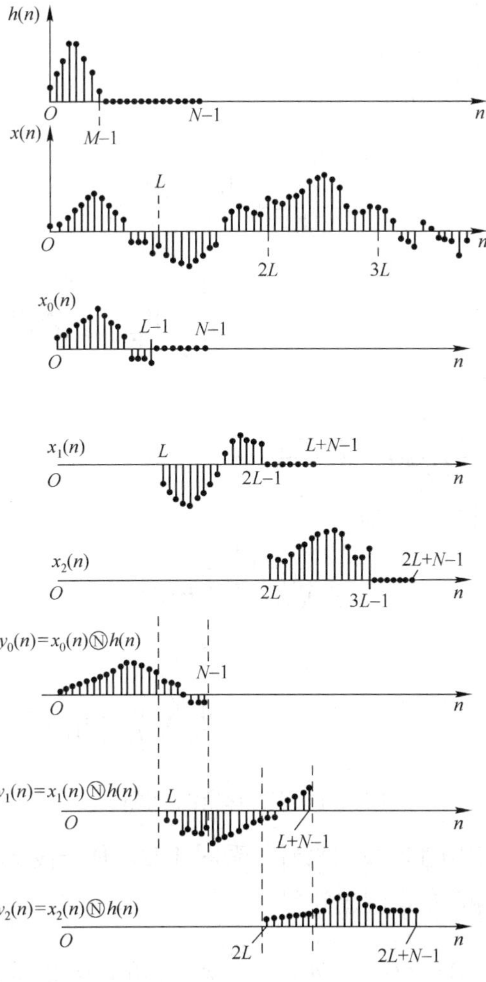

图 4.20　重叠相加法图形

和上面的讨论一样，用 FFT 法实现重叠相加法的步骤如下：

① 计算 N 点 FFT，$H(k)=\mathrm{DFT}[h(n)]$；

② 计算 N 点 FFT，$X_i(k)=\mathrm{DFT}[x_i(n)]$；

③ 相乘，$Y_i(k)=X_i(k)H(k)$；

④ 计算 N 点 IFFT，$y_i(n)=\mathrm{IDFT}[Y_i(k)]$；

⑤ 将各段 $y_i(n)$（包括重叠部分）相加，$y(n)=\sum_{i=0}^{\infty}y_i(n)$。

重叠相加法的名称是由于各输出段的重叠部分相加而得名。

（2）重叠保留法

此方法与上述方法稍有不同。先将 $x(n)$ 分段，每段 $L=N-M+1$ 个点，这是相同的；不同之处是，序列中上述方法补零处不进行补零处理，而在每一段的前边补上前一段保留下来的 $M-1$ 个输入序列值，组成 $L+M-1$ 点序列 $x_i(n)$，如图 4.21(a)所示。若 $L+M-1<2^m$，则可在每段序列末端补零值点，补到长度为 2^m，这时若用 DFT 实现 $h(n)$ 和 $x_i(n)$ 的圆周卷积，则其每段圆周卷积结果的前 $M-1$ 个点的值不等于线性卷积值，必须舍去。

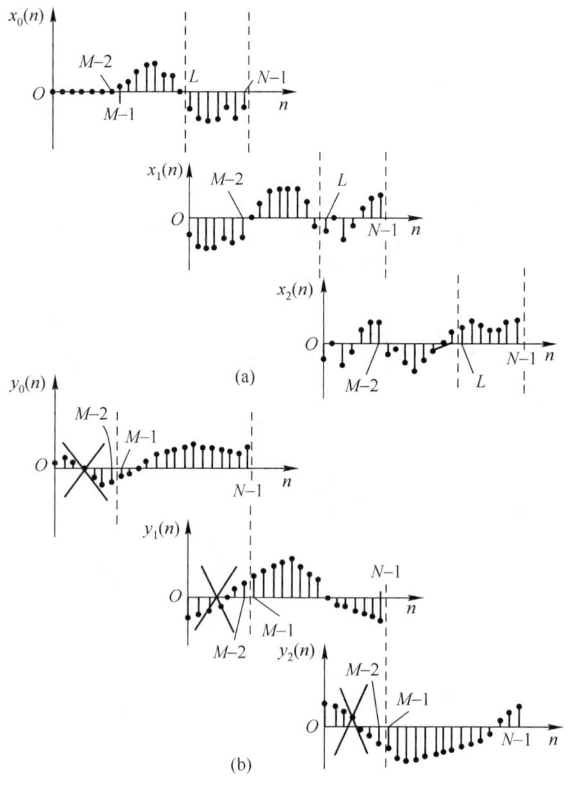

图 4.21　重叠保留法示意图

为了说明以上说法的正确性，我们来看一看图 4.22。任一段 $x_i(n)$（为 N 点）与 $h(n)$（原为 M 点，补零值点后为 N 点）的 N 点圆周卷积

$$y_i'(n)=x_i(n)\ \text{Ⓝ}\ h(n)=\sum_{m=0}^{N-1}x_i(m)h((n-m))_N R_N(n) \tag{4.61}$$

由于 $h(m)$ 为 M 点，补零后做 N 点圆周移位时，在 $n=0,1,\cdots,M-2$ 的每种情况下，$h((n-m))_N R_N(m)$ 在

$$0 \leqslant m \leqslant N-1$$

范围的末端出现非零值，而此处 $x_i(m)$ 是有数值存在的，如图 4.22(c)和图 4.22(d)为 $n=0$ 及 $n=M-2$ 的情况，所以在

$$0 \leqslant n \leqslant M-2$$

这一部分的 $y_i'(n)$ 值中将混入 $x_i(m)$ 尾部与 $h((n-m))_N R_N(m)$ 尾部的乘积值，从而使这些点的 $y_i'(n)$ 值不同于线性卷积结果。但是从 $n=M-1$ 开始到 $n=N-1$，$h((n-m))_N R_N(m)=h(n-m)$，如图4.22(e)和图4.22(f)所示，圆周卷积值完全与线性卷积值一样，$y_i'(n)$ 就是正确的线性卷积值。因此，必须把每一段圆周卷积结果的前 $M-1$ 个值去掉，如图4.22(g)所示。

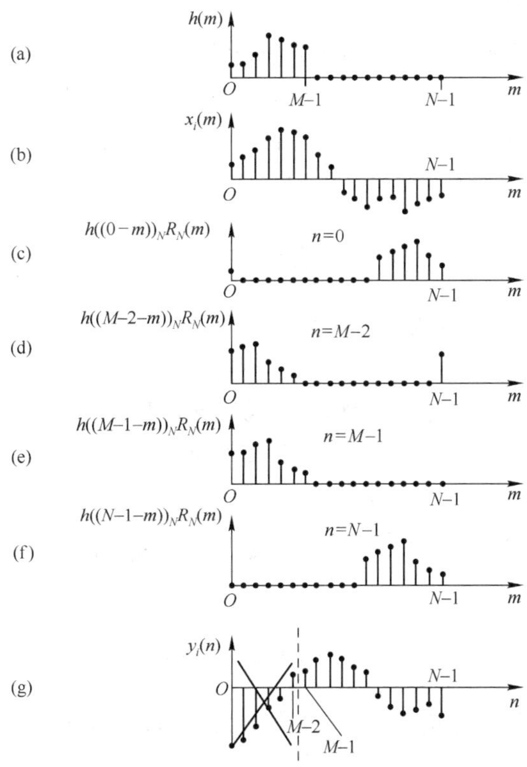

图 4.22　用保留信号代替补零后的局部混叠现象

因此，为了不造成输出信号的遗漏，对输入分段时，就需要使相邻两段有 $M-1$ 个点重叠(对于第一段，即 $x_0(n)$，由于没有前一段保留信号，则需在序列前填充 $M-1$ 个零值点)，这样，设原输入序列为 $x'(n)$ ($n \geqslant 0$ 时有值)，则应重新定义输入序列

$$x(n)=\begin{cases}0, & 0 \leqslant n \leqslant M-2 \\ x'[n-(M-1)], & M-1 \leqslant n\end{cases}$$

而

$$x_i(n)=\begin{cases}x[n+i(N-M+1)], & 0 \leqslant n \leqslant N-1 \\ 0, & \text{其他}n\end{cases} \qquad i=0,1,\cdots$$

在这一公式中，已经把每一段的时间原点放在该段的起始点，而不是 $x(n)$ 的原点。这种分段方法示于图 4.21 中，每段 $x_i(n)$ 和 $h(n)$ 的圆周卷积结果以 $y_i'(n)$ 表示，如图 4.21(b)所示，图中

已标出每一输出段开始的 $M-1$ 个点，即 $0 \leqslant n \leqslant M-2$ 部分需舍掉不用。把相邻各输出段留下的序列衔接起来，就构成了最后的正确输出，即

$$y(n)=\sum_{i=0}^{\infty} y_i\left[n-i(N-M+1)\right] \tag{4.62}$$

式中

$$y_i(n)=\begin{cases} y_i'(n), & M-1 \leqslant n \leqslant N-1 \\ 0, & \text{其他} \end{cases} \tag{4.63}$$

这时，每段输出的时间原点放在 $y_i(n)$ 的起始点，而不是 $y(n)$ 的原点。

重叠保留法的名称是因为每一组相继的输入段均由 $N-M+1$ 个新点和前一段保留下来的 $M-1$ 个点所组成而得名的。

2. 线性相关的 FFT 算法

自相关与互相关运算在通信、随机信号分析及数字信号处理中都是十分重要的。利用 FFT 计算相关函数也就是利用圆周相关代替线性相关，常称之为快速相关。这与利用 FFT 的快速卷积类似(即利用圆周卷积代替线性卷积)，也要利用补零值点的办法来避免混叠失真。

设 $x(n)$ 为 L 点，$y(n)$ 为 M 点，需要求出线性相关

$$r_{xy}(n)=\sum_{m=0}^{M-1} x(n+m)y^*(m) \tag{4.64}$$

利用 FFT 求线性相关是用圆周相关代替线性相关，选择 $N \geqslant L+M-1$，且 $N=2^J$(J 为正整数)，令

$$x(n)=\begin{cases} x(n), & 0 \leqslant n \leqslant L-1 \\ 0, & L \leqslant n \leqslant N-1 \end{cases}$$

$$y(n)=\begin{cases} y(n), & 0 \leqslant n \leqslant M-1 \\ 0, & M \leqslant n \leqslant N-1 \end{cases}$$

圆周相关定理的相关内容为：

若

$$R_{xy}(k)=X(k)Y^*(k)$$

则

$$\begin{aligned} r_{xy}(m) &= \mathrm{IDFT}\left[R_{xy}(k)\right]=\sum_{n=0}^{N-1} y^*(n)\, x((n+m))_N R_N(m) \\ &= \sum_{n=0}^{N-1} x(n)\, y^*((n-m))_N R_N(m) \end{aligned}$$

利用 FFT 求线性相关的具体计算步骤如下：

① 求 N 点 FFT，$X(k)=\mathrm{DFT}\left[x(n)\right]$；

② 求 N 点 FFT，$Y(k)=\mathrm{DFT}\left[y(n)\right]$；

③ 求乘积，$R_{xy}(k)=X(k)\,Y^*(k)$；

④ 求 N 点 IFFT，$r_{xy}(n)=\mathrm{IDFT}\left[R_{xy}(k)\right]$。

同样，可以只利用已有的 FFT 程序计算 IFFT，求

$$r_{xy}(n)=\frac{1}{N}\sum_{k=0}^{N-1} R_{xy}(k)W_N^{-nk}=\frac{1}{N}\left[\sum_{k=0}^{N-1} R_{xy}^*(k)W_N^{nk}\right]^* \tag{4.65}$$

即 $r_{xy}(n)$ 可以利用求 $R_{xy}^*(k)$ 的 FFT 后取共轭再乘以 $1/N$ 得到。这里所提到的利用 FFT 计算线性相关的计算量与利用 FFT 法计算线性卷积的计算量是一样的。

本 章 提 要

1．计算 DFT 的问题是运算量太大，利用系数 W_N^{nk} 的对称性、周期性、可约性可以减少 DFT 的运算量，可以合并 DFT 运算中的某些项，可以将长序列的 DFT 分解为短序列的 DFT。

2．FFT 算法基本上可以分为两大类，即按时间抽选法(Decimation-In-Time，DIT)和按频率抽选法(Decimation-In-Frequency，DIF)。

3．按时间抽选法与按频率抽选法的计算量是相同的，复数乘法次数 $m_F = \frac{N}{2}L = \frac{N}{2}\text{lb}N$，复数加法次数 $a_F = NL = N\text{lb}N$；都执行原位运算，按时间抽选法输入倒序、输出自然顺序，按频率抽选法输入自然顺序、输出倒序，二者本质不同在于蝶形结构上的区别。

4．IFFT 算法可以借助 FFT 的思想来实现，需要把 W_N^{nk} 换成 W_N^{-nk}，且在每列(级)运算中乘以1/2 因子，当把按频率抽选的 FFT 流图用于 IDFT 时，称之为按时间抽选的 IFFT 流图。将按时间抽选的 FFT 流图用于 IDFT 时，称之为按频率抽选的 IFFT 流图。

5．实数序列的 FFT 计算可利用复序列的 FFT 算法结合复序列 DFT 的共轭对称性来实现。

习　　题

1．如果一台通用计算机平均每次复数乘法的时间为 1 μs，每次复数加法的时间为 0.1 μs，用它来计算 1024 点的 DFT，直接计算 DFT 需要多少时间？用 FFT 运算需要多少时间？

2．如果采用某种专用 DSP 芯片进行 DFT 运算，计算一次复数乘法的时间为 10 ns，计算一次复数加法的时间为 2 ns。用它来计算 1024 点的 DFT，直接计算 DFT 需要多少时间？用 FFT 运算需要多少时间？

3．设 $x(n)$ 是长度为 $2N$ 的有限长实序列，$X(k)$ 为 $x(n)$ 的 $2N$ 点 DFT。

(1) 试设计用一次 N 点 FFT 完成计算 $X(k)$ 的高效算法。

(2) 若已知 $X(k)$，试设计用一次 N 点 IFFT 实现求 $x(n)$ 的 $2N$ 点 IDFT 运算。

4．$N = 16$ 时，画出基–2 按时间抽选法及按频率抽选法的 FFT 流图(时间抽选采用输入倒位序，输出自然顺序，频率抽选采用输入自然顺序，输出倒位序)。

5．一个长度为 $N = 8192$ 的复序列 $x(n)$ 与一个长度为 $L = 512$ 的复序列 $h(n)$ 卷积。

(1) 求直接进行线性卷积所需(复数)乘法次数。

(2) 若用 1024 点基–2 按时间抽选 FFT 重叠相加法计算线性卷积，求所需(复数)乘法次数。

6．以 10 kHz 采样率对语音信号进行采样，并对其实时处理，包括采集 1024 点语音信号采样值、计算一个 1024 点的 DFT 变换和一个 1024 点的 DFT 反变换等。若每一次实数乘法所需时间为 1 μs，那么计算 DFT 变换和 DFT 反变换后还剩下多少时间用来处理数据？

7．对一个连续时间信号 $x_a(t)$ 进行采样，采样时间为 1 s，得到一个 4096 个采样点的序列：

(1) 若采样后没有发生频谱混叠，$x_a(t)$ 的最高频率是多少？

(2) 若计算采样信号的 4096 点 DFT，DFT 系数之间的频率间隔是多少赫兹？

(3) 假定我们仅仅对 200 Hz≤f≤300 Hz 频率范围所对应的 DFT 采样点感兴趣，若直接用 DFT，要计算这些值需要多少次复数乘法？若用按时间抽选 FFT 则需要多少次？

(4) 为了使 FFT 算法比直接计算 DFT 效率更高，需要多少个频率采样点？

8．设 $x(n)$ 是长度为 N 的序列，且

$$x(n)=-x\left(n+\frac{\pi}{2}\right) \qquad n=0,1,\cdots,\frac{N}{2}-1$$

其中 N 是偶数。

(1) 证明 $x(n)$ 的 N 点 DFT 仅有奇次谐波，即

$$X(k)=0\text{，}k\text{ 为偶数}$$

(2) 证明如何由一个经过适当调整的序列的 $N/2$ 点 DFT 求得 $x(n)$ 的 N 点 DFT。

第 5 章　数字滤波器的基本结构

5.1　数字滤波器的结构特点与表示方法

数字滤波器是数字信号处理的一个重要组成部分。数字滤波实际上是一种运算过程，其功能是将一组输入的数字序列通过一定的运算后转变为另一组输出的数字序列，因此它本身就是一台数字式的处理设备。

一个数字滤波器可以用系统函数表示为

$$H(z)=\frac{Y(z)}{X(z)}=\frac{\sum_{k=0}^{M}b_k z^{-k}}{\sum_{k=0}^{N}a_k z^{-k}} \tag{5.1}$$

用 a_0 归一化，直接由此式可得出表示输入/输出关系的常系数线性差分方程为

$$y(n)=\sum_{k=1}^{N}a_k y(n-k)+\sum_{k=0}^{M}b_k x(n-k) \tag{5.2}$$

可以用以下两种方法来实现数字滤波器：一种方法是把滤波器所要完成的运算编成程序并让计算机执行，也就是采用计算机软件来实现；另一种方法是设计专用的数字硬件、专用的数字信号处理器或采用通用的数字信号处理器来实现，硬件结构数字滤波器如图5.1所示。

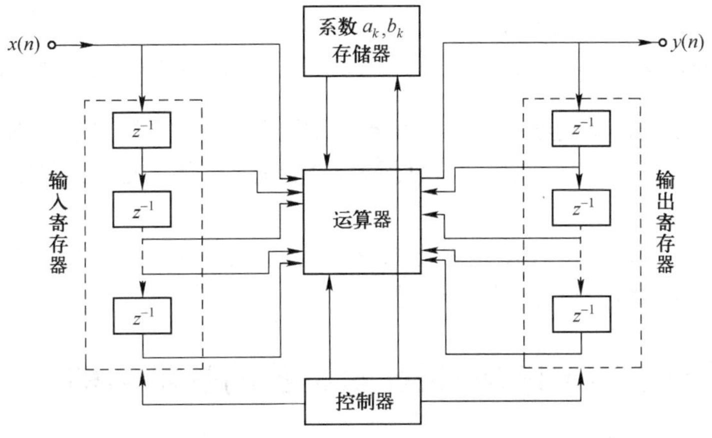

图 5.1　硬件结构数字滤波器

由式(5.2)看出，实现一个数字滤波器需要几种基本的运算单元——加法器、单位延时和常数乘法器。这些基本的单元可以有两种表示法——方框图法和信号流图法，因而数字滤波器的运算结构也有这样两种表示法，如图5.2所示。用方框图表示较明显直观，用流图表示则更加简单方便。

以一阶数字滤波器为例：

$$y(n)=b_0x(n)+b_1x(n-1)+a_1y(n-1) \tag{5.3}$$

其方框图结构如图5.3 所示。线性信号流图本质上与方框图表示法等效，只是符号上有差异。图5.3 的一阶数字滤波器的等效信号流图结构如图5.4 所示。图中所示 6 个节点状态分别是：

① $x(n)$

② $x(n-1)$

③ $b_1x(n-1)+a_1y(n-1)$

④ $y(n-1)$

⑤ $b_0x(n)+b_1x(n-1)+a_1y(n-1)=y(n)$

⑥ = ⑤

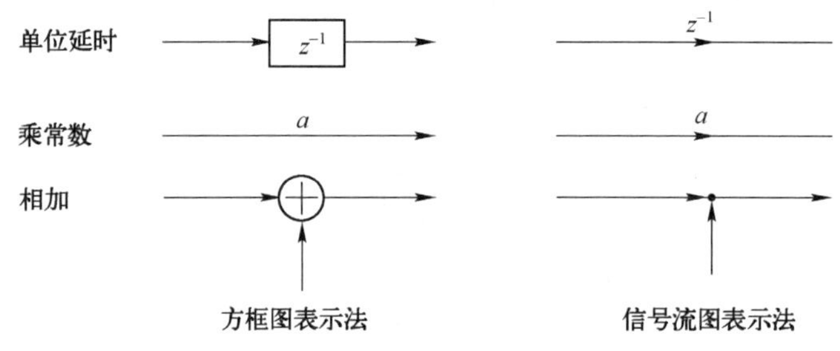

图 5.2 数字滤波器的运算结构

这样就能清楚地看出其运算步骤和运算结构。下面我们都只采用信号流图来分析数字滤波器结构。

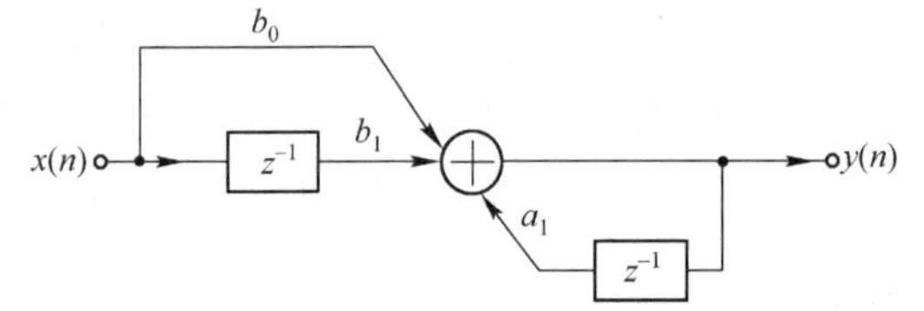

图 5.3 一阶数字滤波器的方框图结构

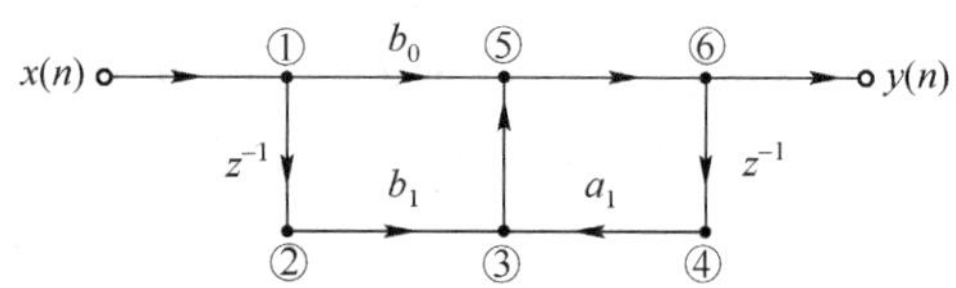

图 5.4 一阶数字滤波器的信号流图结构

运算结构是重要的，不同结构所需的存储单元及乘法次数是不同的，前者影响复杂性，后者影响运算速度。此外，在有限精度(有限字长)情况下，不同运算结构的误差、稳定性是不同的。

由于无限长单位脉冲响应(IIR)滤波器与有限长单位脉冲响应(FIR)滤波器在结构上各有不同的特点，所以我们将分别对它们加以讨论。

5.2 无限长单位脉冲响应(IIR)滤波器的基本结构

无限长单位脉冲响应(IIR)滤波器有以下几个特点：

(1) 系统的单位脉冲响应 $h(n)$ 是无限长的；

(2) 系统函数 $H(z)$ 在有限 z 平面（$0<|z|<\infty$）上有极点存在；

(3) 结构上存在着输出到输入的反馈，也就是结构为递归型的。

但是，同一种系统函数 $H(z)$ 可以有多种不同的结构，它的基本网络结构有直接Ⅰ型、直接Ⅱ型、级联型和并联型四种。

5.2.1　直接 I 型

一个 IIR 滤波器的有理系统函数为

$$H(z)=\frac{\sum_{k=0}^{M}b_k z^{-k}}{1-\sum_{k=1}^{N}a_k z^{-k}}=\frac{Y(z)}{X(z)} \tag{5.4}$$

表示这一输入/输出关系的 N 阶差分方程为

$$y(n)=\sum_{k=1}^{N}a_k y(n-k)+\sum_{k=0}^{M}b_k x(n-k) \tag{5.5}$$

这就表示了一种计算方法。$\sum_{k=0}^{M}b_k x(n-k)$ 表示将输入及延时后的输入，组成 M 节的延时网络，把每节延时抽头后加权(加权系数是 b_k)，然后把结果相加，这就是一个横向结构网络。$\sum_{k=1}^{N}a_k y(n-k)$ 表示将输出加以延时，组成 N 节的延时网络，再将每节延时抽头后加权(加权系数是 a_k)，然后把结果相加。最后的输出 $y(n)$ 是把这两个和式相加而构成。由于包含了输出的延时部分，故它是个有反馈的网络。显然，由式(5.5)右端的第一个和式构成了反馈网络。这种结构称为直接 I 型结构。实现 N 阶差分方程的直接 I 型结构如图5.5所示。由图 5.5 可以看出，总的网络由上面讨论的两部分网络级联组成，第一个网络实现零点，第二个网络实现极点，从图中又可以看出，直接 I 型结构需要 $N+M$ 级延时单元。

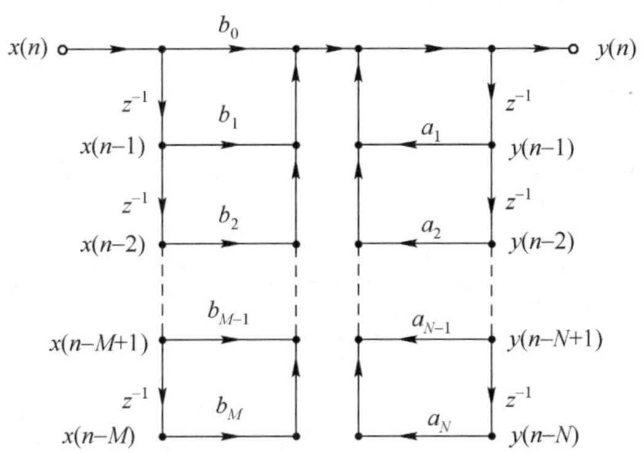

图 5.5　实现 N 阶差分方程的直接 I 型结构

5.2.2　直接II型(典范型)

我们知道，一个线性时不变系统，若交换其级联子系统的次序，系统函数是不变的，也就是总的输入/输出关系不改变。这样我们就得到了另外一种结构，如图5.6所示，它有两个级联子网络，第一个实现系统函数的极点，第二个实现系统函数的零点。可以看出，两行串行延时支路有相同的输入，因此可以把它们合并，从而得到图5.7的结构，称为直接II型结构或典范型结构。

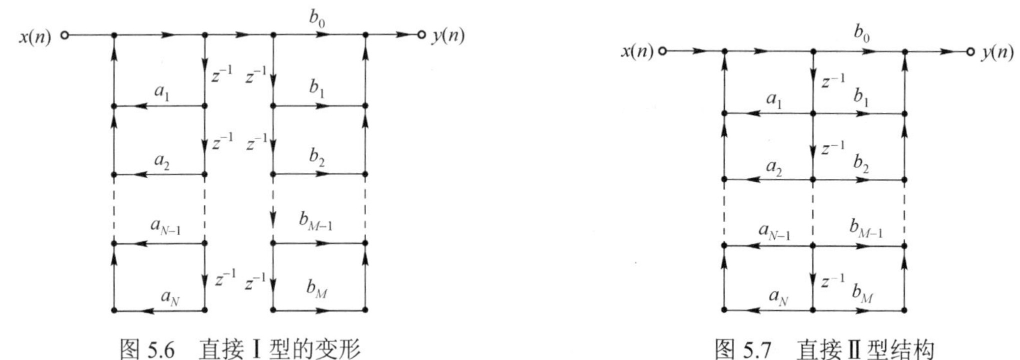

图 5.6 直接 I 型的变形　　图 5.7 直接Ⅱ型结构

这种结构，对于 N 阶差分方程只需 N 个延时单元(一般满足 $N \geqslant M$)，因而比直接 I 型延时单元少，这也是实现 N 阶滤波器所需的最少延时单元。它可以节省存储单元(软件实现)，或节省寄存器(硬件实现)，比直接 I 型好。但是，它们都是直接型的实现方法，其共同的缺点是系数 a_k 和 b_k 对滤波器的性能控制作用不明显，这是因为它们与系统函数的零点和极点的关系不明显，因而调整困难；此外，这种结构的极点对系数的变化过于灵敏，从而使系统频率响应对系数的变化过于灵敏，也就是对有限精度(有限字长)运算过于灵敏，容易出现不稳定或产生较大误差。

例 5.1 设离散因果 LTI 系统的差分方程为:

$$y(n)-\frac{5}{6}y(n-1)+\frac{1}{6}y(n-2)=x(n)-x(n-1)$$

1. 求该系统的系统函数 $H(z)$ 与单位脉冲响应 $h(n)$；
2. 分别画出直接 I 型、典范型的结构图。

解

1. 差分方程两边取 z 变换

$$Y(z)-\frac{5}{6}z^{-1}Y(z)+\frac{1}{6}z^{-2}Y(z)=X(z)-z^{-1}X(z)$$

系统函数　$$H(z)=\frac{Y(z)}{X(z)}=\frac{1-z^{-1}}{1-\frac{5}{6}z^{-1}+\frac{1}{6}z^{-2}}=\frac{z(z-1)}{\left(z-\frac{1}{2}\right)\left(z-\frac{1}{3}\right)},\quad |z|>\frac{1}{2}$$

取 z 逆变换，则单位脉冲响应　$$h(n)=\left[-3\left(\frac{1}{2}\right)^n+4\left(\frac{1}{3}\right)^n\right]u(n)$$

2. 直接 I 型结构:

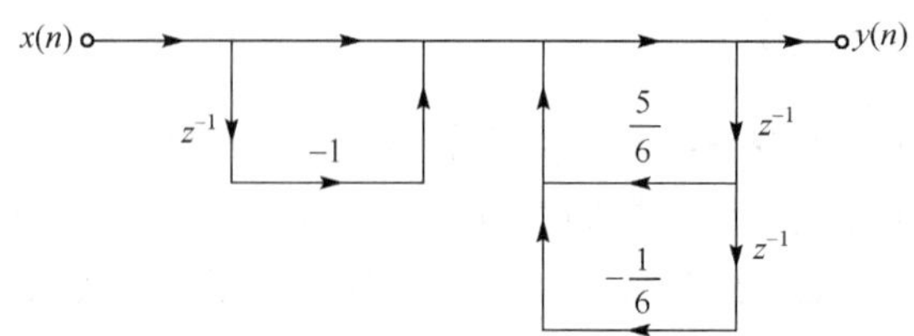

典范型结构:

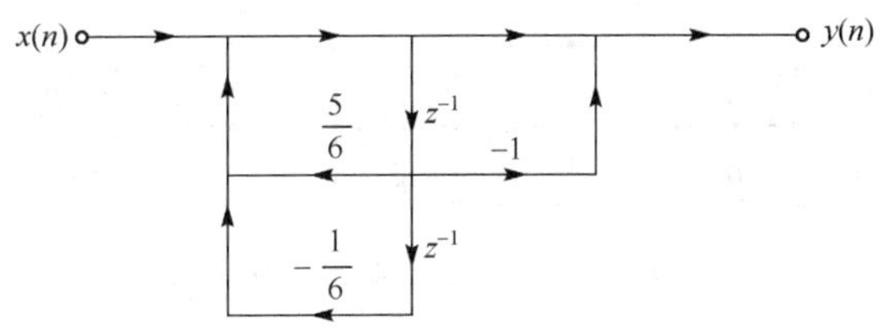

5.2.3　级联型

把式(5.4)的系统函数按零点和极点进行因式分解，则可表示成

$$H(z)=\frac{\sum_{k=0}^{M}b_k z^{-k}}{1-\sum_{k=1}^{N}a_k z^{-k}}=A\frac{\prod_{k=1}^{M_1}(1-p_k z^{-1})\prod_{k=1}^{M_2}(1-q_k z^{-1})(1-q_k^* z^{-1})}{\prod_{k=1}^{N_1}(1-c_k z^{-1})\prod_{k=1}^{N_2}(1-d_k z^{-1})(1-d_k^* z^{-1})} \tag{5.6}$$

式中 $M=M_1+2M_2$，$N=N_1+2N_2$。一阶因式表示实根，p_k 为实零点，c_k 为实极点。二阶因式表示复共轭根，q_k 和 q_k^* 表示复共轭零点，d_k 和 d_k^* 表示复共轭极点。当 a_k 和 b_k 为实系数时，上式就是最一般的零-极点分布表示法。把共轭因子组合成实系数的二阶因子，则有

$$H(z)=\frac{\sum_{k=0}^{M}b_k z^{-k}}{1-\sum_{k=1}^{N}a_k z^{-k}}=A\frac{\prod_{k=1}^{M_1}(1-p_k z^{-1})\prod_{k=1}^{M_2}(1+\beta_{1k}z^{-1}+\beta_{2k}z^{-2})}{\prod_{k=1}^{N_1}(1-c_k z^{-1})\prod_{k=1}^{N_2}(1-\alpha_{1k}z^{-1}-\alpha_{2k}z^{-2})} \tag{5.7}$$

为了简化级联形式，特别是在时分多路复用时，采用相同形式的子网络结构就更有意义，因而将实系数的两个一阶因子组合成二阶因子，则整个 $H(z)$ 就可以完全分解成实系数的二阶因子的形式：

$$H(z)=A\prod_k\frac{(1+\beta_{1k}z^{-1}+\beta_{2k}z^{-2})}{(1-\alpha_{1k}z^{-1}-\alpha_{2k}z^{-2})}=A\prod_k H_k(z) \tag{5.8}$$

级联的节数视具体情况而定。当 $M=N$ 时，共有 $\left[\frac{N+1}{2}\right]$ 节（$\left[\frac{N+1}{2}\right]$ 表示取 $\frac{N+1}{2}$ 的整数部分）。若有奇数个实零点，则有一个系数 β_{2k} 等于零；同样，若有奇数个实极点，则有一个系数 α_{2k} 等于零。每一个一阶、二阶子系统 $H_k(z)$ 被称为一阶、二阶基本节，$H_k(z)$ 是用典范型结构来实现的，如图5.8所示。整个滤波器则是 $H_k(z)$ 的级联，如图5.9所示。

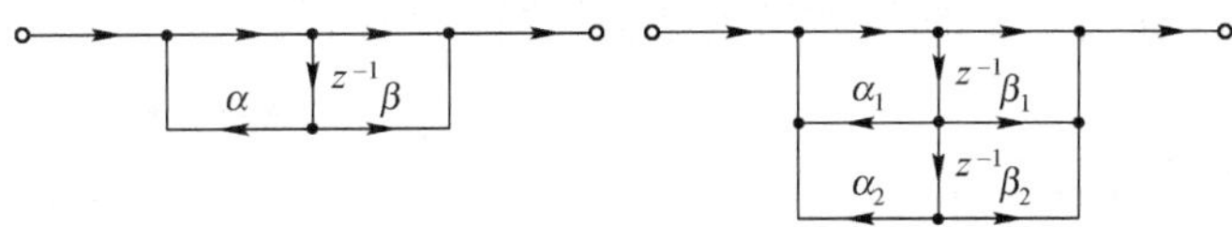

图 5.8　级联结构的一阶基本节和二阶基本节

级联的特点是调整系数 β_{1k} 和 β_{2k} 就能单独调整滤波器的第 k 对零点，而不影响其他零点和极点。同样，调整系数 α_{1k} 和 α_{2k} 就能单独调整滤波器第 k 对极点，而不影响其他零点和极点。所以这种结构便于准确实现滤波器零点和极点，便于调整滤波器频率响应性能。

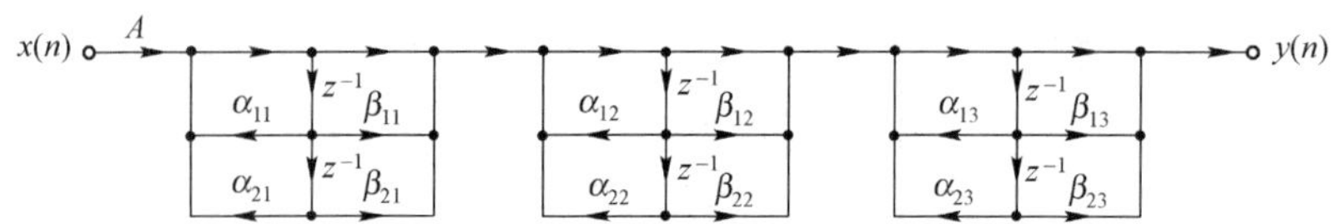

图 5.9 六阶 IIR 滤波器的级联结构

在这种结构中，当 $M=N$ 时，分子、分母中二阶因子配合成基本二阶节可以有 $\left[\dfrac{N+1}{2}\right]!$ 种，而各二阶基本节的排列次序也可以有 $\left[\dfrac{N+1}{2}\right]!$ 种，它们都代表同一个系统函数 $H(z)$。但是，当用二进制数表示时，只能采用有限位字长，其所带来的误差，对各种实现方案是不一样的，因而对于配合与排列次序，就存在着最优化的课题。

另外，级联的各节之间要有电平的放大和缩小，以使变量值不会太大或太小。不能太大是为了避免在定点制运算中产生溢出现象，不能太小是为了防止信号与噪声的比值太小，这将在以后讨论。级联结构具有最少的存储器。

5.2.4 并联型

将因式分解的 $H(z)$ 展成部分分式的形式，就得到并联型的 IIR 滤波器的基本结构

$$H(z)=\frac{\sum_{k=0}^{M}b_k z^{-k}}{1-\sum_{k=1}^{N}a_k z^{-k}}=\sum_{k=1}^{N_1}\frac{A_k}{1-c_k z^{-1}}+\sum_{k=1}^{N_2}\frac{B_k(1-g_k z^{-1})}{(1-d_k z^{-1})(1-d_k^* z^{-1})}+\sum_{k=0}^{M-N}G_k z^{-k} \tag{5.9}$$

这一公式是最一般的表达式。式中 $N=N_1+2N_2$，由于系数 a_k 和 b_k 是实数，故 A_k, B_k, g_k, c_k 和 G_k 都是实数，d_k^* 是 d_k 的共轭复数。当 $M<N$ 时，式(5.9)中不包含 $\sum_{k=0}^{M-N}G_k z^{-k}$ 项；若 $M=N$，则 $\sum_{k=0}^{M-N}G_k z^{-k}$ 项变为 G_0 一项。一般 IIR 滤波器皆满足 $M\leqslant N$ 的条件。式(5.9)表示系统是由 N_1 个一阶系统、N_2 个二阶系统以及延时加权单元并联组合而成的。其结构实现如图 5.10 所示。而这些一阶和二阶系统都采用典范型结构实现。当 $M=N$ 时，$H(z)$ 可表示为

$$H(z)=G_0+\sum_{k=1}^{N_1}\frac{A_k}{1-c_k z^{-1}}+\sum_{k=1}^{N_2}\frac{\gamma_{0k}+\gamma_{1k}z^{-1}}{1-\alpha_{1k}z^{-1}-\alpha_{2k}z^{-2}} \tag{5.10}$$

这里并联结构的一阶基本节、二阶基本节的结构如图 5.11 所示。

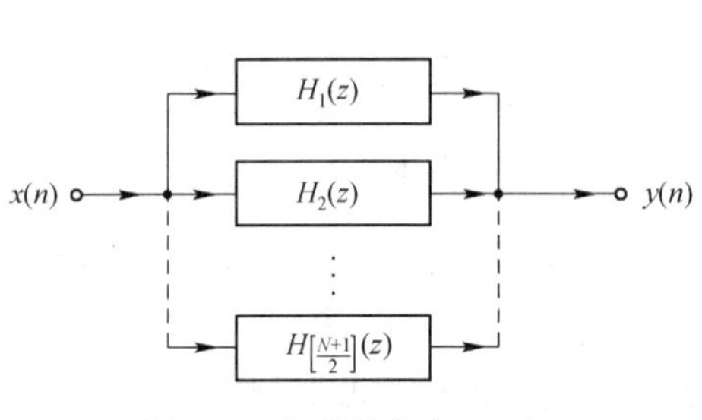

图 5.10 并联结构($M=N$)

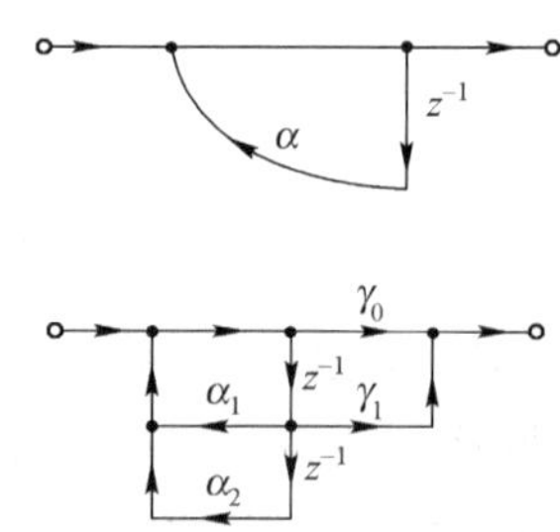

图 5.11 并联结构的一阶、二阶基本节结构

为了结构上的一致性，以便多路复用，一般将一阶实极点也组合成实系数二阶多项式，并将共轭极点对也化成实系数二阶多项式，当 $M=N$ 时，有

$$H(z)=G_0+\sum_{k=1}^{\left[\frac{N+1}{2}\right]}\frac{\gamma_{0k}+\gamma_{1k}z^{-1}}{1-\alpha_{1k}z^{-1}-\alpha_{2k}z^{-2}} \tag{5.11}$$

可表示成

$$H(z)=G_0+\sum_{k=1}^{\left[\frac{N+1}{2}\right]}H_k(z) \tag{5.12}$$

式中 $\left[\dfrac{N+1}{2}\right]$ 表示取 $\dfrac{N+1}{2}$ 的整数部分。当 N 为奇数时，包含有一个一阶节，即有一节的 $\alpha_{2k}=\gamma_{1k}=0$，当然这里并联的二阶基本节仍用典范型结构。图5.12 画出了并联型结构。

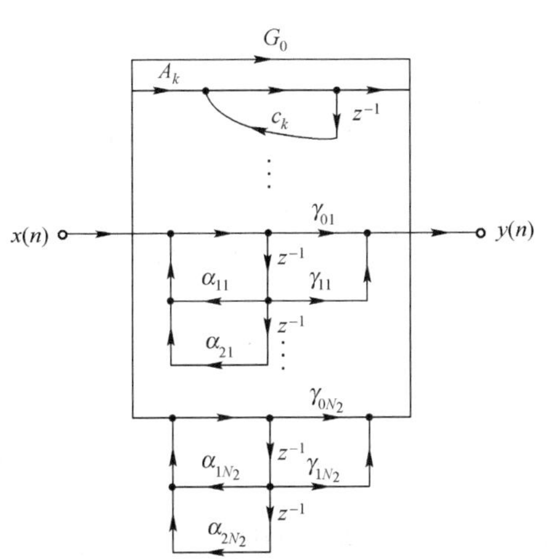

图 5.12　IIR 滤波器的并联结构

并联型可以用调整 α_{1k} 和 α_{2k} 的办法来单独调整一对极点的位置，但是不能像级联型那样单独调整零点的位置。因此在要求准确的传输零点的场合下，宜采用级联型结构。此外，并联结构中，各并联基本节的误差互相没有影响，所以比级联型的误差一般来说要稍小一些。

除以上三种基本结构外，还有一些其他的结构，这取决于线性信号流图理论中的多种运算处理方法。当然各种流图都保持输入到输出的传输关系不变，即 $H(z)$ 不变。

例 5.2　一线性时不变因果系统的系统函数为

$$H(z)=\frac{1-2z^{-1}}{1-\dfrac{7}{12}z^{-1}+\dfrac{1}{12}z^{-2}}$$

画出该系统的直接II型与并联型结构流图。

解

直接II型结构：

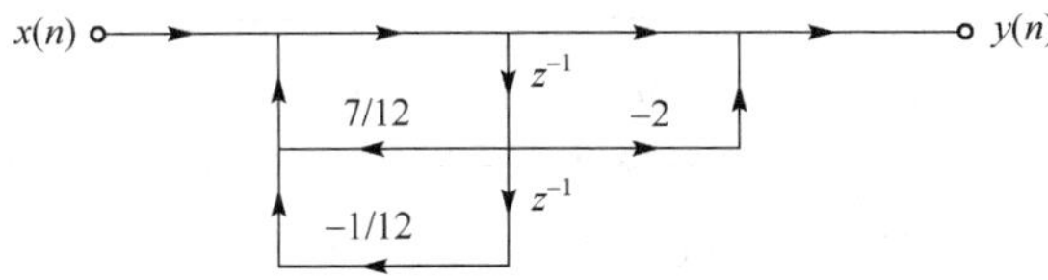

将系统函数部分分式展开

$$H(z)=\frac{-20z}{\left(z-\dfrac{1}{3}\right)}+\frac{21z}{\left(z-\dfrac{1}{4}\right)}$$

并联型结构：

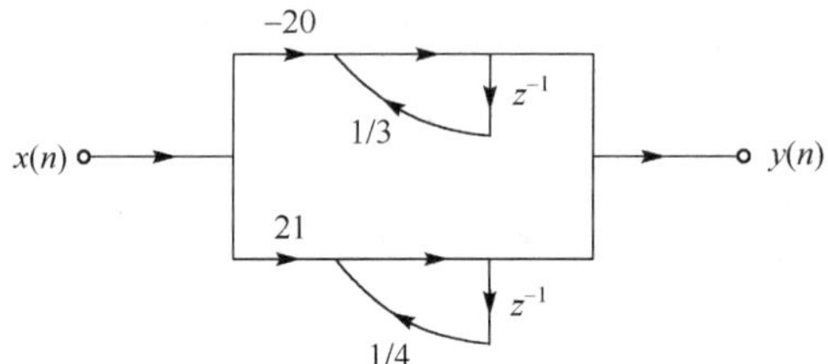

5.3 有限长单位脉冲响应(FIR)滤波器的基本结构

有限长单位脉冲响应滤波器有以下几个特点：

(1) 系统的单位脉冲响应 $h(n)$ 在有限个 n 值处不为零；

(2) 系统函数 $H(z)$ 在 $|z|>0$ 处收敛，在有限 z 平面只有零点，而全部极点都在 $z=0$ 处(因果系统)；

(3) 结构上主要是非递归结构，没有输出到输入的反馈，但有些结构中(如频率采样结构中)也包含有反馈的递归部分。

设FIR滤波器的单位脉冲响应 $h(n)$ 为一个 N 点序列，$0\leqslant n\leqslant N-1$，则滤波器的系统函数为

$$H(z)=\sum_{n=0}^{N-1}h(n)z^{-n} \tag{5.13}$$

也就是说，它在 $z=0$ 处有 $N-1$ 阶极点，有 $N-1$ 个零点位于有限 z 平面的任何位置。FIR滤波器有以下几种基本结构。

5.3.1 横截型(卷积型和直接型)

式(5.13)的系统差分方程的表达式为

$$y(n)=\sum_{m=0}^{N-1}h(m)x(n-m) \tag{5.14}$$

很明显，这就是线性时不变系统的卷积和公式，也是 $x(n)$ 的延时链的横向结构，如图5.13所示，称为横截型结构或卷积型结构，也可称为直接型结构。或者，稍加改变也可以得到图5.14的直接型结构。

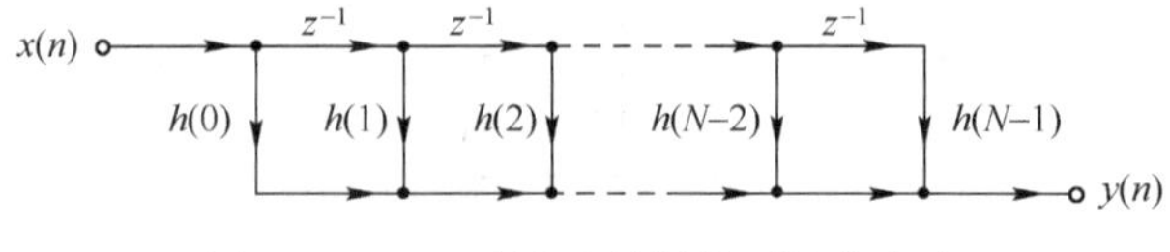

图5.13 FIR滤波器的横截型结构(一)

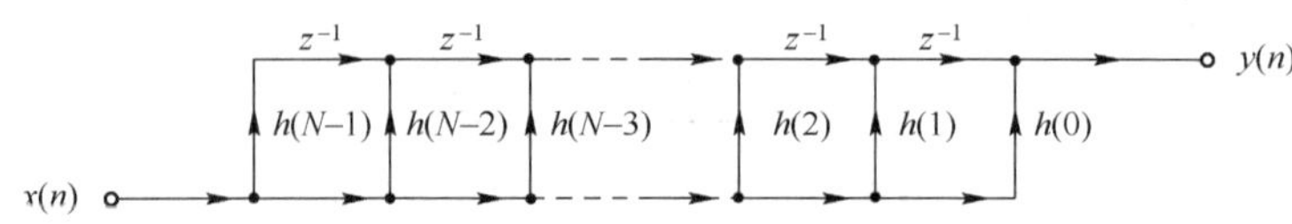

图5.14 FIR滤波器的横截型结构(二)

5.3.2　级联型

将 $H(z)$ 分解成实系数二阶因子的乘积形式：

$$H(z)=\sum_{n=0}^{N-1}h(n)z^{-n}=\prod_{k=1}^{\left[\frac{N}{2}\right]}(\beta_{0k}+\beta_{1k}z^{-1}+\beta_{2k}z^{-2}) \tag{5.15}$$

式中，$\left[\dfrac{N}{2}\right]$ 表示取 $\dfrac{N}{2}$ 的整数部分。若 N 为偶数，则 $N-1$ 为奇数，故系数 β_{2k} 中有一个为零。这是因为，这时有奇数个根，其中复数根成共轭对，必为偶数，所以必然有奇数个实根。图 5.15 画出了 N 为奇数时 FIR 滤波器的级联结构，其中每一个二阶因子采用图 5.13 的横截型结构。

这种结构的每一节控制一对零点，因而在需要控制传输零点时，可以采用它。但是这种结构所需要的系数 β_{ik} $(i=0,1,2$；$k=1,2,\cdots,[N/2])$ 比卷积型的系数 $h(n)$ 多，因而所需的乘法次数也比卷积型的多。

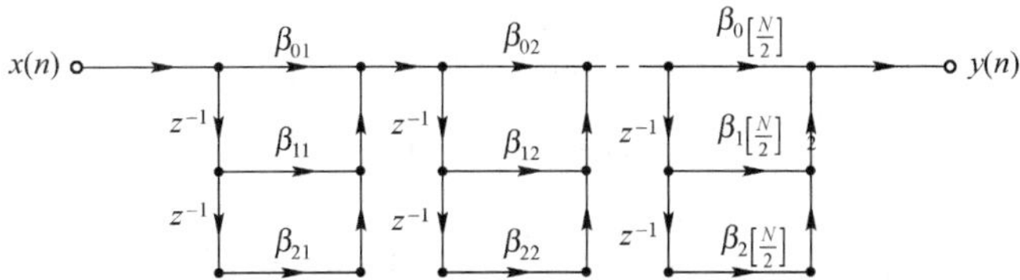

图 5.15　FIR 滤波器的级联型结构（N 为奇数）

例 5.3　FIR 滤波器的系统函数为

$$H(z)=0.96+2z^{-1}+2.8z^{-2}+1.5z^{-3}$$

画出该滤波器的横截型和级联型结构。

解

系统差分方程

$$y(n)=0.96x(n)+2x(n-1)+2.8x(n-2)+1.5x(n-3)$$

横截型结构:

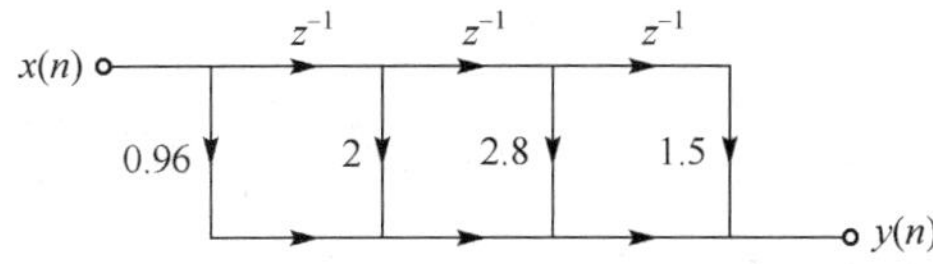

系统函数分解为因式乘积形式

$$\begin{aligned}H(z)&=0.96+2z^{-1}+2.8z^{-2}+1.5z^{-3}\\&=(0.6+0.5z^{-1})(1.6+2z^{-1}+3z^{-2})\end{aligned}$$

级联型结构:

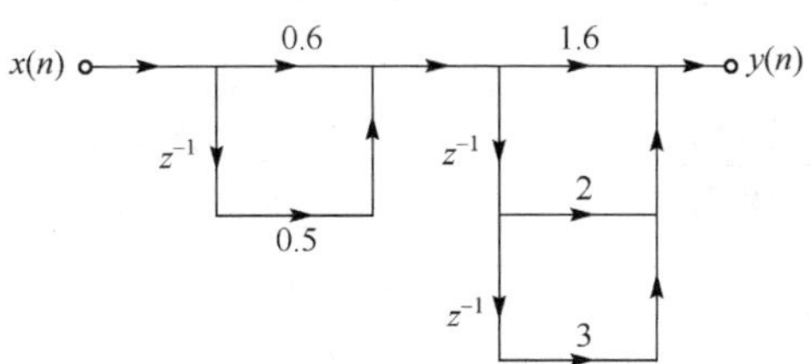

5.3.3 频率采样型

前面已经说过，把一个 N 点有限长序列的 z 变换 $H(z)$ 在单位圆上做 N 等分采样，就得到 $\tilde{H}(k)$，其主值序列就等于 $h(n)$ 的离散傅里叶变换 $H(k)$。那里也说到用 $H(k)$ 表示 $H(z)$ 的内插公式为

$$H(z)=(1-z^{-N})\frac{1}{N}\sum_{k=0}^{N-1}\frac{H(k)}{1-W_N^{-k}z^{-1}} \tag{5.16}$$

这个公式为 FIR 滤波器提供了另外一种结构，这种结构由两部分级联组成：

$$H(z)=\frac{1}{N}H_{\mathrm{c}}(z)\sum_{k=0}^{N-1}H'_k(z) \tag{5.17}$$

式中，级联的第一部分为

$$H_{\mathrm{c}}(z)=(1-z^{-N}) \tag{5.18}$$

这是一个 FIR 子系统，是由 N 节延时单元构成的梳状滤波器，令

$$H_{\mathrm{c}}(z)=(1-z^{-N})=0$$

则有 $$z_i^N=1=\mathrm{e}^{\mathrm{j}2\pi i},\quad z_i=\mathrm{e}^{\mathrm{j}\frac{2\pi}{N}i},\quad i=0,1,\cdots,N-1$$

即 $H_{\mathrm{c}}(z)$ 在单位圆上有 N 个等间隔角度的零点，它的频率响应为

$$H_{\mathrm{c}}(\mathrm{e}^{\mathrm{j}\omega})=1-\mathrm{e}^{-\mathrm{j}\omega N}=2\mathrm{j}\mathrm{e}^{-\mathrm{j}\frac{\omega N}{2}}\sin\left(\frac{\omega N}{2}\right) \tag{5.19}$$

因而幅度响应为 $$\left|H_{\mathrm{c}}(\mathrm{e}^{\mathrm{j}\omega})\right|=2\times\left|\sin\left(\frac{\omega N}{2}\right)\right|$$

相角为 $$\arg[H_{\mathrm{c}}(\mathrm{e}^{\mathrm{j}\omega})]=\frac{\pi}{2}-\frac{\omega N}{2}+m\pi\ \begin{cases} m=0,\ \omega=0\text{到}\dfrac{2\pi}{N} \\ m=1,\ \omega=\dfrac{2\pi}{N}\text{到}\dfrac{4\pi}{N} \\ \cdots \\ m=n,\ \omega=\dfrac{2n\pi}{N}\text{到}\dfrac{2(n+1)\pi}{N} \end{cases}$$

其子网络结构及频率响应幅度如图5.16所示。级联的第二部分为

$$\sum_{k=0}^{N-1}H'_k(z)=\sum_{k=0}^{N-1}\frac{H(k)}{1-W_N^{-k}z^{-1}}$$

它是由 N 个一阶网络并联组成的，而每一个一阶网络都是一个谐振器

$$H'_k(z)=\frac{H(k)}{1-W_N^{-k}z^{-1}} \tag{5.20}$$

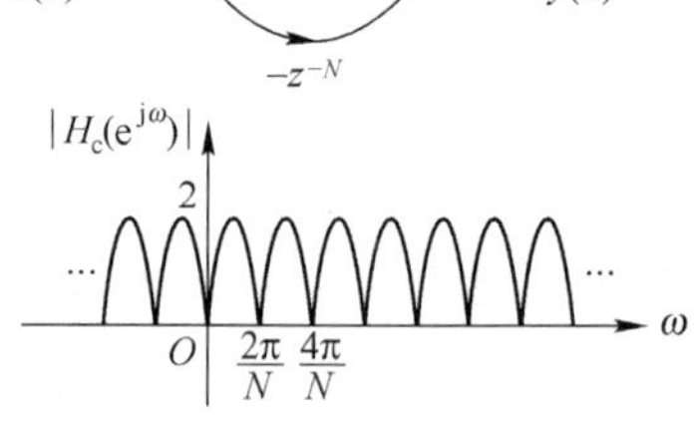

图 5.16 梳状滤波器结构及频率响应幅度

令 $H'_k(z)$ 的分母为零，即令 $$1-W_N^{-k}z^{-1}=0$$

可得到此一阶网络在单位圆上有一个极点

$$z_k = W_N^{-k} = \mathrm{e}^{\mathrm{j}\frac{2\pi}{N}k}$$

也就是说，此一阶网络在频率为　$\omega = \dfrac{2\pi}{N}k$

处响应为无穷大，故等效于谐振频率为 $\dfrac{2\pi}{N}k$ 的无损耗谐振器。这个谐振器的极点正好与梳状滤波器的一个零点 $(i=k)$ 相抵消，从而使这个频率 $\left(\omega = \dfrac{2\pi}{N}k\right)$ 上的频率响应等于 $H(k)$。这样，N 个谐振器的 N 个极点就和梳状滤波器的 N 个零点相抵消，从而在 N 个频率采样点 $\left(\omega = \dfrac{2\pi}{N}k, k = 0,1,\cdots,N-1\right)$ 的频率响应就分别等于 N 个 $H(k)$ 值。

N 个并联谐振器与梳状滤波器级联后，就得到图 5.17 的频率采样结构。频率采样结构的特点是它的系数 $H(k)$ 就是滤波器在 $\omega = \dfrac{2\pi}{N}k$ 各处的响应，因此控制滤波器的频率响应很方便。但是结构中所乘的系数 $H(k)$ 及 W_N^{-k} 都是复数，增加了乘法次数和存储量，而且所有极点都在单位圆上，由系数 W_N^{-k} 决定，这样，当系数量化时，这些极点会移动，有些极点就不能被梳状滤波器的零点所抵消(零点由延时单元决定，不受量化的影响)。如果极点移到 z 平面单位圆外，系统就不稳定了。

为了克服系数量化后可能不稳定的缺点，可以将频率采样结构做一点修正，即将所有零点和极点都移到单位圆内某一靠近单位圆、半径为 r(r 小于或近似等于 1)的圆上(r 为正实数)，如图5.18所示。这时

$$H(z) = (1 - r^N z^{-N})\frac{1}{N}\sum_{k=0}^{N-1}\frac{H_r(k)}{1 - rW_N^{-k}z^{-1}} \tag{5.21}$$

$H_r(k)$ 为新采样点上的采样值，但是由于 $r \approx 1$，因此有

$$H_r(k) \approx H(k)$$

即

$$H_r(k) = H(z)\Big|_{z = rW_N^{-k}} \approx H(z)\Big|_{z = W_N^{-k}} = H(k)$$

所以

$$H(z) \approx (1 - r^N z^{-N})\frac{1}{N}\sum_{k=0}^{N-1}\frac{H(k)}{1 - rW_N^{-k}z^{-1}}$$

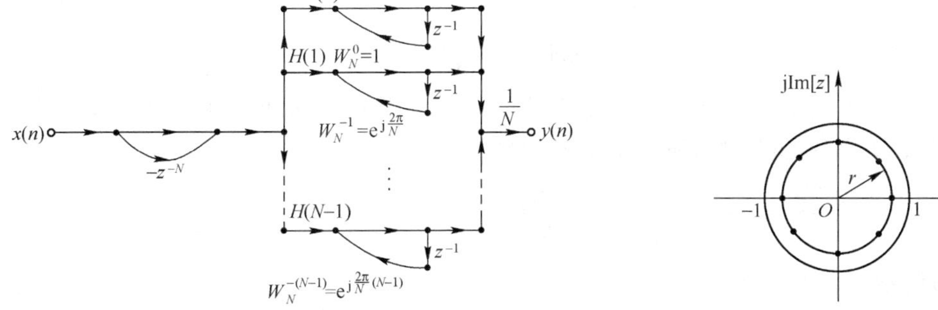

图 5.17　FIR 滤波器的频率采样结构

图 5.18　采样点改到 r 小于或近似等于 1 的圆上

下面，我们简化这一公式。首先，谐振器的各个根，即 $H(z)$ 的极点为

$$z_k = r\mathrm{e}^{\mathrm{j}\frac{2\pi}{N}k}, \quad k = 0,1,\cdots,N-1$$

为了使系数为实数，可将共轭根合并，在 z 平面上这些共轭根在半径为 r 的圆周上以实轴为轴呈对称分布，如图5.19所示，满足

$$z_{N-k} = z_k^*$$

也就是
$$rW_N^{-(N-k)} = r\mathrm{e}^{\mathrm{j}\frac{2\pi}{N}(N-k)} = r\left(\mathrm{e}^{\mathrm{j}\frac{2\pi}{N}k}\right)^* = rW_N^{*-k}$$

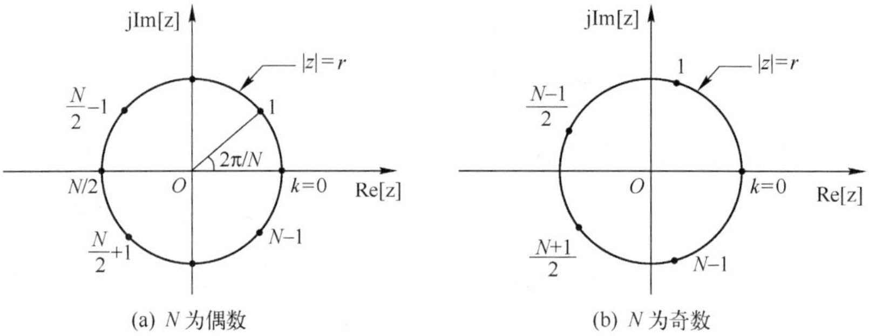

图 5.19 谐振器各个根的位置

其次，由于 $h(n)$ 是实数，故 $H(k)=\mathrm{DFT}[h(n)]$ 也是共轭对称的，即

$$H(k) = H^*((N-k))_N R_N(k) \begin{cases} k=1,2,\cdots,\dfrac{N-1}{2}, & \text{当 } N \text{ 为奇数时} \\ k=1,2,\cdots,\dfrac{N}{2}-1, & \text{当 } N \text{ 为偶数时} \end{cases}$$

因此，可以将第 k 个与第 $N-k$ 个谐振器合并为一个实系数的二阶网络，以 $H_k(z)$ 表示为

$$\begin{aligned} H_k(z) &= \frac{H(k)}{1-rW_N^{-k}z^{-1}} + \frac{H(N-k)}{1-rW_N^{-(N-k)}z^{-1}} = \frac{H(k)}{1-rW_N^{-k}z^{-1}} + \frac{H^*(k)}{1-rW_N^{*-k}z^{-1}} \\ &= \frac{\beta_{0k}+\beta_{1k}z^{-1}}{1-z^{-1}2r\cos\left(\dfrac{2\pi}{N}k\right)+r^2z^{-2}} \begin{cases} k=1,2,\cdots,\dfrac{N-1}{2}, & \text{当 } N \text{ 为奇数时} \\ k=1,2,\cdots,\dfrac{N}{2}-1, & \text{当 } N \text{ 为偶数时} \end{cases} \end{aligned} \tag{5.22}$$

式中，
$$\beta_{0k} = 2\,\mathrm{Re}[H(k)] \tag{5.23}$$

$$\beta_{1k} = -2r\,\mathrm{Re}[H(k)W_N^k]$$

由于这个二阶网络的极点在单位圆内，而不是在单位圆上，因而从频率响应的几何解释知道，它相当于一个有限 Q(品质因数)的谐振器，谐振频率为

$$\omega_k = \frac{2\pi}{N}k$$

其结构如图5.20所示。

除共轭复根外，还有实根。

当 N 是偶数时，如图 5.19(a)所示，有一对实根(相当于 $k=0$ 及 $k=N/2$ 两点)，

$$z = \pm r$$

因而对应的一阶网络为

$$H_0(z) = \frac{H(0)}{1 - rz^{-1}} \tag{5.24}$$

$$H_{N/2}(z) = \frac{H(N/2)}{1 + rz^{-1}} \tag{5.25}$$

其结构如图5.21所示。

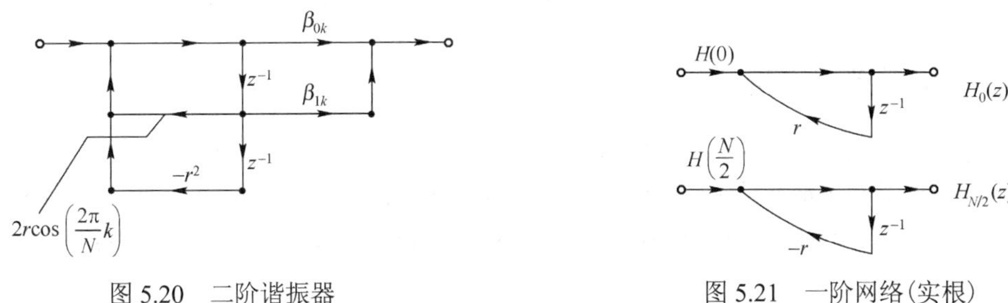

图 5.20　二阶谐振器　　　　图 5.21　一阶网络(实根)

当 N 是奇数时，如图 5.19(b)所示，只有一个实根(相当于 $k=0$ 的点)，

$$z = r$$

因而只有一个一阶网络 $H_0(z)$ 而没有 $H_{N/2}(z)$。

将谐振器的实根、复根以及梳状滤波器合起来得到修正后的频率采样总结构。当 N 为偶数时，

$$\begin{aligned} H(z) &= (1 - r^N z^{-N})\frac{1}{N}\left[\frac{H(0)}{1 - rz^{-1}} + \frac{H(N/2)}{1 + rz^{-1}} + \sum_{k=1}^{N/2-1}\frac{\beta_{0k} + \beta_{1k}z^{-1}}{1 - z^{-1}2r\cos\left(\frac{2\pi}{N}k\right) + r^2 z^{-2}}\right] \\ &= (1 - r^N z^{-N})\frac{1}{N}\left[H_0(z) + H_{N/2}(z) + \sum_{k=1}^{N/2-1} H_k(z)\right] \end{aligned} \tag{5.26}$$

当 N 为奇数时，

$$\begin{aligned} H(z) &= (1 - r^N z^{-N})\frac{1}{N}\left[\frac{H(0)}{1 - rz^{-1}} + \sum_{k=1}^{(N-1)/2}\frac{\beta_{0k} + \beta_{1k}z^{-1}}{1 - z^{-1}2r\cos\left(\frac{2\pi}{N}k\right) + r^2 z^{-2}}\right] \\ &= (1 - r^N z^{-N})\frac{1}{N}\left[H_0(z) + \sum_{k=1}^{(N-1)/2} H_k(z)\right] \end{aligned} \tag{5.27}$$

当 N 为偶数时，其结构如图5.22所示。图中第一个 $H_0(z)$ 及最后一个 $H_{N/2}(z)$ 是一阶的，其具体结构如图5.21所示，当 N 为奇数时，没有 $H_{N/2}(z)$。其他各 $H_k(z)$ 都是二阶的，其具体结构参见图5.20。

频率采样结构的另一个特点是它的零点和极点数目只取决于单位脉冲响应的点数，因而只要单位脉冲响应点数相同，利用同一梳状滤波器、同一结构而只有加权系数 $\beta_{0k},\beta_{1k},H(0)$ 和 $H(N/2)$ 不同的谐振器，就能得到各种不同的滤波器，因而图 5.22 结构是高度模块化的，适用于时分复用。

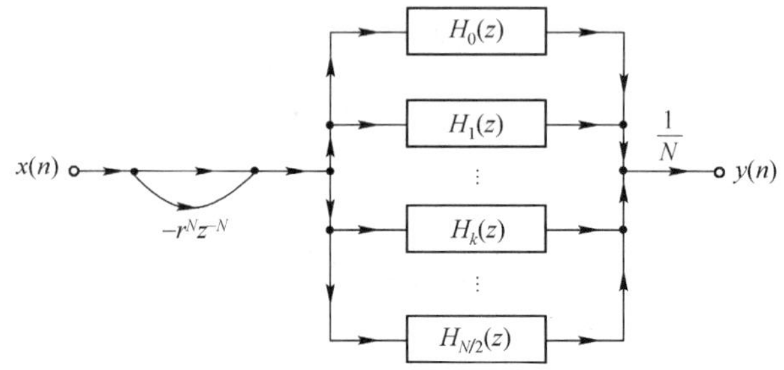

图 5.22 FIR 滤波器修正后的频率采样结构

5.3.4 快速卷积结构

前面讲过，只要将两个有限长序列补上一定的零值点，就可以用两序列的圆周卷积代替两序列的线性卷积。也就是将 $x(n)$ 和 $h(n)$ 都变成 L 点序列，即将 N_1 点输入 $x(n)(0 \leqslant n \leqslant N_1 - 1)$ 补 $L - N_1$ 个零值点，将 N_2 点单位脉冲响应 $h(n)$ $(0 \leqslant n \leqslant N_2 - 1)$ 补 $L - N_2$ 个零值点，只要满足

$$L \geqslant N_1 + N_2 - 1$$

$x(n)$ 与 $h(n)$ 的 L 点圆周卷积就代表它们的线性卷积。

实际上，我们并不是在时域做圆周卷积，而是利用“时域序列的圆周卷积等效于频域的离散频谱的乘积”这一性质先在离散频域进行。具体方法如下。

1．将 $x(n)$ 和 $h(n)$ 都变成 L 点序列，$L \geqslant N_1 + N_2 - 1$

$$x(n) = \begin{cases} x(n), & 0 \leqslant n \leqslant N_1 - 1 \\ 0, & N_1 \leqslant n \leqslant L - 1 \end{cases}$$

$$h(n) = \begin{cases} h(n), & 0 \leqslant n \leqslant N_2 - 1 \\ 0, & N_2 \leqslant n \leqslant L - 1 \end{cases}$$

2．求 $x(n)$ 和 $h(n)$ 的各自 L 点 DFT，

$$X(k) = \text{DFT}[x(n)], \qquad L \text{ 点}$$

$$H(k) = \text{DFT}[h(n)], \qquad L \text{ 点}$$

3．将 $X(k)$ 与 $H(k)$ 相乘得 $Y(k)$，

$$Y(k) = X(k)H(k), \qquad L \text{ 点}$$

4．求 $Y(k)$ 的 L 点IDFT，得 $y(n)$，$y(n)$ 的前 $N_1 + N_2 - 1$ 个点就等于 $x(n)$ 与 $h(n)$ 的线性卷积

$$y(n) = \text{IDFT}[Y(k)] = \text{IDFT}[X(k)H(k)] = x(n) \textcircled{L} h(n)$$

则 L 点圆周卷积就能代表线性卷积，即

$$y(n) = x(n) \textcircled{L} h(n) = x(n) * h(n), \qquad 0 \leqslant n \leqslant N_1 + N_2 - 2$$

这样，就可以得到图5.23所示的快速卷积结构。当 N_1 和 N_2 足够长时，用这种结构计算线性卷积快得多。实际上，这里的 DFT 和 IDFT 都采用了快速傅里叶变换计算方法。

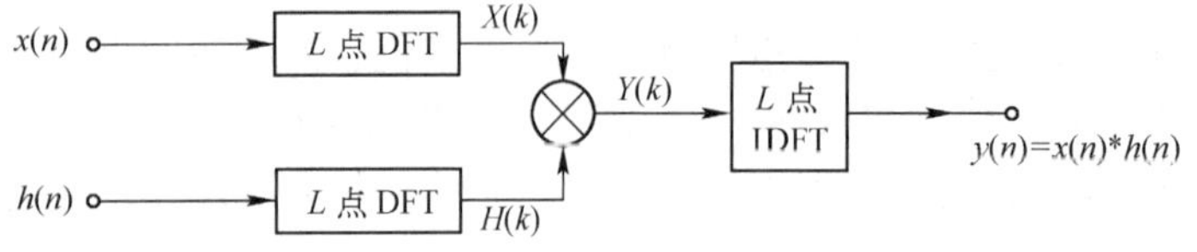

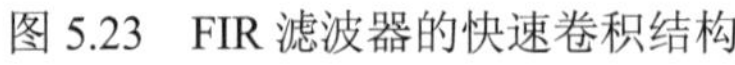

图 5.23 FIR 滤波器的快速卷积结构

数字滤波器的格型结构

本章提要

1．数字滤波器可以用以下两种方法来实现：一种方法是把滤波器要完成的运算编成程序并让计算机执行，也就是采用计算机软件来实现；另一种方法是设计专用的数字硬件、专用的数字信号处理器或采用通用的数字信号处理器来实现。

2．实现一个数字滤波器需要几种基本的运算单元：加法器、单位延时和常数乘法器。这些基本的单元可以有两种表示法：方框图法和信号流图法，因而一个数字滤波器的运算结构也有这样两种表示法。用方框图表示较明显直观，用流图表示则更加简单方便，所以本章数字滤波器的结构用流图表示。

3．无限长单位脉冲响应(IIR)滤波器有以下几个特点：

(1) 系统的单位脉冲响应 $h(n)$ 是无限长的；

(2) 系统函数 $H(z)$ 在有限 z 平面（$0<|z|<\infty$）上有极点存在；

(3) 结构上存在着输出到输入的反馈，也就是结构为递归型的。

同一种系统函数 $H(z)$ 可以有多种不同的结构，它的基本网络结构有四种：直接Ⅰ型、直接Ⅱ型、级联型和并联型。

4．有限长单位脉冲响应(FIR)滤波器有以下几个特点：

(1) 系统的单位脉冲响应 $h(n)$ 在有限个 n 值处不为零；

(2) 系统函数 $H(z)$ 在 $|z|>0$ 处收敛，在有限 z 平面只有零点，而全部极点都在 $z=0$ 处(因果系统)；

(3) 结构上主要是非递归结构，没有输出到输入的反馈，但有些结构中(如频率采样结构中)也包含有反馈的递归部分。

FIR 滤波器的结构形式主要有四种：横截型、级联型、频率采样型和快速卷积型。

习　　题

1．用直接Ⅰ型及直接Ⅱ型结构实现以下系统函数：

$$H(z)=\frac{3+4.2z^{-1}+0.8z^{-2}}{2+0.6z^{-1}-0.4z^{-2}}$$

2．用级联型结构实现以下系统函数：

$$H(z)=\frac{4\times(z+1)(z^2-1.4z+1)}{(z-0.5)(z^2+0.9z+0.8)}$$

试问一共能构成几种级联型网络？

3．给出以下系统函数的并联型实现：

$$H(z)=\frac{5.2+1.58z^{-1}+1.41z^{-2}-1.6z^{-3}}{(1-0.5z^{-1})(1+0.9z^{-1}+0.8z^{-2})}$$

4．已知滤波器的系统函数为

$$H(z)=\left(1-\frac{1}{2}z^{-1}\right)(1+6z^{-1})(1-2z^{-1})\left(1+\frac{1}{6}z^{-1}\right)(1-z^{-1})$$

(1) 写出系统函数对应的差分方程。

（2）试画出此 FIR 系统的横截型结构。

（3）试画出此 FIR 系统的级联式结构。

5．已知 FIR 滤波器的单位脉冲响应为

$$h(n)=\delta(n)+0.3\delta(n-1)+0.72\delta(n-2)+0.11\delta(n-3)+0.12\delta(n-4)$$

试画出其级联型结构实现。

6．用频率采样结构实现以下系统函数：

$$H(z)=\frac{5-2z^{-3}-3z^{-6}}{1-z^{-1}}$$

采样点数 $N=6$，修正半径 $r=0.9$。

7．设某 FIR 数字滤波器的系统函数为

$$H(z)=\frac{1}{5}\times(1+3z^{-1}+5z^{-2}+3z^{-3}+z^{-4})$$

试画出此滤波器的线性相位结构。

8．设滤波器差分方程为 $y(n)=x(n)+x(n-1)+\frac{1}{3}y(n-1)+\frac{1}{4}y(n-2)$。

（1）试用直接Ⅰ型、直接Ⅱ型及一阶节的级联型、一阶节的并联型结构实现此差分方程。

（2）求系统的频率响应(幅度及相位)。

（3）设采样频率为 10 kHz，输入正弦波幅度为 5，频率为 1 kHz，试求其稳态输出。

第 6 章　无限长单位脉冲响应数字滤波器的设计方法

6.1　引言

数字滤波器是数字信号处理的重要基础。在对信号的过滤、检测与参数的估计等处理中，数字滤波器是使用最广泛的线性系统。一般情况下，数字滤波器是一个线性时不变离散时间系统，它将输入的数字序列通过特定运算转变为输出的数字序列，利用有限精度算法来实现。数字滤波器的设计一般包括：

(1) 按照任务的要求，确定滤波器的性能要求；

(2) 用一个因果稳定的离散线性时不变系统的系统函数去逼近这一性能要求。系统函数有无限长单位脉冲响应(IIR)系统函数及有限长单位脉冲响应(FIR)系统函数两种；

(3) 利用有限精度算法来实现这个系统函数。这里包括选择运算结构、选择合适的字长(包括系数量化及输入变量、中间变量和输出变量的量化)以及有效数字的处理方法(舍入、截尾)等；

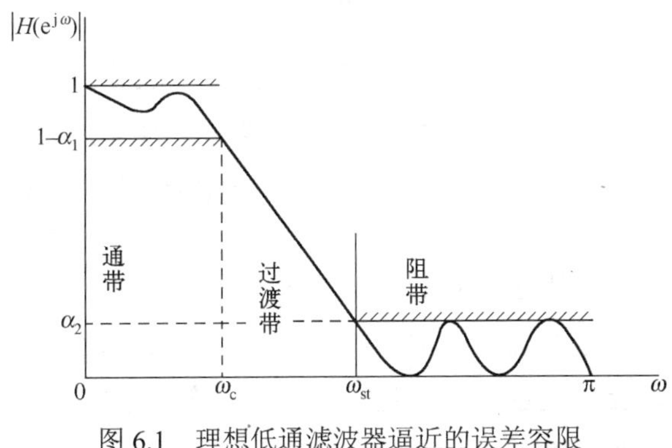

图 6.1　理想低通滤波器逼近的误差容限

(4) 实际的技术实现，包括采用通用计算机软件或专用数字滤波器硬件来实现，或采用专用的或通用的数字信号处理器来实现。

本章和下一章讨论第(2)项内容，即逼近性能要求问题或系统函数的设计问题。

一般来说，滤波器的性能要求往往以频率响应的幅度特性的允许误差来表征。以低通滤波器为例，如图 6.1 所示，频率响应有通带、过渡带及阻带三个范围(而不是理想的陡截止的通带、阻带两个范围)。在通带内，幅度响应以误差 α_1 逼近于 1，即

$$1-\alpha_1 \leqslant \left|H(e^{j\omega})\right| \leqslant 1, \qquad |\omega| \leqslant \omega_c \tag{6.1}$$

在阻带中，幅度响应以误差小于 α_2 逼近于零，即

$$\left|H(e^{j\omega})\right| \leqslant \alpha_2, \qquad \omega_{st} \leqslant |\omega| \leqslant \pi \tag{6.2}$$

式中 ω_c 和 ω_{st} 分别为通带截止频率和阻带截止频率，它们都是数字域频率。为了逼近理想低通滤波器特性，还必须有一个非零宽度 $(\omega_{st}-\omega_c)$ 的过渡带，在这个过渡带内的频率响应平滑地从通带下降到阻带。

虽然给出了通带的容限 α_1 及阻带的容限 α_2，但在具体技术指标中往往使用通带允许的最大衰减(波纹) δ_1 及阻带应达到的最小衰减 δ_2 。 δ_1 和 δ_2 的定义为

$$\delta_1 = 20\lg\frac{|H(\mathrm{e}^{\mathrm{j}0})|}{|H(\mathrm{e}^{\mathrm{j}\omega_\mathrm{c}})|} = -20\lg|H(\mathrm{e}^{\mathrm{j}\omega_\mathrm{c}})| = -20\lg(1-\alpha_1) \tag{6.3}$$

$$\delta_2 = 20\lg\frac{|H(\mathrm{e}^{\mathrm{j}0})|}{|H(\mathrm{e}^{\mathrm{j}\omega_\mathrm{st}})|} = -20\lg|H(\mathrm{e}^{\mathrm{j}\omega_\mathrm{st}})| = -20\lg\alpha_2 \tag{6.4}$$

式中，假定$|H(\mathrm{e}^{\mathrm{j}0})|=1$已被归一化了。例如，$|H(\mathrm{e}^{\mathrm{j}\omega})|$在$\omega_\mathrm{c}$处满足$|H(\mathrm{e}^{\mathrm{j}\omega_\mathrm{c}})|=0.707$，则$\delta_1=3\text{ dB}$；在$\omega_\mathrm{st}$处满足$|H(\mathrm{e}^{\mathrm{j}\omega_\mathrm{st}})|=0.001$，则$\delta_2=60\text{ dB}$。

当然，也可给出相位的逼近要求或给出时域单位脉冲响应的逼近要求。

与模拟滤波器类似，数字滤波器按频率特性划分也有低通、高通、带通、带阻、全通等类型。由于频率响应的周期性，频率变量以数字频率ω来表示（$\omega=\varOmega T=\varOmega/f_\mathrm{s}$，$\varOmega$为模拟角频率，$T$为采样时间间隔，$f_\mathrm{s}$为采样频率），所以数字滤波器设计中必须给出采样频率。图6.2为各种数字滤波器理想幅度频率响应（只表示了正频率部分），这样的理想频率响应是不可能实现的，原因是频带之间幅度响应是突变的，因而其单位脉冲响应是非因果的。因此要给出图 6.1 所示的实际逼近容限。在图 6.2 中，2π等于数字域采样频率ω_s，即

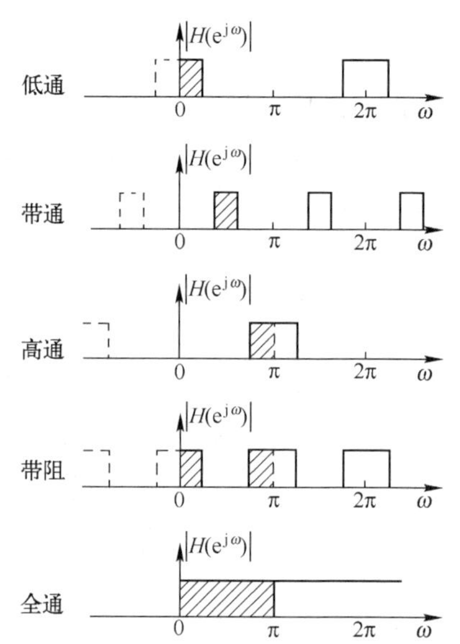

图 6.2　各种数字滤波器的理想幅度频率响应

$$\omega_\mathrm{s} = \varOmega_\mathrm{s} T = 2\pi f_\mathrm{s} T = 2\pi\frac{f_\mathrm{s}}{f_\mathrm{s}} = 2\pi, \quad \left(f_\mathrm{s}=\frac{1}{T}\right)$$

$\omega_\mathrm{s}/2=\pi$是折叠频率。按照奈奎斯特采样定理，频率特性只能限于$|\omega|<\omega_\mathrm{s}/2=\pi$范围。数字滤波器的系统函数为$H(z)$，它在$z$平面单位圆上的值为滤波器频率响应$H(\mathrm{e}^{\mathrm{j}\omega})$，表征数字滤波器频率响应特性的三个参量是幅度平方响应、相位响应和群延迟响应。这三个参量之所以重要，是因为一般逼近问题都涉及ω的复频率响应$H(\mathrm{e}^{\mathrm{j}\omega})$。

1．幅度平方响应

当只需要逼近幅度响应而不考虑相位时，如标准的低通、高通、带通、带阻滤波器的逼近就是这样，这时根据幅度平方响应来进行设计是很方便的。幅度平方响应定义为

$$\begin{aligned}|H(\mathrm{e}^{\mathrm{j}\omega})|^2 &= H(\mathrm{e}^{\mathrm{j}\omega})H^*(\mathrm{e}^{\mathrm{j}\omega}) = H(\mathrm{e}^{\mathrm{j}\omega})H(\mathrm{e}^{-\mathrm{j}\omega}) \\ &= |H(z)H(z^{-1})|_{z=\mathrm{e}^{\mathrm{j}\omega}}\end{aligned} \tag{6.5}$$

这里由于单位脉冲响应为实函数，故满足$H^*(\mathrm{e}^{\mathrm{j}\omega})=H(\mathrm{e}^{-\mathrm{j}\omega})$，也就是满足共轭对称条件。若$z=r\mathrm{e}^{\mathrm{j}\omega_i}$是$H(z)$的极点，则$z=\frac{1}{r}\mathrm{e}^{-\mathrm{j}\omega_i}$是$H(z^{-1})$的极点，又由于$H(z)$的有理表达式中各系数为实数，因而，零点和极点必然都以共轭对形式出现，故必有$z=r\mathrm{e}^{-\mathrm{j}\omega_i}$和$z=\frac{1}{r}\mathrm{e}^{\mathrm{j}\omega_i}$两个极点

存在，所以 $H(z)H(z^{-1})$ 的极点既是共轭的，又是以单位圆镜像对称的。为了使 $H(z)$ 成为可实现的系统，故只取单位圆内的那些极点作为 $H(z)$ 的极点，单位圆外的极点作为 $H(z^{-1})$ 的极点。$H(z)$ 的零点一般不是唯一确定的，可在 z 平面的任意位置。如果选 $H(z)H(z^{-1})$ 在 z 平面单位圆内的零点作为 $H(z)$ 的零点，则所得到的是最小相位延迟滤波器。

2. 相位响应

由于 $H(\mathrm{e}^{\mathrm{j}\omega})$ 是复数，可表示成

$$H(\mathrm{e}^{\mathrm{j}\omega}) = \left|H(\mathrm{e}^{\mathrm{j}\omega})\right|\mathrm{e}^{\mathrm{j}\beta(\mathrm{e}^{\mathrm{j}\omega})} = \mathrm{Re}[H(\mathrm{e}^{\mathrm{j}\omega})] + \mathrm{j}\,\mathrm{Im}[H(\mathrm{e}^{\mathrm{j}\omega})] \tag{6.6}$$

因此

$$\beta(\mathrm{e}^{\mathrm{j}\omega}) = \arctan\left\{\frac{\mathrm{Im}[H(\mathrm{e}^{\mathrm{j}\omega})]}{\mathrm{Re}[H(\mathrm{e}^{\mathrm{j}\omega})]}\right\} \tag{6.7}$$

由于

$$H^*(\mathrm{e}^{\mathrm{j}\omega}) = \left|H(\mathrm{e}^{\mathrm{j}\omega})\right|\mathrm{e}^{-\mathrm{j}\beta(\mathrm{e}^{\mathrm{j}\omega})}$$

因此又有

$$\begin{aligned}\beta(\mathrm{e}^{\mathrm{j}\omega}) &= \frac{1}{2\mathrm{j}}\ln\left[\frac{H(\mathrm{e}^{\mathrm{j}\omega})}{H^*(\mathrm{e}^{\mathrm{j}\omega})}\right] = \frac{1}{2\mathrm{j}}\ln\left[\frac{H(\mathrm{e}^{\mathrm{j}\omega})}{H(\mathrm{e}^{-\mathrm{j}\omega})}\right] \\ &= \frac{1}{2\mathrm{j}}\ln\left[\frac{H(z)}{H(z^{-1})}\right]_{z=\mathrm{e}^{\mathrm{j}\omega}}\end{aligned} \tag{6.8}$$

3. 群延迟响应

它是滤波器平均延迟的一个度量，定义为相位对角频率的导数的负值，即

$$\tau(\mathrm{e}^{\mathrm{j}\omega}) = -\frac{\mathrm{d}\beta(\mathrm{e}^{\mathrm{j}\omega})}{\mathrm{d}\omega} \tag{6.9}$$

可以化为

$$\tau(\mathrm{e}^{\mathrm{j}\omega}) = -\frac{\mathrm{d}\beta(z)}{\mathrm{d}z}\frac{\mathrm{d}z}{\mathrm{d}\omega}\bigg|_{z=\mathrm{e}^{\mathrm{j}\omega}} = -\mathrm{j}z\frac{\mathrm{d}\beta(z)}{\mathrm{d}z}\bigg|_{z=\mathrm{e}^{\mathrm{j}\omega}} \tag{6.10}$$

由于

$$\ln[H(\mathrm{e}^{\mathrm{j}\omega})] = \ln\left|H(\mathrm{e}^{\mathrm{j}\omega})\right| + \mathrm{j}\beta(\mathrm{e}^{\mathrm{j}\omega})$$

因此

$$\beta(\mathrm{e}^{\mathrm{j}\omega}) = \mathrm{Im}\{\ln[H(\mathrm{e}^{\mathrm{j}\omega})]\}$$

因而又有

$$\tau(\mathrm{e}^{\mathrm{j}\omega}) = -\mathrm{Im}\left[\frac{\mathrm{d}}{\mathrm{d}\omega}\{\ln[H(\mathrm{e}^{\mathrm{j}\omega})]\}\right] \tag{6.11}$$

同样可化为

$$\begin{aligned}\tau(\mathrm{e}^{\mathrm{j}\omega}) &= -\mathrm{Im}\left[\frac{\mathrm{d}\{\ln[H(z)]\}}{\mathrm{d}z}\frac{\mathrm{d}z}{\mathrm{d}\omega}\right]_{z=\mathrm{e}^{\mathrm{j}\omega}} \\ &= -\mathrm{Im}\left[\mathrm{j}z\frac{\mathrm{d}\{\ln[H(z)]\}}{\mathrm{d}z}\right]_{z=\mathrm{e}^{\mathrm{j}\omega}} = -\mathrm{Re}\left[z\frac{\mathrm{d}}{\mathrm{d}z}\{\ln[H(z)]\}\right]_{z=\mathrm{e}^{\mathrm{j}\omega}} \\ &= -\mathrm{Re}\left[z\frac{\mathrm{d}H(z)}{\mathrm{d}z}\frac{1}{H(z)}\right]_{z=\mathrm{e}^{\mathrm{j}\omega}}\end{aligned} \tag{6.12}$$

当要求滤波器为线性相位响应特性时，则通带内群延迟特性就应该是常数。

前面已说到，本章及下一章讨论滤波器设计中的第二个步骤，即用一个因果稳定的离散线性时不变系统的系统函数去逼近给定的性能要求。IIR 滤波器的系统函数为 z^{-1}（或 z）的有理分式，即

$$H(z)=\frac{\sum_{k=0}^{M} b_k z^{-k}}{1-\sum_{k=1}^{N} a_k z^{-k}} \tag{6.13}$$

一般满足 $M \leqslant N$，这类系统称为 N 阶系统，当 $M>N$ 时，$H(z)$ 可视为一个 N 阶 IIR 子系统与一个 $M-N$ 阶的 FIR 子系统（多项式）的级联。以下讨论都假定 $M \leqslant N$。

IIR 滤波器的逼近问题就是求出滤波器的各系数 a_k 和 b_k，使得在规定的意义上，如通带起伏及阻带衰减的要求或采用最优化准则（最小均方误差要求或最大误差最小要求）逼近所要求的特性。这就是数学上的逼近问题。如果在 s 平面上去逼近，就得到模拟滤波器；如果在 z 平面上去逼近，则得到数字滤波器。

设计 IIR 数字滤波器一般有以下两种方法：

（1）先设计一个合适的模拟滤波器，然后变换成满足预定指标的数字滤波器。这种方法很方便，这是因为模拟滤波器已经具有很多简单而又现成的设计公式，并且设计参数已经表格化了，设计起来既方便又明确。

（2）计算机辅助设计法。这是一种最优化设计法。先确定一种最优准则，如设计出的实际频率响应幅度 $\left|H(e^{j\omega})\right|$ 与所要求的理想频率响应幅度 $\left|H_d(e^{j\omega})\right|$ 的均方误差最小准则，或它们的最大误差最小准则等，然后求在此最佳准则下滤波器系统函数的系数 a_k 和 b_k。这种设计一般得不到滤波器系数作为所要求的理想频率响应的闭合形式的函数表达式，而是需要进行大量的迭代运算，故离不开计算机。

*6.2 常用模拟低通滤波器的设计方法

常用的模拟原型滤波器有巴特沃思（Butterworth）滤波器、切比雪夫（Chebyshev）滤波器、椭圆（Ellipse）滤波器和贝塞尔（Bessel）滤波器等。这些滤波器都有严格的设计公式，现成的曲线和图表供设计人员使用。这些典型的滤波器各有特点：巴特沃思滤波器具有单调下降的幅频特性；切比雪夫滤波器的幅频特性在通带或阻带内有波动，可以提高选择性；贝塞尔滤波器在通带内有较好的线性相位特性；椭圆滤波器的选择性相对前三种是最好的，但在通带和阻带内均为等波纹幅频特性（见图6.3）。这样根据具体要求可以选用不同类型的滤波器。

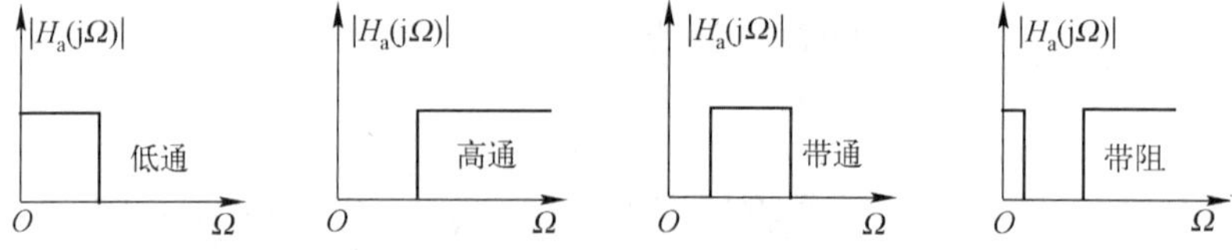

图 6.3 各种理想模拟滤波器的幅频特性

设计模拟滤波器是根据一组设计规范来设计模拟系统函数 $H_a(s)$，使其逼近某个理想滤波器特性。

6.2.1 由幅度平方函数来确定系统函数

模拟滤波器幅度响应常用幅度平方函数 $|H_a(j\Omega)|^2$ 来表示，即

$$|H_a(j\Omega)|^2 = H_a(j\Omega)H_a^*(j\Omega)$$

由于滤波器冲激响应 $h_a(t)$ 是实函数，因而 $H_a(j\Omega)$ 满足

$$H_a^*(j\Omega) = H_a(-j\Omega)$$

所以

$$|H_a(j\Omega)|^2 = H_a(j\Omega)H_a(-j\Omega) = H_a(s)H_a(-s)\Big|_{s=j\Omega} \tag{6.14}$$

式中，$H_a(s)$ 是模拟滤波器的系统函数，它是 s 的有理函数，$H_a(j\Omega)$ 是滤波器的频率响应特性，$|H_a(j\Omega)|$ 是滤波器的幅度特性。

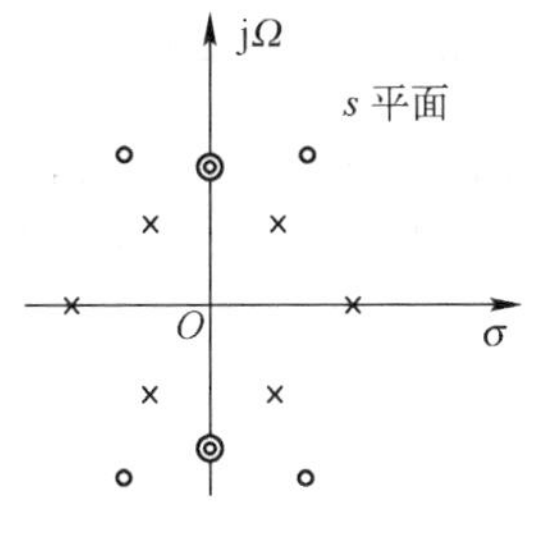

图 6.4 $H_a(s)H_a(-s)$ 的零点(或极点)分布

现在的问题是要由已知的 $|H_a(j\Omega)|^2$ 求得 $H_a(s)$。设 $H_a(s)$ 有一个极点(或零点)位于 $s=s_0$ 处，由于冲激响应 $h_a(t)$ 为实函数，则极点(或零点)必以共轭对形式出现，因而 $s=s_0^*$ 处也一定有一极点(或零点)，所以与之对应 $H_a(-s)$ 在 $s=-s_0$ 和 $s=-s_0^*$ 处必有极点(或零点)，$H_a(s)H_a(-s)$ 在虚轴上的零点(或极点)(对临界稳定情况，才会出现虚轴的极点)一定是二阶的，这是因为冲激响应 $h_a(t)$ 是实的，因而 $H_a(s)$ 的极点(或零点)必成共轭对出现。$H_a(s)H_a(-s)$ 的零-极点分布是成象限对称的，如图6.4所示。$H_a(s)$ 的极点(零点)以及与之对应的 $H_a(-s)$ 的极点(零点)可列表如下：

$H_a(s)$ 的极点(零点)	$-\sigma_1 \pm j\Omega_1$	$-\sigma_0$	$-j\Omega_0$
$H_a(-s)$ 的极点(零点)	$\sigma_1 \mp j\Omega_1$	σ_0	$j\Omega_0$

我们知道，任何实际可实现的滤波器都是稳定的，因此其系统函数 $H_a(s)$ 的极点一定落在 s 的左半平面，所以左半平面的极点一定属于 $H_a(s)$，右半平面的极点一定属于 $H_a(-s)$。

零点的分布则无此限制，只和滤波器的相位特征有关。若要求最小的相位延迟特性，则 $H_a(s)$ 应取左半平面零点。若有特殊要求，则按这种要求来考虑零点的分配；若无特殊要求，则可将对称零点的任一半(应为共轭对)取为 $H_a(s)$ 的零点。

由此可见，由 $|H_a(j\Omega)|^2$ 确定 $H_a(s)$ 的方法如下：

(1) 由 $|H_a(j\Omega)|^2\Big|_{\Omega^2=-s^2} = H_a(s)H_a(-s)$ 得到象限对称的 s 平面函数。

(2) 将 $H_a(s)H_a(-s)$ 因式分解，得到各零点和极点。将左半平面的极点归于 $H_a(s)$，如无特殊要求，可取 $H_a(s)H_a(-s)$ 以虚轴为对称轴的对称零点的一半(应是共轭对)作为 $H_a(s)$ 的零点；如要求是最小相位延迟滤波器，则应取左半平面零点作为 $H_a(s)$ 的零点。$j\Omega$ 轴上的零点或极点都是偶次的，其中一半(应为共轭对)属于 $H_a(s)$。

(3) 按照 $H_a(j\Omega)$ 与 $H_a(s)$ 的低频特性或高频特性的对比确定出增益常数。

(4) 由求出的 $H_a(s)$ 的零点、极点及增益常数，则可完全确定系统函数 $H_a(s)$。

6.2.2 巴特沃思低通逼近

巴特沃思逼近又称最平幅度逼近。巴特沃思低通滤波器幅度平方函数定义为

$$|H_a(j\Omega)|^2 = \frac{1}{1+(\Omega/\Omega_c)^{2N}} \tag{6.15}$$

式中，N 为正整数，代表滤波器的阶数。当 $\Omega=0$ 时，$|H_a(j0)|=1$；当 $\Omega=\Omega_c$ 时，$|H_a(j\Omega_c)|=0.707$，$20\lg|H_a(j0)/H_a(j\Omega_c)|=3\text{ dB}$，$\Omega_c$ 为 3 dB 截止频率。当 $\Omega=\Omega_c$ 时，不管 N 为多少，所有的特性曲线都通过–3 dB 点，或者说衰减为 3 dB。

巴特沃思低通滤波器的特点如下：在通带内有最大平坦的幅度特性，即 N 阶巴特沃思低通滤波器在 $\Omega=0$ 处幅度平方函数 $|H_a(j\Omega)|^2$ 的前 $2N-1$ 阶导数为零，因而巴特沃思滤波器又称为最平幅度特性滤波器。随着 Ω 由零增大，$|H_a(j\Omega)|^2$ 单调减小，N 越大，通带内特性越平坦，过渡带越窄。当 $\Omega=\Omega_{st}$，即频率为阻带截止频率时，衰减为 $\delta_2=-20\lg|H_a(j\Omega_{st})|$，$\delta_2$ 为阻带最小衰减。对确定的 δ_2，N 越大，Ω_{st} 距 Ω_c 越近，即过渡带越窄。

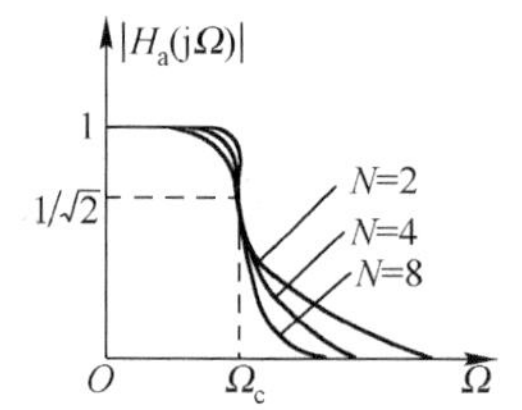

图 6.5 巴特沃思滤波器幅度特性及其与 N 的关系

巴特沃思低通滤波器的幅度特性如图6.5所示。

在幅度平方函数式(6.15)中，代入 $\Omega=s/j$，可得

$$H_a(s)H_a(-s) = \frac{1}{1+\left(\dfrac{s}{j\Omega_c}\right)^{2N}} \tag{6.16}$$

所以，巴特沃思滤波器的零点全部在 $s=\infty$ 处，在有限 s 平面内只有极点，因而属于所谓“全极点型”滤波器。$H_a(s)H_a(-s)$ 的极点为

$$s_k = (-1)^{\frac{1}{2N}}(j\Omega_c) = \Omega_c e^{j\left[\frac{1}{2}+\frac{2k-1}{2N}\right]\pi}, \quad k=1,2,\cdots,2N \tag{6.17}$$

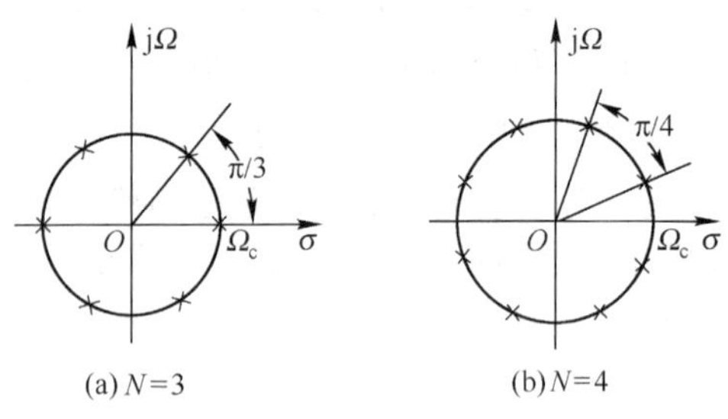

图 6.6 $N=3$ 及 $N=4$ 时的极点分布

由此看出，$H_a(s)H_a(-s)$ 的 $2N$ 个极点等间隔分布在半径为 Ω_c 的圆(称巴特沃思圆)上，极点间的角度间隔为 π/N rad。例如，$N=3$ 及 $N=4$ 时，$H_a(s)H_a(-s)$ 的极点分布分别如图6.6(a)和图6.6(b)所示。

可见，N 为奇数时，实轴上有极点；N 为偶数时，实轴上没有极点。但极点决不会落在虚轴上，这样滤波器才有可能是稳定的。

为形成稳定的滤波器，$H_a(s)H_a(-s)$ 的 $2N$ 个极点中只取 s 左半平面的 N 个极点为 $H_a(s)$ 的极点，而右半平面的 N 个极点构成 $H_a(-s)$ 的极点。$H_a(s)$ 的表达式为

$$H_a(s) = \frac{\Omega_c^N}{\prod_{k=1}^{N}(s-s_k)} \tag{6.18}$$

其中分子系数为 $\Omega_c^{\ N}$，可由 $H_a(s)$ 的低频特性决定(代入 $H_a(0)=1$ 可求得分子系数为 $\Omega_c^{\ N}$)，而 s_k 为

$$s_k = \Omega_c e^{j\left[\frac{1}{2}+\frac{2k-1}{2N}\right]\pi}, \quad k=1,2,\cdots,N \tag{6.19}$$

一般模拟低通滤波器的设计指标由参数 Ω_p, A_p，Ω_{st} 和 δ_2 给出，因此对于巴特沃思滤波器情况下，设计的实质就是为了求得由这些参数所决定的滤波器阶次 N 和截止频率 Ω_c。我们要求：

（1）在 $\Omega = \Omega_p$，$-10\lg\left|H_a(j\Omega_p)\right|^2 = A_p$，或

$$A_p = -10\lg\left[\frac{1}{1+(\Omega_p/\Omega_c)^{2N}}\right] \tag{6.20}$$

（2）在 $\Omega = \Omega_{st}$，$-10\lg\left|H_a(j\Omega_{st})\right|^2 = \delta_2$，或

$$\delta_2 = -10\lg\left[\frac{1}{1+(\Omega_{st}/\Omega_c)^{2N}}\right] \tag{6.21}$$

由式(6.20)和式(6.21)解出 N 和 Ω_c，有

$$N = \frac{\lg[(10^{A_p/10}-1)/(10^{\delta_2/10}-1)]}{2\lg(\Omega_p/\Omega_{st})} \tag{6.22}$$

一般来说，上面求出的 N 不会是整数，要求 N 是整数且满足指标要求，就必须选

$$N = \left\lceil \frac{\lg[(10^{A_p/10}-1)/(10^{\delta_2/10}-1)]}{2\lg(\Omega_p/\Omega_{st})} \right\rceil \tag{6.23}$$

这里运算符 $\lceil x \rceil$ 的意思是“选大于等于 x 的最小整数”，如 $\lceil 4.5 \rceil = 5$。因为，实际上 N 选的都比要求的大，因此技术指标在 Ω_p 或在 Ω_{st} 上都能满足或超过一些。为了在 Ω_p 精确地满足指标要求，则由式(6.20)可得

$$\Omega_c = \frac{\Omega_p}{\sqrt[2N]{10^{A_p/10}-1}} \tag{6.24}$$

或者在 Ω_{st} 精确地满足指标要求，则由式(6.21)可得

$$\Omega_c = \frac{\Omega_{st}}{\sqrt[2N]{10^{\delta_2/10}-1}} \tag{6.25}$$

在一般设计中，都先把式(6.16)中的 Ω_c 选为 1 rad/s，这样使频率得到归一化，归一化后巴特沃思滤波器的极点分布及相应的系统函数、分母多项式的系数都有现成的表格可查。如果用 Ω_{cr} 表示归一化频率响应中的参考角频率（一般取 1 rad/s，也可以是其他任意数值），而所需的实际滤波器幅度响应中的参考角频率为 Ω_c（一般为截止频率或称 3 dB 截止频率，也可以是其他衰减分贝处的频率）。令 $H_{a_N}(s)$ 代表归一化系统的系统函数，$H_a(s)$ 代表所需的参考角频率为 Ω_c 的系统的系统函数，那么把归一化系统函数中的变量 s 用 $\dfrac{\Omega_{cr}s}{\Omega_c}$ 代替后，就得到了所需系统的系统函数，即

$$s \to \frac{\Omega_{cr}s}{\Omega_c} \tag{6.26}$$

$$H_a(s) = H_{a_N}\left(\frac{\Omega_{cr}s}{\Omega_c}\right) \tag{6.27}$$

当 $\Omega_{cr}=1$ 时，s 用 $\dfrac{s}{\Omega_c}$ 代替。归一化原型（低通）系统函数的一般形式是

$$H_{a_N}(s)=\frac{d_0}{a_0+a_1s+a_2s^2+\cdots+a_Ns^N}$$

d_0 由低频或高频特性确定，若希望直流（$\Omega=0$）增益为 1，则 $d_0=a_0$。巴特沃思多项式的系数如表 6.1 所示。

或者，$H_{a_N}(s)=\dfrac{1}{D(p)}$，$D(p)$ 如表 6.2 所示。

表 6.1　巴特沃思多项式 $s^N+a_{N-1}s^{N-1}+L+a_2s^2+a_1s+1(a_0=a_N=1)$ 的系数

N	a_1	a_2	a_3	a_4	a_5	a_6	a_7	a_8	a_9
1	1								
2	1.4142136								
3	2.0000000	2.0000000							
4	2.6131259	3.4142136	2.6131259						
5	3.2360680	5.2360680	5.2360680	3.2360680					
6	3.8637033	7.4641016	9.1416202	7.4641016	3.8637033				
7	4.4939592	10.0978347	14.5917939	14.5917939	10.0978347	4.4939592			
8	5.1258309	13.1370712	21.8461510	25.6883559	21.8461510	13.1370712	5.1258309		
9	5.7587705	16.5817187	31.1634375	41.9863857	41.9863857	31.1634375	16.5817187	5.7587705	
10	6.3924532	20.4317291	42.8020611	64.8823963	74.2334292	64.8823963	42.8020611	20.4317291	6.3924532

表 6.2　巴特沃思归一化低通滤波器分母多项式 $D(p)$

分母多项式 / 阶数 N	$D(p)=D_1(p)D_2(p)D_3(p)D_4(p)D_5(p)$
1	$(p+1)$
2	$(p^2+1.4142p+1)$
3	$(p^2+p+1)(p+1)$
4	$(p^2+0.7654p+1)(p^2+1.8478p+1)$
5	$(p^2+0.6180p+1)(p^2+1.6180p+1)(p+1)$
6	$(p^2+0.5176p+1)(p^2+1.4142p+1)(p^2+1.9319p+1)$
7	$(p^2+0.4450p+1)(p^2+1.2470p+1)(p^2+1.8019p+1)(p+1)$
8	$(p^2+0.3902p+1)(p^2+1.1111p+1)(p^2+1.6629p+1)(p^2+1.9616p+1)$
9	$(p^2+0.3473p+1)(p^2+p+1)(p^2+1.5321p+1)(p^2+1.8794p+1)(p+1)$

例 6.1　设计模拟低通滤波器，要求幅频特性单调下降，已知通带边界频率 $f_p=1\text{ kHz}$，通带最大衰减 $A_p=1\text{ dB}$，阻带截止频率 $f_{st}=5\text{ kHz}$，阻带最小衰减 $\delta_2=40\text{ dB}$。

解　根据幅频特性单调下降要求，应选巴特沃思滤波器。

代入公式 $N=\dfrac{\lg[(10^{A_p/10}-1)/(10^{\delta_2/10}-1)]}{2\lg(\Omega_p/\Omega_{st})}$，求出 $N=3.2811$，取 $N=4$。

由公式 $\Omega_c=\dfrac{\Omega_{st}}{\sqrt[2N]{10^{\delta_2/10}-1}}$，求得 $\Omega_c=9934.7125\text{ rad/s}$。

查表 6.1 可得归一化四阶巴特沃思滤波器的系统函数为

$$H_{a_N}(s)=\frac{1}{1+2.6131s+3.4142s^2+2.6131s^3+s^4}$$

用 $\dfrac{s}{\Omega_c}$ 代替 s，得到

$$H(s)=\frac{1}{1+2.6131\dfrac{s}{\Omega_c}+3.4142\left(\dfrac{s}{\Omega_c}\right)^2+2.6131\left(\dfrac{s}{\Omega_c}\right)^3+\left(\dfrac{s}{\Omega_c}\right)^4}$$

整理得

$$H(s)=\frac{9.7414\times10^{15}}{9.7414\times10^{15}+2.5622\times10^{12}s^3+3.3697\times10^{8}s^2+2.5960\times10^{4}s^3+s^4}$$

6.2.3　切比雪夫低通逼近

巴特沃思滤波器的频率特性无论在通带与阻带都随频率变化而单调变化，因而如果在通带边缘满足指标，则在通带内肯定会有富裕量，也就会超过指标的要求，因而并不经济。所以，更有效的办法是将指标的精度要求均匀地分布在通带内、均匀地分布在阻带内，或同时均匀地分布在通带与阻带内。这样，在同样通带、阻带性能要求下，就可以设计出阶数较低的滤波器。这种精度均匀分布的办法可通过选择具有等波纹特性的逼近函数来实现。

切比雪夫滤波器的幅度特性就是在一个频带(通带或阻带)中具有这种等波纹特性。幅度特性在通带中是等波纹的，在阻带中是单调的，称为切比雪夫Ⅰ型。幅度特性在通带内是单调下降的，在阻带内是等波纹的，称为切比雪夫Ⅱ型。由应用的要求来确定采用哪种形式的切比雪夫滤波器。图6.7 和图6.8 分别画出了 N 为奇数与 N 为偶数的切比雪夫Ⅰ型和Ⅱ型低通滤波器的幅度特性。

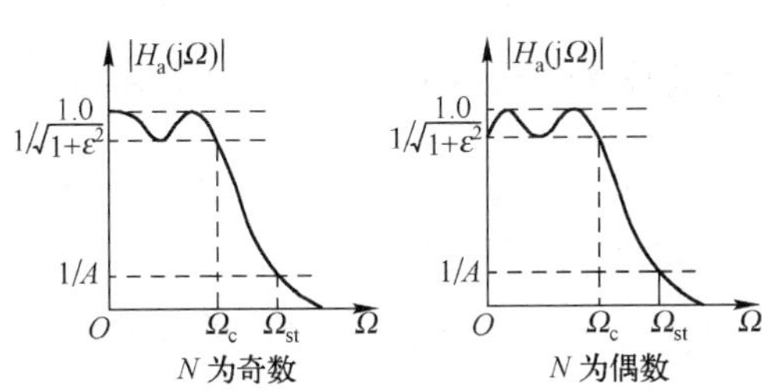

图 6.7　切比雪夫Ⅰ型低通滤波器的幅度特性

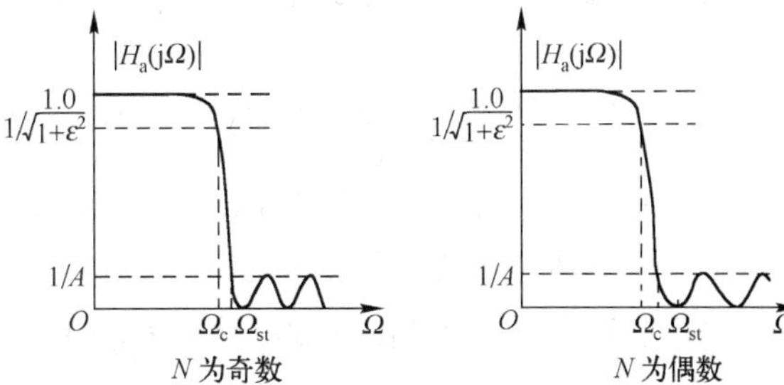

图 6.8　切比雪夫Ⅱ型低通滤波器的幅度特性

我们以切比雪夫Ⅰ型低通滤波器为例来讨论这种逼近。切比雪夫Ⅰ型低通滤波器的幅度平方函数为

$$\left|H_a(j\Omega)\right|^2=\frac{1}{1+\varepsilon^2C_N^2(\Omega/\Omega_c)} \tag{6.28}$$

式中，ε 为小于 1 的正数，它是表示通带波纹大小的一个参数，ε 越大，波纹也越大。Ω_c 为通带截止频率，也是滤波器的某一衰减分贝处的通带宽度(这一分贝数不一定是 3 dB。也就是说，在切比雪夫滤波器中，Ω_c 不一定是 3 dB 的带宽)。$C_N(x)$ 是 N 阶切比雪夫多项式，定义为

$$C_N(x)=\begin{cases}\cos(N\arccos x), & |x|\leqslant 1\ (\text{通带})\\ \cosh(N\,\mathrm{arccosh}\,x), & |x|>1\ (\text{阻带})\end{cases} \tag{6.29}$$

当 $N \geqslant 1$ 时，切比雪夫多项式的递推公式为

$$C_{N+1}(x) = 2xC_N(x) - C_{N-1}(x) \tag{6.30}$$

切比雪夫多项式如表 6.3 所示。

表 6.3 切比雪夫多项式

N	$C_N(x)$
0	1
1	x
2	$2x^2-1$
3	$4x^3-3x$
4	$8x^4-8x^2+1$
5	$16x^5-20x^3+5x$
6	$32x^6-48x^4+18x^2-1$

切比雪夫多项式的零值点(或根)在 $|x| \leqslant 1$ 间隔内。当 $|x| \leqslant 1$ 时，$C_N(x)$ 是余弦函数，故 $|C_N(x)| \leqslant 1$ 且多项式 $C_N(x)$ 在 $|x| \leqslant 1$ 内具有等波纹幅度特性；对所有的 N，$C_N(1)=1$，N 为偶数时 $C_N(0)=\pm 1$；N 为奇数时 $C_N(0)=0$。当 $|x|>1$ 时，$C_N(x)$ 是双曲余弦函数，它随 x 增大而单调增加。

显然，切比雪夫滤波器的幅度函数为 $|H_a(j\Omega)| = \dfrac{1}{\sqrt{1+\varepsilon^2 C_N^2(\Omega/\Omega_c)}}$ 的特点如下。

(1) 当 $\Omega=0$，N 为偶数时，$H_a(j0)=\dfrac{1}{\sqrt{1+\varepsilon^2}}$；当 N 为奇数时，$H_a(j0)=1$。

(2) 当 $\Omega=\Omega_c$ 时，$|H_a(j\Omega)|=\dfrac{1}{\sqrt{1+\varepsilon^2}}$，即所有幅度函数曲线都通过 $1/\sqrt{1+\varepsilon^2}$ 点，所以把 Ω_c 定义为切比雪夫滤波器的通带截止频率。在这个截止频率下，幅度函数不一定下降 3 dB，可以是下降其他分贝值，如 1 dB 等，这是与巴特沃思滤波器的不同之处。

(3) 在通带内，即当 $|\Omega|<\Omega_c$ 时，$|\Omega|/\Omega_c<1$，$|H_a(j\Omega)|$ 在 $1\sim 1/\sqrt{1+\varepsilon^2}$ 之间等波纹地起伏。

(4) 在通带之外，即当 $|\Omega|>\Omega_c$ 时，随着 Ω 的增大，迅速满足

$$\varepsilon^2 C_N^2(\Omega/\Omega_c) \gg 1$$

使 $|H_a(j\Omega)|$ 迅速单调地趋近于零。

由幅度平方函数式(6.28)看出，切比雪夫滤波器有三个参数：ε，Ω_c 和 N。Ω_c 是通带宽度，一般是预先给定的；ε 是与通带波纹有关的一个参数。通带波纹 A_p 表示成

$$A_p = 10\lg\frac{|H_a(j\Omega)|_{\max}^2}{|H_a(j\Omega)|_{\min}^2} = 20\lg\frac{|H_a(j\Omega)|_{\max}}{|H_a(j\Omega)|_{\min}} \quad (\text{dB}), \qquad |\Omega| \leq \Omega_c \tag{6.31}$$

这里，$|H_a(j\Omega)|_{\max}=1$ 表示通带幅度响应的最大值。$|H_a(j\Omega)|_{\min}=1/\sqrt{1+\varepsilon^2}$，表示通带幅度响应的最小值，故

$$A_p = 10\lg(1+\varepsilon^2) \tag{6.32}$$

因而
$$\varepsilon^2 = 10^{A_p/10} - 1 \tag{6.33}$$

可以看出，给定通带波纹值 A_p (dB)后，就能求得 ε^2，这里应注意通带波纹值不一定是 3 dB，也可以是其他值，如 0.1 dB 等。

滤波器阶数 N 等于通带内最大值和最小值的总数。前面已经说过，N 为奇数时，在 $\Omega=0$ 处，$|H_a(j\Omega)|$ 为最大值 1；N 为偶数时，在 $\Omega=0$ 处，$|H_a(j\Omega)|$ 为最小值。N 的数值可由阻带衰减来确定。设阻带起始点频率为 Ω_{st}，此时阻带幅度平方函数值满足

$$|H_a(j\Omega_{st})|^2 \leqslant \frac{1}{A^2}$$

式中，A 是常数。若用误差的分贝数 A_s 表示，则有

$$A_s = 20\lg\frac{1}{1/A} = 20\lg A$$

所以
$$A = 10^{A_s/20} = 10^{0.05A_s} \tag{6.34}$$

当 $\Omega=\Omega_{st}$ 时，将上面的 $|H_a(j\Omega_{st})|^2$ 的表达式代入式(6.28)，可得

$$|H_a(j\Omega_{st})|^2 = \frac{1}{1+\varepsilon^2 C_N^2(\Omega_{st}/\Omega_c)} \leqslant \frac{1}{A^2}$$

由此得出

$$C_N\left(\frac{\Omega_{st}}{\Omega_c}\right) \geqslant \frac{1}{\varepsilon}\sqrt{A^2-1}$$

由于 $\Omega_{st}/\Omega_c>1$，因此，由式(6.29)的第二式有

$$C_N\left(\frac{\Omega_{st}}{\Omega_c}\right) = \cosh\left[N\operatorname{arccosh}\left(\frac{\Omega_{st}}{\Omega_c}\right)\right] \geqslant \frac{1}{\varepsilon}\sqrt{A^2-1}$$

由此，并考虑式(6.34)，可得

$$N \geqslant \frac{\operatorname{arccosh}[\sqrt{A^2-1}/\varepsilon]}{\operatorname{arccosh}(\Omega_{st}/\Omega_c)} = \frac{\operatorname{arccosh}[\sqrt{10^{0.01A_s}-1}/\varepsilon]}{\operatorname{arccosh}(\Omega_{st}/\Omega_c)} \tag{6.35}$$

若要求阻带边界频率上衰减越大(即 A 越大)，也就是过渡带内幅度特性越陡，则所需的阶数 N 越高。或者对 Ω_{st} 求解，可得

$$\begin{aligned}\Omega_{st} &= \Omega_c\cosh\left\{\frac{1}{N}\operatorname{arccosh}\left[\frac{1}{\varepsilon}\sqrt{A^2-1}\right]\right\}\\ &= \Omega_c\cosh\left\{\frac{1}{N}\operatorname{arccosh}\left[\frac{1}{\varepsilon}\sqrt{10^{0.1A_s}-1}\right]\right\}\end{aligned} \tag{6.36}$$

式中 Ω_c 是切比雪夫滤波器的通带宽度，但不是 3 dB 带宽，可以求出 3 dB 带宽为($A=\sqrt{2}$)

$$\Omega_{3\,dB} = \Omega_c\cosh\left[\frac{1}{N}\operatorname{arccosh}\left(\frac{1}{\varepsilon}\right)\right] \tag{6.37}$$

注意，只有当 $\Omega_c<\Omega_{3\,dB}$ 时才采用式(6.37)来求解 $\Omega_{3\,dB}$ (因为满足 $\Omega_{3\,dB}/\Omega_c>1$)。$\varepsilon$，$\Omega_c$ 和 N 给定后，就可以求得滤波器的传递函数 $H_a(s)$，相关内容可查阅有关模拟滤波器手册。

高通、带通和带阻滤波器的传输函数可以通过频率变换，分别由模拟低通滤波器的传输

函数求得，因此无论设计哪一种滤波器，都可以先将该滤波器的技术指标转换为低通滤波器的技术指标，按照该技术指标先设计低通滤波器，然后通过频率变换，将低通的传输函数转换成所需类型的滤波器传输函数。由模拟低通原型滤波器转换为截止频率不同的模拟低通、高通、带通、带阻滤波器，其推导过程略，频率转换关系如表 6.4 所示。

表 6.4 截止频率为 Ω_c 的模拟低通滤波器到其他频率选择性滤波器的转换关系

转 换 类 型	转换关系式	新的截止频率
低通原型→低通	$s \to \dfrac{\Omega_c}{\Omega_c'} s$	Ω_c'：实际低通滤波器的截止频率，一般指通带宽度
低通原型→高通	$s \to \dfrac{\Omega_c \Omega_c'}{s}$	Ω_c'：实际高通滤波器的截止频率，一般指通带宽度
低通原型→带通	$s \to \Omega_c \dfrac{s^2 + \Omega_l \Omega_h}{s(\Omega_h - \Omega_l)}$	Ω_h 和 Ω_l：实际带通的通带上、下截止频率
低通原型→带阻	$s \to \Omega_c \dfrac{s(\Omega_h - \Omega_l)}{s^2 + \Omega_l \Omega_h}$	Ω_h 和 Ω_l：实际带阻的阻带上、下截止频率

6.3 脉冲响应不变法设计 IIR 数字滤波器

6.3.1 变换原理

利用模拟滤波器来设计数字滤波器，也就是使数字滤波器能模仿模拟滤波器的特性，这种模仿可以从不同的角度出发。脉冲响应不变法是从滤波器的脉冲响应出发，使数字滤波器的单位脉冲响应序列 $h(n)$ 模仿模拟滤波器的冲激响应 $h_a(t)$，即将 $h_a(t)$ 进行等间隔采样，使 $h(n)$ 正好等于 $h_a(t)$ 的采样值，满足

$$h(n) = h_a(nT) \tag{6.38}$$

式中，T 是采样周期。

如果令 $H_a(s)$ 是 $h_a(t)$ 的拉普拉斯变换，$H(z)$ 为 $h(n)$ 的 z 变换，利用采样序列的 z 变换与模拟信号的拉普拉斯变换的关系，得

$$H(z)\big|_{z=e^{sT}} = \frac{1}{T}\sum_{k=-\infty}^{\infty} H_a(s - jk\Omega_s) = \frac{1}{T}\sum_{k=-\infty}^{\infty} H_a\left(s - j\frac{2\pi}{T}k\right) \tag{6.39}$$

可以看出，脉冲响应不变法将模拟滤波器的 s 平面变换成数字滤波器的 z 平面，这个从 s 到 z 的变换 $z = e^{sT}$ 正是从 s 平面变换到 z 平面的标准变换关系式。

如图6.9所示，s 平面上每一条宽度为 $2\pi/T$ 的横条都将重叠地映射到整个 z 平面上，每一横条的左半边映射到 z 平面单位圆以内，右半边映射到 z 平面单位圆以外，而 s 平面虚轴（$j\Omega$ 轴）映射到 z 平面单位圆上，虚轴上每一段长为 $2\pi/T$ 的线段都映射到 z 平面单位圆上一周。由于 s 平面每一横条都要重叠地映射到 z 平面上，这正好反映了 $H(z)$ 和 $H_a(s)$ 的周期延拓函数之间有变换关系 $z = e^{sT}$，故脉冲响应不变法并不相当于从 s 平面到 z 平面的简单代数映射关系。

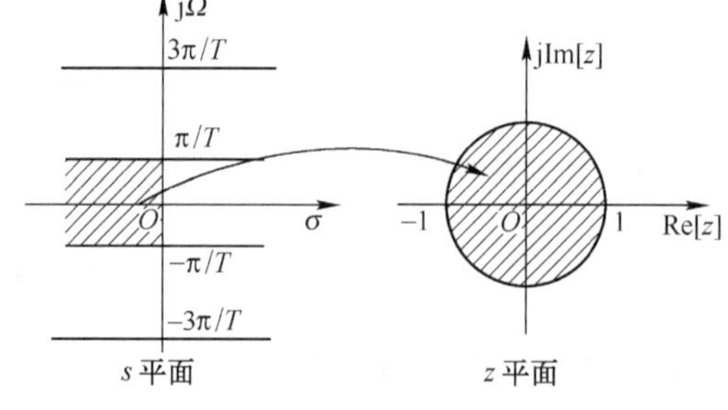

图 6.9 脉冲响应不变法的映射关系

6.3.2　混叠失真

由式(6.39)知，数字滤波器的频率响应和模拟滤波器的频率响应间的关系为

$$H(\mathrm{e}^{\mathrm{j}\omega})=\frac{1}{T}\sum_{k=-\infty}^{\infty}H_{\mathrm{a}}\left(\mathrm{j}\frac{\omega-2\pi k}{T}\right) \tag{6.40}$$

这就是说，数字滤波器的频率响应是模拟滤波器频率响应的周期延拓。正如采样定理所讨论的，只有当模拟滤波器的频率响应是限带的，且带限于折叠频率以内时，即

$$H_{\mathrm{a}}(\mathrm{j}\Omega)=0,\qquad |\Omega|\geqslant\frac{\pi}{T}=\frac{\Omega_{\mathrm{s}}}{2} \tag{6.41}$$

才能使数字滤波器的频率响应在折叠频率以内重现模拟滤波器的频率响应，而不产生混叠失真，即

$$H(\mathrm{e}^{\mathrm{j}\omega})=\frac{1}{T}H_{\mathrm{a}}\left(\mathrm{j}\frac{\omega}{T}\right),\qquad |\omega|<\pi \tag{6.42}$$

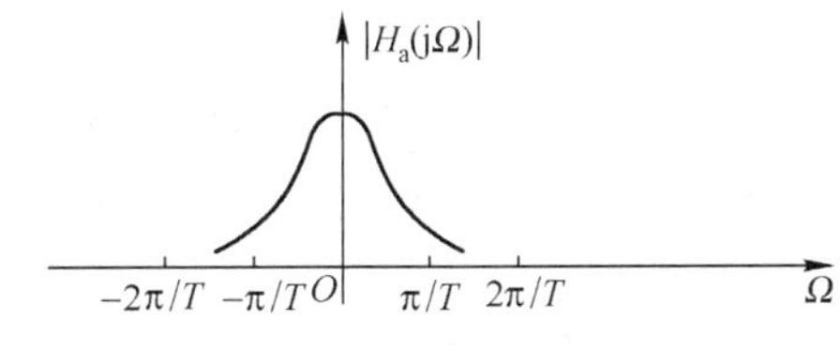

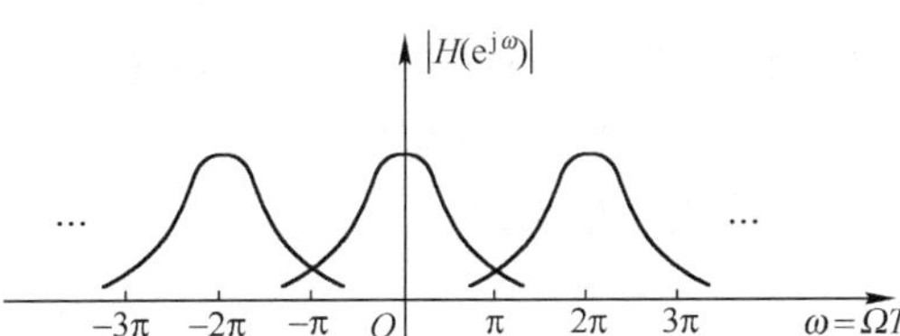

图 6.10　脉冲响应不变法中的频响混叠现象

但是，任何一个实际的模拟滤波器频率响应都不是严格限带的，变换后就会产生周期延拓分量的频谱交叠，即产生频率响应的混叠失真，如图 6.10 所示。这时数字滤波器的频率响应就不同于原模拟滤波器的频率响应，而带有一定的失真。当模拟滤波器的频率响应在折叠频率以上衰减越大、越快时，变换后的频率响应混叠失真就越小。这时，采用脉冲响应不变法设计的数字滤波器才能得到良好的效果。

对某一模拟滤波器的单位冲激响应 $h_{\mathrm{a}}(t)$ 进行采样，采样频率为 f_{s}，若使 f_{s} 增加，即令采样时间间隔($T=1/f_{\mathrm{s}}$)减小，则系统频率响应各周期延拓分量之间相距更远，因而可减小频率响应的混叠效应。

还应注意到，在脉冲响应不变法设计中，当滤波器的指标用数字域频率 ω 给定时，若 ω_{c} 不变，用减小 T 的方法就不能解决混叠问题。

6.3.3　模拟滤波器的数字化方法

由于脉冲响应不变法要由模拟系统函数 $H_{\mathrm{a}}(s)$ 求拉普拉斯反变换得到模拟的冲激响应 $h_{\mathrm{a}}(t)$，然后采样后得到 $h(n)=h_{\mathrm{a}}(nT)$，再取 z 变换得 $H(z)$，过程较复杂。下面我们讨论如何由脉冲响应不变法的变换原理将 $H_{\mathrm{a}}(s)$ 直接转换为数字滤波器 $H(z)$。

设模拟滤波器的系统函数 $H_{\mathrm{a}}(s)$ 只有单阶极点，且假定分母的阶次大于分子的阶次(一般都满足这一要求，因为只有这样才相当于一个因果稳定的模拟系统)，因此可将 $H_{\mathrm{a}}(s)$ 展开成部分分式表达式

$$H_{\mathrm{a}}(s)=\sum_{k=1}^{N}\frac{A_k}{s-s_k} \tag{6.43}$$

其相应的冲激响应 $h_{\mathrm{a}}(t)$ 是 $H_{\mathrm{a}}(s)$ 的拉普拉斯反变换，即

$$h_a(t)=L^{-1}[H_a(s)]=\sum_{k=1}^{N}A_k e^{s_k t}u(t)$$

式中，$u(t)$ 是单位阶跃函数。在脉冲响应不变法中，要求数字滤波器的单位脉冲响应等于对 $h_a(t)$ 的采样，即

$$h(n)=h_a(nT)=\sum_{k=1}^{N}A_k e^{s_k nT}u(n)=\sum_{k=1}^{N}A_k(e^{s_k T})^n u(n) \tag{6.44}$$

对 $h(n)$ 求 z 变换，即得数字滤波器的系统函数

$$\begin{aligned}H(z)&=\sum_{n=-\infty}^{\infty}h(n)z^{-n}=\sum_{n=0}^{\infty}\sum_{k=1}^{N}A_k(e^{s_k T}z^{-1})^n=\sum_{k=1}^{N}A_k\sum_{n=0}^{\infty}(e^{s_k T}z^{-1})^n\\&=\sum_{k=1}^{N}\frac{A_k}{1-e^{s_k T}z^{-1}}\end{aligned} \tag{6.45}$$

将式(6.43)的 $H_a(s)$ 和式(6.45)的 $H(z)$ 加以比较，可以看出：

(1) s 平面的每一个单极点 $s=s_k$ 变换到 z 平面上 $z=e^{s_k T}$ 处的单极点。

(2) $H_a(s)$ 与 $H(z)$ 的部分分式的系数是相同的，都是 A_k。

(3) 若模拟滤波器是因果稳定的，则所有极点 s_k 位于 s 平面的左半平面，即 $\mathrm{Re}[s_k]<0$，变换后的数字滤波器的全部极点在单位圆内，即 $\left|e^{s_k T}\right|=e^{\mathrm{Re}[s_k]T}<1$，因此数字滤波器也是因果稳定的。

(4) 虽然脉冲响应不变法能保证 s 平面极点与 z 平面极点有这种代数对应关系，但是并不等于整个 s 平面与 z 平面有这种代数对应关系，特别是数字滤波器的零点位置就与模拟滤波器零点位置没有这种代数对应关系，而是随 $H_a(s)$ 的极点 s_k 及系数 A_k 两者而变化。

从式(6.42)看出，数字滤波器频率响应幅度还与采样间隔 T 成反比：

$$H(e^{j\omega})=\frac{1}{T}H_a\left(j\frac{\omega}{T}\right),\qquad |\omega|<\pi$$

如果采样频率很高，即 T 很小，数字滤波器可能具有太高的增益，这是不希望的。为了使数字滤波器增益不随采样频率而变化，可以做以下简单的修正，令

$$h(n)=Th_a(nT) \tag{6.46}$$

则有

$$H(z)=\sum_{k=1}^{N}\frac{TA_k}{1-e^{s_k T}z^{-1}} \tag{6.47}$$

及

$$H(e^{j\omega})=\sum_{k=-\infty}^{\infty}H_a\left(j\frac{\omega}{T}-j\frac{2\pi}{T}k\right)\approx H_a\left(j\frac{\omega}{T}\right),\qquad |\omega|<\pi \tag{6.48}$$

由于 $h_a(t)$ 是实数，因而 $H_a(s)$ 的极点必成共轭对存在，即若 $s=s_k$ 为极点，其留数为 A_k，则必有 $s=s_k^*$ 亦为极点，且其留数为 A_k^*。因而这样一对共轭极点，其 $H_a(s)$ 变成 $H(z)$ 关系为

$$\frac{A_k}{s-s_k}\to\frac{A_k}{1-z^{-1}e^{s_k T}},\quad \frac{A_k^*}{s-s_k^*}\to\frac{A_k^*}{1-z^{-1}e^{s_k^* T}}$$

例 6.2 设模拟滤波器的系统函数为

$$H_a(s)=\frac{2}{s^2+4s+3}=\frac{1}{s+1}-\frac{1}{s+3}$$

试利用脉冲响应不变法将 $H_a(s)$ 转换成 IIR 数字滤波器的系统函数 $H(z)$。

脉冲响应不变法设计 IIR 数字滤波器

解　直接利用式(6.47)可得到数字滤波器的系统函数为

$$H(z)=\frac{T}{1-z^{-1}\mathrm{e}^{-T}}-\frac{T}{1-z^{-1}\mathrm{e}^{-3T}}=\frac{Tz^{-1}(\mathrm{e}^{-T}-\mathrm{e}^{-3T})}{1-z^{-1}(\mathrm{e}^{-T}+\mathrm{e}^{-3T})+z^{-2}\mathrm{e}^{-4T}}$$

设 $T=1$，则有

$$H(z)=\frac{0.3181z^{-1}}{1-0.4177z^{-1}+0.018\,31z^{-2}}$$

模拟滤波器的频率响应 $H_{\mathrm{a}}(\mathrm{j}\Omega)$ 及数字滤波器的频率响应 $H(\mathrm{e}^{\mathrm{j}\omega})$ 分别为

$$H_{\mathrm{a}}(\mathrm{j}\Omega)=\frac{2}{(3-\Omega^2)+\mathrm{j}4\Omega}$$

$$H(\mathrm{e}^{\mathrm{j}\omega})=\frac{0.3181\mathrm{e}^{-\mathrm{j}\omega}}{1-0.4177\mathrm{e}^{-\mathrm{j}\omega}+0.018\,31\mathrm{e}^{-\mathrm{j}2\omega}}$$

把 $|H_{\mathrm{a}}(\mathrm{j}\Omega)|$ 和 $|H(\mathrm{e}^{\mathrm{j}\omega})|$ 画在图 6.11 上。由该图可看出，由于 $H_{\mathrm{a}}(\mathrm{j}\Omega)$ 不是充分限带的，因此 $H(\mathrm{e}^{\mathrm{j}\omega})$ 产生了严重的频谱混叠失真。

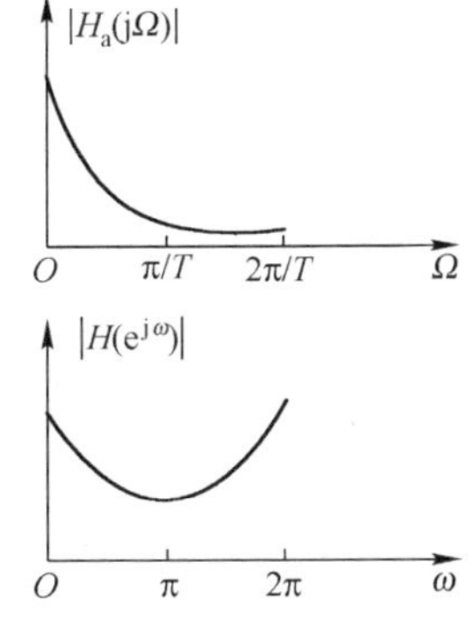

图 6.11　例 6.2 的幅频特性

6.3.4　优缺点

从以上讨论可以看出，脉冲响应不变法使得数字滤波器的单位脉冲响应完全模仿模拟滤波器的单位冲激响应，使得时域逼近良好，而且模拟频率 Ω 和数字频率 ω 之间呈线性关系 $\omega=\Omega T$。因而，一个线性相位的模拟滤波器(如贝塞尔滤波器)通过脉冲响应不变法得到的仍然是一个线性相位的数字滤波器。脉冲响应不变法的最大缺点是有频率响应的混叠效应。所以，脉冲响应不变法只适用于限带的模拟滤波器(例如，衰减特性很好的低通或带通滤波器)，而且高频衰减越快，混叠效应越小。至于高通和带阻滤波器，由于它们在高频部分不衰减，因此将完全混淆在低频响应中。如果要对高通和带阻滤波器采用脉冲响应不变法，就必须先对高通和带阻滤波器加一保护滤波器，滤掉高于折叠频率以上的频率，然后再使用脉冲响应不变法转换为数字滤波器。当然这样会进一步增加设计复杂性和滤波器的阶数。

6.4　双线性变换法设计 IIR 数字滤波器

6.4.1　变换原理

脉冲响应不变法的主要缺点是产生频率响应的混叠失真。这是因为从 s 平面到 z 平面是多值的映射关系所造成的。为了克服这一缺点，可以采用非线性频率压缩方法，将整个频率轴上的频率范围压缩到 $-\pi/T\sim\pi/T$ 之间，再用 $z=\mathrm{e}^{sT}$ 转换到 z 平面上。也就是说，第一步先将整个 s 平面压缩映射到 s_1 平面的 $-\pi/T\sim\pi/T$ 一条横带里；第二步再通过标准变换关系 $z=\mathrm{e}^{s_1T}$ 将此横带变换到整个 z 平面上去。这样就使 s 平面与 z 平面建立了一一对应的单值关系，消除了多值变换性，也就消除了频谱混叠现象，映射关系如图 6.12 所示。

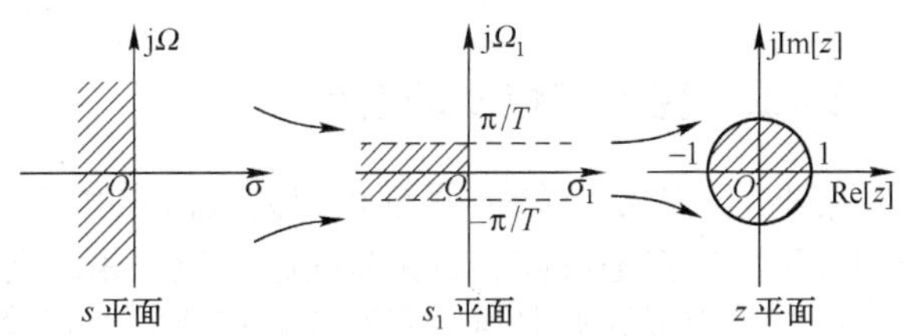

图 6.12　双线性变换的映射关系

为了将 s 平面的整个虚轴 $\mathrm{j}\Omega$ 压缩到 s_1 平面 $\mathrm{j}\Omega_1$ 轴上的 $-\pi/T$ 到 π/T 段上，可以通过以下的正切变换实现：

$$\Omega = \tan\left(\frac{\Omega_1 T}{2}\right) \tag{6.49}$$

式中，T 仍是采样间隔。当 Ω_1 由 $-\pi/T$ 经过 0 变化到 π/T，Ω 由 $-\infty$ 经过 0 变化到 $+\infty$，也即映射了整个 $\mathrm{j}\Omega$ 轴。将式(6.49)写成

$$\mathrm{j}\Omega = \frac{\mathrm{e}^{\mathrm{j}\Omega_1 T/2} - \mathrm{e}^{-\mathrm{j}\Omega_1 T/2}}{\mathrm{e}^{\mathrm{j}\Omega_1 T/2} + \mathrm{e}^{-\mathrm{j}\Omega_1 T/2}}$$

将此关系解析延拓到整个 s 平面和 s_1 平面，令 $\mathrm{j}\Omega = s$，$\mathrm{j}\Omega_1 = s_1$，则得

$$s = \frac{\mathrm{e}^{s_1 T/2} - \mathrm{e}^{-s_1 T/2}}{\mathrm{e}^{s_1 T/2} + \mathrm{e}^{-s_1 T/2}} = \tanh\left(\frac{s_1 T}{2}\right) = \frac{1 - \mathrm{e}^{-s_1 T}}{1 + \mathrm{e}^{-s_1 T}} \tag{6.50}$$

再将 s_1 平面通过以下标准变换关系映射到 z 平面：

$$z = \mathrm{e}^{s_1 T} \tag{6.51}$$

从而得到 s 平面和 z 平面的单值映射关系为

$$s = \frac{1 - z^{-1}}{1 + z^{-1}} \tag{6.52}$$

$$z = \frac{1 + s}{1 - s} \tag{6.53}$$

式(6.52)与式(6.53)是 s 平面与 z 平面之间的单值映射关系，这种变换都是两个线性函数之比，因此称为双线性变换。

一般来说，为了使模拟滤波器的某一频率与数字滤波器的任一频率有对应的关系，可引入待定常数 c，使式(6.49)和式(6.50)变成

$$\Omega = c \cdot \tan\left(\frac{\Omega_1 T}{2}\right) \tag{6.54}$$

$$s = c \cdot \tanh\left(\frac{s_1 T}{2}\right) = c\frac{1 - \mathrm{e}^{-s_1 T}}{1 + \mathrm{e}^{-s_1 T}} \tag{6.55}$$

仍将 $z = \mathrm{e}^{s_1 T}$ 代入式(6.55)，可得

$$s = c\frac{1 - z^{-1}}{1 + z^{-1}} \tag{6.56}$$

$$z = \frac{c + s}{c - s} \tag{6.57}$$

6.4.2 变换常数 c 的选择

用不同的方法选择 c 可使模拟滤波器频率特性与数字滤波器频率特性在不同频率处有对应的关系，也就是可以调节频带间的对应关系。选择常数 c 的方法有以下两种：

(1) 使模拟滤波器与数字滤波器在低频处有较确切的对应关系，即在低频处有 $\Omega \approx \Omega_1$。当 Ω_1 较小时有

$$\tan\left(\frac{\Omega_1 T}{2}\right) \approx \frac{\Omega_1 T}{2}$$

由式(6.54)及 $\Omega \approx \Omega_1$ 可得

$$\Omega \approx \Omega_1 \approx c\frac{\Omega_1 T}{2}$$

因而得到

$$c = \frac{2}{T} \tag{6.58}$$

此时，模拟原型滤波器的低频特性近似等于数字滤波器的低频特性。

(2) 使数字滤波器的某一特定频率(如截止频率 $\omega_c = \Omega_{1c}T$)与模拟原型滤波器的一个特定频率 Ω_c 严格相对应，即

$$\Omega_c = c \cdot \tan\left(\frac{\Omega_{1c}T}{2}\right) = c \cdot \tan\left(\frac{\omega_c}{2}\right)$$

则有

$$c = \Omega_c \cot\frac{\omega_c}{2} \tag{6.59}$$

这一方法的主要优点是在特定的模拟频率和特定的数字频率处，频率响应是严格相等的，因而可以较准确地控制截止频率的位置。

6.4.3　逼近的情况

利用模拟滤波器设计数字滤波器就是要把 s 平面映射到 z 平面，使模拟系统函数 $H_a(s)$ 变换成所需的数字滤波器的系统函数 $H(z)$。这种由复变量 s 到复变量 z 之间的映射(变换)关系，必须满足以下两条基本要求：第一，$H(z)$ 的频率响应要能模仿 $H_a(s)$ 的频率响应，即 s 平面的虚轴 $\mathrm{j}\Omega$ 必须映射到 z 平面的单位圆 $\mathrm{e}^{\mathrm{j}\omega}$ 上，也就是频率轴要对应。第二，因果稳定的 $H_a(s)$ 应能映射成因果稳定的 $H(z)$。也就是 s 平面的左半平面 $\mathrm{Re}[s]<0$ 必须映射到 z 平面单位圆的内部 $|z|<1$。

式(6.56)与式(6.57)的双线性变换符合以上映射变换应满足的两点要求。

(1) 首先，把 $z = \mathrm{e}^{\mathrm{j}\omega}$ 代入式(6.56)，可得

$$s = c\frac{1-\mathrm{e}^{-\mathrm{j}\omega}}{1+\mathrm{e}^{-\mathrm{j}\omega}} = \mathrm{j}c \cdot \tan\left(\frac{\omega}{2}\right) = \mathrm{j}\Omega \tag{6.60}$$

即 s 平面的虚轴映射到 z 平面的单位圆。

(2) 其次，将 $s = \sigma + \mathrm{j}\Omega$ 代入式(6.57)，得

$$z = \frac{c+s}{c-s} = \frac{(c+\sigma)+\mathrm{j}\Omega}{(c-\sigma)-\mathrm{j}\Omega}$$

因此

$$|z| = \frac{\sqrt{(c+\sigma)^2+\Omega^2}}{\sqrt{(c-\sigma)^2+\Omega^2}}$$

由此看出，当 $\sigma<0$ 时，$|z|<1$；当 $\sigma>0$ 时，$|z|>1$；当 $\sigma=0$ 时，$|z|=1$。也就是说，s 平面的左半平面映射到 z 平面的单位圆内，s 平面的右半平面映射到 z 平面的单位圆外，s 平面的虚轴映射到 z 平面的单位圆上。因此，稳定的模拟滤波器经双线性变换后所得的数字滤波器也一定是稳定的。

6.4.4 优缺点

双线性变换法与脉冲响应不变法相比，其主要的优点是避免了频率响应的混叠现象。这是因为 s 平面与 z 平面是单值的一一对应关系。s 平面整个 $\mathrm{j}\Omega$ 轴单值地对应于 z 平面单位圆一周，即频率轴是单值变换关系。这个关系如式(6.60)所示，重写如下：

$$\Omega = c \cdot \tan\left(\frac{\omega}{2}\right)$$

上式表明，s 平面上 Ω 与 z 平面的 ω 成非线性的正切关系，如图 6.13 所示。

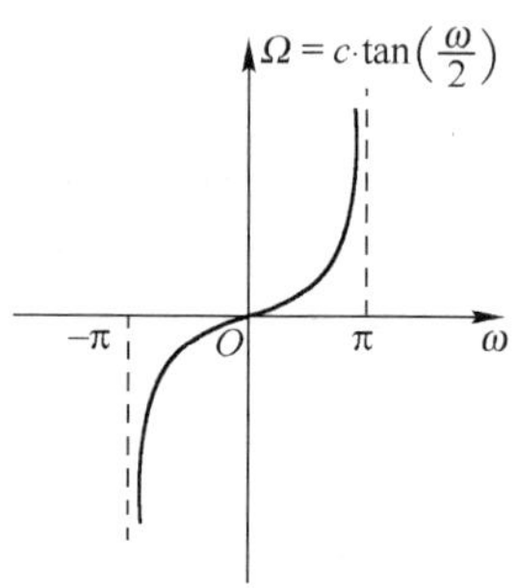

图 6.13 双线性变换法的频率变换关系

由图6.13看出，在零频率附近，模拟角频率 Ω 与数字频率 ω 之间的变换关系接近于线性关系；但当 Ω 进一步增加时，ω 增长得越来越慢，最后当 $\Omega \to \infty$ 时，ω 终止在折叠频率 $\omega \to \pi$ 处，因而双线性变换就不会出现由于高频部分超过折叠频率而混淆到低频部分去的现象，从而消除了频率混叠现象。

但是双线性变换的这个特点是靠频率的严重非线性关系而得到的，如式(6.60)及图6.13 所示。由于这种频率之间的非线性变换关系，就产生了新的问题。首先，一个线性相位的模拟滤波器经双线性变换后得到非线性相位的数字滤波器，不再保持原有的线性相位了；其次，这种非线性关系要求模拟滤波器的幅频响应必须是分段常数型的，即某一频率段的幅频响应近似等于某一常数(这正是一般典型的低通、高通、带通、带阻型滤波器的响应特性)，不然变换所产生的数字滤波器幅频响应相对于原模拟滤波器的幅频响应会有畸变，例如，一个模拟微分器将不能变成数字微分器，如图6.14 所示。

对于分段常数的滤波器，双线性变换后，仍得到幅频特性为分段常数的滤波器，但是各个分段边缘的临界频率点产生了畸变，这种频率的畸变，可以通过频率的预畸来加以校正。也就是将临界模拟频率事先加以畸变，然后经变换后正好映射到所需要的数字频率上。如果给出的是待设计的带通滤波器的数字域截止频率(通带、阻带截止频率) $\omega_1, \omega_2, \omega_3$ 和 ω_4，如按线性变换，所对应的模拟滤波器的 4 个截止频率分别是

$$\Omega_1 = \frac{\omega_1}{T}, \qquad \Omega_2 = \frac{\omega_2}{T}, \qquad \Omega_3 = \frac{\omega_3}{T}, \qquad \Omega_4 = \frac{\omega_4}{T}$$

但是模拟滤波器的这 4 个频率经双线性变换后(利用非线性的频率变换关系 $\omega = 2\arctan\left(\frac{\Omega}{c}\right)$)，所得到的数字滤波器截止频率显然不等于原来要求的 $\omega_1, \omega_2, \omega_3$ 和 ω_4。因而需要将频率加以预畸，即利用

$$\Omega = c \cdot \tan\left(\frac{\omega}{2}\right)$$

的关系将这组数字频率 $\omega_i(i=1,2,3,4)$ 变换成一组模拟频率 $\Omega_i(i=1,2,3,4)$，利用这组模拟频率来设计模拟带通滤波器，这就是所要求的模拟原型。对此模拟原型滤波器采用双线性变换，即可得到所需要的数字滤波器，它的截止频率正是我们原来所要求的一组 $\omega_i(i-1,2,3,4)$。这一预畸过程如图6.15 所示。

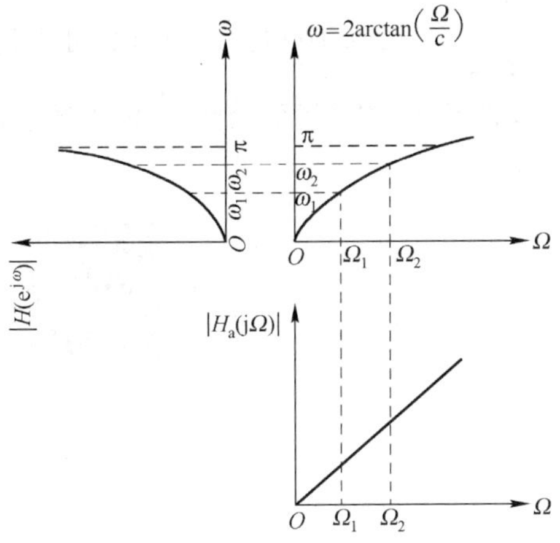

图 6.14　理想微分器经双线性变换后幅频响应产生畸变

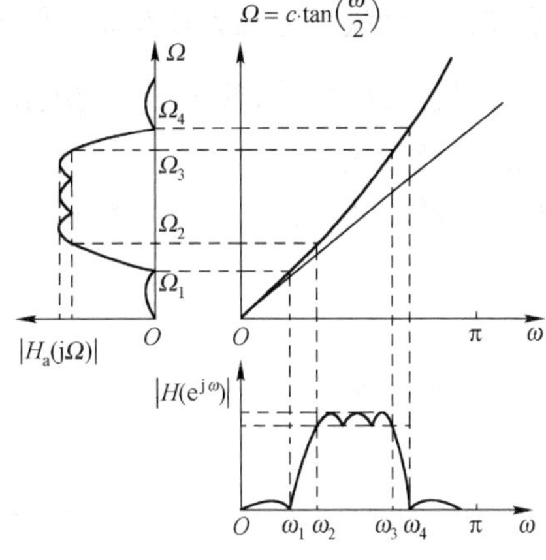

图 6.15　双线性变换的频率非线性预畸

6.4.5　模拟滤波器的数字化方法

与脉冲响应不变法相比，双线性变换法在设计和运算上也比较直接和简单。由于双线性变换法中，s 到 z 之间的变换是简单的代数关系，因此以直接将式(6.56)代入模拟系统传递函数，从而得到数字滤波器的系统函数，即

$$H(z)=H_{\mathrm{a}}(s)\Big|_{s=c\frac{1-z^{-1}}{1+z^{-1}}}=H_{\mathrm{a}}\left(c\frac{1-z^{-1}}{1+z^{-1}}\right)\tag{6.61}$$

频率响应也可用直接代换的方法得到，即

$$H(\mathrm{e}^{\mathrm{j}\omega})=H_{\mathrm{a}}(\mathrm{j}\Omega)\Big|_{\Omega=c\cdot\tan\left(\frac{\omega}{2}\right)}=H_{\mathrm{a}}\left(\mathrm{j}c\tan\left(\frac{\omega}{2}\right)\right)\tag{6.62}$$

应用式(6.61)求 $H(z)$ 时，若阶数较高，将 $H(z)$ 整理成需要的形式则并非易事。为简化设计，一方面，可以先将模拟系统函数分解成并联的子系统函数(子系统函数相加)或级联的子系统函数(子系统函数相乘)，使每个子系统函数都变成低阶的(如一阶或二阶的)，然后再对每个子系统函数分别采用双线性变换。也就是说，分解为低阶的方法是在模拟系统函数上进行的，而模拟系统函数的分解已有大量的图表可以利用，分解起来比较方便。另一方面，可以用表格的方法来完成双线性变换设计，即预先求出双线性变换法中离散系统函数的系数与模拟系统函数的系数之间的关系式，并列成表格，便可以利用表格进行设计了。

设模拟系统函数的表达式为

$$H_{\mathrm{a}}(s)=\frac{\sum_{k=0}^{N}A_k s^k}{\sum_{k=0}^{N}B_k s^k}=\frac{A_0+A_1 s+A_2 s^2+\cdots+A_N s^N}{B_0+B_1 s+B_2 s^2+\cdots+B_N s^N}\tag{6.63}$$

应用双线性变换得到 $H(z)$ 的表达式

$$H(z)=H_{\mathrm{a}}(s)\Big|_{s=c\frac{1-z^{-1}}{1+z^{-1}}}$$

$$H(z)=\frac{\sum_{k=0}^{N}a_k z^{-k}}{\sum_{k=0}^{N}b_k z^{-k}}=\frac{a_0+a_1 z^{-1}+a_2 z^{-2}+\cdots+a_N z^{-N}}{1+b_1 z^{-1}+b_2 z^{-2}+\cdots+b_N z^{-N}}\tag{6.64}$$

例 6.3 设模拟滤波器的系统函数为 $H_a(s)=\dfrac{2}{s^2+4s+3}$，$f_s=10\ \text{kHz}$，用双线性变换法设计 IIR 数字滤波器的系统函数 $H(z)$，使得数字滤波器在 $f=2.5\ \text{kHz}$ 的幅度等于 $H_a(s)$ 在 $\Omega=3\ \text{rad/s}$ 的幅度。

解 由给定条件，确定数字角频率：

双线性变换法设计 IIR 数字滤波器

$$\omega=2\pi\frac{f}{f_s}=2\pi\frac{2.5}{10}=\frac{\pi}{2}$$

对应模拟角频率为

$$\Omega=c\cdot\tan\left(\frac{\omega}{2}\right)=c\cdot\tan\left(\frac{\pi}{4}\right)=3$$

确定变换常数为

$$c=3$$

则，IIR 数字滤波器的系统函数为

$$H(z)=H_a(s)\Big|_{s=3\frac{1-z^{-1}}{1+z^{-1}}}=\frac{2}{\left(3\dfrac{1-z^{-1}}{1+z^{-1}}\right)^2+4\times3\dfrac{1-z^{-1}}{1+z^{-1}}+3}$$

整理，得

$$H(z)=\frac{1+2z^{-1}+z^{-2}}{12-6z^{-1}-9z^{-2}}$$

*6.5 原型变换

在模拟滤波器中已经形成了许多成熟的设计方法。如巴特沃思滤波器、切比雪夫滤波器、卡尔曼滤波器、贝塞尔滤波器等，每种滤波器都有自己的一套准确的计算公式。同时，业已制备了大量归一化的设计表格与曲线，大大便利了滤波器的设计和计算。因此在模拟滤波器的设计中，只要掌握原型变换就可以通过归一化低通原型的参数，去设计各种实际的低通、高通、带通或带阻滤波器。这一套成熟的、行之有效的设计方法，也可以通过前面所讨论的各种变换应用于数字滤波器的设计。下面我们通过举例来讨论应用模拟滤波器低通原型设计各种数字滤波器的基本原理。

6.5.1 低通变换

一般，通过模拟原型设计数字滤波器大约可按以下 4 个步骤进行：

(1) 确定数字滤波器的性能要求，确定各临界频率 $\{\omega_k\}$ 值。

(2) 由变换关系将 $\{\omega_k\}$ 映射到模拟域，得出模拟滤波器的临界频率值 $\{\Omega_k\}$。

(3) 按照临界频率 $\{\Omega_k\}$ 设计模拟滤波器传递函数 $H_a(s)$。

(4) 通过变换将 $H_a(s)$ 转换为数字滤波器传递函数 $H(z)$。

现举例说明。设采样周期 $T=250\ \mu\text{s}$ (即采样频率为 4 kHz)，要求用脉冲响应不变法及双线性交换设计一个三阶的巴特沃思低通滤波器，其 3 dB 截止频率为 $f_c=1\ \text{kHz}$。

1. 脉冲响应不变法

由于脉仲响应不变法的频率关系是线性的，所以可以直接按 $f_c = 1\,\text{kHz}$ 设计一个三阶巴特沃思模拟低通滤波器，然后再变换为数字滤波器。

巴特沃思滤波器传递函数为

$$H_a(s)H_a(-s) = \frac{1}{1+\left(\dfrac{s}{j\Omega_c}\right)^{2N}}$$

$$H_a(s) = \frac{\Omega_c^N}{\prod\limits_{k=1}^{N}(s-s_k)}$$

式中
$$s_k = \Omega_c e^{j\left[\frac{1}{2}+\frac{2k-1}{2N}\right]\pi}, \quad k=1,2,\cdots,N$$

当 $N=3$ 时，
$$H_a(s) = \frac{\Omega_c^3}{(s+\Omega_c)\left(s-\Omega_c e^{j\frac{2\pi}{3}}\right)\left(s-\Omega_c e^{j\frac{4\pi}{3}}\right)} \tag{6.65}$$

稍加整理即可得到
$$H_a(s) = \frac{1}{1+2(s/\Omega_c)+2(s/\Omega_c)^2+(s/\Omega_c)^3} \tag{6.66}$$

以上传递函数也可以直接从查表来得到，即先从常用的滤波器设计手册中查出巴特沃思多项式的系数，然后以 s/Ω_c 代替其归一化频率，则可得到以上结果。根据式(6.65)，只要将 $\Omega_c = 2\pi f_c$ 代入，就完成了三阶巴特沃思模拟滤波器的计算。但一般来说，具体数值应该放在完成了数字滤波器的变换后一次性代入，以减少数值运算中的误差积累。为了进行脉冲响应不变法变换，将式(6.65)展开成部分分式的结构：

$$H_a(s) = \frac{\Omega_c}{s+\Omega_c} + \frac{-(\Omega_c/\sqrt{3})e^{j\frac{\pi}{6}}}{s+\Omega_c(1-j\sqrt{3})/2} + \frac{-(\Omega_c/\sqrt{3})e^{-j\frac{\pi}{6}}}{s+\Omega_c(1+j\sqrt{3})/2}$$

将此部分分式的系数代入式(6.47)可得到

$$H(z) = \frac{\omega_c}{1-e^{-\omega_c}z^{-1}} + \frac{-(\omega_c/\sqrt{3})e^{j\frac{\pi}{6}}}{1-e^{-\omega_c(1-j\sqrt{3})/2}z^{-1}} + \frac{-(\omega_c/\sqrt{3})e^{-j\frac{\pi}{6}}}{1-e^{-\omega_c(1+j\sqrt{3})/2}z^{-1}}$$

式中，$\omega_c = \Omega_c T$ 是数字滤波器数字频域的截止频率。将 $\omega_c = 2\pi f_c T = 0.5\pi$ 代入上式，可得到最后的传递函数

$$H(z) = \frac{1.571}{1-0.2079z^{-1}} + \frac{-1.571+0.5541z^{-1}}{1-0.1905z^{-1}+0.2079z^{-2}}$$

2. 双线性变换法

首先，确定数字域临界频率 $\omega_c = 2\pi f_c T = 0.5\pi$ 。

第二步，根据频率的非线性关系式，确定预畸的模拟滤波器临界频率

$$\Omega_c = c\cdot\tan\left(\frac{\omega_c}{2}\right) = c\cdot\tan\left(\frac{\pi}{4}\right) = c$$

c 是调节模拟频带与数字频带间对应关系的一个常数，我们采用使模拟频率特性与数字频率特性在低频频率处有较确切对应关系的常数 $c=\dfrac{2}{T}$，则有 $\Omega_c=\dfrac{2}{T}$。

第三步，将 Ω_c 代入式(6.66)可得到模拟的传递函数

$$H_a(s)=\frac{1}{1+2(sT/2)+2(sT/2)^2+(sT/2)^3}$$

最后，将双线性变换关系代入可得到数字滤波器的传递函数

$$H(z)=H_a(s)\Big|_{s=c\frac{1-z^{-1}}{1+z^{-1}}}=\frac{1}{2}\times\frac{1+3z^{-1}+3z^{-2}+z^{-3}}{3+z^{-2}}$$

注意，这里所采用的模拟滤波器 $H_a(s)$ 并不是数字滤波器所要模仿的截止频率 $f_c=1\,\text{kHz}$ 的实际滤波器，而是像以上脉冲响应不变的第二种计算方法一样，$H_a(s)$ 只是一个样本函数，它只是由低通原型到数字滤波器的变换中的一个中间变换阶段。

图 6.16 表示了这两种设计方法所得到的频率响应，横坐标做了两种标度，一种是数字域频率 ω，另一种是 ω 所对应的实际频率 f 值。

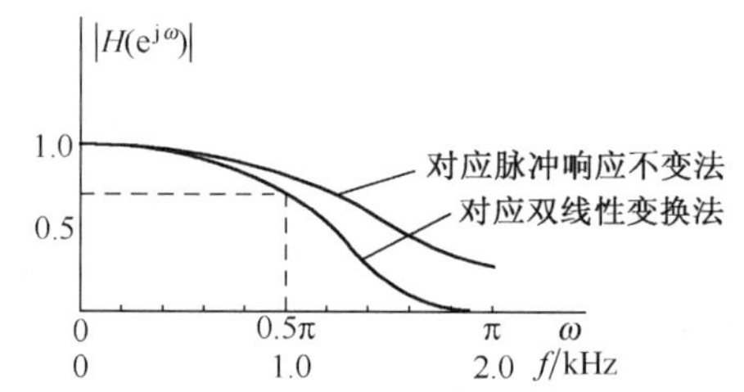

图 6.16 三阶巴特沃思数字滤波器频率响应

从幅度特性可以看到，对于双线性变换的频率响应，由于频率的非线性变换，使截止区的衰减越来越快。最后在折叠频率处形成一个三阶传输零点。这个三阶零点正是模拟滤波器在 $\Omega=\infty$ 处的三阶传输零点通过映射形成的。因此，通过双线性变换使滤波器的过渡带变窄，选择性改善。同时，在图 6.16 上也看到脉冲响应不变法存在微小的混叠现象，因而选择性将受到一定损失，并且没有传输零点。

6.5.2 高通变换

当需要设计高通、带通、带阻等数字滤波器时，可以采用两种办法。第一种办法是，首先设计一个相应的高通、带通或带阻模拟滤波器，然后再通过脉冲响应不变法或双线性变换转换为数字滤波器，如图6.17(a)的方案所示。第二种办法是，直接利用模拟滤波器的低通原型，通过一定的频率变换关系，一步完成各种数字滤波器的设计，如图6.17(b)的方案所示。对于第一种方案，设计办法完全和我们上面讨论的低通设计一样。即首先确定临界频率 $\{\omega_k\}$，然后转换成相应模拟滤波器的临界频率 $\{\Omega_k\}$。剩下的问题就完全是高通、带通或带阻模拟滤波器的设计问题了。最后再将设计好的 $H_a(s)$ 公式转换成 $H(z)$ 即可。在这里只讨论第二种方案，这种方法简捷便利，因此得到普遍采用。另外，由于脉冲响应不变法对于高通、带阻等都不能直接采用，或者只能在加了保护滤波器以后使用。因此一般脉冲响应不变法使用直接频率变换要有许多特殊考虑，故对于脉冲响应不变法来说，采用第一种方案有时更方便一些。下面只考虑双线性变换，实际使用中多数情况也正是这样。

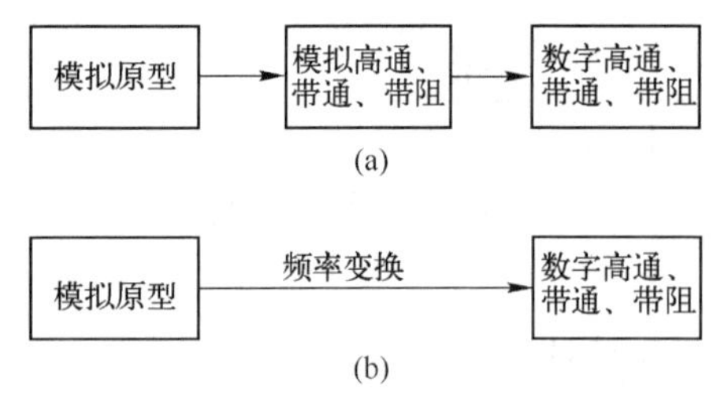

图 6.17 两种等效的设计方案

首先来考虑高通变换，在模拟滤波器的高通设计中我们已经知道，由低通模拟原型到模拟高通的变换关系为

$$s \to \frac{\varOmega_c \varOmega'_c}{s} \tag{6.67}$$

式中，$\varOmega_c$ 为模拟低通滤波器的截止频率，$\varOmega'_c$ 为实际高通滤波器的截止频率。根据双线性变换原理，模拟高通与数字高通之间的 s 平面与 z 平面的关系仍为

$$s = c\frac{1-z^{-1}}{1+z^{-1}}$$

采用使模拟滤波器与数字滤波器在低频处有较确切的对应关系，$c=\frac{2}{T}$，从而有 $s=\frac{2}{T}\times\frac{1-z^{-1}}{1+z^{-1}}$。把变换式(6.67)和变换式 $s=\frac{2}{T}\times\frac{1-z^{-1}}{1+z^{-1}}$ 结合起来，可得到直接从模拟低通原型变换成数字高通滤波器的表达式，也就是直接联系 s 与 z 之间的变换公式：

$$s = \frac{\varOmega_c \varOmega'_c}{\frac{2}{T}\times\frac{1-z^{-1}}{1+z^{-1}}} = \frac{T\varOmega_c \varOmega'_c}{2}\times\frac{1+z^{-1}}{1-z^{-1}} = C_1\frac{1+z^{-1}}{1-z^{-1}} \tag{6.68}$$

式中，$C_1 = T\varOmega_c\varOmega'_c/2$，由此得到数字高通系统函数为

$$H(z) = H_a(s)\Big|_{s=C_1\frac{1+z^{-1}}{1-z^{-1}}}$$

式中，$H_a(s)$ 为模拟低通滤波器传递函数。

可以看出，数字高通滤波器和模拟低通滤波器的极点数目(或阶次)是相同的。根据双线性变换，模拟高通频率与数字高通频率之间的关系仍为

$$\varOmega = \frac{2}{T}\tan\left(\frac{\omega}{2}\right)$$

因而有

$$\varOmega'_c = \frac{2}{T}\tan\left(\frac{\omega_c}{2}\right) \tag{6.69}$$

又因为 $C_1 = \frac{T}{2}\varOmega_c\varOmega'_c$，所以

$$C_1 = \varOmega_c\tan\left(\frac{\omega_c}{2}\right) \tag{6.70}$$

下面讨论模拟低通滤波器与数字高通滤波器频率之间的关系。令 $s=\mathrm{j}\varOmega$，$z=\mathrm{e}^{\mathrm{j}\omega}$，代入式(6.68)，可得

$$\varOmega = -C_1\cot\left(\frac{\omega}{2}\right) \tag{6.71}$$

或

$$|\varOmega| = C_1\cot\left(\frac{\omega}{2}\right) \tag{6.72}$$

其变换关系曲线如图6.18所示。由图可看出，$\varOmega=0$ 映射到 $\omega=\pi$ 即 $z=-1$ 上，$\varOmega=\infty$ 映射到 $\omega=0$ 即 $z=1$ 上。通过这样的变换后就可以直接将模拟低通变换为数字高通，如图6.19所示。还应当明确一点，所谓高通数字滤波器，并不是 ω 高到 ∞ 都通过。由于数字频域存在折叠频率 $\omega=\pi$，对于实数响应的数字滤波器，ω 由 π 到 2π 的部分只是 ω 由 π 到 0 的镜像部分。因此有效数字域仅指 $\omega=0$ 到 $\omega=\pi$，高通也仅指这一段的高端，即到 $\omega=\pi$ 为止的部分。

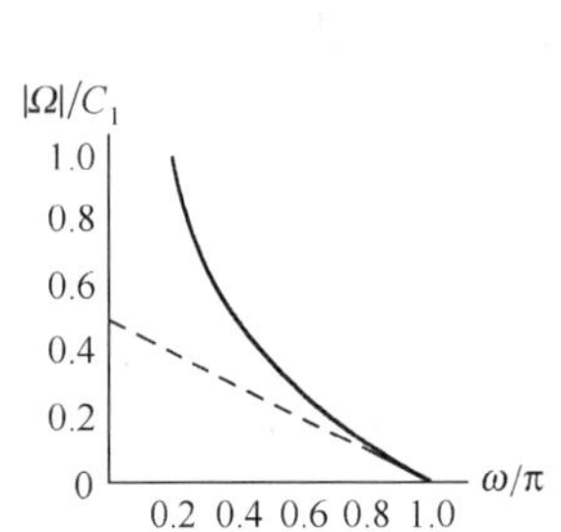

图 6.18　高通变换的频率关系

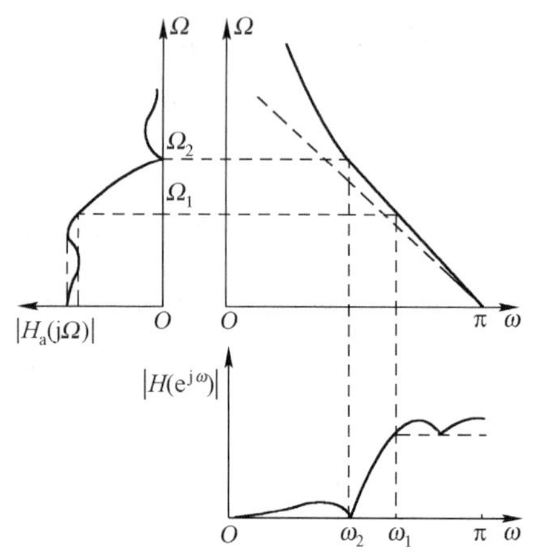

图 6.19　高通原型变换

例 6.4　设计一个巴特沃思高通数字滤波器，其通带截止频率(–3 dB 点处)为 $f_c = 3\,\text{kHz}$，阻带上限截止频率 $f_{st} = 2\,\text{kHz}$，通带衰减不大于 3 dB，阻带衰减不小于 14 dB，采样频率 $f_s = 10\,\text{kHz}$。其幅频特性如图 6.20 所示。

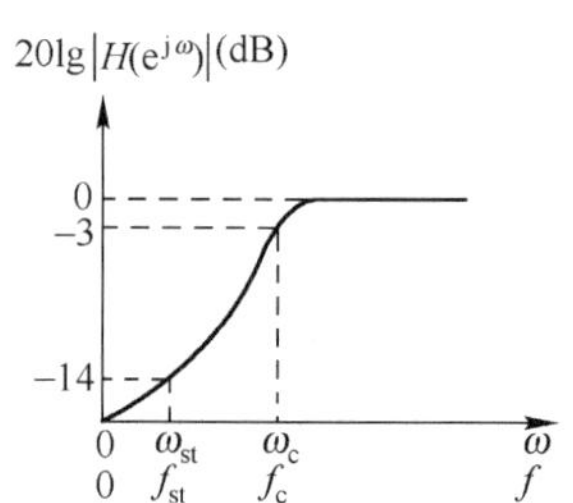

图 6.20　所需高通滤波器幅频特性

解

(1) 求对应的各数字域频率：

$$\omega_c = 2\pi f_c T = \frac{2\pi f_c}{f_s} = \frac{2\pi\times 3\times 10^3}{10\times 10^3} = 0.6\pi$$

$$\omega_{st} = 2\pi f_{st} T = \frac{2\pi f_{st}}{f_s} = \frac{2\pi\times 3\times 10^3}{10\times 10^3} = 0.4\pi$$

(2) 求常数 C_1。采用归一化($\Omega_c = 1$)原型低通滤波器作为变换的低通原型，则低通到高通的变换中所需的 C_1 为(参见表 6.5)。

表 6.5　根据模拟低通原型(截止频率为 Ω_c)设计各类数字滤波器的频率变换式及有关设计参量的表达式

数字滤波器类型	频率变换式	设计参量的表达式
高通	$s = C_1\dfrac{1+z^{-1}}{1-z^{-1}}$ $\Omega = C_1\cot\dfrac{\omega}{2}$	$C_1 = \Omega_c\tan\dfrac{\omega_c}{2}$
带通	$s = D\left[\dfrac{1-Ez^{-1}+z^{-2}}{1-z^{-2}}\right]$ $\Omega = D\dfrac{\cos\omega_0-\cos\omega}{\sin\omega}$	$D = \Omega_c\cot\left(\dfrac{\omega_2-\omega_1}{2}\right)$ $E = \dfrac{2\cos\left(\dfrac{\omega_2+\omega_1}{2}\right)}{\cos\left(\dfrac{\omega_2-\omega_1}{2}\right)} = 2\cos\omega_0$
带阻	$s = D_1\dfrac{1-z^{-2}}{1-E_1z^{-1}+z^{-2}}$ $\Omega = D_1\dfrac{\sin\omega}{\cos\omega-\cos\omega_0}$	$D_1 = \Omega_c\tan\left(\dfrac{\omega_2-\omega_1}{2}\right)$ $E_1 = \dfrac{2\cos\left(\dfrac{\omega_2+\omega_1}{2}\right)}{\cos\left(\dfrac{\omega_2-\omega_1}{2}\right)} = 2\cos\omega_0$

$$C_1 = \Omega_c \tan\frac{\omega_c}{2} = 1 \times \tan\left(\frac{0.6\pi}{2}\right) = 1.376\ 381\ 92$$

(3) 求低通原型 Ω_{st}。设 Ω_{st} 为满足数字高通滤波器的归一化原型模拟低通滤波器的阻带上限截止频率，可按 $\Omega = C_1 \cot\frac{\omega}{2}$ 的预畸变换关系来求，得

$$\Omega_{st} = C_1 \cdot \cot\frac{\omega_{st}}{2} = 1.376\ 381\ 92 \times 1.376\ 381\ 9 = 1.894\ 427\ 2$$

(4) 求阶次 N。按阻带衰减求原型归一化模拟低通滤波器的阶次 N，由巴特沃思低通滤波器频率响应的公式取对数，即

$$20\lg\left|H_a(j\Omega_{st})\right| = -10\lg\left[1+\left(\frac{\Omega_{st}}{\Omega_c}\right)^{2N}\right] \leqslant -14$$

式中 $\Omega_c = 1$。解得

$$N = \frac{\lg(10^{1.4}-1)}{2\lg(1.894\ 427\ 2)} = \frac{1.382\ 356\ 9}{0.554\ 955\ 8} = 2.490\ 931\ 4$$

取 $N=3$。

(5) 求归一化巴特沃思低通原型的 $H_a(s)$。取 $N=3$，查表 6.1 可得 $H_a(s)$ 为

$$H_a(s) = \frac{1}{s^3+2s^2+2s+1}$$

(6) 求数字高通滤波器的系统函数 $H(z)$，有

$$\begin{aligned}
H(z) &= H_a(s)\Big|_{s=C_1\frac{1+z^{-1}}{1-z^{-1}}} \\
&= \frac{(1-z^{-1})^3}{C_1^3(1+z^{-1})^3 + 2C_1^2(1+z^{-1})^2(1-z^{-1}) + 2C_1(1+z^{-1})(1-z^{-1})^2 + (1-z^{-1})^3} \\
&= \frac{1-3z^{-1}+3z^{-2}-z^{-3}}{C_1^3(1+z^{-1})^3 + 2C_1^2(1+z^{-1})^2(1-z^{-1}) + 2C_1(1+z^{-1})(1-z^{-1})^2 + (1-z^{-1})^3} \\
&= \frac{\dfrac{1}{C_1^3+2C_1^2+2C_1+1}(1-3z^{-1}+3z^{-2}-z^{-3})}{1+\dfrac{3C_1^3+2C_1^2-2C_1-3}{C_1^3+3C_1^2+2C_1+1}z^{-1}+\dfrac{3C_1^3-2C_1^2-2C_1+3}{C_1^3+2C_1^2+2C_1+1}z^{-2}+\dfrac{C_1^3-2C_1^2+2C_1-1}{C_1^3+2C_1^2+2C_1+1}z^{-3}}
\end{aligned}$$

将 C_1 代入，可求得

$$H(z) = \frac{0.099\ 079\ 84 \times (1-3z^{-1}+3z^{-2}-z^{-3})}{1+0.571\ 784\ 8z^{-1}+0.420\ 116\ 7z^{-2}+0.055\ 693\ 25z^{-3}}$$

6.5.3　带通变换

由低通模拟原型到模拟带通的变换关系为

$$s \to \Omega_c \frac{s^2 + \Omega_l \Omega_h}{s(\Omega_h - \Omega_l)} \tag{6.73}$$

式中，Ω_c 为模拟低通滤波器的截止频率，Ω_h 和 Ω_l 分别为实际带通滤波器的通带上、下截止频率。根据双线性变换，模拟带通与数字带通之间的 s 平面与 z 平面的关系仍为

$$s = c\frac{1-z^{-1}}{1+z^{-1}}$$

把上面两变换式结合起来，可得到直接从模拟低通原型变换成数字带通滤波器的表达式，也就是直接联系 s 与 z 之间的变换公式：

$$s = \Omega_c \frac{\left(c\dfrac{1-z^{-1}}{1+z^{-1}}\right)^2 + \Omega_l \Omega_h}{c\dfrac{1-z^{-1}}{1+z^{-1}}(\Omega_h - \Omega_l)} \tag{6.74}$$

经推导后得

$$s = D\left[\frac{1-Ez^{-1}+z^{-2}}{1-z^{-2}}\right] \tag{6.75}$$

式中，

$$D = \frac{\Omega_c\left(c + \dfrac{1}{c}\Omega_l \Omega_h\right)}{\Omega_h - \Omega_l} \tag{6.76}$$

$$E = 2\times\frac{c^2 - \Omega_l \Omega_h}{c^2 + \Omega_l \Omega_h} \tag{6.77}$$

根据双线性变换，模拟带通频率与数字带通频率之间的关系仍为

$$\Omega = c\cdot\tan\left(\frac{\omega}{2}\right) \tag{6.78}$$

定义

$$\Omega_0 = \sqrt{\Omega_l \Omega_h} \tag{6.79}$$

$$B = \Omega_l - \Omega_h \tag{6.80}$$

式中，Ω_0 为带通滤波器通带的中心频率，B 为带通滤波器的通带宽度，它也等于低通滤波器的带宽。设数字带通的中心频率为 ω_0，数字带通滤波器的上、下边带的截止频率分别为 ω_2 和 ω_1，则将式(6.78)代入式(6.79)及式(6.80)，可得

$$\tan^2\left(\frac{\omega_0}{2}\right) = \tan\left(\frac{\omega_1}{2}\right)\cdot\tan\left(\frac{\omega_2}{2}\right) \tag{6.81}$$

$$\tan\left(\frac{\omega_2}{2}\right) - \tan\left(\frac{\omega_1}{2}\right) = \frac{\Omega_c}{c} \tag{6.82}$$

考虑到模拟带通到数字带通是通带中心频率相对应的映射关系，则有

$$\Omega_0 = c\cdot\tan\left(\frac{\omega_0}{2}\right) \tag{6.83}$$

将式(6.81)至式(6.83)代入式(6.75)及式(6.76)，并应用一些标准三角恒等式可得

$$D = \Omega_c \cot\left(\frac{\omega_2 - \omega_1}{2}\right) \tag{6.84}$$

$$E = 2 \times \frac{\cos[(\omega_2 + \omega_1)/2]}{\cos[(\omega_2 - \omega_1)/2]} = \frac{2\sin(\omega_2 + \omega_1)}{\sin\omega_1 + \sin\omega_2} = 2\cos\omega_0 \tag{6.85}$$

所以，在设计时，要给定中心频率和带宽或者是中心频率和边带频率，利用式(6.84)和式(6.85)来确定 D 和 E 两个常数；然后，利用式(6.75)的变换，把模拟低通系统函数一步变成数字带通系统函数：

$$H(z) = H_a(s)\Big|_{s = D\frac{1 - Ez^{-1} + z^{-2}}{1 - z^{-2}}} \tag{6.86}$$

式中，$H_a(s)$ 为模拟低通原型传递函数。可以看出，数字带通滤波器的极点数(或阶数)将是模拟低通滤波器极点数的两倍。

下面来讨论模拟低通滤波器与数字带通滤波器频率之间的关系。令 $s = j\Omega$，$z = e^{j\omega}$ 代入式(6.75)，经推导后可得

$$\Omega = D\frac{\cos\omega_0 - \cos\omega}{\sin\omega} \tag{6.87}$$

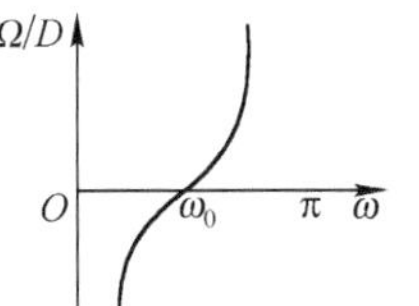

图 6.21　从模拟低通变换到数字带通时频率间关系曲线

其变换关系曲线如图6.21所示。其映射关系为

$$\Omega = 0 \to \omega = \omega_0$$

$$\Omega = \infty \to \omega = \pi$$

$$\Omega = -\infty \to \omega = 0$$

也就是说，低通滤波器的通带($\Omega = 0$ 附近)映射到带通滤波器的通带($\omega = \omega_0$ 附近)，低通的阻带($\Omega = \pm\infty$)映射到带通的阻带($\omega = 0, \pi$)。图 6.22 为模拟低通到数字带通的变换。

例 6.5　采样频率为 $f_s = 100\,\text{kHz}$，$T = 10\,\mu\text{s}$，要求设计一个三阶巴特沃思数字带通滤波器，其上、下边带的 3 dB 截止频率分别为 $f_2 = 37.5\,\text{kHz}$ 和 $f_1 = 12.5\,\text{kHz}$。

解　首先求出所需数字滤波器在数字域的各个临界频率。通带的上、下边界截止频率为

$$\omega_1 = 2\pi f_1 T = 2\pi \times 12.5 \times 10^3 \times 10 \times 10^{-6} = 0.25\pi$$

$$\omega_2 = 2\pi f_2 T = 2\pi \times 37.5 \times 10^3 \times 10 \times 10^{-6} = 0.75\pi$$

代入式(6.82)，求模拟低通的截止频率，令 $c = \dfrac{2}{T}$，

$$\Omega_c = c \cdot \left[\tan\left(\frac{\omega_2}{2}\right) - \tan\left(\frac{\omega_1}{2}\right)\right] = c \cdot \left[\tan\left(\frac{3\pi}{8}\right) - \tan\left(\frac{\pi}{8}\right)\right] = 2c$$

由式(6.84)求得

$$D = \Omega_c \cot\left(\frac{\omega_2 - \omega_1}{2}\right) = 2c \cdot \cot\left(\frac{0.75\pi - 0.25\pi}{2}\right) = 2c \cdot \cot\left(\frac{\pi}{4}\right) = 2c$$

由式(6.85)可求得

$$E = 2 \times \frac{\cos[(\omega_2 + \omega_1)/2]}{\cos[(\omega_2 - \omega_1)/2]} = 2 \times \frac{\cos[(0.75\pi + 0.25\pi)/2]}{\cos[(0.75\pi - 0.25\pi)/2]} = 2 \times \frac{\cos(\pi/2)}{\cos(\pi/4)} = 0$$

再代入变换公式(6.75)得

$$s = D\left[\frac{1-Ez^{-1}+z^{-2}}{1-z^{-2}}\right] = \frac{4}{T}\frac{1+z^{-2}}{1-z^{-2}}$$

$N=3$ 的三阶巴特沃思滤波器的原型系统函数为

$$H_{\mathrm{a}}(s) = \frac{1}{(s/\Omega_{\mathrm{c}})^3 + 2(s/\Omega_{\mathrm{c}})^2 + 2(s/\Omega_{\mathrm{c}}) + 1}$$

3 dB 截止频率为 $\Omega_{\mathrm{c}} = 4/T$ 的三阶巴特沃思滤波器的系统函数为

$$H(z) = H_{\mathrm{a}}(s)\Big|_{s=\frac{4}{T}\frac{1+z^{-2}}{1-z^{-2}}} = \frac{1}{\left(\frac{1+z^{-2}}{1-z^{-2}}\right)^3 + 2\times\left(\frac{1+z^{-2}}{1-z^{-2}}\right)^2 + 2\times\left(\frac{1+z^{-2}}{1-z^{-2}}\right) + 1}$$

$$= \frac{1}{2}\times\frac{1-3z^{-2}+3z^{-4}-z^{-6}}{3+z^{-4}}$$

其频率响应特性如图 6.23 所示。

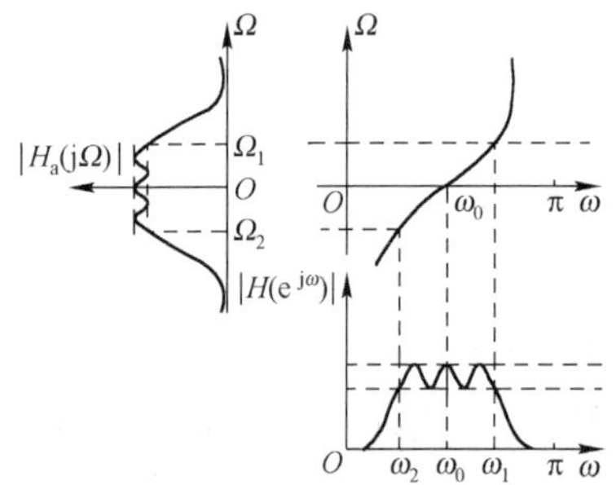

图 6.22 模拟低通变换到数字带通

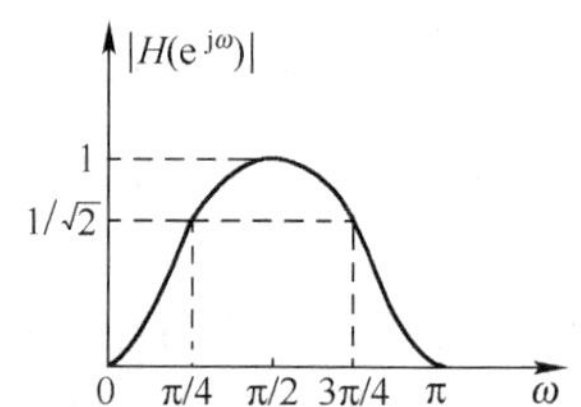

图 6.23 巴特沃思带通滤波器

从上面设计过程中可以看出，若在求 D 参数时，假定 $\Omega_{\mathrm{c}}=1$，即采用归一化低通原型，则由归一化低通原型模拟滤波器变换得到的数字带通滤波器，将与上面得到的结果一致。这是因为 s/Ω_{c} 中的 Ω_{c} 和 D 中的 Ω_{c} 互相抵消，所以只需用 $\Omega_{\mathrm{c}}=1$ 的归一化原型设计即可。对其他类型的滤波器，同样也可以直接利用归一化原型滤波器设计。

6.5.4 带阻变换

由模拟低通原型到模拟带阻的变换关系为

$$s \to \Omega_{\mathrm{c}}\frac{s(\Omega_{\mathrm{h}}-\Omega_{\mathrm{l}})}{s^2+\Omega_{\mathrm{l}}\Omega_{\mathrm{h}}} \tag{6.88}$$

式中，Ω_{c} 为模拟低通滤波器的截止频率，Ω_{h} 和 Ω_{l} 分别为实际带阻滤波器的阻带上、下截止频率。根据双线性变换，模拟带阻与数字带阻之间的 s 平面与 z 平面的关系仍为

$$s = c\frac{1-z^{-1}}{1+z^{-1}} \tag{6.89}$$

把变换式(6.88)和变换式(6.89)结合起来，可得到直接从模拟低通原型变换成数字带阻滤波器的表达式，也就是直接联系 s 与 z 之间的变换公式：

$$s = \Omega_c \frac{c\dfrac{1-z^{-1}}{1+z^{-1}}(\Omega_h - \Omega_l)}{\left(c\dfrac{1-z^{-1}}{1+z^{-1}}\right)^2 + \Omega_l\Omega_h} \tag{6.90}$$

经推导后得

$$s = D_1 \frac{1-z^{-2}}{1-E_1 z^{-1} + z^{-2}} \tag{6.91}$$

式中，

$$D_1 = \Omega_c \frac{c(\Omega_h - \Omega_l)}{c^2 + \Omega_l\Omega_h} \tag{6.92}$$

$$E_1 = 2\times\frac{c^2 - \Omega_l\Omega_h}{c^2 + \Omega_l\Omega_h} \tag{6.93}$$

根据双线性变换，模拟带阻频率与数字带阻频率之间的关系仍为

$$\Omega = c\tan\left(\frac{\omega}{2}\right) \tag{6.94}$$

定义

$$\Omega_0 = \sqrt{\Omega_l\Omega_h} \tag{6.95}$$

$$B = \frac{\Omega_0^2}{\Omega_c} = \frac{\Omega_l\Omega_h}{\Omega_c} \tag{6.96}$$

式中，Ω_0 为带阻滤波器阻带的几何对称中心角频率；B 为带阻滤波器的阻带宽度，它与低通原型中的截止频率 Ω_c 成反比。设数字带阻的中心频率为 ω_0，数字带阻滤波器的上、下边带的截止频率分别为 ω_2 和 ω_1，则将式(6.94)代入式(6.95)及式(6.96)，可得

$$\tan^2\left(\frac{\omega_0}{2}\right) = \tan\left(\frac{\omega_1}{2}\right)\cdot\left(\frac{\omega_2}{2}\right) \tag{6.97}$$

$$\tan\left(\frac{\omega_2}{2}\right) - \tan\left(\frac{\omega_1}{2}\right) = c\frac{\tan^2(\omega_0/2)}{\Omega_c} = c\frac{\tan(\omega_1/2)\tan(\omega_2/2)}{\Omega_c} \tag{6.98}$$

考虑到模拟带阻到数字带阻是阻带中心频率相对应的映射关系，则有

$$\Omega_0 = c\tan\left(\frac{\omega_0}{2}\right) \tag{6.99}$$

将式(6.97)至式(6.99)代入式(6.92)及式(6.93)，并应用一些标准三角恒等式运算后可得

$$D_1 = \Omega_c \tan\left(\frac{\omega_2 - \omega_1}{2}\right) \tag{6.100}$$

$$E_1 = 2\times\frac{\cos[(\omega_2+\omega_1)/2]}{\cos[(\omega_2-\omega_1)/2]} = \frac{2\sin(\omega_2+\omega_1)}{\sin\omega_1 + \sin\omega_2} = 2\cos\omega_0 \tag{6.101}$$

所以，在设计时，要给定中心频率和带宽或中心频率和边带频率，利用式(6.100)和式(6.101)来确定 D_1 和 E_1 两个常数，然后利用式(6.91)的变换，把模拟低通系统函数一步变成数字带阻系统函数

$$H(z) = H_a(s)\Big|_{s=D_1\frac{1-z^{-2}}{1-E_1z^{-1}+z^{-2}}} \tag{6.102}$$

式中，$H_{\mathrm{a}}(s)$为模拟低通原型传递函数。可以看出，数字带阻滤波器的极点数(或阶数)将是模拟低通滤波器极点数的两倍。

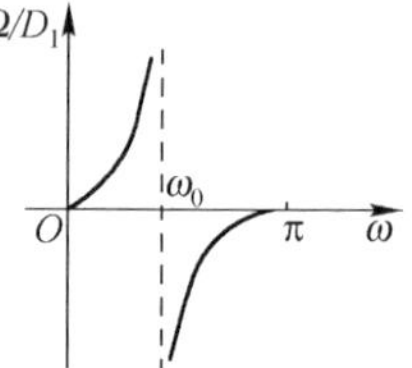

图 6.24　从模拟低通变换到数字带阻时，频率间关系的曲线

下面来讨论模拟低通滤波器与数字带阻滤波器频率之间的关系。令$s=\mathrm{j}\Omega$，$z=\mathrm{e}^{\mathrm{j}\omega}$，代入式(6.91)，经推导后可得

$$\Omega=D_1\frac{\sin\omega}{\cos\omega-\cos\omega_0}\tag{6.103}$$

其变换关系曲线如图6.24所示，其映射关系为

$$\Omega=0\rightarrow\omega=0,\qquad\omega=\pi$$
$$\Omega=\pm\infty\rightarrow\omega=\omega_0$$

也就是说，低通滤波器的通带($\Omega=0$附近)映射到带阻滤波器的阻带范围之外($\omega=0,\ \pi$)，低通滤波器的阻带($\Omega=\pm\infty$)映射到带阻滤波器的阻带上($\omega=\omega_0$附近)。

例 6.6　设计一个带阻数字滤波器，其采样频率为$f_{\mathrm{s}}=1\,\mathrm{kHz}$，要求滤除100 Hz的干扰，其3 dB的边界频率为95 Hz和105 Hz，原型归一化低通滤波器为

$$H_{\mathrm{a}_N}(s)=\frac{1}{1+s}$$

解　首先求出所需数字滤波器在数字域的上、下边界频率为

$$\omega_1=2\pi f_1T=\frac{2\pi f_1}{f_s}=\frac{2\pi\times95}{1000}=0.19\pi$$

$$\omega_2=2\pi f_2T=\frac{2\pi f_2}{f_s}=\frac{2\pi\times105}{1000}=0.21\pi$$

代入式(6.98)求模拟低通的截止频率，令$c=\dfrac{2}{T}$

$$\Omega_{\mathrm{c}}=c\frac{\tan\left(\dfrac{\omega_1}{2}\right)\tan\left(\dfrac{\omega_2}{2}\right)}{\tan\left(\dfrac{\omega_2}{2}\right)-\tan\left(\dfrac{\omega_1}{2}\right)}=c\frac{\tan(0.095\pi)\tan(0.105\pi)}{\tan(0.105\pi)-\tan(0.095\pi)}\approx3.032\,c$$

由式(6.100)求得

$$D_1=\Omega_{\mathrm{c}}\tan\left(\frac{\omega_2-\omega_1}{2}\right)=\Omega_{\mathrm{c}}\tan\left(\frac{0.21\pi-0.19\pi}{2}\right)=\Omega_{\mathrm{c}}\tan(0.01\pi)=0.031\,43\Omega_{\mathrm{c}}$$

由式(6.101)可求得

$$E_1=2\times\frac{\cos[(\omega_2+\omega_1)/2]}{\cos[(\omega_2-\omega_1)/2]}=2\times\frac{\cos[(0.21\pi+0.19\pi)/2]}{\cos[(0.21\pi-0.19\pi)/2]}$$
$$=2\times\frac{\cos(0.2\pi)}{\cos(0.01\pi)}=1.6188$$

再代入变换公式(6.91)得

$$s=D_1\left[\frac{1-z^{-2}}{1-E_1z^{-1}+z^{-2}}\right]=0.031\,43\Omega_{\mathrm{c}}\frac{1-z^{-2}}{1-1.6188z^{-1}+z^{-2}}$$

归一化原型低通滤波器的系统函数为

$$H_{a_N}(s)=\frac{1}{1+s}$$

截止频率为 Ω_c 的滤波器的系统函数为

$$H_a(s)=H_{a_N}\left(\frac{s}{\Omega_c}\right)=\frac{1}{s/\Omega_c+1}$$

$$\begin{aligned}H(z)&=H_a(s)\Big|_{s=0.03143\Omega_c\frac{1-z^{-2}}{1-1.6188z^{-1}+z^{-2}}}\\&=\frac{1}{0.03143\times\dfrac{1-z^{-2}}{1-1.6188z^{-1}+z^{-2}}+1}\\&=\frac{0.9695\times(1-1.6188z^{-1}+z^{-2})}{1-1.5695z^{-1}+0.9390z^{-2}}\end{aligned}$$

*6.6　实例分析——数字陷波器

陷波器是一个二阶滤波器，它的幅度特性在 $\omega=\pm\omega_0$ 处为零，在其他频率上接近常数，是一个滤除单频干扰的滤波器。一般仪器或设备都用 50 Hz 的交流电源供电，因而信号中常有 50 Hz 的干扰，希望将它滤除而又不影响该信号，此时可以使用数字陷波器来对信号进行滤波。

设数字陷波器的零点为 $z=e^{\pm j\omega_0}$，使幅度特性在 $\omega=\pm\omega_0$ 处为零，为了使幅度离开 $\omega=\pm\omega_0$ 后迅速上升到一个常数，将两个极点放置在很靠近零点的地方，极点为 $z=ae^{\pm j\omega_0}$，零-极点分布图如图6.25所示。

其系统函数为

$$H(z)=\frac{(z-e^{j\omega_0})(z-e^{-j\omega_0})}{(z-ae^{j\omega_0})(z-ae^{-j\omega_0})}$$

式中，$0\leqslant a<1$，如果 $a=0$ 滤波器变成 FIR 滤波器。若 a 比较小，则幅度响应的缺口将比较大，对 $\omega=\pm\omega_0$ 邻近的频率分量影响将比较显著；a 越大，滤波器的 3 dB 带宽越窄。数字陷波器的幅度特性如图6.26所示。

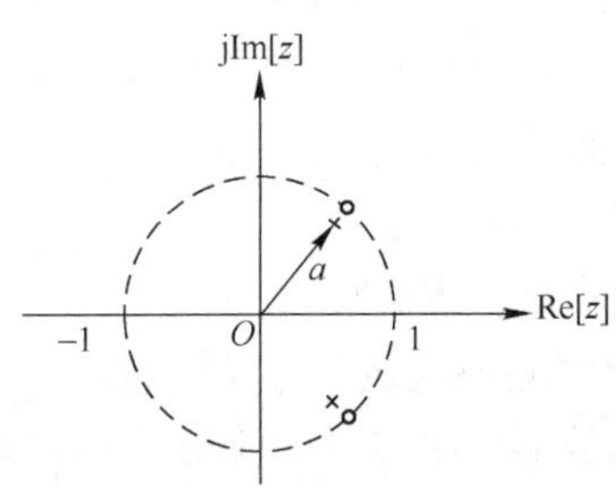

图 6.25　数字陷波器的零-极点分布

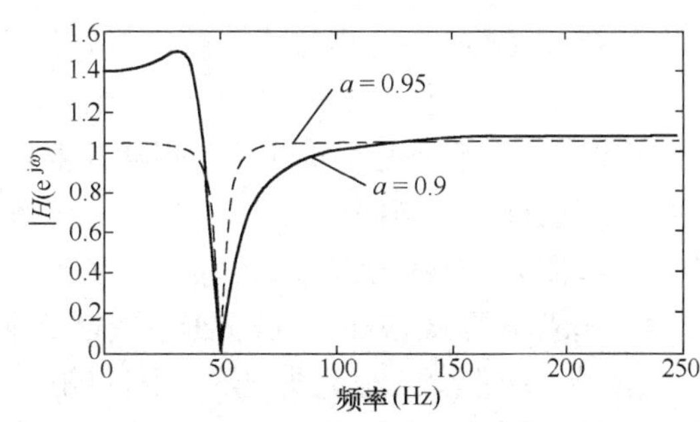

图 6.26　数字陷波器的幅度特性

设有一个信号为 $x(t)=10\sin(4\pi t)+3\sin(100\pi t)$，如图 6.27 所示，用数字陷波器对其消除

50 Hz 的干扰信号，结果如图6.28所示。

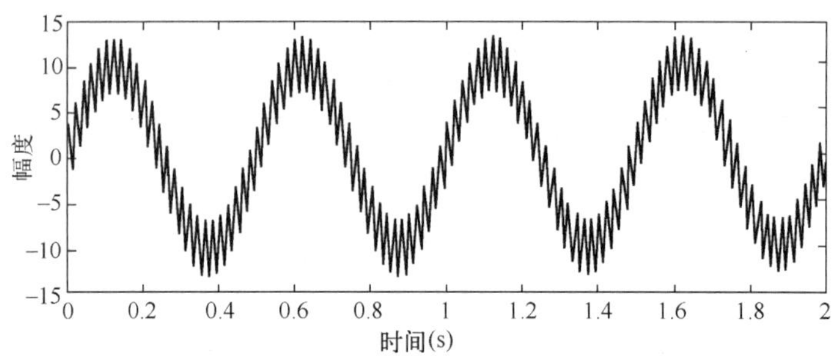

图 6.27 输入信号 $x(t)$

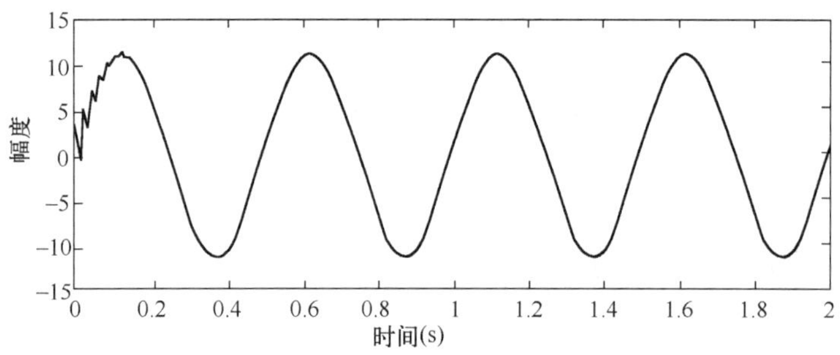

图 6.28 陷波器输出波形

本 章 提 要

1. 滤波器的性能要求往往以频率响应的幅度特性的允许误差来表征，包括通带的容限 α_1 及阻带的容限 α_2，但在具体技术指标中往往使用通带允许的最大衰减(波纹) δ_1 及阻带应达到的最小衰减 δ_2。

2. 常用的模拟原型滤波器有巴特沃思(Butterworth)滤波器、切比雪夫(Chebyshev)滤波器、椭圆(Ellipse)滤波器和贝塞尔(Bessel)滤波器等。可以由幅度平方函数来确定系统函数。方法如下：

(1) 由 $\left|H_{\mathrm{a}}(\mathrm{j}\Omega)\right|^2\Big|_{\Omega^2=-s^2}=H_{\mathrm{a}}(s)H_{\mathrm{a}}(-s)$ 得到象限对称的 s 平面函数。

(2) 将 $H_{\mathrm{a}}(s)H_{\mathrm{a}}(-s)$ 做因式分解，得到各零点和极点。将左半平面的极点归于 $H_{\mathrm{a}}(s)$，如无特殊要求，可取 $H_{\mathrm{a}}(s)H_{\mathrm{a}}(-s)$ 以虚轴为对称轴的对称零点的一半(应是共轭对)作为 $H_{\mathrm{a}}(s)$ 的零点；如要求是最小相位延迟滤波器，则应取左半平面零点作为 $H_{\mathrm{a}}(s)$ 的零点。$\mathrm{j}\Omega$ 轴上的零点或极点都是偶次的，其中一半(应为共轭对)属于 $H_{\mathrm{a}}(s)$。

(3) 按照 $H_{\mathrm{a}}(\mathrm{j}\Omega)$ 与 $H_{\mathrm{a}}(s)$ 的低频特性或高频特性的对比确定出增益常数。

(4) 由求出的 $H_{\mathrm{a}}(s)$ 的零点、极点及增益常数，则可完全确定系统函数 $H_{\mathrm{a}}(s)$。

3. 脉冲响应不变法是从滤波器的脉冲响应出发，使数字滤波器的单位脉冲响应序列 $h(n)$ 模仿模拟滤波器的冲激响应 $h_{\mathrm{a}}(t)$，使得时域逼近良好，而且模拟频率 Ω 和数字频率 ω 之间呈线性关系 $\omega=\Omega T$，其最大缺点是有频率响应的混叠效应。

4. 双线性变换采用非线性频率压缩方法，第一步先将整个 s 平面压缩映射到 s_1 平面的

$-\pi/T \sim \pi/T$ 一条横带里；第二步再通过标准变换关系 $z = e^{s_1 T}$ 将此横带变换到整个 z 平面上。这样就使 s 平面与 z 平面建立了一一对应的单值关系，消除了多值变换性，也就消除了频谱混叠现象，但是缺点是频率之间是非线性关系。

5．原型变换法利用模拟滤波器中已经形成的成熟的设计方法，应用模拟滤波器低通原型设计各种数字滤波器，但是在模拟滤波器数字化时一般采用双线性变换。

习　题

1．已知模拟滤波器的系统函数为 $H_a(s) = \dfrac{1}{s^2 + 3s + 2}$，设采样周期 $T = 0.1$，试用脉冲响应不变法和双线性变换法分别设计数字滤波器，求系统函数 $H(z)$。

2．模拟低通滤波器的系统函数为 $H_a(s) = \dfrac{1}{s^2 + 3s + 2}$，采样周期 $T = 0.5$。试用脉冲响应不变法将其转换为数字滤波器的传递函数 $H(z)$。

3．写出模拟滤波器由双线性变换法设计数字滤波器时，s 平面与 z 平面之间进行映射的表达式；若所要设计的数字低通滤波器 3 dB 截止频率为 ω_c，采样周期为 T，写出对应的模拟原型滤波器的截止频率 Ω_c 表达式。

4．已知模拟二阶巴特沃思低通滤波器的归一化系统函数为

$$H'_a(s) = \frac{1}{1 + 1.414\,213\,6s + s^2}$$

而 3 dB 截止频率为 50 Hz 的模拟滤波器，需将归一化的 $H'_a(s)$ 中的 s 变量用 $\dfrac{s}{2\pi \times 50}$ 来代替

$$H_a(s) = H'_a\left(\frac{s}{100\pi}\right) = \frac{9.869\,604\,4 \times 10^4}{s^2 + 444.288\,30s + 9.869\,604\,4 \times 10^4}$$

设系统采样频率为 $f_s = 500$ Hz，要求从这一低通模拟滤波器设计一个低通数字滤波器，采用脉冲响应不变法。

5．设有一模拟滤波器

$$H_a(s) = \frac{1}{s^2 + s + 1}$$

采样周期 $T = 2$，试用双线性变换法将它转换为数字系统函数 $H(z)$。

6．要求从二阶巴特沃思模拟滤波器用双线性变换导出一低通数字滤波器，已知 3 dB 截止频率为 100 Hz，系统采样频率为 1 kHz。

7．已知模拟滤波器有低通、高通、带通、带阻等类型，而实际应用中的数字滤波器有低通、高通、带通、带阻等类型。则设计各类型数字滤波器可以有哪些方法？试画出这些方法的结构表示图并注明其变换方法。

8．用双线性变换法设计一个三阶巴特沃思数字带通滤波器，采样频率为 $f_s = 500$ Hz，上、下边带截止频率分别为 $f_2 = 150$ Hz 和 $f_1 = 30$ Hz。

9．设计一个二阶巴特沃思带阻数字滤波器，其阻带 3 dB 的边带频率分别为 40 kHz 和 20 kHz，采样频率 $f_s = 200$ kHz。

10．用双线性变换法设计一个三阶切比雪夫数字高通滤波器，采样频率为 $f_s = 8$ kHz，截止频率为 $f_c = 2$ kHz（不计 4 kHz 以上的频率分量）。

第 7 章　有限长单位脉冲响应数字滤波器的设计方法

7.1　引言

无限长单位脉冲响应(IIR)数字滤波器的优点是可以利用模拟滤波器设计的结果，而模拟滤波器的设计有大量图表可查，方便简单。但是它也有明显的缺点，就是相位的非线性；若需线性相位，则要采用全通网络进行相位校正。我们知道，图像处理及数据传输都要求信道具有线性相位特性。而有限长单位脉冲响应(FIR)数字滤波器就可以具有严格的线性相位，同时又可以具有任意的幅度特性。此外，FIR 滤波器的单位脉冲响应是有限长的，因而滤波器一定是稳定的。再有，只要经过一定的延时，任何非因果有限长序列都能变成因果的有限长序列，因而总能用因果系统来实现。最后，FIR 滤波器由于单位脉冲响应是有限长的，因而可以用快速傅里叶变换(FFT)算法来实现，从而可大大提高运算效率。

IIR 滤波器设计中的各种变换法对 FIR 滤波器设计是不适用的，这是因为设计时要利用有理分式的系统函数，而 FIR 滤波器的系统函数只是 z^{-1} 的多项式。

从以上讨论可以看出，我们最感兴趣的是具有线性相位的 FIR 滤波器。对非线性相位的 FIR 滤波器，一般可以用 IIR 滤波器来代替，同样的幅度特性，IIR 滤波器所需阶数比 FIR 滤波器的阶数要少得多。

7.2　线性相位 FIR 滤波器的特点

FIR 滤波器的单位脉冲响应 $h(n)$ 是有限长的$(0\leqslant n\leqslant N-1)$，其 z 变换为

$$H(z)=\sum_{n=0}^{N-1}h(n)z^{-n} \tag{7.1}$$

这是 z^{-1} 的 $N-1$ 阶多项式，在有限 z 平面$(0<|z|<\infty)$有 $N-1$ 个零点，在 z 平面原点 $z=0$ 处有 $N-1$ 阶极点。

7.2.1　线性相位条件

$h(n)$ 的频率响应 $H(\mathrm{e}^{\mathrm{j}\omega})$ 为

$$H(\mathrm{e}^{\mathrm{j}\omega})=\sum_{n=0}^{N-1}h(n)\mathrm{e}^{-\mathrm{j}\omega n} \tag{7.2}$$

当 $h(n)$ 为实序列时，可将 $H(\mathrm{e}^{\mathrm{j}\omega})$ 表示成

$$H(\mathrm{e}^{\mathrm{j}\omega})=\pm\left|H(\mathrm{e}^{\mathrm{j}\omega})\right|\mathrm{e}^{\mathrm{j}\theta(\omega)}=H(\omega)\mathrm{e}^{\mathrm{j}\theta(\omega)} \tag{7.3}$$

式中，$\left|H(\mathrm{e}^{\mathrm{j}\omega})\right|$ 是幅度响应，而 $H(\omega)$ 是可正可负的实函数，有两类准确的线性相位，分别要求满足

$$\theta(\omega) = -\tau\omega \tag{7.4}$$

$$\theta(\omega) = \beta - \tau\omega \tag{7.5}$$

式中，τ 和 β 都是常数，表示相位是通过坐标原点 $\omega = 0$ 或通过 $\theta(0) = \beta$ 的斜线，二者的群延迟都是常数 $\tau = -\dfrac{\mathrm{d}\theta(\omega)}{\mathrm{d}\omega}$。

把式(7.4)和式(7.5)的关系分别代入式(7.3)，并考虑式(7.2)，可得

$$H(\mathrm{e}^{\mathrm{j}\omega}) = \sum_{n=0}^{N-1} h(n)\mathrm{e}^{-\mathrm{j}\omega n} = \pm\left|H(\mathrm{e}^{\mathrm{j}\omega})\right|\mathrm{e}^{-\mathrm{j}\omega\tau} \tag{7.6}$$

$$H(\mathrm{e}^{\mathrm{j}\omega}) = \sum_{n=0}^{N-1} h(n)\mathrm{e}^{-\mathrm{j}\omega n} = \pm\left|H(\mathrm{e}^{-\mathrm{j}\omega})\right|\mathrm{e}^{-\mathrm{j}(\omega\tau-\beta)} \tag{7.7}$$

令式(7.6)两端实部和虚部相等，可以得到对式(7.4)的一类线性相位必须要求

$$\pm\left|H(\mathrm{e}^{\mathrm{j}\omega})\right|\cos(\omega\tau) = \sum_{n=0}^{N-1} h(n)\cos(\omega n)$$

$$\pm\left|H(\mathrm{e}^{\mathrm{j}\omega})\right|\sin(\omega\tau) = \sum_{n=0}^{N-1} h(n)\sin(\omega n)$$

两式相除，可得

$$\tan(\omega\tau) = \frac{\sin(\omega\tau)}{\cos(\omega\tau)} = \frac{\sum_{n=0}^{N-1} h(n)\sin(\omega n)}{\sum_{n=0}^{N-1} h(n)\cos(\omega n)}$$

因而

$$\sum_{n=0}^{N-1} h(n)\sin(\omega\tau)\cos(\omega n) - \sum_{n=0}^{N-1} h(n)\cos(\omega\tau)\sin(\omega n) = 0$$

即

$$\sum_{n=0}^{N-1} h(n)\sin[(\tau - n)\omega] = 0 \tag{7.8}$$

要使式(7.8)成立，必须满足

$$\tau = \frac{N-1}{2} \tag{7.9}$$

$$h(n) = h(N-1-n),\qquad 0 \leqslant n \leqslant N-1 \tag{7.10}$$

式(7.10)是 FIR 滤波器具有式(7.4)的线性相位的充分必要条件，它要求单位脉冲响应 $h(n)$ 序列以 $n = (N-1)/2$ 为偶对称中心，此时 τ 等于 $h(n)$ 长度 $N-1$ 的一半，即为 $\tau = (N-1)/2$ 个采样周期。

对式(7.5)的另一类线性相位，将式(7.7)做同样的推导可知，必须要求

$$\sum_{n=0}^{N-1} h(n)\sin[(\tau - n)\omega - \beta] = 0 \tag{7.11}$$

要使式(7.11)成立，必须满足

$$\tau = \frac{(N-1)}{2} \tag{7.12}$$

$$\beta = \pm\frac{\pi}{2} \tag{7.13}$$

$$h(n) = -h(N-1-n), \quad 0 \leqslant n \leqslant N-1 \tag{7.14}$$

式(7.14)是 FIR 滤波器具有式(7.5)的线性相位的充分必要条件，它要求单位脉冲响应序列 $h(n)$ 以 $n=(N-1)/2$ 为奇对称中心，此时 τ 等于 $(N-1)/2$ 个采样周期，在 $h(n)$ 的这种奇对称情况下，满足 $h\left(\frac{N-1}{2}\right)=-h\left(\frac{N-1}{2}\right)$，因而 $h\left(\frac{N-1}{2}\right)=0$。这种线性相位情况和前一种的不同之处在于除产生线性相位外，还产生 $\pm\frac{\pi}{2}$ 的固定相移。

由于 $h(n)$ 有上述奇对称和偶对称两种，而 $h(n)$ 的点数 N 又有奇数、偶数两种情况，因而 $h(n)$ 可以有4种类型，如图7.1和图7.2所示，分别对应于4种线性相位 FIR 数字滤波器。

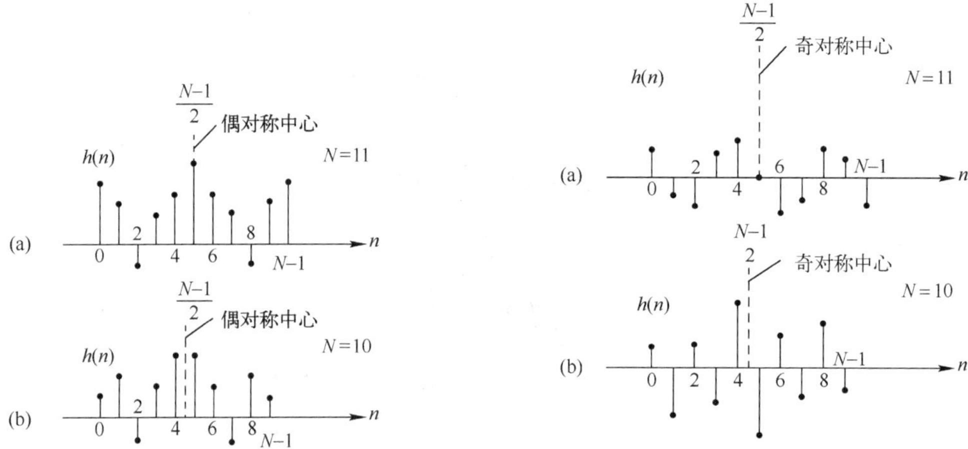

图7.1　$h(n)$ 偶对称：(a) N 为奇数；(b) N 为偶数　　图7.2　$h(n)$ 奇对称：(a) N 为奇数；(b) N 为偶数

7.2.2　线性相位 FIR 滤波器频率响应的特点

把 FIR 滤波器的频率响应表示为

$$H(e^{j\omega}) = H(\omega)e^{j\theta(\omega)} \tag{7.15}$$

其中，$H(\omega)$ 是幅度函数，它是一个纯实数，可为正值或负值，即 $H(\omega)=\pm\left|H(e^{j\omega})\right|$，$\theta(\omega)$ 是相位函数。

线性相位 FIR 滤波器的脉冲响应应该满足式(7.10)和式(7.14)，即

$$h(n) = \pm h(N-1-n), \quad 0 \leqslant n \leqslant N-1$$

因而系统函数可表示为

$$\begin{aligned} H(z) &= \sum_{n=0}^{N-1} h(n)z^{-n} = \sum_{n=0}^{N-1} \pm h(N-1-n)z^{-n} \\ &= \sum_{m=0}^{N-1} \pm h(m)z^{-(N-1-m)} = \pm z^{-(N-1)}\sum_{m=0}^{N-1} h(m)z^{m} \end{aligned} \tag{7.16}$$

即

$$H(z) = \pm z^{-(N-1)}H(z^{-1}) \tag{7.17}$$

$$H(z)=\frac{1}{2}[H(z)\pm z^{-(N-1)}H(z^{-1})]=\frac{1}{2}\sum_{n=0}^{N-1}h(n)[z^{-n}\pm z^{-(N-1)}z^{n}]$$

进一步写成

$$=z^{-\frac{(N-1)}{2}}\sum_{n=0}^{N-1}h(n)\left[\frac{z^{\left(\frac{N-1}{2}-n\right)}\pm z^{-\left(\frac{N-1}{2}-n\right)}}{2}\right] \tag{7.18}$$

在这一公式中，方括号内有$\pm$号。当取“+”号时，$h(n)$满足$h(n)=h(N-1-n),\ 0\leqslant n\leqslant N-1$，偶对称；当取“−”号时，$h(n)$满足$h(n)=-h(N-1-n),\ 0\leqslant n\leqslant N-1$，奇对称。下面讨论它们的频率响应。

1．$h(n)$偶对称

由式(7.18)可知，频率响应为

$$H(\mathrm{e}^{\mathrm{j}\omega})=H(z)\big|_{z=\mathrm{e}^{\mathrm{j}\omega}}=\mathrm{e}^{-\mathrm{j}\frac{(N-1)}{2}\omega}\sum_{n=0}^{N-1}h(n)\cos\left[\left(\frac{N-1}{2}-n\right)\omega\right] \tag{7.19}$$

对比式(7.15)，可得幅度函数为

$$H(\omega)=\sum_{n=0}^{N-1}h(n)\cos\left[\left(\frac{N-1}{2}-n\right)\omega\right] \tag{7.20}$$

相位函数为

$$\theta(\omega)=-\left(\frac{N-1}{2}\right)\omega \tag{7.21}$$

幅度函数$H(\omega)$可为正值或负值，相位函数$\theta(\omega)$是严格的线性相位，如图7.3所示，可以看出，$h(n)$对$n=(N-1)/2$偶对称时，FIR 滤波器是具有准确的线性相位的滤波器。说明滤波器有$(N-1)/2$个采样的延时，它等于单位脉冲响应$h(n)$的长度的一半。

2．$h(n)$奇对称

此时，由式(7.18)可知，频率响应为

$$\begin{aligned}H(\mathrm{e}^{\mathrm{j}\omega})=H(z)\big|_{z=\mathrm{e}^{\mathrm{j}\omega}}&=\mathrm{j}\mathrm{e}^{-\mathrm{j}\frac{(N-1)}{2}\omega}\sum_{n=0}^{N-1}h(n)\sin\left[\left(\frac{N-1}{2}-n\right)\omega\right]\\&=\mathrm{e}^{-\mathrm{j}\frac{(N-1)}{2}\omega+\mathrm{j}\frac{\pi}{2}}\sum_{n=0}^{N-1}h(n)\sin\left[\left(\frac{N-1}{2}-n\right)\omega\right]\end{aligned} \tag{7.22}$$

将此式与式(7.15)比较，可得幅度函数为

$$H(\omega)=\sum_{n=0}^{N-1}h(n)\sin\left[\left(\frac{N-1}{2}-n\right)\omega\right] \tag{7.23}$$

相位函数为

$$\theta(\omega)=-\left(\frac{N-1}{2}\right)\omega+\frac{\pi}{2} \tag{7.24}$$

幅度函数可为正值或负值，相位函数既是线性相位的，又包括$\pi/2$的相移，如图7.4所示，可以看出不仅有$(N-1)/2$采样间隔的延迟，而且还产生一个90°的相移。这种使所有频率的相移皆为90°的网络，称为90°移相器，或称正交变换网络，有着重要的理论和实际意义。

7.2.3　幅度函数的特点

下面分 4 种情况讨论$H(\omega)$的特点。

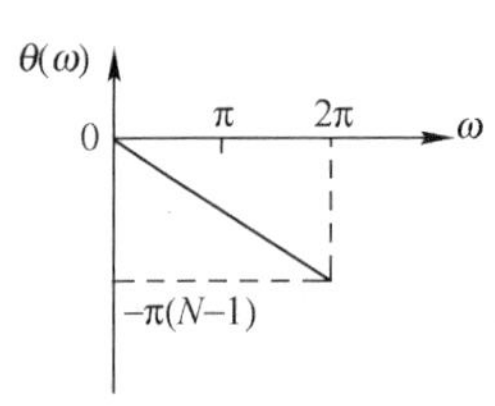

图 7.3 $h(n)$偶对称时的线性相位特性

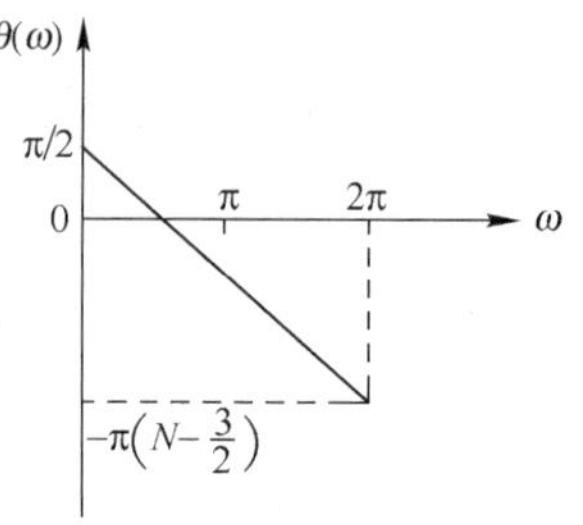

图 7.4 $h(n)$奇对称时的 90° 相移线性相位特性

1．$h(n)$偶对称，N 为奇数

从 $h(n)$ 偶对称的幅度函数式(7.20)

$$H(\omega)=\sum_{n=0}^{N-1}h(n)\cos\left[\left(\frac{N-1}{2}-n\right)\omega\right]$$

可以看出，不但 $h(n)$ 对于 $(N-1)/2$ 呈偶对称，满足 $h(n)=h(N-1-n)$，而且 $\cos\left[\left(\frac{N-1}{2}-n\right)\omega\right]$ 也对 $(N-1)/2$ 呈偶对称，满足

$$\cos\left[\left(\frac{N-1}{2}-n\right)\omega\right]=\cos\left[\left(n-\frac{N-1}{2}\right)\omega\right]=\cos\left\{\omega\left[\frac{N-1}{2}-(N-1-n)\right]\right\}$$

因而，式(7.20)整个 $\sum$ 内各项之间满足第 n 项与第 $N-1-n$ 项是相等的。所以可以把两两相等的项合并，即 $n=0$ 与 $n=N-1$ 项合并，$n=1$ 与 $n=N-2$ 项合并，等等，由于 N 是奇数，所以余下中间一项 $n=(N-1)/2$，而其余各项组合后共有 $(N-1)/2$ 项，则幅度函数可表示成

$$H(\omega)=h\left(\frac{N-1}{2}\right)+\sum_{n=0}^{(N-3)/2}2h(n)\cos\left[\left(\frac{N-1}{2}-n\right)\omega\right]$$

令 $\frac{N-1}{2}-n=m$，代入可得 $H(\omega)=h\left(\frac{N-1}{2}\right)+\sum_{m=1}^{(N-1)/2}2h\left(\frac{N-1}{2}-m\right)\cos(m\omega)$，可表示成

$$H(\omega)=\sum_{n=0}^{(N-1)/2}a(n)\cos(\omega n) \tag{7.25}$$

$$a(0)=h\left(\frac{N-1}{2}\right)$$

$$a(n)=2h\left(\frac{N-1}{2}-n\right),\qquad n=1,2,\cdots,\frac{N-1}{2} \tag{7.26}$$

由此看出，当 $h(n)$ 为偶对称，N 是奇数时，由于 $\cos(n\omega)$ 对于 $\omega=0,\pi,2\pi$ 都是偶对称的，所以幅度函数 $H(\omega)$ 对 $\omega=0,\pi,2\pi$ 都是偶对称的。

2．$h(n)$偶对称，N 为偶数

由于 N 是偶数，故式(7.20)中没有单独的项，皆可两两合并为 $N/2$ 项，即

$$H(\omega)=\sum_{n=0}^{N/2-1}2h(n)\cos\left[\left(\frac{N-1}{2}-n\right)\omega\right]$$

令 $n = N/2 - m$，代入可得 $H(\omega)=\sum_{m=1}^{N/2} 2h\left(\frac{N}{2}-m\right)\cos\left[\left(m-\frac{1}{2}\right)\omega\right]$，可以表示成

$$H(\omega)=\sum_{n=1}^{N/2} b(n)\cos\left[\left(n-\frac{1}{2}\right)\omega\right] \tag{7.27}$$

$$b(n)=2h\left(\frac{N}{2}-n\right),\ n=1,2,\cdots,\frac{N}{2} \tag{7.28}$$

由此看出，当 $h(n)$ 为偶对称，N 为偶数时，$H(\omega)$ 有以下特点：

（1）当 $\omega=\pi$ 时，$\cos\left[\left(n-\frac{1}{2}\right)\omega\right]=\cos\left[\left(n-\frac{1}{2}\right)\pi\right]=0$，故 $H(\pi)=0$，也就是 $H(z)$ 在 $z=-1$ 处必然有一个零点；

（2）由于 $\cos\left[\left(n-\frac{1}{2}\right)\omega\right]$ 对 $\omega=\pi$ 奇对称，所以 $H(\omega)$ 对 $\omega=\pi$ 呈奇对称，对 $\omega=0,2\pi$ 呈偶对称；

（3）若一个滤波器在 $\omega=\pi$ 时 $H(\omega)$ 不为零（如高通滤波器或带阻滤波器），则不能用这种滤波器。

3. $h(n)$ 奇对称，N 为奇数

利用 $h(n)$ 奇对称的幅度函数式（7.23）

$$H(\omega)=\sum_{n=0}^{N-1} h(n)\sin\left[\left(\frac{N-1}{2}-n\right)\omega\right]$$

由于 $h(n)=-h(N-1-n)$，则有 $h\left(\frac{N-1}{2}\right)=-h\left(N-1-\frac{N-1}{2}\right)=-h\left(\frac{N-1}{2}\right)$，所以 $h\left(\frac{N-1}{2}\right)=0$。

由于 $h(n)$ 是奇对称的，而 $\sin\left[\left(\frac{N-1}{2}-n\right)\omega\right]$ 也是奇对称的，即

$$\begin{aligned}\sin\left[\left(\frac{N-1}{2}-n\right)\omega\right]&=-\sin\left[\left(n-\frac{N-1}{2}\right)\omega\right]\\&=-\sin\left\{\left[\frac{N-1}{2}-(N-1-n)\right]\omega\right\}\end{aligned}$$

这样相乘的结果，使得式（7.23）的 $\sum$ 中的第 n 项与第 $N-1-n$ 项的数值是相等的，可将两两相等的项合并，合并后为 $(N-1)/2$ 项，可得

$$H(\omega)=\sum_{n=0}^{(N-3)/2} 2h(n)\sin\left[\left(\frac{N-1}{2}-n\right)\omega\right]$$

令 $m=\frac{N-1}{2}-n$，代入可得 $H(\omega)=\sum_{m=1}^{(N-1)/2} 2h\left(\frac{N-1}{2}-m\right)\sin(m\omega)$，可表示为

$$H(\omega)=\sum_{n=1}^{(N-1)/2}c(n)\sin(n\omega) \tag{7.29}$$

式中，
$$c(n)=2h\left(\frac{N-1}{2}-n\right),\quad n=1,2,\cdots,\frac{N-1}{2} \tag{7.30}$$

由此看出，当 $h(n)$ 为奇对称，N 为奇数时，$H(\omega)$ 有以下特点：

（1）由于 $\sin(n\omega)$ 在 $\omega=0,\pi,2\pi$ 处都为零，因此 $H(\omega)$ 在 $\omega=0,\pi,2\pi$ 处必为零，也就是 $H(z)$ 在 $z=\pm1$ 处都存在零点；

（2）由于 $\sin(n\omega)$ 在 $\omega=0,\pi,2\pi$ 处都呈奇对称，故 $H(\omega)$ 对 $\omega=0,\pi,2\pi$ 也呈奇对称。

4．$h(n)$ 奇对称，N 为偶数

此时和上面第 3 种的情况是一样的，但两两合并后共有 $N/2$ 项，因而有

$$H(\omega)=\sum_{n=0}^{N/2-1}2h(n)\sin\left[\omega\left(\frac{N-1}{2}-n\right)\right]$$

令 $n=\dfrac{N}{2}-m$，代入可得 $H(\omega)=\sum\limits_{m=1}^{N/2}2h\left(\dfrac{N}{2}-m\right)\sin\left[\omega\left(m-\dfrac{1}{2}\right)\right]$，可表示为

$$H(\omega)=\sum_{n=1}^{N/2}d(n)\sin\left[\omega\left(n-\frac{1}{2}\right)\right] \tag{7.31}$$

式中，
$$d(n)=2h\left(\frac{N}{2}-n\right),\quad n=1,2,\cdots,\frac{N}{2} \tag{7.32}$$

当 $h(n)$ 奇对称，N 为偶数时，$H(\omega)$ 有以下特点：

（1）由于 $\sin\left[\omega\left(n-\dfrac{1}{2}\right)\right]$ 在 $\omega=0,2\pi$ 处为零，所以 $H(\omega)$ 在 $\omega=0,2\pi$ 处也为零，即 $H(z)$ 在 $z=1$ 处有零点；

（2）由于 $\sin\left[\omega\left(n-\dfrac{1}{2}\right)\right]$ 在 $\omega=0,2\pi$ 处呈奇对称，在 $\omega=\pi$ 处呈偶对称，故 $H(\omega)$ 在 $\omega=0,2\pi$ 处呈奇对称，在 $\omega=\pi$ 处呈偶对称。

第 3 种与第 4 种线性相位 FIR 滤波器适合于在微分器及 90° 移相器（希尔伯特变换器）中应用。

由式（7.21）和式（7.24）可得任一种线性相位 FIR 滤波器的群延迟都为

$$\tau(\mathrm{e}^{\mathrm{j}\omega})=-\frac{\mathrm{d}\theta}{\mathrm{d}\omega}=\frac{N-1}{2} \tag{7.33}$$

可以看出，当 N 为奇数时，滤波器的群延迟为整数个采样间隔；当 N 为偶数时，滤波器的群延迟为整数个采样间隔加上 1/2 个采样间隔。

这 4 种线性相位 FIR 滤波器的特性归纳于表 7.1 中。

表 7.1　4 种线性相位 FIR 滤波器特性

1	$h(n)=h(N-1-n)$ $\theta(\omega)=-\omega\left(\frac{N-1}{2}\right)$ 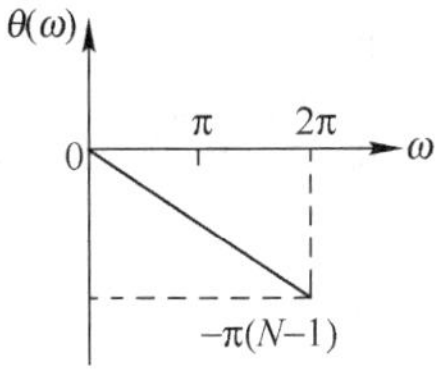 $\theta(\omega)$, 0, π, 2π, ω, $-\pi(N-1)$	N 为奇数 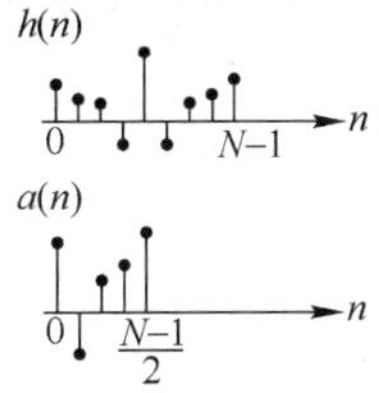 $h(n)$, 0, $N-1$, n $a(n)$, 0, $\frac{N-1}{2}$, n	$H(\omega)=\sum_{n=0}^{(N-1)/2}a(n)\cos(n\omega)$ 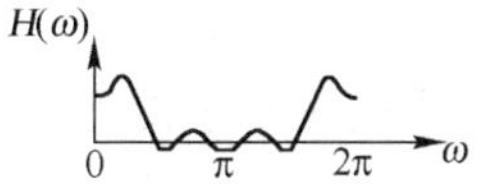 $H(\omega)$, 0, π, 2π, ω $a(0)=h((N-1)/2)$ $a(n)=2h((N-1)/2-n), n=1,2\cdots,\frac{N-1}{2}$
2		N 为偶数 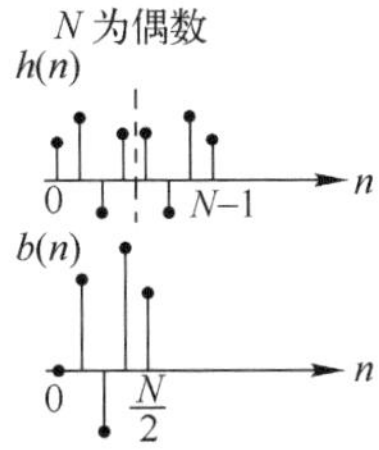 $h(n)$, 0, $N-1$, n $b(n)$, 0, $\frac{N}{2}$, n	$H(\omega)=\sum_{n=1}^{N/2}b(n)\cos\left[\left(n-\frac{1}{2}\right)\omega\right]$ 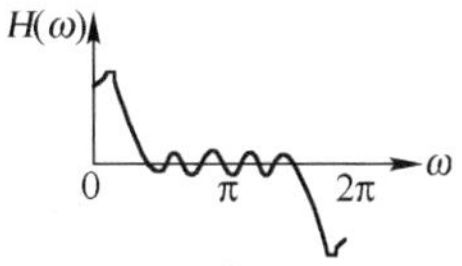 $H(\omega)$, 0, π, 2π, ω $b(n)=2h(N/2-n), n=1,2,\cdots,\frac{N}{2}$
3	$h(n)=-h(N-1-n)$ $\theta(\omega)=-\omega\left(\frac{N-1}{2}\right)+\frac{\pi}{2}$ 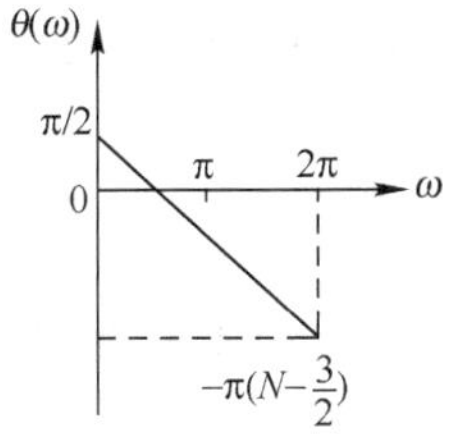 $\theta(\omega)$, π/2, 0, π, 2π, ω, $-\pi(N-\frac{3}{2})$	N 为奇数 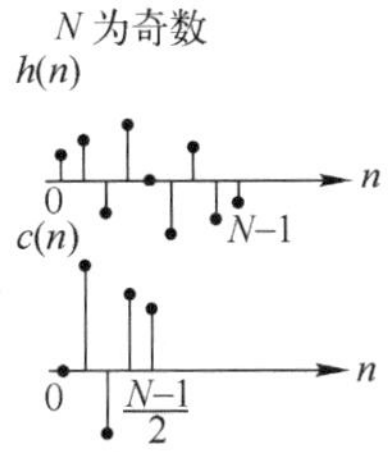 $h(n)$, 0, $N-1$, n $c(n)$, 0, $\frac{N-1}{2}$, n	$H(\omega)=\sum_{n=1}^{(N-1)/2}c(n)\sin(n\omega)$ 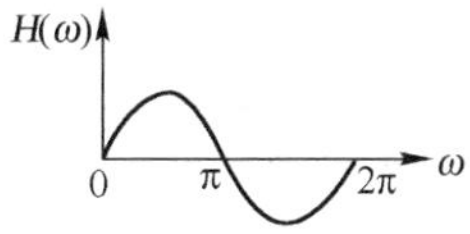 $H(\omega)$, 0, π, 2π, ω $c(n)=2h((N-1)/2-n), n=1,2,\cdots,\frac{N-1}{2}$
4		N 为偶数 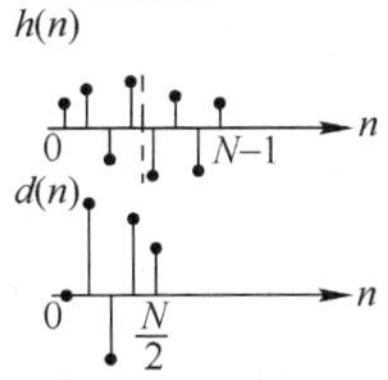 $h(n)$, 0, $N-1$, n $d(n)$, 0, $\frac{N}{2}$, n	$H(\omega)=\sum_{n=1}^{N/2}d(n)\sin\left[\omega\left(n-\frac{1}{2}\right)\right]$ 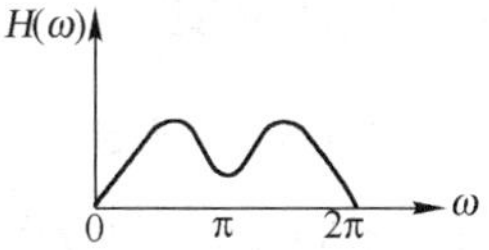 $H(\omega)$, 0, π, 2π, ω $d(n)=2h(N/2-n), n=1,2,\cdots,\frac{N}{2}$

例 7.1　如果系统的单位脉冲响应为

$$h(n)=\begin{cases}1, & 0\leqslant n\leqslant 4\\ 0, & 其他\end{cases}$$

这是第一种类型的线性相位 FIR 数字滤波器。该系统的频率响应为

$$H(\mathrm{e}^{\mathrm{j}\omega})=\sum_{n=0}^{4}\mathrm{e}^{-\mathrm{j}\omega n}=\frac{1-\mathrm{e}^{-\mathrm{j}5\omega}}{1-\mathrm{e}^{-\mathrm{j}\omega}}=\mathrm{e}^{-\mathrm{j}2\omega}\frac{\sin(5\omega/2)}{\sin(\omega/2)}=\left|H(\mathrm{e}^{\mathrm{j}\omega})\right|\mathrm{e}^{\mathrm{j}\theta(\omega)}$$

该系统的频率响应示于图 7.5 中。因为 $h(n)$ 的长度 $N=5$，群延迟也是整数，$\tau(\omega)=(N-1)/2=2$。

例 7.2　系统的单位脉冲响应为

$$h(n)=\begin{cases}1, & 0\leqslant n\leqslant 5\\ 0, & 其他\end{cases}$$

$h(n)$ 为偶对称且长度 $N=6$，因此这是第二种类型的线性相位 FIR 数字滤波器。该系统的频

率响应为

$$H(\mathrm{e}^{\mathrm{j}\omega})=\sum_{n=0}^{5}\mathrm{e}^{-\mathrm{j}\omega n}=\frac{1-\mathrm{e}^{-\mathrm{j}6\omega}}{1-\mathrm{e}^{-\mathrm{j}\omega}}=\mathrm{e}^{-\mathrm{j}\frac{5}{2}\omega}\ \frac{\sin(3\omega)}{\sin(\omega/2)}$$

该系统的频率响应示于图7.6中。

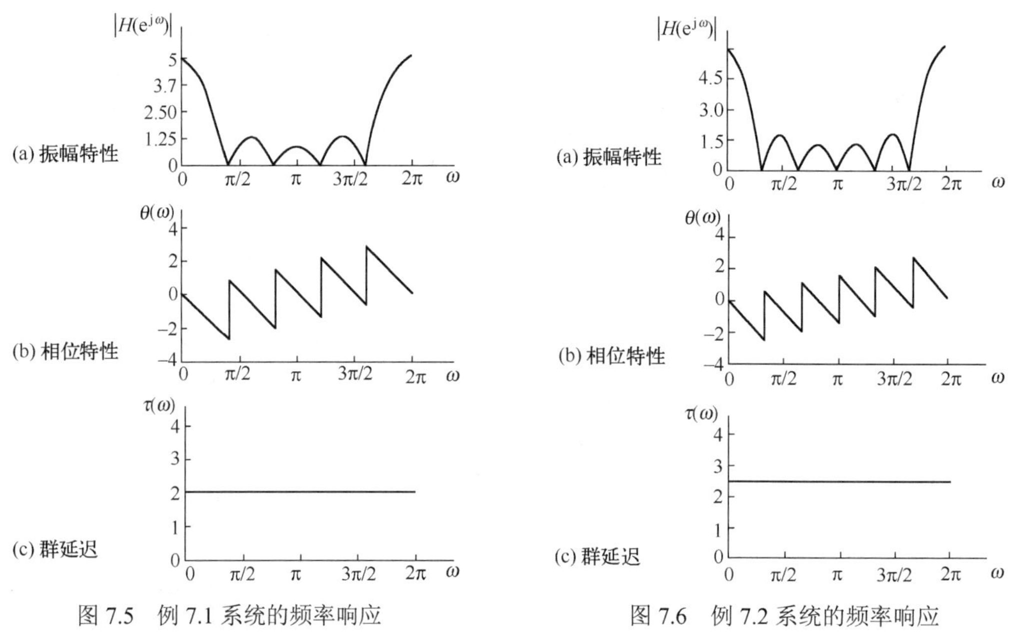

图 7.5　例 7.1 系统的频率响应　　图 7.6　例 7.2 系统的频率响应

7.2.4　零点位置

由式(7.17)可知，$H(z)$ 和 $H(z^{-1})$ 两者只差 $N-1$ 个采样的延时及 ±1 的乘因子，其他则完全相同。因为它们是有限长序列的 z 变换，因而都是 z（或 z^{-1}）的多项式。

(1) 若 $z=z_i$ 是 $H(z)$ 的零点，即 $H(z_i)=0$，则 $z=1/z_i=z_i^{-1}$ 也一定是 $H(z)$ 的零点，因为由式(7.17)知 $H(z_i^{-1})=\pm z_i^{N-1}H(z_i)=0$。

(2) 由于 $h(n)$ 是实数，所以 $H(z)$ 的零点必然是以共轭对形式存在的，因而 $z=z_i^*$ 及 $z=(z_i^{-1})^*=1/z_i^*$ 也一定是 $H(z)$ 的零点。

综合(1)和(2)两点可知，线性相位 FIR 数字滤波器的零点必是互为倒数的共轭对，或者说是共轭镜像的。有以下 4 种情况：

① 零点 z_i 既不在实轴上，也不在单位圆上，即 $z_i=r_i\mathrm{e}^{\mathrm{j}\theta_i}$，$r_i\neq1$，$\theta_i\neq0$，零点是两组互为倒数的共轭对，如图7.7(a)所示，因而它们的基本因子为

$$\begin{aligned}H_i(z)&=(1-z^{-1}r_i\mathrm{e}^{\mathrm{j}\theta_i})(1-z^{-1}r_i\mathrm{e}^{-\mathrm{j}\theta_i})\left(1-z^{-1}\frac{1}{r_i}\mathrm{e}^{\mathrm{j}\theta_i}\right)\left(1-z^{-1}\frac{1}{r_i}\mathrm{e}^{-\mathrm{j}\theta_i}\right)\\&=1-2\times\left(\frac{r_i^2+1}{r_i}\right)(\cos\theta_i)z^{-1}+\left(r_i^2+\frac{1}{r_i}+4\cos\theta_i\right)z^{-2}-2\times\left(\frac{r_i^2+1}{r_i}\right)(\cos\theta_i)z^{-3}+z^{-4}\qquad(7.34)\\&=1+az^{-1}+bz^{-2}+az^{-3}+z^{-4}\end{aligned}$$

式中，
$$a=-2\times\left(\frac{r_i^2+1}{r_i}\right)(\cos\theta_i)\text{，}\quad b=r_i^2+\frac{1}{r_i}+4\cos\theta_i$$

若化成两个实系数二阶多项式(把共轭对因子相乘)，则可表示为

$$H_i(z)=\frac{1}{r_i^2}[1-2r_i(\cos\theta_i)z^{-1}+r_i^2z^{-2}][r_i^2-2r_i(\cos\theta_i)z^{-1}+z^{-2}] \tag{7.35}$$

式(7.34)可用线性相位 FIR 滤波器的直接型结构实现，式(7.35)则可用图 7.8 的线性相位 FIR 滤波器的级联结构实现，在这种情况下，$N=5$，$\tau=\dfrac{N-1}{2}=2$。

② 零点 z_i 在单位圆上，但不在实轴上，即 $r_i=1,\theta_i\neq 0$ 或 π，此时零点的共轭值就是它的倒数，这种零点情况如图7.7(b)所示，它们的基本因子为

$$H_i(z)=(1-z^{-1}\mathrm{e}^{\mathrm{j}\theta_i})(1-z^{-1}\mathrm{e}^{-\mathrm{j}\theta_i})=1-2(\cos\theta_i)z^{-1}+z^{-2} \tag{7.36}$$

③ 零点 z_i 在实轴上，但不在单位圆上，即 $r_i\neq 1,\theta_i=0$ 或 π，此时零点是实数，它没有复共轭部分，只有倒数，倒数也在实轴上，这种零点情况如图7.7(c)所示，它们的基本因子为

$$H_i(z)=(1\pm r_iz^{-1})\left(1\pm\frac{1}{r_i}z^{-1}\right)=1\pm\left(r_i+\frac{1}{r_i}\right)z^{-1}+z^{-2} \tag{7.37}$$

式中，“+”号相当于 $\theta_i=\pi$，零点在负实轴上，“−”号相当于 $\theta_i=0$，零点在正实轴上。

④ 零点 z_i 既在实轴上又在单位圆上，即 $r_i=1,\theta_i=0$ 或 π，这时零点只有两种可能情况，即 $z_i=1$ 或 $z_i=-1$，分别如图7.7(d)和图7.7(e)所示，这时零点既是自己的复共轭，又是倒数，其基本因子为

$$H_i(z)=1\pm z^{-1} \tag{7.38}$$

式中，“+”号表示零点在 $z=-1$ 处，“−”号表示零点在 $z=1$ 处。

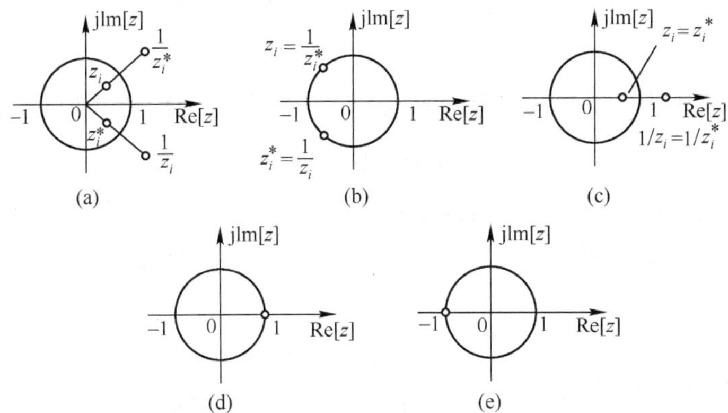

图 7.7　线性相位 FIR 滤波器的零点位置图

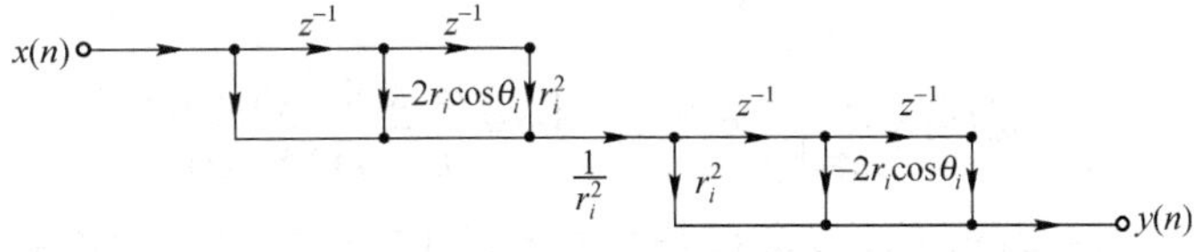

图 7.8　线性相位 FIR 滤波器的级联结构

从幅度响应的讨论中已经知道，对于第二种线性相位滤波器($h(n)$偶对称，N为偶数)，$H(\pi)=0$，故必有单根$z=-1$，即包含图7.7(e)所示的第4类零点。而第4种($h(n)$奇对称，N为偶数)，$H(0)=0$，故必有单根$z=1$，即包含图7.7(d)所示的第4类零点。第3种($h(n)$奇对称，N为奇数)，$H(\pi)=H(0)=0$，故必有$z=1$及$z=-1$都为零点。

显然，线性相位 FIR 滤波器的$H(z)$只可能由以上这几种因子的组合而构成。

了解了线性相位 FIR 滤波器的各种特性，便可以根据实际需要选择合适类型的 FIR 滤波器，同时设计时要遵循有关的约束条件。下面讨论线性相位 FIR 滤波器的设计方法。

7.3 窗函数法设计 FIR 数字滤波器

7.3.1 设计方法

设计 FIR 数字滤波器最简单的方法是窗函数法。这种方法一般是先给定所要求的理想滤波器的频率响应$H_d(e^{j\omega})$，要求设计一个 FIR 滤波器频率响应$H(e^{j\omega})=\sum_{n=0}^{N-1}h(n)e^{-j\omega n}$，去逼近理想的频率响应$H_d(e^{j\omega})$。然而，窗函数法设计 FIR 数字滤波器是在时域进行的，因此必须首先由理想频率响应$H_d(e^{j\omega})$的傅里叶反变换推导出对应的单位脉冲响应$h_d(n)$，即

$$h_d(n)=\frac{1}{2\pi}\int_{-\pi}^{\pi}H_d(e^{j\omega})e^{j\omega n}d\omega \tag{7.39}$$

由于许多理想化的系统均用分段恒定的或分段函数表示的频率响应来定义，因此这种系统具有非因果的和无限长的脉冲响应，即$h_d(n)$一定是无限长的序列，且是非因果的。而我们要设计的是 FIR 滤波器，其$h(n)$必定是有限长的，所以要用有限长的$h(n)$来逼近无限长的$h_d(n)$，最简单且最有效的方法是截断$h_d(n)$。

$$h(n)=\begin{cases}h_d(n), & 0\leqslant n\leqslant N-1\\ 0, & \text{其他}\end{cases}$$

通常，可以把$h(n)$表示为所需单位脉冲响应与一个有限长的窗函数序列$w(n)$的乘积，即

$$h(n)=h_d(n)w(n) \tag{7.40}$$

因而窗函数序列的形状及长度的选择就很关键。

以一个截止频率为ω_c的线性相位的理想矩形幅度特性的低通滤波器为例来加以讨论。设低通特性的群延迟为α，即

$$H_d(e^{j\omega})=\begin{cases}e^{-j\omega\alpha}, & -\omega_c\leqslant\omega\leqslant\omega_c\\ 0, & \omega_c<\omega\leqslant\pi,\ -\pi<\omega<-\omega_c\end{cases} \tag{7.41}$$

这表明，在通带$|\omega|\leqslant\omega_c$范围内，$H_d(e^{j\omega})$的幅度是均匀的，其值为 1，相位是$-\omega\alpha$。利用式(7.39)可得

$$h_d(n)=\frac{1}{2\pi}\int_{-\omega_c}^{\omega_c}e^{-j\omega\alpha}e^{j\omega n}d\omega=\frac{\omega_c}{\pi}\frac{\sin[\omega_c(n-\alpha)]}{\omega_c(n-\alpha)} \tag{7.42}$$

$h_d(n)$示于图7.9(a)，它是中心点在α的偶对称无限长非因果序列，要得到有限长的$h(n)$，一种最简单的办法就是取矩形窗$R_N(n)$，即

$$w(n)=R_N(n)=\begin{cases}1, & 0\leqslant n\leqslant N-1\\ 0, & \text{其他}\end{cases}$$

但是按照线性相位滤波器的约束，$h(n)$ 必须是偶对称的，对称中心应为长度的一半 $(N-1)/2$，因而必须有 $\alpha=(N-1)/2$，所以有

$$h(n)=\begin{cases}h_{\mathrm{d}}(n)w(n)=\begin{cases}h_{\mathrm{d}}(n), & 0\leqslant n\leqslant N-1\\ 0, & \text{其他}\end{cases}\\ \alpha=\dfrac{N-1}{2}\end{cases}\tag{7.43}$$

将式(7.42)代入式(7.43)，得

$$h(n)=\begin{cases}\dfrac{\omega_{\mathrm{c}}}{\pi}\dfrac{\sin\left[\omega_{\mathrm{c}}\left(n-\dfrac{N-1}{2}\right)\right]}{\omega_{\mathrm{c}}\left(n-\dfrac{N-1}{2}\right)}, & 0\leqslant n\leqslant N-1\\ 0, & \text{其他}\end{cases}\tag{7.44}$$

此时，一定满足 $h(n)=h(N-1-n)$ 这一线性相位特性的条件。图 7.9 示出了 $h_{\mathrm{d}}(n)$，$w(n)=R_N(n)$ 以及它们的傅里叶变换的幅度图形。

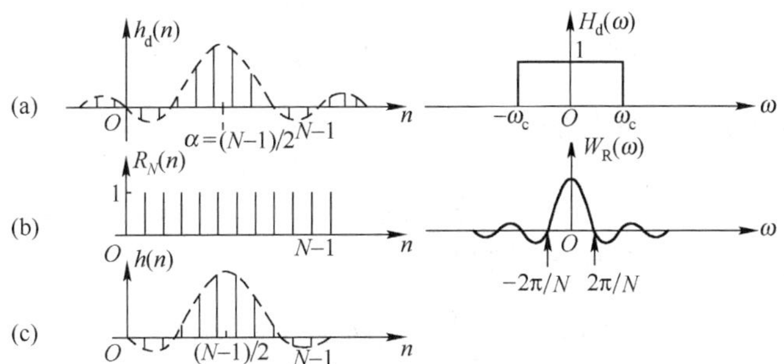

图 7.9　理想矩形幅频特性的 $h_{\mathrm{d}}(n)$ 和 $H_{\mathrm{d}}(\omega)$ 以及矩形窗函数序列的 $w(n)=R_N(n)$ 及 $W_{\mathrm{R}}(\omega)$

下面求 $h(n)$ 的傅里叶变换，也就是找出待求 FIR 滤波器的频率特性，以便能看出加窗处理后究竟对频率响应有何影响。

按照复卷积公式，在时域是相乘，则频域上是周期性卷积关系，即

$$H(\mathrm{e}^{\mathrm{j}\omega})=\frac{1}{2\pi}\int_{-\pi}^{\pi}H_{\mathrm{d}}(\mathrm{e}^{\mathrm{j}\theta})W(\mathrm{e}^{\mathrm{j}(\omega-\theta)})\mathrm{d}\theta\tag{7.45}$$

因而 $H(\mathrm{e}^{\mathrm{j}\omega})$ 逼近 $H_{\mathrm{d}}(\mathrm{e}^{\mathrm{j}\omega})$ 的好坏，完全取决于窗函数的频率特性 $W(\mathrm{e}^{\mathrm{j}\omega})$。

窗函数 $w(n)$ 的频率特性 $W(\mathrm{e}^{\mathrm{j}\omega})$ 为

$$W(\mathrm{e}^{\mathrm{j}\omega})=\sum_{n=0}^{N-1}w(n)\mathrm{e}^{-\mathrm{j}\omega n}\tag{7.46}$$

对矩形窗 $R_N(n)$，则有

$$W_{\mathrm{R}}(\mathrm{e}^{\mathrm{j}\omega})=\sum_{n=0}^{N-1}\mathrm{e}^{-\mathrm{j}\omega n}=\frac{1-\mathrm{e}^{-\mathrm{j}\omega N}}{1-\mathrm{e}^{-\mathrm{j}\omega}}=\mathrm{e}^{-\mathrm{j}\left(\frac{N-1}{2}\right)\omega}\frac{\sin(\omega N/2)}{\sin(\omega/2)}\tag{7.47}$$

也可以表示为幅度函数与相位函数

$$W_R(e^{j\omega}) = W_R(\omega)e^{-j\left(\frac{N-1}{2}\right)\omega} \tag{7.48}$$

式中

$$W_R(\omega) = \frac{\sin(\omega N/2)}{\sin(\omega/2)} \tag{7.49}$$

$W_R(e^{j\omega})$ 就是前面讨论过的频域采样内插函数(差一个常数因子$1/N$),其幅度函数 $W_R(\omega)$ 在 $\omega = \pm 2\pi/N$ 之内为一个主瓣(通常主瓣定义为原点两边第一个过零点之间的区域)。两侧形成许多衰减振荡的旁瓣,如图7.9 所示。

若将理想滤波器的频率响应也写成

$$H_d(e^{j\omega}) = H_d(\omega)e^{-j\left(\frac{N-1}{2}\right)\omega} \tag{7.50}$$

则其幅度函数为

$$H_d(\omega) = \begin{cases} 1, & |\omega| \leqslant \omega_c \\ 0, & \omega_c < |\omega| \leqslant \pi \end{cases} \tag{7.51}$$

将式(7.48)和式(7.50)代入频域复卷积关系式(7.45)中,可得 FIR 滤波器的频率响应$H(e^{j\omega})$为

$$\begin{aligned} H(e^{j\omega}) &= \frac{1}{2\pi}\int_{-\pi}^{\pi} H_d(\theta)e^{-j\left(\frac{N-1}{2}\right)\theta} W_R(\omega-\theta)e^{-j\left(\frac{N-1}{2}\right)(\omega-\theta)}d\theta \\ &= e^{-j\left(\frac{N-1}{2}\right)\omega}\frac{1}{2\pi}\int_{-\pi}^{\pi} H_d(\theta)W_R(\omega-\theta)d\theta \end{aligned} \tag{7.52}$$

显然,这个频率响应也是线性相位的。同样令

$$H(e^{j\omega}) = H(\omega)e^{-j\left(\frac{N-1}{2}\right)\omega} \tag{7.53}$$

则实际求得的 FIR 数字滤波器的幅度函数 $H(\omega)$ 为

$$H(\omega) = \frac{1}{2\pi}\int_{-\pi}^{\pi} H_d(\theta)W_R(\omega-\theta)d\theta \tag{7.54}$$

由此可见,对实际 FIR 滤波器频率响应的幅度函数 $H(\omega)$ 有影响的是窗函数频率响应的幅度函数 $W_R(\omega)$。式(7.54)所示卷积过程可用图7.10说明。

(1) $\omega = 0$ 时的响应 $H(0)$,根据式(7.54),响应应该是图7.10(a)和图7.10(b)中两个函数乘积的积分,即 $H(0)$ 等于 $W_R(\theta)$ 在 $\theta = -\omega_c$ 到 $\theta = \omega_c$ 一段内的积分面积。通常 $\omega_c \gg 2\pi/N$,所以 $H(0)$ 实际上近似等于 $W_R(\theta)$ 的全部积分($\theta = -\pi$ 到 $\theta = \pi$)面积。

(2) $\omega = \omega_c$ 时 $H_d(\theta)$ 刚好与 $W_R(\omega-\theta)$ 的一半重叠,如图 7.10(c)所示。因此卷积值刚好是 $H(0)$ 的一半,即 $\dfrac{H(\omega_c)}{H(0)} = 0.5$,如图 7.10(f)所示。

(3) $\omega = \omega_c - 2\pi/N$ 时,$W_R(\omega-\theta)$ 的全部主瓣都在 $H_d(\theta)$ 的通带($|\omega| \leqslant \omega_c$)之内,如图 7.10(d)所示。因此卷积结果有最大值,即 $H(\omega_c - 2\pi/N)$ 为最大值,频率响应出现正肩峰。

(4) $\omega = \omega_c + 2\pi/N$ 时,$W_R(\omega-\theta)$ 的全部主瓣都在 $H_d(\theta)$ 的通带($|\omega| \leqslant \omega_c$)之外,如图7.10(e)所示。而通带内的旁瓣负的面积大于正的面积,因而卷积结果达到最负值,频率响应出现负肩峰。

(5) 当 $\omega > \omega_c + 2\pi/N$ 时,随着 ω 的继续增大,卷积值将随着 $W_R(\omega-\theta)$ 的旁瓣在 $H_d(\theta)$

的通带内面积的变化而变化，$H(\omega)$ 将围绕着零值波动。当 ω 由 $\omega=\omega_c-2\pi/N$ 向通带内减小时，$W_R(\omega-\theta)$ 的右旁瓣进入 $H_d(\omega)$ 的通带，使得 $H(\omega)$ 值围绕 $H(0)$ 值而波动。$H(\omega)$ 值如图 7.10(f) 所示。

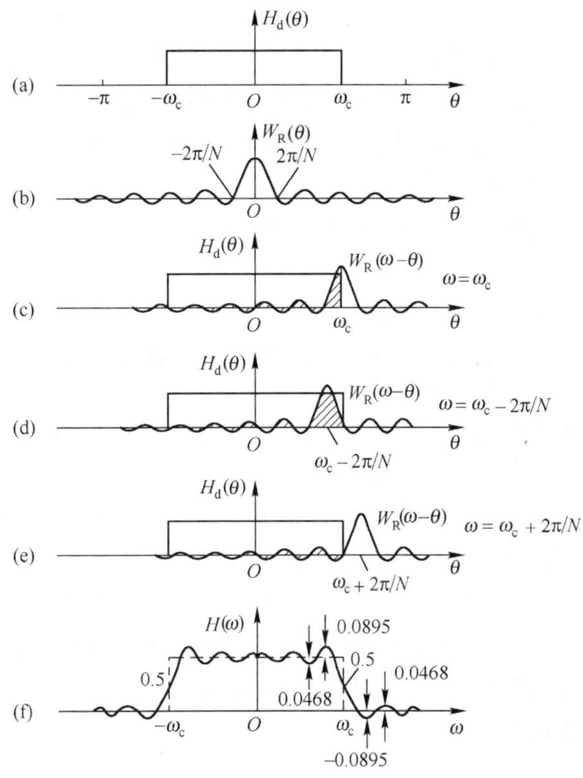

图 7.10　矩形窗的卷积过程

吉布斯效应

综上所述，加窗函数处理对理想频率响应产生以下几点影响：

(1) $H(\omega)$ 将 $H_d(\omega)$ 在截止频率处的间断点变成了连续曲线，使理想频率特性不连续点处边沿加宽，形成一个过渡带，过渡带的宽度正比于窗的频率响应 $W_R(\omega)$ 的主瓣宽度 $\Delta\omega=4\pi/N$，即正肩峰与负肩峰的间隔为 $4\pi/N$。窗函数的主瓣越宽，过渡带也越宽。

(2) 在截止频率 ω_c 的两边即 $\omega=\omega_c\pm2\pi/N$ 的地方，$H(\omega)$ 出现最大的肩峰值，肩峰的两侧形成起伏振荡，其振荡幅度取决于旁瓣的相对幅度，而振荡的多少则取决于旁瓣的多少。

(3) 改变 N，只能改变窗谱函数的主瓣宽度，改变 ω 的坐标比例以及改变 $W_R(\omega)$ 的绝对值大小。例如，在矩形窗情况下

$$W_R(\omega)=\frac{\sin(\omega N/2)}{\sin(\omega/2)}\approx\frac{\sin(\omega N/2)}{\omega/2}=N\frac{\sin x}{x}\tag{7.55}$$

式中，$x=\omega N/2$。

当截取长度 N 增加时，只会减小过渡带宽度，但不能改变主瓣与旁瓣幅值的相对比例；同样，也不会改变肩峰的相对值。这个相对比例是由窗函数形状决定的，与 N 无关。换句话说，增加截取窗函数的长度 N 只能相应地减小过渡带，而不能改变肩峰值。由于肩峰值的大小直接影响通带特性和阻带衰减，所以对滤波器的性能影响较大。例如，在矩形窗情况下，

最大相对肩峰值为 8.95%，N 增加时，$2\pi/N$ 减小，起伏振荡变密，最大相对肩峰值则总是 8.95%，这种现象称为吉布斯效应。

7.3.2 各种窗函数

矩形窗截断造成的肩峰值为 8.95%，则阻带最小衰减为 $20\lg(8.95\%)=-21\,\text{dB}$，这个衰减量在工程上常常是不够大的。为了加大阻带衰减，只能改变窗函数的形状。只有当窗谱逼近冲激函数时，也就是绝大部分能量集中于频谱中点时，$H(\omega)$ 才会逼近 $H_{\text{d}}(\omega)$。这相当于窗的宽度为无限长，等于不加窗截断，这没有实际意义。

从以上讨论可看出，窗函数序列的形状及长度的选择很关键，一般希望窗函数满足两项要求：

(1) 窗谱主瓣尽可能地窄，以获取较陡的过渡带。

(2) 尽量减小窗谱的最大旁瓣的相对幅度。也就是使能量尽量集中于主瓣，这样使肩峰和波纹减小，就可以增大阻带的衰减。

但是这两项要求是不能同时都满足的。当选用主瓣宽度较窄时，虽然能得到较陡的过渡带，但通带和阻带的波动明显增加；当选用最小的旁瓣幅度时，虽能得到平坦的幅度响应和较小的阻带波纹，但过渡带加宽，也即主瓣会加宽。因此，实际所选用的窗函数往往是它们的折中。在保证主瓣宽度达到一定要求的前提下，适当牺牲主瓣宽度以换取相对旁瓣的抑制。以上是从幅频特性的改善对窗函数提出的要求，实际上设计的 FIR 滤波器往往要求具有线性相位。综上所述，窗函数不仅起截断作用，还能起平滑作用，在很多领域都得到广泛应用。因此，设计一个特性良好的窗函数有着重要的实际意义。

常用的窗函数有以下几种。

1. 矩形窗

$$w(n)=R_N(n)=\begin{cases}1, & 0\leqslant n\leqslant N-1\\ 0, & \text{其他}\end{cases}$$

$$W_{\text{R}}(\text{e}^{\text{j}\omega})=W_{\text{R}}(\omega)\text{e}^{-\text{j}\left(\frac{N-1}{2}\right)\omega}$$

$$W_{\text{R}}(\omega)=\frac{\sin(\omega N/2)}{\sin(\omega/2)}$$

2. 三角形窗，又称巴特利特(Bartlett)窗

$$w(n)=\begin{cases}\dfrac{2n}{N-1}, & 0\leqslant n\leqslant \dfrac{N-1}{2}\\ 2-\dfrac{2n}{N-1}, & \dfrac{N-1}{2}<n\leqslant N-1\end{cases} \tag{7.56}$$

$w(n)$ 的傅里叶变换为

$$W(\text{e}^{\text{j}\omega})=\frac{2}{N-1}\left\{\frac{\sin\left[\left(\dfrac{N-1}{4}\right)\omega\right]}{\sin(\omega/2)}\right\}^2\text{e}^{-\text{j}\left(\frac{N-1}{2}\right)\omega}\approx\frac{2}{N}\left(\frac{\sin(N\omega/4)}{\sin(\omega/2)}\right)^2\text{e}^{-\text{j}\left(\frac{N-1}{2}\right)\omega} \tag{7.57}$$

近似结果在$N \gg 1$时成立。此时，主瓣宽度为$8\pi/N$，比矩形窗主瓣宽度增加一倍，但旁瓣却小得多。

3．汉宁(Hanning)窗，又称升余弦窗

$$w(n)=\sin^2\left(\frac{\pi n}{N-1}\right)R_N(n)=\frac{1}{2}\left[1-\cos\left(\frac{2\pi n}{N-1}\right)\right]R_N(n) \tag{7.58}$$

利用傅里叶变换的调制特性，即利用

$$\mathrm{e}^{\mathrm{j}\omega_0 n}x(n)\leftrightarrow X(\mathrm{e}^{\mathrm{j}(\omega-\omega_0)})$$

$\leftrightarrow$表示互为傅里叶变换对。再利用

$$\cos n\omega_0=\frac{\mathrm{e}^{\mathrm{j}n\omega_0}+\mathrm{e}^{-\mathrm{j}n\omega_0}}{2}$$

考虑到矩形窗$w(n)=R_N(n)$的傅里叶变换为

$$W_{\mathrm{R}}(\mathrm{e}^{\mathrm{j}\omega})=W_{\mathrm{R}}(\omega)\mathrm{e}^{-\mathrm{j}\frac{N-1}{2}\omega}$$

则得
$$\begin{aligned}W(\mathrm{e}^{\mathrm{j}\omega})&=\left\{0.5W_{\mathrm{R}}(\omega)+0.25\left[W_{\mathrm{R}}\left(\omega-\frac{2\pi}{N-1}\right)+W_{\mathrm{R}}\left(\omega+\frac{2\pi}{N-1}\right)\right]\right\}\mathrm{e}^{-\mathrm{j}\left(\frac{N-1}{2}\right)\omega}\\&=W(\omega)\mathrm{e}^{-\mathrm{j}\left(\frac{N-1}{2}\right)\omega}\end{aligned} \tag{7.59}$$

当$N \gg 1$时，$N-1\approx N$，所以窗谱的幅度函数为

$$W(\omega)\approx 0.5W_{\mathrm{R}}(\omega)+0.25\left[W_{\mathrm{R}}\left(\omega-\frac{2\pi}{N}\right)+W_{\mathrm{R}}\left(\omega+\frac{2\pi}{N}\right)\right] \tag{7.60}$$

这三部分之和使旁瓣互相抵消，能量更集中在主瓣，它的最大旁瓣值比主瓣值约低 31 dB。但是，代价是主瓣宽度比矩形窗的主瓣宽度增加一倍，即为$8\pi/N$。

汉宁(Hanning)窗是下面一类窗中的特例：

$$w(n)=\left[\cos^a\left(\frac{n\pi}{N-1}\right)\right]R_N(n) \tag{7.61}$$

$$w(n)=\left[\sin^a\left(\frac{n\pi}{N-1}\right)\right]R_N(n) \tag{7.62}$$

当$a=2$时，式(7.62)就是汉宁(Hanning)窗。

4．汉明(Hamming)窗，又称改进的升余弦窗

对升余弦加以改进，可以得到旁瓣更小的效果，窗形式为

$$w(n)=\left[0.54-0.46\cos\left(\frac{2\pi n}{N-1}\right)\right]R_N(n) \tag{7.63}$$

其频率响应的幅度函数为

$$W(\omega)=0.54W_{\mathrm{R}}(\omega)+0.23\left[W_{\mathrm{R}}\left(\omega-\frac{2\pi}{N-1}\right)+W_{\mathrm{R}}\left(\omega+\frac{2\pi}{N-1}\right)\right]$$

$$\approx 0.54W_{\mathrm{R}}(\omega)+0.23\left[W_{\mathrm{R}}\left(\omega-\frac{2\pi}{N}\right)+W_{\mathrm{R}}\left(\omega+\frac{2\pi}{N}\right)\right],\qquad N\gg 1 \tag{7.64}$$

与汉宁窗相比，主瓣宽度相同，为$8\pi/N$，但旁瓣又被进一步压低，结果可将 99.963%的能量集中在窗谱的主瓣内，它的最大旁瓣值比主瓣值约低 41 dB。

同样，汉明窗是下面一类窗的特例($a=0.54$ 时)：

$$w(n)=\left[a-(1-a)\cos\left(\frac{2\pi n}{N-1}\right)\right]R_N(n) \tag{7.65}$$

5. 布莱克曼(Blackman)窗，又称二阶升余弦窗

为了进一步抑制旁瓣，对升余弦窗函数再加上一个二次谐波的余弦分量，变成布莱克曼窗，故又称二阶升余弦窗。

$$w(n)=\left[0.42-0.5\cos\left(\frac{2\pi n}{N-1}\right)+0.08\cos\left(\frac{4\pi n}{N-1}\right)\right]R_N(n) \tag{7.66}$$

其频谱的幅度函数为

$$\begin{aligned}w(\omega)=0.42W_{\mathrm{R}}(\omega)+0.25\left[W_{\mathrm{R}}\left(\omega-\frac{2\pi}{N-1}\right)+W_{\mathrm{R}}\left(\omega+\frac{2\pi}{N-1}\right)\right]+\\0.04\left[W_{\mathrm{R}}\left(\omega-\frac{4\pi}{N-1}\right)+W_{\mathrm{R}}\left(\omega+\frac{4\pi}{N-1}\right)\right]\end{aligned} \tag{7.67}$$

此时主瓣宽度为矩形窗谱主瓣宽度的三倍，即为$12\pi/N$。

布莱克曼窗是下面一类窗的特例：

$$w(n)=\left[\sum_{m=0}^{M}(-1)^m\alpha_m 0.5\cos\left(\frac{2\pi n}{N-1}m\right)\right]R_N(n) \tag{7.68}$$

选$M=2,\ \alpha_0=0.42,\ \alpha_1=0.5,\ \alpha_2=0.08$时，即为布莱克曼窗。

图7.11 给出了以上五种常用的窗函数，图 7.12 则是$N=51$时这五种窗函数的频谱。可以看出，随着窗形状的变化，旁瓣衰减加大，但主瓣宽度也相应地加宽了。

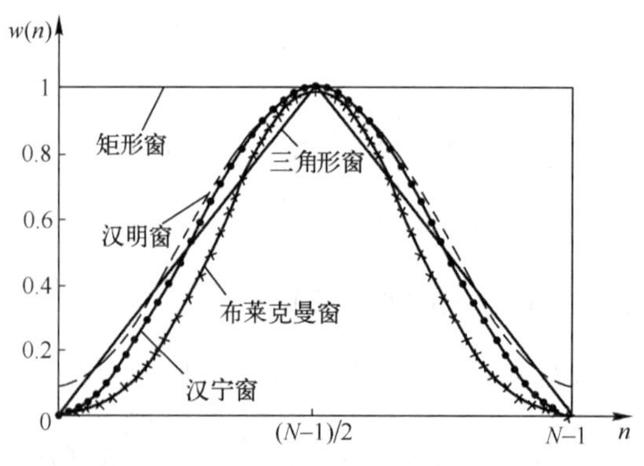

图 7.11 五种常用的窗函数

图7.13 是利用这五种窗函数，对同一指标$N=51$，截止频率$\omega_{\mathrm{c}}=0.5\pi$设计的 FIR 线性相位低通滤波器的频率特性。

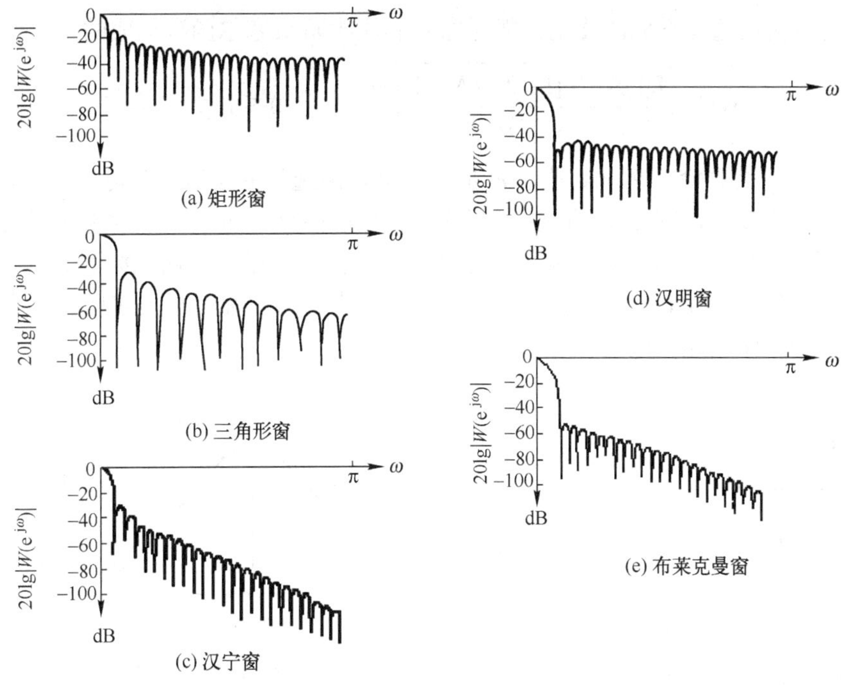

图 7.12 图 7.11 的各种窗函数的傅里叶变换($N=51$)

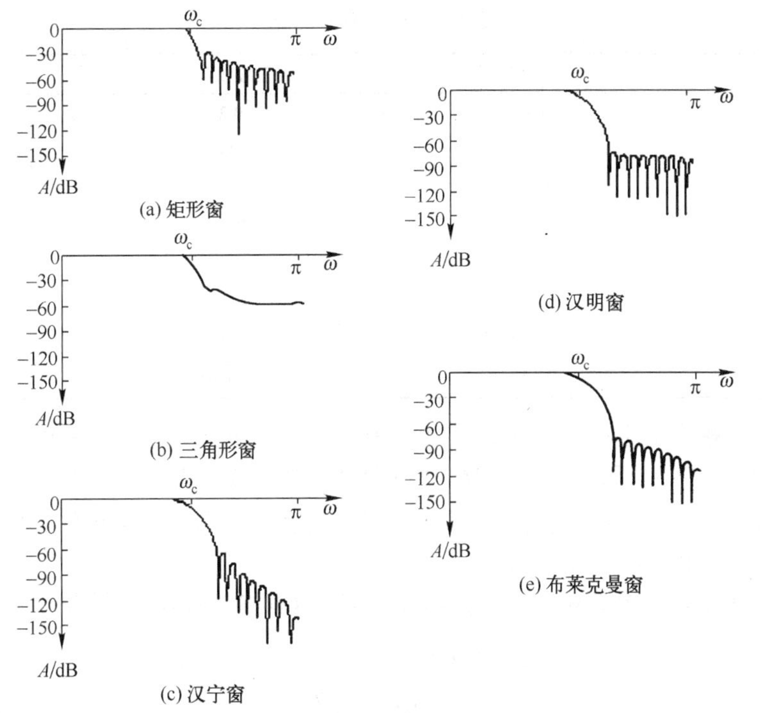

图 7.13 理想低通滤波器加窗后的幅度响应($N=51$)， $A=20\lg|H(\omega)/H(0)|$

6. 凯泽(Kaiser)窗

以上几种窗函数都是各以一定的主瓣加宽为代价，来换取某种程度的旁瓣抑制的。而凯泽窗则可以说是集其大成，它全面地反映了这种主瓣宽度与旁瓣衰减之间的交换关系，可以在这两者之间自由地选择它们的比重。凯泽窗是利用零阶贝塞尔函数构成的。

$$w(n)=\frac{I_0\left(\beta\sqrt{1-[1-2n/(N-1)]^2}\right)}{I_0(\beta)},\qquad 0\leqslant n\leqslant N-1 \tag{7.69}$$

式中，$I_0(\cdot)$ 是第一类零阶贝塞尔函数，β 是一个可自由选择的参数，它可以同时调整主瓣宽度与旁瓣电平，β 越大，则 $w(n)$ 窗越窄，而频谱的旁瓣越小，但主瓣宽度也相应增加。因而改变 β 值就可对主瓣宽度与旁瓣衰减进行选择。零阶贝塞尔函数的曲线如图 7.14 所示。凯泽窗函数的曲线如图7.15 所示。一般选择 $4<\beta<9$，这相当于旁瓣幅度与主瓣幅度的比值由 3.1% 变到 0.047%（–30 dB 到–67 dB）。

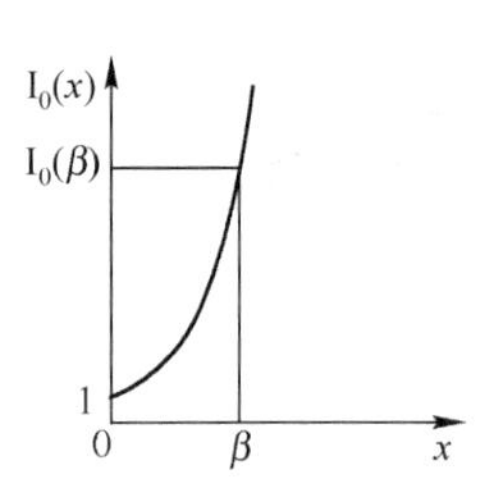

图 7.14　零阶贝塞尔函数

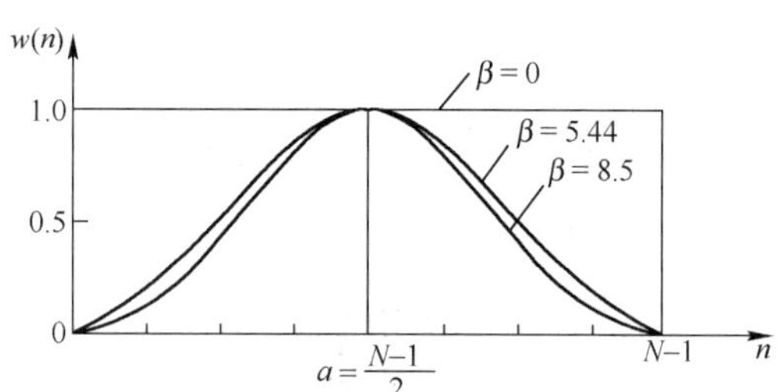

图 7.15　凯泽窗函数

凯泽窗函数在不同 β 值下的性能归纳在表 7.2 中。

表 7.2　凯泽窗的性能

β	过　渡　带	通带波纹（dB）	阻带（dB）
2.120	$3.00\pi/N$	±0.27	–30
3.384	$4.46\pi/N$	±0.0868	–40
4.538	$5.86\pi/N$	±0.0274	–50
5.658	$7.24\pi/N$	±0.008 68	–60
6.764	$8.64\pi/N$	±0.002 75	–70
7.865	$10.0\pi/N$	±0.000 868	–80
8.960	$11.4\pi/N$	±0.000 275	–90
10.056	$12.8\pi/N$	±0.000 087	–100

当 $\beta=0$ 时，相当于矩形窗，这是因为 $I_0(0)=1$，故 $h(n)=1,\ 0\leqslant n\leqslant N-1$。

当 $\beta=5.44$ 时，相当于汉明窗，但凯泽窗旁瓣频谱收敛得更快。汉明窗除 0.037%能量外都在主瓣之内，而凯泽窗除 0.012%能量外都在主瓣之内，因而能量更加集中在主瓣中。当 $\beta=8.5$ 时，相当于布莱克曼窗。

由式（7.69）看出，凯泽窗函数是以 $n=(N-1)/2$ 为对称中心呈偶对称的，即

$$w(n)=w(N-1-n)$$

而

$$w\left(\frac{N-1}{2}\right)=\frac{I_0(\beta)}{I_0(\beta)}=1$$

从 $n=(N-1)/2$ 这一中点向两边变化时，$w(n)$ 逐渐减小，最边上两点

$$w(0)=w(N-1)=\frac{1}{I_0(\beta)}$$

参数 β 越大，$w(n)$ 变化越快，如图7.15所示。

凯泽窗设计中有经验公式可供使用，给定过渡带宽 $\Delta\omega(\text{rad})$，阻带衰减 $\delta_2=-20\lg\alpha_2\ (\text{dB})$，则可求得凯泽窗 FIR 滤波器的阶数 N 和形状参数 β，即

$$N=\frac{\delta_2-7.95}{2.286\Delta\omega}$$

$$\beta=\begin{cases}0.1102(\delta_2-8.7), & \delta_2\leqslant 50\ \text{dB}\\ 0.5842(\delta_2-21)^{0.4}+0.078\,86(\delta_2-21), & 21\ \text{dB}<\delta_2<50\ \text{dB}\\ 0, & \delta_2\leqslant 21\ \text{dB}\end{cases}$$

表 7.3 归纳了以上提到的几种窗函数的主要性能，供设计时参考。

表 7.3　6 种窗函数的基本参数比较

窗　函　数	窗谱性能指标		加窗后滤波器性能指标	
	旁瓣峰值(dB)	主瓣宽度 $2\pi/N$	过渡带宽 $\Delta\omega/(2\pi/N)$	阻带最小衰减 (dB)
矩形窗	−13	2	0.9	−21
三角形窗	−25	4	2.1	−25
汉宁窗	−31	4	3.1	−44
汉明窗	−41	4	3.3	−53
布莱克曼窗	−57	6	5.5	−74
凯泽窗 ($\beta=7.865$)	−57		5	−80

从以上讨论可以看出，最小阻带衰减只由窗形状决定，不受 N 的影响，而过渡带则随窗宽的增加而减小。

7.3.3　窗函数法的设计步骤

（1）给定希望逼近的频率响应函数 $H_\text{d}(\text{e}^{\text{j}\omega})$。

（2）求单位脉冲响应 $h_\text{d}(n)$：

$$h_\text{d}(n)=\frac{1}{2\pi}\int_{-\pi}^{\pi}H_\text{d}(\text{e}^{\text{j}\omega})\text{e}^{\text{j}\omega n}\text{d}\omega$$

（3）由过渡带宽及阻带最小衰减的要求，可选定窗形状，并估计窗长度 N。设待求滤波器的过渡带用 $\Delta\omega$ 表示。因过渡带 $\Delta\omega$ 近似与窗长度成反比，$N\approx A/\Delta\omega$，A 决定于窗形式。例如，矩形窗 $A=1.8\pi$，汉明窗 $A=6.6\pi$ 等，参数 A 的选择参考表 7.3。按照过渡带及阻带衰减情况，选择窗函数形式。原则是在保证阻带衰减满足要求的情况下，尽量选择主瓣窄的窗函数。

（4）最后，计算所设计的 FIR 滤波器的单位脉冲响应。

$$h(n)=h_\text{d}(n)w(n),\quad 0\leqslant n\leqslant N-1$$

（5）由 $h(n)$ 求 FIR 滤波器的频率响应 $H(\text{e}^{\text{j}\omega})$，检验是否满足设计要求，若不满足则需重新设计。

例 7.3　用矩形窗设计一个线性相位带通滤波器

$$H_{\mathrm{d}}(\mathrm{e}^{\mathrm{j}\omega})=\begin{cases}\mathrm{e}^{-\mathrm{j}\omega\alpha}, & -\omega_{\mathrm{c}}\leqslant\omega-\omega_0\leqslant\omega_{\mathrm{c}}\\ 0, & 0\leqslant\omega<\omega_0-\omega_{\mathrm{c}},\quad \omega_0+\omega_{\mathrm{c}}<\omega\leqslant\pi\end{cases}$$

（1）设计 N 为奇数时的 $h(n)$。

（2）设计 N 为偶数时的 $h(n)$。

（3）若改用汉明窗设计，求以上两种形式的 $h(n)$ 表达式。

解 根据该线性相位带通滤波器的相位

$$\theta(\omega)=-\omega\alpha=-\omega\frac{N-1}{2}$$

可知该滤波器只能是 $h(n)=h(N-1-n)$，即 $h(n)$ 偶对称的情况。当 $h(n)$ 偶对称时，可为第一类和第二类滤波器，其频率响应为

$$H(\mathrm{e}^{\mathrm{j}\omega})=H(\omega)\mathrm{e}^{-\mathrm{j}\omega\frac{N-1}{2}}$$

（1）当 N 为奇数时，$h(n)=h(N-1-n)$，可知 $H(\mathrm{e}^{\mathrm{j}\omega})$ 为第一类线性相位滤波器，$H(\omega)$ 关于 $\omega=0,\pi,2\pi$ 有偶对称结构。题中仅给出了 $H_{\mathrm{d}}(\mathrm{e}^{\mathrm{j}\omega})$ 在 $0\sim\pi$ 上的取值，但用傅里叶反变换求 $h_{\mathrm{d}}(n)$ 时，需要 $H(\mathrm{e}^{\mathrm{j}\omega})$ 在一个周期 $[-\pi,\pi]$ 或 $[0,2\pi]$ 上的值，因此 $H(\mathrm{e}^{\mathrm{j}\omega})$ 需根据第一类线性相位滤波器的要求进行扩展，扩展结果为

$$H_{\mathrm{d}}(\mathrm{e}^{\mathrm{j}\omega})=\begin{cases}\mathrm{e}^{-\mathrm{j}\omega\alpha}, & \omega_0-\omega_{\mathrm{c}}\leqslant\omega\leqslant\omega_0+\omega_{\mathrm{c}},\quad -\omega_0-\omega_{\mathrm{c}}\leqslant\omega\leqslant-\omega_0+\omega_{\mathrm{c}}\\ 0, & -\omega_0+\omega_{\mathrm{c}}\leqslant\omega\leqslant\omega_0-\omega_{\mathrm{c}},\quad -\pi\leqslant\omega<-\omega_0-\omega_{\mathrm{c}},\quad \omega_0+\omega_{\mathrm{c}}<\omega\leqslant\pi\end{cases}$$

则

$$\begin{aligned}h_{\mathrm{d}}(n)&=\frac{1}{2\pi}\int_{-\pi}^{\pi}H_{\mathrm{d}}(\mathrm{e}^{\mathrm{j}\omega})\mathrm{e}^{\mathrm{j}\omega n}\mathrm{d}\omega\\&=\frac{1}{2\pi}\int_{-\omega_0-\omega_{\mathrm{c}}}^{-\omega_0+\omega_{\mathrm{c}}}\mathrm{e}^{-\mathrm{j}\omega\alpha}\mathrm{e}^{\mathrm{j}\omega n}\mathrm{d}\omega+\frac{1}{2\pi}\int_{\omega_0-\omega_{\mathrm{c}}}^{\omega_0+\omega_{\mathrm{c}}}\mathrm{e}^{-\mathrm{j}\omega\alpha}\mathrm{e}^{\mathrm{j}\omega n}\mathrm{d}\omega\\&=\frac{1}{2\pi}\left.\frac{\mathrm{e}^{\mathrm{j}\omega(n-\alpha)}}{\mathrm{j}(n-\alpha)}\right|_{-\omega_0-\omega_{\mathrm{c}}}^{-\omega_0+\omega_{\mathrm{c}}}+\frac{1}{2\pi}\left.\frac{\mathrm{e}^{\mathrm{j}\omega(n-\alpha)}}{\mathrm{j}(n-\alpha)}\right|_{\omega_0-\omega_{\mathrm{c}}}^{\omega_0+\omega_{\mathrm{c}}}\\&=\frac{\sin[\omega_{\mathrm{c}}(n-\alpha)]}{\pi(n-\alpha)}\cdot 2\cos[\omega_0(n-\alpha)]\end{aligned}$$

$$h(n)=h_{\mathrm{d}}(n)R_N(n)$$

（2）N 为偶数时，$H(\mathrm{e}^{\mathrm{j}\omega})$ 为第二类线性相位滤波器，$H(\omega)$ 关于 $\omega=0$ 呈偶对称。所以，$H(\mathrm{e}^{\mathrm{j}\omega})$ 在 $[-\pi,\pi]$ 之间的扩展同上，则 $h_{\mathrm{d}}(n)$ 也同上，即

$$h_{\mathrm{d}}(n)=\frac{\sin[\omega_{\mathrm{c}}(n-\alpha)]}{\pi(n-\alpha)}\cdot 2\cos[\omega_0(n-\alpha)]$$

$$h(n)=h_{\mathrm{d}}(n)R_N(n)$$

（3）若改用汉明窗

$$w(n)=\left[0.54-0.46\cos\left(\frac{2\pi n}{N-1}\right)\right]R_N(n)$$

则当 N 为奇数时
$$h(n)=\frac{\sin[\omega_{\mathrm{c}}(n-\alpha)]}{\pi(n-\alpha)}\cdot 2\cos[\omega_0(n-\alpha)]w(n)$$

当 N 为偶数时
$$h(n)=\frac{\sin[\omega_{\mathrm{c}}(n-\alpha)]}{\pi(n-\alpha)}\cdot 2\cos[\omega_0(n-\alpha)]w(n)$$

上面两个表达式形式虽然完全一样，但由于 N 为奇数时，对称中心点 $\alpha=(N-1)/2$ 为整数，N 为偶数时，α 为非整数，因此 N 在奇数和偶数情况下，滤波器的单位脉冲响应的对称中心不同，在 $0\leqslant n\leqslant N-1$ 上的取值也完全不同。

7.3.4　窗函数法计算中的主要问题

窗函数法设计的主要优点是简单，使用方便。窗函数大多有封闭的公式可循，性能、参数都已有表格、资料可供参考，计算程序简便，所以很实用。缺点是通带和阻带的截止频率不易控制。

首先当 $H_{\mathrm{d}}(\mathrm{e}^{\mathrm{j}\omega})$ 很复杂或不能按式(7.39)直接计算积分时，则必须用求和代替积分，以便在计算机上计算，也就是要计算离散傅里叶反变换，一般都采用 FFT 来计算。将积分限分成 M 段，令采样频率为

$$\omega_k=\frac{2\pi}{M}k,\quad k=1,2,\cdots,M-1$$

则有
$$h_M(n)=\frac{1}{M}\sum_{k=0}^{M-1}H_{\mathrm{d}}\left(\mathrm{e}^{\mathrm{j}\frac{2\pi}{M}k}\right)\mathrm{e}^{\mathrm{j}\frac{2\pi}{M}kn}\tag{7.70}$$

频域的采样造成时域序列的周期延拓，延拓周期为 M，即

$$h_M(n)=\sum_{r=-\infty}^{\infty}h_{\mathrm{d}}(n+rM)\tag{7.71}$$

由于 $h_{\mathrm{d}}(n)$ 有可能是无限长的序列，因而严格说，必须 $M\to\infty$ 时，$h_M(n)$ 才能等于 $h_{\mathrm{d}}(n)$ 而不产生混叠现象，即

$$h_{\mathrm{d}}(n)=\lim_{M\to\infty}h_M(n)\tag{7.72}$$

实际上，由于 $h_{\mathrm{d}}(n)$ 随 n 增加衰减很快，一般只要 M 足够大，即 $M\gg N$ 就足够了。其次，窗函数设计法的另一个困难就是需要预先确定窗函数的形状和窗序列的点数 N，以满足给定的频率响应指标。这一困难可利用计算机采用累试法加以解决。

一般在设计凯泽窗时，对零阶贝塞尔函数可采用无穷级数来表达

$$\mathrm{I}_0(x)=\sum_{k=0}^{\infty}\left[\frac{1}{k!}\left(\frac{x}{2}\right)^k\right]^2=1+\sum_{k=1}^{\infty}\left[\frac{1}{k!}\left(\frac{x}{2}\right)^k\right]^2\tag{7.73}$$

这个无穷级数可用有限项级数去近似，项数多少由要求的精度来确定。

7.4　频率采样法设计 FIR 数字滤波器

窗函数法是从时域出发，把理想的 $h_{\mathrm{d}}(n)$ 用一定形状的窗函数截取成有限长的 $h(n)$，以此 $h(n)$ 来近似理想的 $h_{\mathrm{d}}(n)$，这样得到的频率响应 $H(\mathrm{e}^{\mathrm{j}\omega})$ 逼近于所要求的理想的频率响应

$H_d(e^{j\omega})$。

频率采样法则是从频域出发，把给定的理想频率响应$H_d(e^{j\omega})$加以等间隔采样，即

$$H_d(e^{j\omega})\Big|_{\omega=2\pi k/N}=H_d\left(e^{j\frac{2\pi}{N}k}\right)=H_d(k) \tag{7.74}$$

然后以此$H_d(k)$作为实际FIR数字滤波器的频率特性的采样值$H(k)$，即令

$$H(k)=H_d(k)=H_d(e^{j\omega})\Big|_{\omega=\frac{2\pi}{N}k},\quad k=0,1,\cdots,N-1 \tag{7.75}$$

知道$H(k)$后，由 DFT 定义，可以用频域的这N个采样值$H(k)$来唯一确定有限长序列$h(n)$，而由$X(z)$的内插公式知道，利用这N个频域采样值$H(k)$同样可求得FIR滤波器的系统函数$H(z)$及频率响应$H(e^{j\omega})$。这个$H(z)$或$H(e^{j\omega})$将逼近$H_d(z)$或$H_d(e^{j\omega})$，$H(z)$和$H(e^{j\omega})$的内插公式为

$$H(z)=\frac{1-z^{-N}}{N}\sum_{k=0}^{N-1}\frac{H(k)}{1-W_N^{-k}z^{-1}} \tag{7.76}$$

$$H(e^{j\omega})=\sum_{k=0}^{N-1}H(k)\phi\left(\omega-\frac{2\pi}{N}k\right) \tag{7.77}$$

其中$\phi(\omega)$是内插函数

$$\phi(\omega)=\frac{1}{N}\cdot\frac{\sin\left(\frac{\omega N}{2}\right)}{\sin\left(\frac{\omega}{2}\right)}e^{-j\omega\left(\frac{N-1}{2}\right)} \tag{7.78}$$

将式(7.78)代入式(7.77)，化简后可得

$$H(e^{j\omega})=\frac{1}{N}e^{-j\omega\left(\frac{N-1}{2}\right)}\sum_{k=0}^{N-1}H(k)e^{-j\frac{\pi k}{N}}\frac{\sin\left(\frac{\omega N}{2}\right)}{\sin\left(\frac{\omega}{2}-\frac{\pi k}{N}\right)} \tag{7.79}$$

即

$$H(e^{j\omega})=e^{-j\omega\left(\frac{N-1}{2}\right)}\sum_{k=0}^{N-1}H(k)\frac{1}{N}e^{j\frac{\pi k}{N}(N-1)}\frac{\sin\left[N\left(\frac{\omega}{2}-\frac{\pi k}{N}\right)\right]}{\sin\left(\frac{\omega}{2}-\frac{\pi k}{N}\right)} \tag{7.80}$$

从内插公式(7.77)看到，在各频率采样点上，滤波器的实际频率响应严格地和理想频率响应数值相等，即$H(e^{j\frac{2\pi k}{N}})=H(k)=H_d(k)=H_d(e^{j\frac{2\pi k}{N}})$。但是在采样点之间的频率响应则是由各采样点的加权内插函数的延伸叠加而形成的，因而有一定的逼近误差，误差大小取决于理想频率响应曲线形状，理想频率响应特性变化越平缓，则内插值越接近理想值，逼近误差越小，如图7.16(b)的梯形理想频率特性所示。反之，如果采样点之间的理想频率特性变化越陡，则内插值与理想值之间的误差就越大，因而在理想频率特性的不连续点附近，就会产生肩峰和波纹，如图7.16(a)的矩形理想频率特性所示。

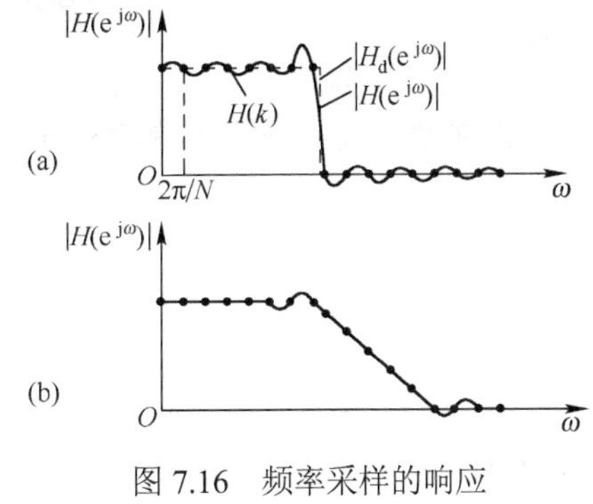

图 7.16　频率采样的响应

7.4.1　线性相位的约束

若我们设计的是线性相位的 FIR 滤波器，则其采样值 $H(k)$ 的幅度和相位一定要满足前面所讨论的四类线性相位滤波器的约束条件。

（1）对于第一类线性相位滤波器，即 $h(n)$ 偶对称，长度 N 为奇数时，

$$H(e^{j\omega}) = H(\omega)e^{-j\omega\left(\frac{N-1}{2}\right)} \tag{7.81}$$

其中幅度函数 $H(\omega)$ 应是偶对称的，即

$$H(\omega) = H(2\pi - \omega) \tag{7.82}$$

如果采样值 $H(k) = H(e^{j\frac{2\pi}{N}k})$ 也用幅值 H_k（纯标量）与相角 θ_k 表示，即

$$H(k) = H(e^{j2\pi k/N}) = H_k e^{j\theta_k}$$

θ_k 必须为

$$\theta_k = -\frac{2\pi}{N}k\left(\frac{N-1}{2}\right) = -\pi k\left(1-\frac{1}{N}\right) \tag{7.83}$$

H_k 必须满足偶对称

$$H_k = H_{N-k} \tag{7.84}$$

（2）对于第二类线性相位 FIR 滤波器，即 $h(n)$ 偶对称，N 为偶数，

$$H(e^{j\omega}) = H(\omega)e^{j\theta(\omega)}, \qquad \theta(\omega) = -\omega\left(\frac{N-1}{2}\right)$$

其幅度函数是奇对称的，即

$$H(\omega) = -H(2\pi - \omega) \tag{7.85}$$

所以，这时的 H_k 也应满足奇对称要求，即

$$H_k = -H_{N-k} \tag{7.86}$$

θ_k 与式(7.83)相同。

（3）对于第三类线性相位 FIR 滤波器，即 $h(n)$ 奇对称，N 为奇数时，

$$H(e^{j\omega}) = H(\omega)e^{j\theta(\omega)}$$

式中，

$$\theta(\omega) = -\omega\left(\frac{N-1}{2}\right) + \frac{\pi}{2} \tag{7.87}$$

第三类线性相位滤波器幅度函数 $H(\omega)$ 关于 $\omega = 0, \pi, 2\pi$ 为奇对称，即

$$H(\omega) = -H(2\pi - \omega) \tag{7.88}$$

$$\theta_k = -\frac{2\pi}{N}k\left(\frac{N-1}{2}\right) + \frac{\pi}{2} = -\pi k\left(1-\frac{1}{N}\right) + \frac{\pi}{2} \tag{7.89}$$

$$H_k = -H_{N-k} \tag{7.90}$$

即 H_k 满足奇对称要求。

(4) 对于第四类线性相位 FIR 滤波器，即 $h(n)$ 奇对称，N 为偶数，则其 $H(e^{j\omega})$ 的表达式仍为

$$H(e^{j\omega}) = H(\omega)e^{j\theta(\omega)}$$

$$\theta(\omega) = -\omega\left(\frac{N-1}{2}\right) + \frac{\pi}{2}$$

但是，其幅度函数 $H(\omega)$ 关于 $\omega = \pi$ 是偶对称的，关于 $\omega = 0, 2\pi$ 为奇对称，即

$$H(\omega) = H(2\pi - \omega) \tag{7.91}$$

所以，这时的 H_k 也应满足偶对称要求

$$H_k = H_{N-k} \tag{7.92}$$

而 θ_k 则与前面的式(7.89)相同。

7.4.2 频率采样的两种方法

对 $H_d(e^{j\omega})$ 进行频率采样，就是在 z 平面单位圆上的 N 个等间隔点上抽取出频率响应值。在单位圆上可以有两种采样方式，第一种是第一个采样点在 $\omega = 0$ 处(或在 $z = e^{j0} = 1$ 处)，第二种是第一个采样点在 $\omega = \pi/N$ 处(或在 $z = e^{j\frac{\pi}{N}}$ 处)，每种方式可分为 N 是偶数与 N 是奇数两种，如图7.17所示。

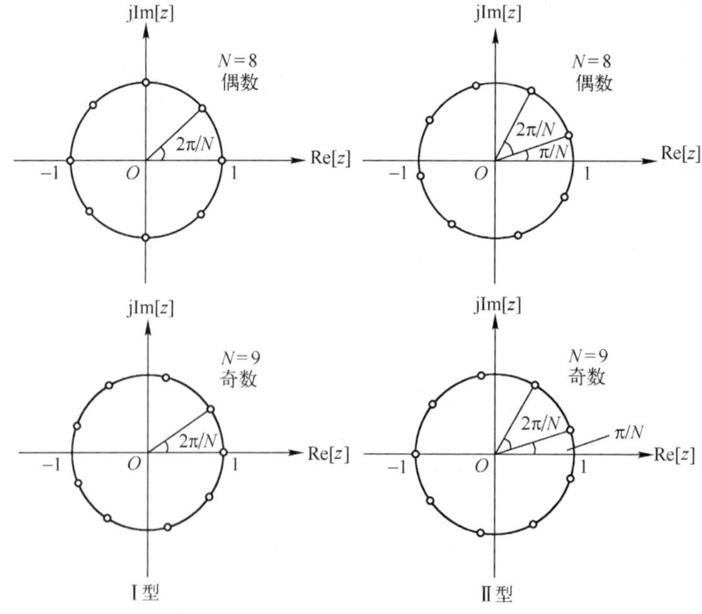

图 7.17 两种频率采样(Ⅰ型和Ⅱ型)

第一种频率采样(Ⅰ型)就是上面讨论的采样，即

$$H(k) = H_d(k) = H_d(e^{j\omega})\Big|_{\omega=\frac{2\pi k}{N}}, \quad 0 \leqslant k \leqslant N-1 \tag{7.93}$$

其内插公式仍与式(7.76)和式(7.79)相同。

第二种频率采样(Ⅱ型)满足

$$\begin{aligned}H(k)=H_{\mathrm{d}}(k)=H_{\mathrm{d}}(\mathrm{e}^{\mathrm{j}\omega})\Big|_{\omega=\frac{\pi}{N}+\frac{2\pi k}{N}=\frac{2\pi}{N}\left(k+\frac{1}{2}\right)}&=\sum_{n=0}^{N-1}h(n)\mathrm{e}^{-\mathrm{j}\frac{2\pi}{N}\left(k+\frac{1}{2}\right)n}\\&=\sum_{n=0}^{N-1}\left[h(n)\mathrm{e}^{-\mathrm{j}\frac{\pi}{N}n}\right]\mathrm{e}^{-\mathrm{j}\frac{2\pi}{N}kn},\quad 0\leqslant k\leqslant N-1\end{aligned}\tag{7.94}$$

求离散傅里叶反变换，可得

$$h(n)\mathrm{e}^{-\mathrm{j}\frac{\pi}{N}n}=\frac{1}{N}\sum_{k=0}^{N-1}H(k)\mathrm{e}^{\mathrm{j}\frac{2\pi}{N}nk}$$

由此可得

$$h(n)=\frac{1}{N}\sum_{k=0}^{N-1}H(k)\mathrm{e}^{\mathrm{j}\frac{2\pi}{N}\left(k+\frac{1}{2}\right)n}\tag{7.95}$$

求此 $h(n)$ 的 z 变换，可得

$$\begin{aligned}H(z)&=\sum_{n=0}^{N-1}\left[\frac{1}{N}\sum_{k=0}^{N-1}H(k)\mathrm{e}^{\mathrm{j}\frac{2\pi}{N}\left(k+\frac{1}{2}\right)n}\right]z^{-n}\\&=\frac{1+z^{-N}}{N}\sum_{k=0}^{N-1}\frac{H(k)}{1-\mathrm{e}^{\mathrm{j}\frac{2\pi}{N}\left(k+\frac{1}{2}\right)}z^{-1}}\end{aligned}\tag{7.96}$$

在单位圆 $z=\mathrm{e}^{\mathrm{j}\omega}$ 上计算，可得频率响应

$$H(\mathrm{e}^{\mathrm{j}\omega})=\frac{\cos\left(\frac{\omega N}{2}\right)}{N}\mathrm{e}^{-\mathrm{j}\omega\left(\frac{N-1}{2}\right)}\sum_{k=0}^{N-1}\frac{H(k)\mathrm{e}^{-\mathrm{j}\frac{\pi}{N}\left(k+\frac{1}{2}\right)}}{\mathrm{j}\sin\left[\frac{\omega}{2}-\frac{\pi}{N}\left(k+\frac{1}{2}\right)\right]}\tag{7.97}$$

式(7.96)及式(7.97)就是由第二种理想频率采样得到 FIR 滤波器系统函数 $H(z)$ 和频率响应 $H(\mathrm{e}^{\mathrm{j}\omega})$ 的内插公式。

7.4.3　逼近误差及其改进措施

频率采样法是比较简单的，但是我们还应该进一步考察，用这种频率采样所得到的系统函数究竟逼近效果如何？如此设计所得到的频率响应 $H(\mathrm{e}^{\mathrm{j}\omega})$ 与要求的理想频率响应 $H_{\mathrm{d}}(\mathrm{e}^{\mathrm{j}\omega})$ 会有怎样的差别？我们已经知道，利用 N 个频域采样值 $H(k)$ 可求得 FIR 滤波器的频率响应 $H(\mathrm{e}^{\mathrm{j}\omega})$，即

$$H(\mathrm{e}^{\mathrm{j}\omega})=\sum_{k=0}^{N-1}H(k)\phi\left(\omega-\frac{2\pi}{N}k\right)$$

其中，$\phi(\omega)$ 是内插函数，

$$\phi(\omega)=\frac{\sin(\omega N/2)}{N\sin(\omega/2)}\mathrm{e}^{-\mathrm{j}\omega(N-1)/2}$$

上式表明，在各频率采样点 $\omega=2\pi k/N$，$k=0,1,\cdots,N-1$ 上，$\phi(\omega-2\pi k/N)=1$。因此，采样点上滤波器的实际频率响应严格和理想频率响应数值相等。然而，采样点之间的频率响应是由各采样点的加权内插函数的延伸叠加而成的，因而有一定的逼近误差，误差大小取决于理

想频率响应曲线形状。理想频率响应特性变化越平缓，则内插值越接近理想值，逼近误差越小。例如，图7.16(b)中的理想特性是一个梯形响应，变化很缓慢，因而采样后逼近效果就较好。反之，若采样点之间的理想频率特性变化越陡，则内插值与理想值的误差就越大，因而在理想频率特性的不连续点附近，就会产生肩峰和起伏。例如，图7.16(a)中是一个矩形的理想特性，它在频率采样后出现的肩峰和起伏就比梯形特性大得多。

如图7.18所示，在频率响应的过渡带内插入一个(H_{c1})或两个(H_{c1}和H_{c2})或三个(H_{c1}，H_{c2}和H_{c3})采样点，这些点上的采样最佳值由计算机算出。这样就增加了过渡带，减小了频带边缘的突变，减小了通带和阻带的波动，因而增大了阻带最小衰减。这些采样点上的取值不同，效果也就不同，每一个频率采样值都要产生一个与内插函数$\sin(\omega N/2)/\sin(\omega/2)$成正比并且在频率上位移$2\pi k/N$的频率响应，而 FIR 滤波器的频率响应就是$H(k)$与内插函数$\phi\left(\omega-\dfrac{2\pi}{N}k\right)$相乘后的线性组合。如果精心设计过渡带的采样值，就有可能使它的相邻频带波动得以减小，从而设计出较好的滤波器。一般过渡带取一、二、三点采样值即可得到满意的结果。在低通滤波器设计中，不加过渡采样点时，阻带最小衰减为−20 dB，一点过渡采样的最优化设计阻带最小衰减可提高到 −44 dB 到−54 dB 左右，二点过渡采样的最优化设计可达−65 dB 到−75 dB 左右，而加三点过渡采样的最优化设计则可达−85 dB 到−95 dB 左右。

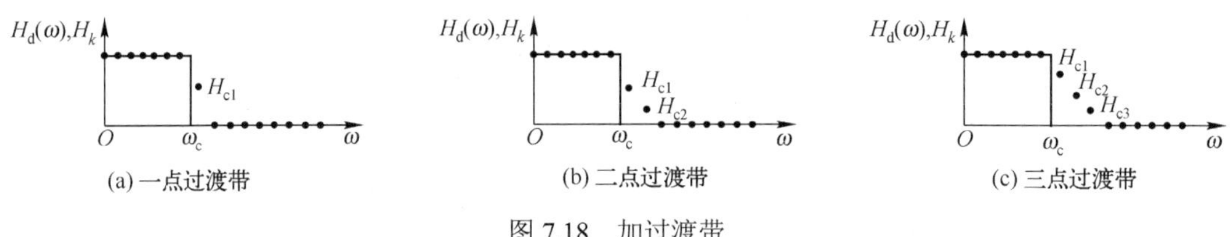

图 7.18　加过渡带

频率采样法的优点是可以在频域直接设计，并且适合最优化设计；缺点是采样频率只能等于$2\pi/N$的整数倍，因而不能确保截止频率ω_c的自由取值。要想实现自由地选择截止频率，必须增加采样点数N，但这又使计算量加大。

例7.4　用频率采样法设计第一类线性相位低通滤波器，要求截止频率$\omega_c=\pi/3$，频域采样点数为$N=15$，绘制$h(n)$及其频率响应波形。

解　用理想低通特性作为希望逼近的频率响应函数$H_d(e^{j\omega})=H_{dg}(\omega)e^{-j\omega(N-1)/2}$，$H_{dg}(\omega)$如图7.19(a)中的实线所示。然后对$H_{dg}(\omega)$在$[0,2\pi]$上采样 15 点，得到幅度采样$A(k)$，如图7.19(a)中的圆点所示。相位采样为

$$\theta(k)=-\omega\frac{N-1}{2}\bigg|_{\omega=\frac{2\pi k}{N}}=-\frac{14}{15}\pi k,\quad k=0,1,2,\cdots,14$$

频域采样为

$$H(k)=A(k)e^{j\theta(k)}=\begin{cases}e^{-j14\pi k/15}, & k=0,1,2,13,14\\ 0, & k=3,4,\cdots,12\end{cases}$$

对$H(k)$进行N点 IDFT，得到第一类线性相位低通滤波器的单位脉冲响应为

$$h(n)=\mathrm{IDFT}\left[H(k)\right]=\frac{1}{N}\sum_{k=0}^{14}H(k)W_N^{kn},\qquad n=0,1,2,\cdots,14$$

根据频域内插公式

$$H(\mathrm{e}^{\mathrm{j}\omega})=\sum_{k=0}^{N-1}H(k)\phi\left(\omega-\frac{2\pi k}{N}\right)=H_{\mathrm{g}}(\omega)\mathrm{e}^{-\mathrm{j}\omega(N-1)/2}$$

$$\phi(\omega)=\frac{1}{N}\frac{\sin(\omega N/2)}{\sin(\omega/2)}\mathrm{e}^{-\mathrm{j}\omega(N-1)/2}$$

如图 7.19(c)和图 7.19(d)所示。

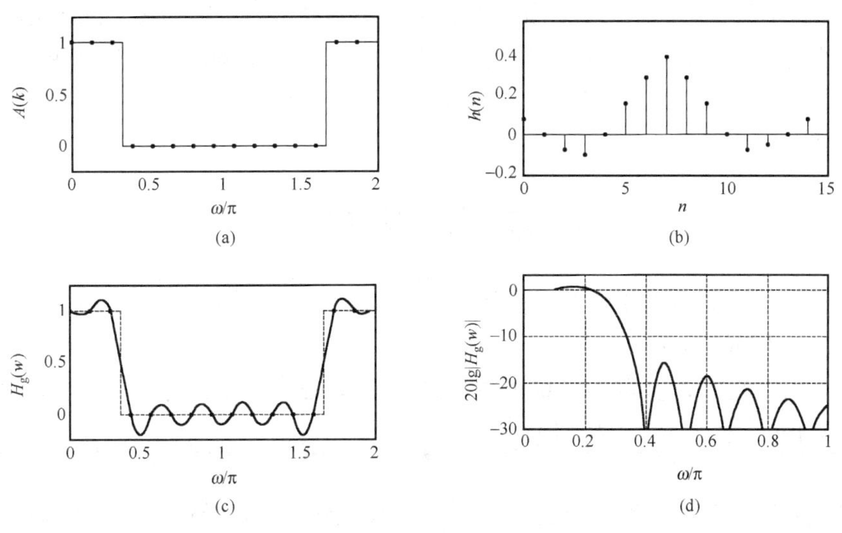

图 7.19　例 7.4 的波形

7.5　IIR 和 FIR 数字滤波器的比较

首先，从性能上说，IIR 滤波器可以用较少的阶数获得很高的选择特性，这样一来，所用存储单元少，运算次数少，较为经济而且效率高。但是这个高效率的代价是以相位的非线性得来的。选择性越好，非线性越严重。相反，FIR 滤波器可以得到严格的线性相位。但是，若需要获得一定的选择性，则要用较多的存储器和较多的运算，成本比较高，信号延时也较大。然而，FIR 滤波器的这些缺点是相对于非线性相位的 IIR 滤波器比较而言的。如果按相同的选择性和相同的相位线性要求，IIR 滤波器就必须加全通网络来进行相位校正，因此同样要大大增加滤波器的阶数和复杂性。所以如果相位要求严格一点，那么采用 FIR 滤波器不仅在性能上而且在经济上都将优于 IIR 滤波器。

从结构上看，IIR 滤波器必须采用递归型结构，极点位置必须在单位圆内，否则系统将不稳定。此外，在这种结构中，由于运算过程中对序列的四舍五入处理，有时会引起微弱的寄生振荡。相反，FIR 滤波器主要采用非递归结构，不论在理论上还是在实际的有限精度运算中都不存在稳定性问题，运算误差也较小。此外，FIR 滤波器可以采用快速傅里叶变换算法，在相同阶数的条件下，运算速度可以快得多。

从设计工作看，IIR 滤波器可以借助模拟滤波器的成果，一般都有有效的封闭函数的设计公式可供准确的计算。又有许多数据和表格可查，设计计算的工作量比较小，对计算工具的要求不高。FIR 滤波器设计则一般没有封闭函数的设计公式。窗函数法虽然对窗函数可以给出计算公式，但计算通带、阻带衰减等仍无显式表达式。一般，FIR 滤波器设计只有计算程序可循，因此对计算工具要求较高。

此外，还应看到，IIR 滤波器虽然设计简单，但主要用于设计具有片段常数特性的滤波器，如低通、高通、带通及带阻等，因此往往脱离不了模拟滤波器的格局。而 FIR 滤波器则要灵活得多，尤其是频率采样设计法更容易适应各种幅度特性和相位特性的要求，可以设计出理想的正交变换、理想微分、线性调频等各种重要网络。因而有更大适应性和更广阔的天地。

从以上简单比较可以看出，IIR 滤波器与 FIR 滤波器各有所长，在实际应用时要从多方面考虑来加以选择。从使用要求来看，如对相位要求不敏感的语言通信等，选用 IIR 较为合适。而对图像信号处理、数据传输等以波形携带信息的系统，一般对线性相位要求较高，这时采用 FIR 滤波器较好。当然，在实际设计中，还应综合考虑经济上的要求以及计算工具的条件等多方面的因素。

本 章 提 要

1．FIR 滤波器具有线性相位的条件是 $h(n)=\pm h(N-1-n),\ 0\leqslant n\leqslant N-1$，即单位脉冲响应 $h(n)$ 满足偶对称或奇对称条件。

2．线性相位 FIR 滤波器的系统函数满足 $H(z)=\pm z^{-(N-1)}H(z^{-1})$，它的两种线性相位是 $\theta(\omega)=-\left(\dfrac{N-1}{2}\right)\omega$ 和 $\theta(\omega)=-\left(\dfrac{N-1}{2}\right)\omega+\dfrac{\pi}{2}$，其幅度函数分为 4 种情况：$h(n)$ 偶对称，N 为奇数；$h(n)$ 偶对称，N 为偶数；$h(n)$ 奇对称，N 为奇数；$h(n)$ 奇对称，N 为偶数。

3．线性相位 FIR 数字滤波器的零点必是互为倒数的共轭对，或者说是共轭镜像的，即若 $z=z_i$ 是 $H(z)$ 的零点，则 $z=\dfrac{1}{z_i}=z_i^{-1}$ 也一定是 $H(z)$ 的零点，由于 $h(n)$ 是实数，所以 $H(z)$ 的零点必然是以共轭对形式存在的，因而 $z=z_i^*$ 及 $z=(z_i^{-1})^*=\dfrac{1}{z_i^*}$ 也一定是 $H(z)$ 的零点。

4．设计 FIR 滤波器的重要方法是窗函数法，加窗函数处理后，对理想频率响应会产生以下几点影响：

(1) 使理想频率特性不连续点处边沿加宽，形成一个过渡带，过渡带的宽度等于窗的频率响应的主瓣宽度，窗函数的主瓣越宽，过渡带也越宽。

(2) 在截止频率的两边出现最大的肩峰值，肩峰的两侧形成起伏振荡，其振荡幅度取决于旁瓣的相对幅度，而振荡的多少，则取决于旁瓣的多少。

(3) 要改变窗的长度 N，只能改变窗谱函数的主瓣宽度，改变 ω 的坐标比例，以及改变窗幅度函数的绝对值大小。

5．窗函数序列的形状及长度的选择非常关键，一般希望窗函数满足两项要求：

(1) 窗谱主瓣尽可能地窄，以获取较陡的过渡带。

(2) 尽量减少窗谱的最大旁瓣的相对幅度。也就是使能量尽量集中于主瓣，这样使肩峰和波纹减小，就可以增大阻带的衰减。

实际设计中这两项要求是不能同时都满足的，需要进行折中考虑，不同的窗函数会有不同的性能。

6．频率采样法则从频域出发，把给定的理想频率响应 $H_{\mathrm{d}}(\mathrm{e}^{\mathrm{j}\omega})$ 加以等间隔采样，得到 $H_{\mathrm{d}}(k)$，然后以此 $H_{\mathrm{d}}(k)$ 作为实际 FIR 数字滤波器的频率特性的采样值 $H(k)$，知道 $H(k)$ 后，

由 DFT 定义，可以用频域的这 N 个采样值 $H(k)$ 来唯一确定有限长序列 $h(n)$ 。

习　　题

1．用矩形窗设计一个 FIR 线性相位低通数字滤波器。已知 $\omega_c = 0.5\pi$，$N = 21$ 。求出 $h(n)$ 并画出 $20\lg\left|H(e^{j\omega})\right|$ 的曲线。

2．用三角形窗设计一个 FIR 线性相位低通数字滤波器。已知 $\omega_c = 0.5\pi$，$N = 21$ 。求出 $h(n)$ 并画出 $20\lg\left|H(e^{j\omega})\right|$ 的曲线。

3．用汉宁窗设计一个线性相位高通滤波器

$$H_d(e^{j\omega}) = \begin{cases} e^{-j(\omega-\pi)\alpha}, & \pi - \omega_c \leqslant \omega \leqslant \pi \\ 0, & 0 \leqslant \omega < \pi - \omega_c \end{cases}$$

求出 $h(n)$ 的表达式，确定 α 与 N 的关系。并画出 $20\lg\left|H(e^{j\omega})\right|$ 的曲线（设 $\omega_c = 0.5\pi$, $N = 51$）。

4．用汉明窗设计一个线性相位带通滤波器

$$H_d(e^{j\omega}) = \begin{cases} e^{-j\omega\alpha}, & -\omega_c \leqslant \omega - \omega_0 \leqslant \omega_c \\ 0, & 0 \leqslant \omega < \omega_0 - \omega_c, \quad \omega_0 + \omega_c < \omega \leqslant \pi \end{cases}$$

求出 $h(n)$ 的表达式并画出 $20\lg\left|H(e^{j\omega})\right|$ 的曲线（设 $\omega_c = 0.2\pi$，$\omega_0 = 0.5\pi$，$N = 51$）。

5．试用频率采样法设计一个 FIR 线性相位数字低通滤波器。已知 $\omega_c = 0.5\pi$，$N = 51$ 。

6．如果一个线性相位带通滤波器的频率响应为

$$H_{BP}(e^{j\omega}) = H_{BP}(\omega)e^{j\varphi(\omega)}$$

(1) 试证明一个线性相位带阻滤波器可以表示为

$$H_{BR}(e^{j\omega}) = \left[1 - H_{BP}(\omega)\right] \cdot e^{j\varphi(\omega)}, \ 0 \leqslant \omega \leqslant \pi$$

(2) 试用带通滤波器的单位脉冲响应 $h_{BP}(n)$ 来表示带阻滤波器的单位脉冲响应 $h_{BR}(n)$ 。

7．选择合适的窗函数及 N 来设计一个线性相位低通滤波器

$$H_d(e^{j\omega}) = \begin{cases} e^{-j\omega\alpha}, & 0 \leqslant \omega < \omega_c \\ 0, & \omega_c \leqslant \omega \leqslant \pi \end{cases}$$

要求其最小阻带衰减为–45 dB，过渡带宽为 $8\pi/51$ 。

(1) 求出 $h(n)$ 并画出 $20\lg\left|H(e^{j\omega})\right|$ 的曲线（设 $\omega_c = 0.5\pi$）。

(2) 保留原有轨迹，画出用另几个窗函数设计时的 $20\lg\left|H(e^{j\omega})\right|$ 的曲线。

8．一个 FIR 线性相位滤波器的单位脉冲响应是实数的，且 $n<0$ 和 $n>6$ 时 $h(n) = 0$ 。如果 $h(0) = 1$ 且系统函数在 $z = 0.5e^{j\frac{\pi}{3}}$ 和 $z = 3$ 各有一个零点，那么 $H(z)$ 的表达式是什么？

9．根据下列技术指标，设计一个 FIR 低通滤波器。采样频率为 $\Omega_s = 2\pi \times 1.5 \times 10^4$ rad/s ，通带截止频率 $\Omega_p = 2\pi \times 1.5 \times 10^3$ rad/s ，阻带截止频率 $\Omega_{st} = 2\pi \times 3 \times 10^3$ rad/s ，阻带衰减不小于 50 dB。

10．用频率采样法设计一线性相位滤波器，$N = 15$ ，幅度采样值为

$$H_k=\begin{cases}1, & k=0\\ 0.5, & k=1,14\\ 0, & k=2,3,\cdots,13\end{cases}$$

试设计采样值的相位 θ_k，并求 $h(n)$ 及 $H(\mathrm{e}^{\mathrm{j}\omega})$ 的表达式。

11．利用频率采样法，设计一个线性相位低通 FIR 数字滤波器，其理想频率特性是矩形的

$$\left|H_{\mathrm{d}}(\mathrm{e}^{\mathrm{j}\omega})\right|=\begin{cases}1, & 0\leqslant\omega\leqslant\omega_{\mathrm{c}}\\ 0, & \text{其他}\end{cases}$$

已知 $\omega_{\mathrm{c}}=0.5\pi$，采样点数为奇数 $N=33$。试求各采样点的幅值 H_k 及相位 θ_k，也即求采样值 $H(k)$。

第 8 章　多采样率数字信号处理

在前面各章节所讨论的离散时间信号与系统中，都是把采样频率 f_s 视为一个固定值，即系统对所有的信号的采样都是相同的。但在实际应用系统中，有时要求系统工作频率是变化的，这就会遇到采样频率转换的问题，这样的系统称为多采样率数字信号处理系统。多采样率数字信号处理在数字语音系统、数字电视系统、数字电话系统、通信系统等中有着广泛的应用。例如，在数字电视中既要传输语音信号，又要传输图像信号，这两种信号的频率很不相同，采样的频率也自然不同，系统必然要工作在多采样频率状态。又如，在数字电话中，同时要传输语音、传真及视频信号，几种信号的带宽相差很大，所以系统也应具备多采样频率功能，并根据传输的要求进行频率转换。对非平稳随机信号做谱分析或编码时，对不同的信号段可根据频率成分采用不同采样率，以减少数据，达到降低高采样率采集数据存在的冗余。近年来，多采样率数字信号处理已成为数字信号处理领域中的一个极其重要的研究内容。

实现多采样率转换的一个直接思想是，先把用采样频率 f_{s1} 采样得到的数字信号 $x(n)$，通过 D/A 转换变成模拟信号 $x_a(t)$，然后再用采样频率 f_{s2} 通过 A/D 转换成数字信号。由于存在量化误差和失真，从而易引起信号的损失，进而影响信号处理的精度。所以在实际应用中，频率转换是直接在数字域中进行的。采样频率的改变有抽取（decimation）和插值（interpolation）两种。前者通过去掉冗余数据实现采样频率的降低，后者通过增加数据实现采样频率的提高。本章将讨论抽取和内插的基本原理和实现方法。

8.1　信号的整数倍抽取

信号的抽取是实现频率降低的方法。前面讨论过，当采样频率大于信号最高频率的 2 倍时，不会产生混叠失真。显然，当采样频率远高于信号最高频率时，采样后的信号就会有冗余数据。此时，通过信号的抽取来降低采样频率，同样也不会产生混叠失真。抽取可以是整数倍抽取，也可以是有理数因子抽取，这里仅讨论按整数倍因子进行抽取。

图 8.1 是降低序列 $x(n)$ 的采样率的示意图。从图 8.1 中可以看到，降低采样率最简单的方法是将 $x(n)$ 中的每 M 点中抽取一点，形成新的减采样序列 $x_1(n)$，即

$$x_1(n)=\begin{cases}x(n), & n=0,\pm M,\pm 2M,\cdots\\ 0, & \text{其他}\end{cases}$$
$$=x(n)p(n)=x(n)\sum_{i=-\infty}^{\infty}\delta(n-Mi) \tag{8.1}$$

$$y(n)=x(Mn), n\in(-\infty,\infty) \tag{8.2}$$

若信号 $x(n)$ 的采样周期为 T，经过 M 倍抽取后 $y(n)$ 的采样周期为 T_1，二者之间的关系为

$$T_1 = MT \tag{8.3}$$

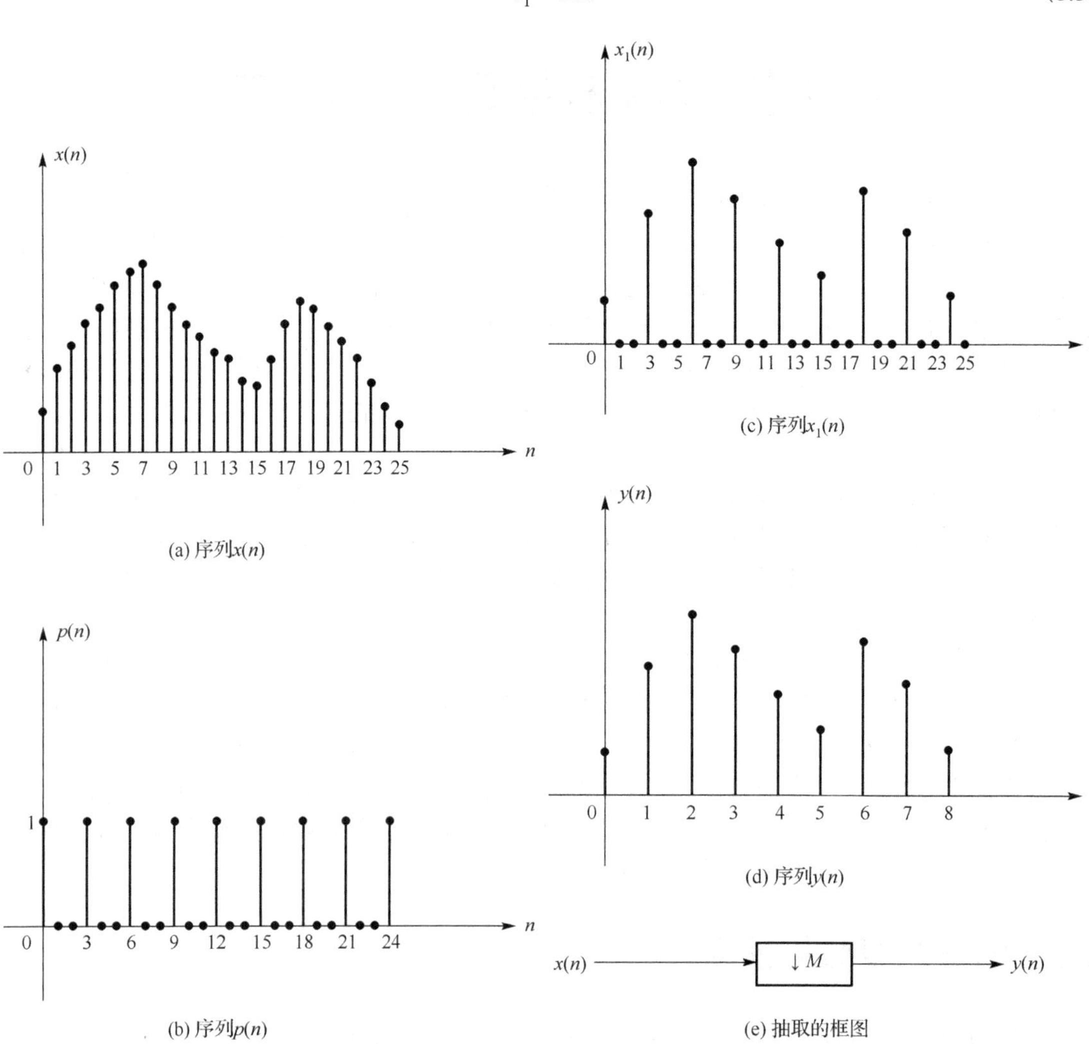

图 8.1 信号的抽取示意图

$y(n)$ 的采样频率 f_{1s} 为

$$f_{1s} = 1/T_1 = \frac{1}{MT} = \frac{f_s}{M} \tag{8.4}$$

现在证明，$y(n)$ 和 $x(n)$ 的 DTFT 有如下关系：

$$Y(e^{j\omega}) = \frac{1}{M}\sum_{k=0}^{M-1} X(e^{j(\omega-2\pi k)/M}) \tag{8.5}$$

证明

$y(n)$ 的 z 变换为

$$Y(z) = \sum_{n=-\infty}^{\infty} y(n)z^{-n} = \sum_{n=-\infty}^{\infty} x(Mn)z^{-n}$$

采用中间序列 $x_1(n)$， $y(n)=x_1(Mn)$：

$$Y(z)=\sum_{n=-\infty}^{\infty}x_1(Mn)z^{-n}=\sum_{n=-\infty}^{\infty}x_1(n)z^{-n/M}$$

即

$$Y(z)=X_1(z^{1/M}) \tag{8.6}$$

现在需要找到 $X_1(z)$ 和 $X(z)$ 之间的关系。

$p(n)=\sum_{i=-\infty}^{\infty}\delta(n-Mi)$ 为一周期单位脉冲序列，它在 M 的整数倍处的值为 1，其余皆为零，其采样频率为 f_s。由 DFS 理论， $p(n)$ 又可表示为

$$p(n)=\frac{1}{M}\sum_{k=0}^{M-1}W_M^{-kn},\quad W_M=e^{-j2\pi/M} \tag{8.7}$$

因为 $x_1(n)=x(n)p(n)$，所以

$$X_1(z)=\sum_{n=-\infty}^{\infty}x(n)p(n)z^{-n}=\frac{1}{M}\sum_{n=-\infty}^{\infty}x(n)\sum_{k=0}^{M-1}(zW_M^k)^{-n}$$

即

$$X_1(z)=\frac{1}{M}\sum_{k=0}^{M-1}X(zW_M^k) \tag{8.8}$$

将该式代入式(8.6)，有

$$Y(z)=\frac{1}{M}\sum_{k=0}^{M-1}X(z^{\frac{1}{M}}W_M^k) \tag{8.9}$$

令 $z=e^{j\omega}$ 代入式(8.9)，即得到 $Y(e^{j\omega})=\dfrac{1}{M}\sum_{k=0}^{M-1}X(e^{j(\omega-2\pi k)/M})$，证毕。

式(8.9)又常写成如下形式：

$$Y(z^M)=\frac{1}{M}\sum_{k=0}^{M-1}X(zW_M^k) \tag{8.10}$$

式(8.5)的含义是将信号 $x(n)$ 做 M 倍的抽取后，所得信号 $y(n)$ 的频谱等于原信号 $x(n)$ 的频谱先做 M 倍的扩展，再在 ω 轴上做 $\dfrac{2\pi}{M}k$（$k=1,2,\cdots,M-1$）的移位后再迭加。如图 8.2 所示。

由采样定理，在由 $x(t)$ 采样变成 $x(n)$ 时，若保证 $f_s\geqslant 2f_c$，则采样的结果不会发生频谱的混叠。对 $x(n)$ 做 M 倍抽取得到 $y(n)$，若保证由 $y(n)$ 重建出 $x(t)$，则 $Y(e^{j\omega})$ 的一个周期（$-\pi/M,\pi/M$）也应等于 $x(t)$ 的频谱 $X(j\Omega)$。这就要求采样频率 f_s 必须满足 $f_s\geqslant 2Mf_c$。如果 $f_s\geqslant 2Mf_c$ 的条件不能得到满足，那么 $Y(e^{j\omega})$ 中将发生混叠，因此也就无法重建出 $x(t)$，如图 8.2(d)。

为了利用采样率降低后无混叠的频谱部分，可以用理想低通对 $x(n)$ 的频谱 $X(e^{j\omega})$ 先进行抗混叠滤波，提取出带宽为 π/M 的所需信号，再通过只保留滤波器输出第 M 个采样点(降低采样率)，形成抽取序列 $y(n)$。上述实现过程如图 8.3 所示。

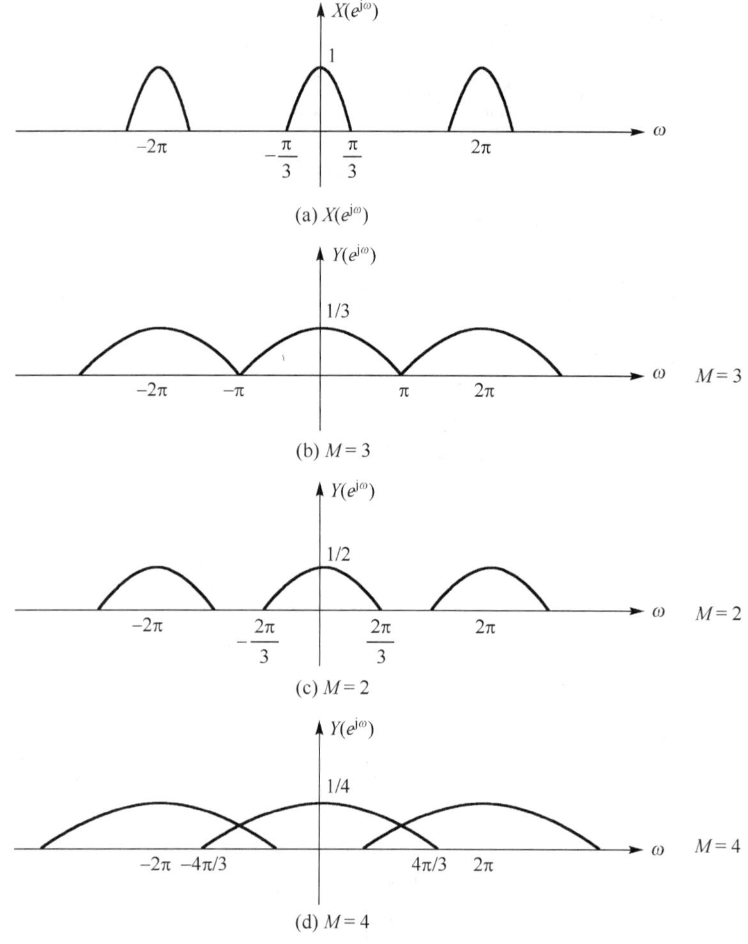

图 8.2　信号抽取后的频谱变化

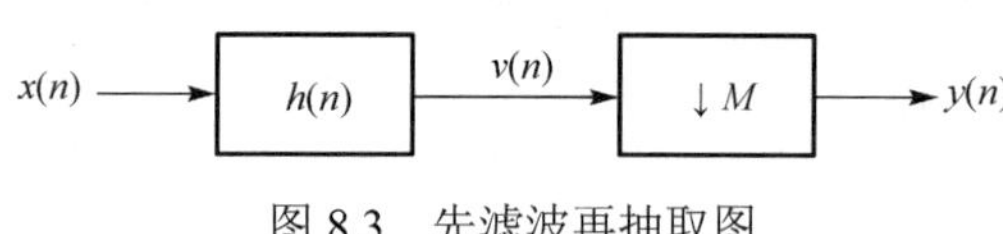

图 8.3　先滤波再抽取图

图8.3中的$\downarrow M$表示采样率降低M倍的抽取，也称减采样。其中，理想低通$h(n)$的频率特性为

$$H(\mathrm{e}^{\mathrm{j}\omega})=\begin{cases}1, & |\omega|\leqslant \pi/M \\ 0, & \text{其他}\end{cases} \tag{8.11}$$

实现采样率降低$M=2$倍的$x(n)$、$h(n)$、$v(n)$和$y(n)$的频谱如图8.4所示。这种方法是用高频分量的损失来避免减采样的频谱混叠，在$Y(\mathrm{e}^{\mathrm{j}\omega})$中保留了$X(\mathrm{e}^{\mathrm{j}\omega})$中的低频部分，可由$Y(\mathrm{e}^{\mathrm{j}\omega})$恢复$X(\mathrm{e}^{\mathrm{j}\omega})$的低频部分。

图8.3所示滤波器输出的$v(n)$为

$$v(n)=\sum_{m=-\infty}^{\infty}h(m)x(n-m) \tag{8.12}$$

对应的z变换为

$$V(z)=H(z)X(z) \tag{8.13}$$

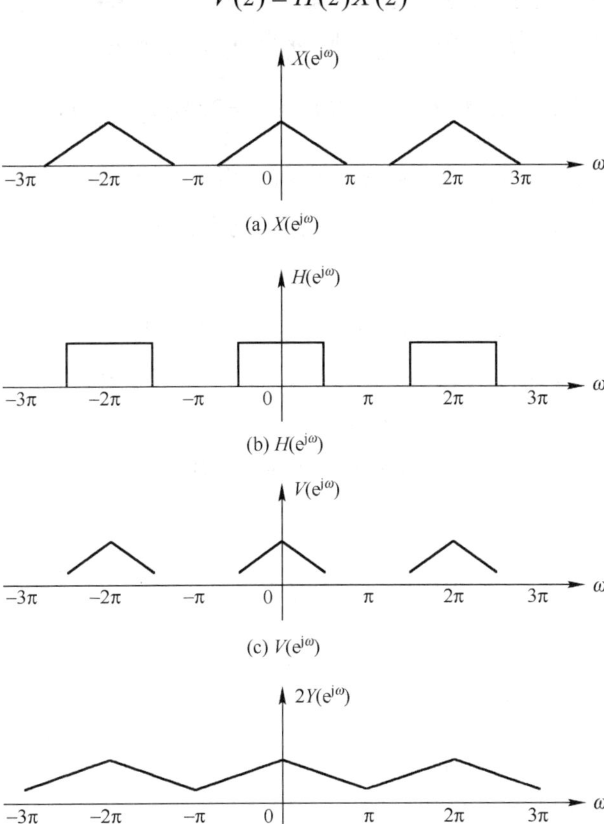

图 8.4　$M=2$ 倍的 $x(n)$、$h(n)$、$v(n)$ 和 $y(n)$ 的频谱

抽取器的输出 $y(n)$ 为

$$y(n)=v(Mn)=\sum_{m=-\infty}^{\infty} h(m)x(Mn-m) \tag{8.14}$$

或

$$y(n)=\sum_{m=-\infty}^{\infty} x(m)h(Mn-m) \tag{8.15}$$

不难得出

$$Y(z)=\frac{1}{M}\sum_{k=0}^{M-1} V(z^{1/M}W_M^k)=\frac{1}{M}\sum_{k=0}^{M-1} X(z^{1/M}W_M^k)H(z^{1/M}W_M^k) \tag{8.16}$$

同时

$$Y(\mathrm{e}^{\mathrm{j}\omega})=\frac{1}{M}\sum_{k=0}^{M-1} X(\mathrm{e}^{\mathrm{j}(\omega-2\pi k)/M})H(\mathrm{e}^{\mathrm{j}(\omega-2\pi k)/M}) \tag{8.17}$$

在一个多采样率系统中，不同位置处的信号往往工作在不同的采样频率下，因此，标注

该信号频率的变量“ω”也就具有不同的含义。例如，在图 8.4 中，若令相对 $Y(\mathrm{e}^{\mathrm{j}\omega})$ 的圆周频率为 ω_y，相对 $X(\mathrm{e}^{\mathrm{j}\omega})$ 的圆周频率为 ω_x，则 ω_y 和 ω_x 有如下关系：

$$\omega_y = 2\pi f/f_y = 2\pi f/(f_s/M) = 2\pi Mf/f_s = M\omega_x \tag{8.18}$$

若要求 $|\omega_y| \leqslant \pi$，则必须有 $|\omega_x| \leqslant \pi/M$。同时使用 ω_y 和 ω_x 两个变量固然能指出抽取前后信号频率的内涵，但使用起来非常不方便。故在本书中，除非特别说明，信号的角频率统一用 ω 表示。

例 8.1 信号 $x(n)$ 的频谱如图 8.5 所示，写出 $x(n)$ 表达式，若 $y(n)=x(2n)$，写出 $X(\mathrm{e}^{\mathrm{j}\omega})$ 和 $Y(\mathrm{e}^{\mathrm{j}\omega})$ 之间关系表达式，画出 $Y(\mathrm{e}^{\mathrm{j}\omega})$ 图形，从 $Y(\mathrm{e}^{\mathrm{j}\omega})$ 可以看出什么问题？怎么解决？

解 由图 8.5 可得出信号 $x(n)$ 的表达式

$$x(n) = 2\cos(0.2\pi n) + 4\cos(0.6\pi n)$$

根据式(8.5)，得

$$Y(\mathrm{e}^{\mathrm{j}\omega}) = \frac{1}{2}\sum_{k=0}^{1} X\left(\mathrm{e}^{\frac{\mathrm{j}(\omega-2\pi k)}{2}}\right)$$

$Y(\mathrm{e}^{\mathrm{j}\omega})$ 如图 8.6 所示：

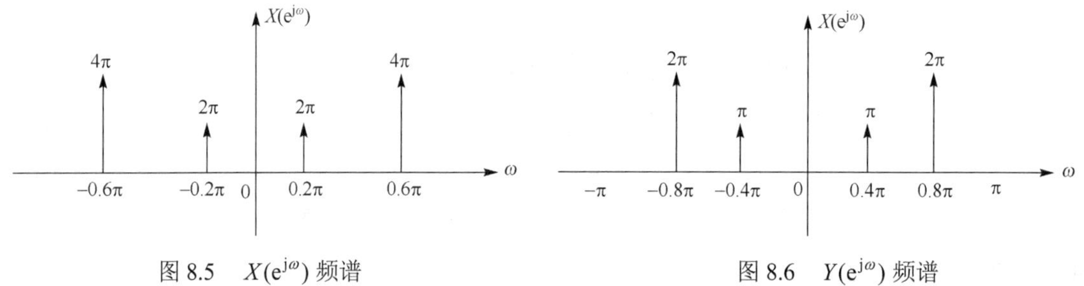

图 8.5 $X(\mathrm{e}^{\mathrm{j}\omega})$ 频谱　　　　图 8.6 $Y(\mathrm{e}^{\mathrm{j}\omega})$ 频谱

$Y(\mathrm{e}^{\mathrm{j}\omega})$ 发生了频谱混叠，加一个低通滤波器，截止频率为 0.5π 可以解决这一问题。

8.2 信号的整数倍内插

提高序列采样率也称增采样，可以通过插值来实现。图 8.7 是 $L=2$ 的信号插值示意图，由图 8.7 可见要使序列 $x(n)$ 采样率提高整数 L 倍，最简单的方法是对 $x(n)$ 每相邻两点之间内插 $L-1$ 个零值点，得到图8.7 所示的 $w(n)$，即

$$w(n) = \begin{cases} x(n/L), & n = 0, \pm L, \pm 2L, \cdots \\ 0, & \text{其他} \end{cases} \tag{8.19}$$

若 $x(n)$ 的采样周期为 $T = 1/f_\mathrm{s}$，则采样率提高 L 倍后 $w(n)$ 的周期为 T_2，二者的关系为

$$T_2 = T/L \tag{8.20}$$

新的采样频率为

$$f_{\mathrm{s}2} = Lf_\mathrm{s} \tag{8.21}$$

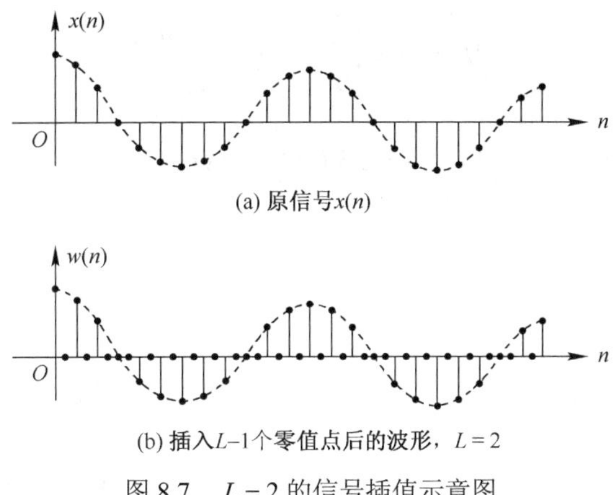

(a) 原信号 $x(n)$

(b) 插入 $L-1$ 个零值点后的波形，$L=2$

图 8.7　$L=2$ 的信号插值示意图

$w(n)$ 实际是 $x(n)$ 的尺度变换，所以 $w(n)$ 的频谱

$$W(\mathrm{e}^{\mathrm{j}\omega})=\sum_{n=-\infty}^{\infty}w(n)\mathrm{e}^{-\mathrm{j}n\omega}=\sum_{n=-\infty}^{\infty}x(n/L)\mathrm{e}^{-\mathrm{j}n\omega}=\sum_{k=-\infty}^{\infty}x(k)\mathrm{e}^{-\mathrm{j}kL\omega}=X(\mathrm{e}^{\mathrm{j}L\omega}) \tag{8.22}$$

同理

$$W(z)=X(z^L)$$

插值后 $x(n)$ 和 $w(n)$（$L=2$）的频谱如图8.8所示。

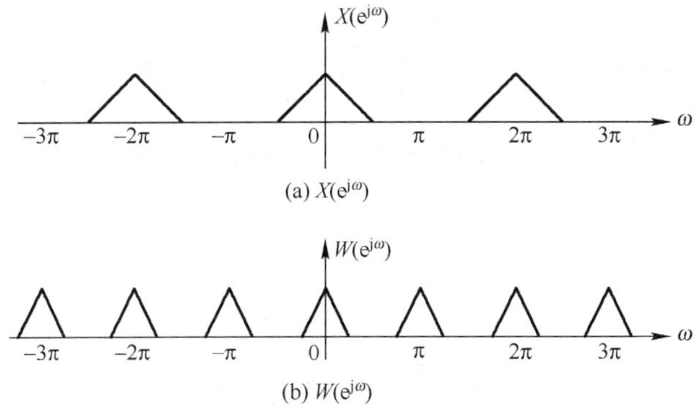

(a) $X(\mathrm{e}^{\mathrm{j}\omega})$

(b) $W(\mathrm{e}^{\mathrm{j}\omega})$

图 8.8　插值后 $x(n)$ 和 $w(n)$（$L=2$）的频谱

与减采样相似，由序列的尺度变换看，若 $w(n)$ 是 $x(n)$ 的扩展(L倍)，则 $W(\mathrm{e}^{\mathrm{j}\omega})$ 是 $X(\mathrm{e}^{\mathrm{j}\omega})$ 的压缩(L 倍)。$W(\mathrm{e}^{\mathrm{j}\omega})$ 和 $X(\mathrm{e}^{\mathrm{j}\omega})$ 都是周期的，$X(\mathrm{e}^{\mathrm{j}\omega})$ 的周期是 2π，但 $X(\mathrm{e}^{\mathrm{j}\omega L})$ 的周期是 $2\pi/L$。这样，$W(\mathrm{e}^{\mathrm{j}\omega})$ 的周期也是 $2\pi/L$。在 $-\pi\sim\pi$ 的范围内，$X(\mathrm{e}^{\mathrm{j}\omega})$ 的带宽被压缩了 L 倍，因此，$W(\mathrm{e}^{\mathrm{j}\omega})$ 在 $-\pi\sim\pi$ 内包含了 L 个 $X(\mathrm{e}^{\mathrm{j}\omega})$ 的压缩样本。

由图 8.8 可以看出，插值以后，在原来的一个周期($-\pi\sim\pi$)内，$V(\mathrm{e}^{\mathrm{j}\omega})$ 出现了 L 个周期，多余的 $L-1$ 个周期称为 $X(\mathrm{e}^{\mathrm{j}\omega})$ 的镜像，应当设法去除这些镜像。为了滤除多余的 $L-1$ 个镜像频谱，只提取基带信息，要让插值序列 $w(n)$ 再经过图 8.9 所示的理想低通滤波器。

先插值后滤波的系统如图 8.10 所示。

图 8.10 中，$\uparrow L$ 表示采样率提高 L 倍。图8.10中的 $H(z)$ 对应的低通，应逼近理想滤波器特性

$$H(\mathrm{e}^{\mathrm{j}\omega})=\begin{cases}c, & |\omega|\leqslant \pi/L \\ 0, & \text{其他}\end{cases} \tag{8.23}$$

则
$$Y(\mathrm{e}^{\mathrm{j}\omega})=H(\mathrm{e}^{\mathrm{j}\omega})W(\mathrm{e}^{\mathrm{j}\omega})=cW(\mathrm{e}^{\mathrm{j}\omega})=cX(\mathrm{e}^{\mathrm{j}\omega L}),\qquad |\omega|\leqslant \pi/L$$

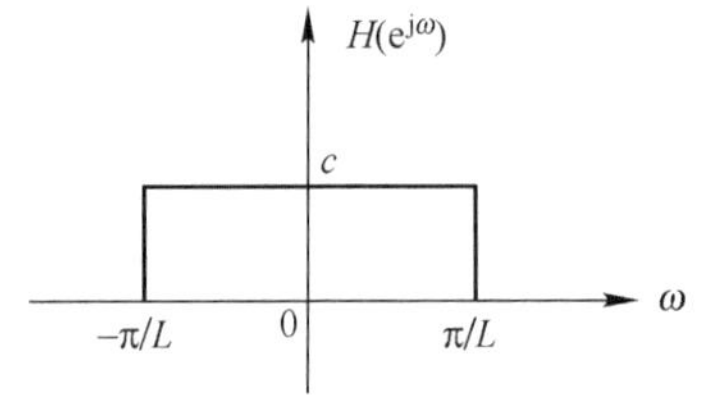

图 8.9　理想低通滤波器

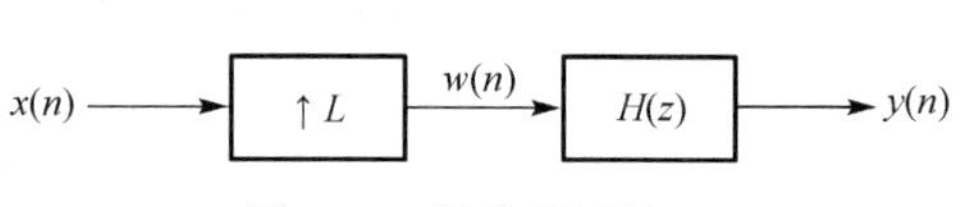

图 8.10　插值后滤波

而

$$y(0)=\frac{1}{2\pi}\int_{-\pi}^{\pi}Y(\mathrm{e}^{\mathrm{j}\omega})\mathrm{d}\omega$$

所以
$$y(0)=\frac{c}{2\pi}\int_{-\pi/L}^{\pi/L}X(\mathrm{e}^{\mathrm{j}L\omega})\mathrm{d}\omega$$

$$=\frac{c}{2\pi L}\int_{-\pi}^{\pi}X(\mathrm{e}^{\mathrm{j}\omega})\mathrm{d}\omega=\frac{c}{L}x(0)$$

因此，为了使 $y(0)=x(0)$，图8.10中低通的增益 $c=L$。

现在，来分析一下图 8.10 中的时域关系。有

$$y(n)=w(n)*h(n)=\sum_{m=-\infty}^{\infty}w(m)h(n-m)$$

$$=\sum_{m=-\infty}^{\infty}x(m/L)h(n-m)$$

即
$$y(n)=\sum_{m=-\infty}^{\infty}x(m)h(n-mL)$$

例 8.2　已知序列 $x(n)$ 的频谱 $X(\mathrm{e}^{\mathrm{j}\omega})=\begin{cases}-\dfrac{3}{\pi}\omega+1, & 0\leqslant\omega\leqslant\dfrac{\pi}{3} \\ \dfrac{3}{\pi}\omega+1, & -\dfrac{\pi}{3}\leqslant\omega<0 \\ 0, & \text{其他}\end{cases}$，画出 $x_2(n)=\begin{cases}x(n/4), & n=0,\pm4,\pm8\cdots \\ 0, & \text{其他}\end{cases}$ 的频谱图，写出 $X_2(\mathrm{e}^{\mathrm{j}\omega})$ 和 $X(\mathrm{e}^{\mathrm{j}\omega})$ 的关系表达式。

解

$X(\mathrm{e}^{\mathrm{j}\omega})$ 和 $X_2(\mathrm{e}^{\mathrm{j}\omega})$ 频谱图如图 8.11 所示。

根据式(8.22)，$X_2(\mathrm{e}^{\mathrm{j}\omega})$ 和 $X(\mathrm{e}^{\mathrm{j}\omega})$ 的关系表达式

$$X_2(\mathrm{e}^{\mathrm{j}\omega})=X(\mathrm{e}^{\mathrm{j}4\omega})$$

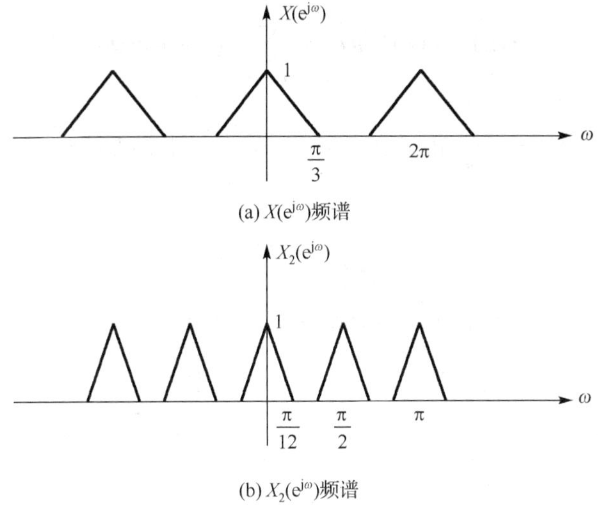

图 8.11　$X(\mathrm{e}^{\mathrm{j}\omega})$ 和 $X_2(\mathrm{e}^{\mathrm{j}\omega})$ 频谱图

8.3　抽取与插值的结合——采样率按 *L*/*M* 变化

根据上面的讨论，对给定的序列 $x(n)$ 做采样率为 L/M 的变换，可以先将 $x(n)$ 做 M 倍的抽取，再做 L 倍的插值来实现；或是先做 L 倍的插值，再做 M 倍的抽取。通常抽取会减少 $x(n)$ 的数据点，产生信息的损失，因此合理的方法是先对信号做插值，然后再抽取。

级联的方法如图8.12(a)所示，先做 M 倍的抽取再做 L 倍的插值；或如图8.12(b)所示，先做 L 倍的插值再做 M 倍的抽取。所以图8.12(b)所示的方法更合适。而实际实现时，如图8.12(c)所示，可以将两个低通合二为一。此时输出序列的有效采样周期为 $T_1 = TM/L$ 。合理选择 L 与 M，可以接近所要求的采样周期比。

若 $M>L$，则采样周期增加；若 $M<L$，则采样周期减小。图8.12(c)所示内插与抽取共用滤波器的频率响应特性为

$$H(\mathrm{e}^{\mathrm{j}\omega}) = \begin{cases} L, & 0 \leqslant |\omega| \min\left(\dfrac{\pi}{L}, \dfrac{\pi}{M}\right) \\ 0, & 其他 \end{cases} \tag{8.24}$$

低通的增益为 L，截止频率取 π/L 与 π/M 之中的最小者。若 $M>L$，π/M 是主截止频率，则采样率减小。若 $x(n)$ 的 f_s 是奈奎斯特频率，则 $y(n)$ 是原带限信号经低通滤波后的信号。反之若 $M<L$，π/L 是主截止频率，就不需要限制低于奈奎斯特频率的信号带宽。

现在分析一下图 8.12(c) 中各部分信号的关系。由上两节的讨论可知，有

$$w(n) = \begin{cases} x(n/L), & n = 0, \pm L, \pm 2L\cdots \\ 0, & 其他 \end{cases} \tag{8.25}$$

及

$$y(n) = v(Mn) \qquad n = -\infty \sim +\infty \tag{8.26}$$

因为
$$v(n)=w(n)*h(n)=\sum_{m=-\infty}^{\infty}h(n-m)w(m) \tag{8.27}$$

所以
$$v(n)=\sum_{m=-\infty}^{\infty}h(n-m)x(m/L)=\sum_{m=-\infty}^{\infty}h(n-Lm)x(m) \tag{8.28}$$

及
$$y(n)=\sum_{m=-\infty}^{\infty}x(m)h(Mn-Lm) \tag{8.29}$$

式(8.29)中的 $y(n)$ 正是单独抽取和单独插值时的时域关系的结合。

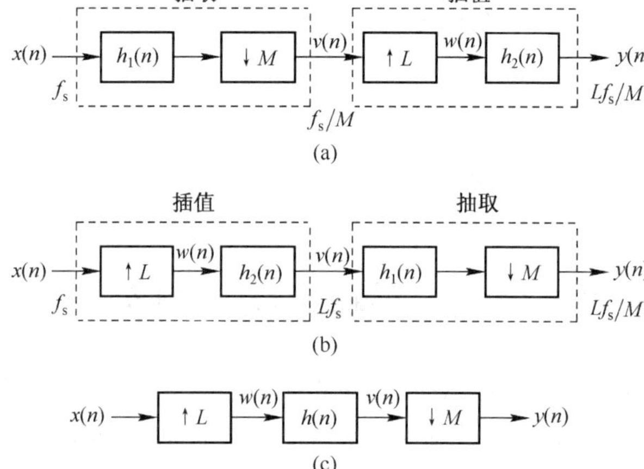

图 8.12 抽取和插值的级联实现

最后，给出 $x(n)$ 和 $y(n)$ 的频域关系。由上两节的讨论，有

$$W(e^{j\omega})=X(e^{j\omega L})$$

$$V(e^{j\omega})=W(e^{j\omega})H(e^{j\omega})=X(e^{j\omega L})H(e^{j\omega})$$
$$=\begin{cases}LX(e^{j\omega}), & |\omega|\leqslant\min\left(\dfrac{\pi}{M},\ \dfrac{\pi}{L}\right)\\ 0, & \text{其他}\end{cases} \tag{8.30}$$

$$Y(e^{j\omega})=\frac{1}{M}\sum_{k=0}^{M-1}V(e^{j(\omega-2\pi k)/M})$$
$$=\begin{cases}\dfrac{L}{M}\displaystyle\sum_{k=0}^{M-1}X(e^{j(\omega L-2\pi k)/M}), & |\omega|\leqslant\min\left(\dfrac{\pi}{M},\dfrac{\pi}{L}\right)\\ 0, & \text{其他}\end{cases} \tag{8.31}$$

在实际工作中，无论抽取还是插值，所用的滤波器一般都选取截止性能好而且是线性相位的 FIR 滤波器。

例 8.3 图 8.13 是插值和抽取级联实现的示意图，$X(e^{j\omega})$ 和 $H(e^{j\omega})$ 如图 8.14 和图 8.15 所示。

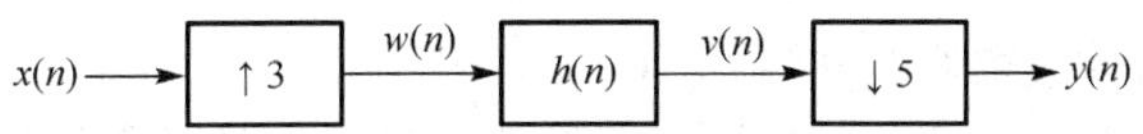

图 8.13　插值和抽取级联实现的示意图

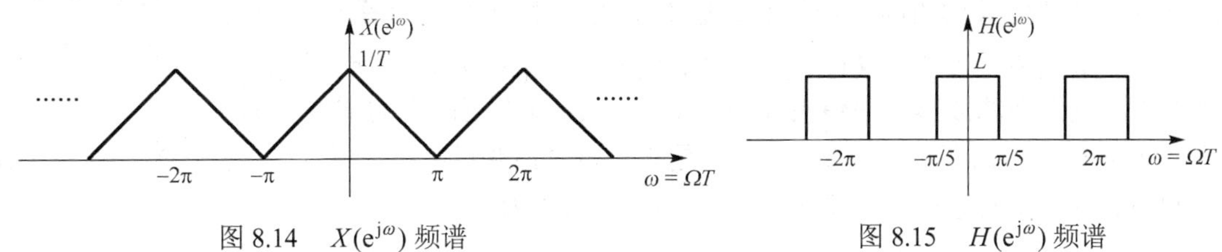

图 8.14　$X(e^{j\omega})$ 频谱　　图 8.15　$H(e^{j\omega})$ 频谱

1. 若 $x(n)$ 的数字角频率为 ω_x，请用 ω_x 表示 $y(n)$ 的数字角频率 ω_y；

2. 请写出 $W(e^{j\omega})$ 和 $X(e^{j\omega})$ 的关系，$Y(e^{j\omega})$ 和 $V(e^{j\omega})$ 的关系，并画出 $W(e^{j\omega})$、$V(e^{j\omega})$ 和 $Y(e^{j\omega})$ 的图形。

解

1. 根据图 8.13，L=3 倍插值和 M=5 倍抽取，则 $\omega_y = \frac{5}{3}\omega_x$

2. 由式(8.22)得　$$W(e^{j\omega}) = X(e^{j3\omega})$$

理想滤波器的输出频谱　$$V(e^{j\omega}) = W(e^{j\omega})H(e^{j\omega}) = X(e^{j3\omega})H(e^{j\omega})$$

再根据式(8.5)，可得　$$Y(e^{j\omega}) = \frac{1}{5}\sum_{k=0}^{4} V(e^{j(\omega-2\pi k)/5})$$

$W(e^{j\omega})$、$V(e^{j\omega})$ 和 $Y(e^{j\omega})$ 的频谱图如图 8.16 所示。

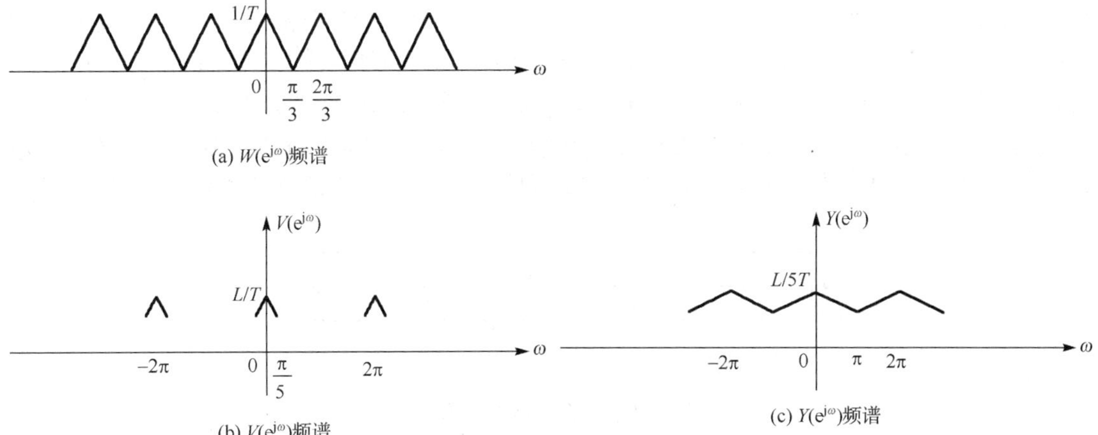

图 8.16　$W(e^{j\omega})$、$V(e^{j\omega})$ 和 $Y(e^{j\omega})$ 的频谱图

8.4　采样率转换技术的应用

采样率转换技术也称为过采样技术，既可以用于不同速率的信号处理，也可以应用于 A/D、D/A 转换器。目的是将模拟滤波器的部分指标由数字滤波器承担，使 A/D 前的抗混叠

滤波器及 D/A 后的平滑滤波器容易实现。

采样率转换技术的应用

待处理信号通常为模拟信号，如语音、图像等，设其有效频带的最高频率为 f_m，若采样频率 $f_s \geqslant 2f_m$，应不失真地恢复有效频带的信息。但是，从理论上讲，这些信号频谱的频带很宽，远不止 f_m，按 f_s 的频率采样后的频谱一定会产生混叠。为了提取有效频带内的信号，通常在 A/D 转换前加抗混叠滤波器。抗混叠滤波器的理想指标是在小于 f_m 的频率范围内的增益为 1，除此之外为零。而实际滤波器的衰减特性是有一定过渡带的，过渡带在 f_m 与 $f_s/2$ 之间。由图 8.17 可见，f_m 越靠近 $f_s/2$，过渡带越窄，对实际滤波器的要求越高。所以通常采样频率 f_s 要大于 $2f_m$，且 f_s 越高，滤波器的实现越容易。不过 f_s 越高，单位时间内采样数据越多，对 A/D 的性能要求越高，对后续数字系统的运算速度也要求越高。为了既降低实际滤波器的要求，又克服频谱混叠效应，可以利用采样率转换技术。

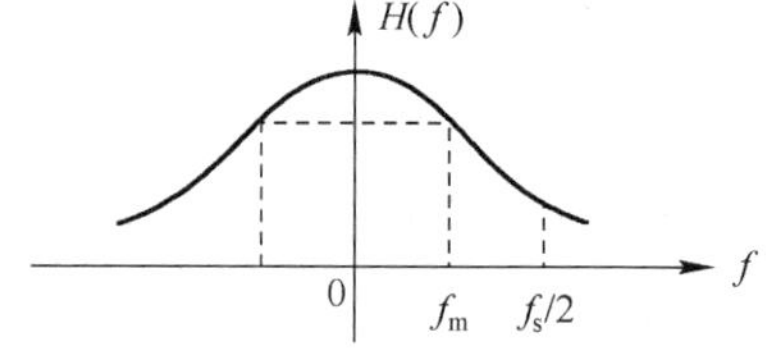

图 8.17 抗混叠滤波器的频率特性

图8.18 为利用过采样技术的 A/D 转换器原理框图。在这个系统中，f_s' 远远大于 f_m，因此降低了对抗混叠滤波器的要求。然后利用 M 倍的抽取器将采样频率降下来，合理设计数字低通滤波器，可以使 f_s 略大于 $2f_m$。

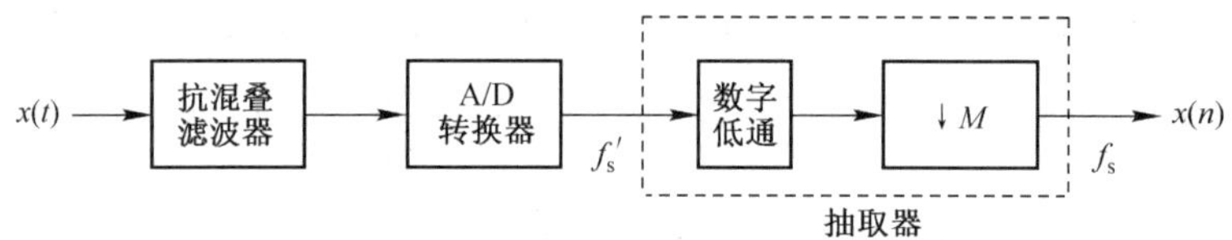

图 8.18 过采样 A/D 转换器原理框图

D/A 转换器在将采样信号恢复为模拟信号时，经零阶保持器输出的信号具有阶梯形状，这是因为频谱含有镜像频率分量。所以，在 D/A 转换器后面的平滑滤波器，实质上是一个抗镜像频率的滤波器。其性能指标与图8.17 所示抗混叠滤波器的振幅特性相似，是以 $f_s/2$ 为阻带截止频率的，当信号的最高频率 f_m 与 $f_s/2$ 接近时，实现这样的滤波器成本很高。而采用图8.19 所示的处理系统，则可以达到既满足性能指标又经济实惠的目的。在这一系统中，通过内插器提高了采样频率，加宽了 f_m 与 $f_s/2$ 之间的过渡带，使平滑滤波器容易实现。

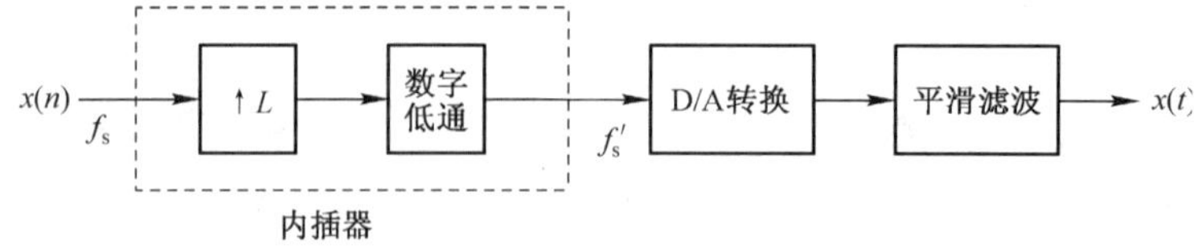

图 8.19 过采样 D/A 转换器

利用采样率转换技术，将模拟滤波器难以实现的任务，改由数字滤波器完成，使得整个数字处理系统的模拟接口简单实用。

本 章 提 要

1. 在对非平稳随机信号进行频谱分析或编码时，不同的信号段可以根据频率成分采用不同的采样率，从而达到去除冗余，减少数据量的目的。其核心内容就是采样率的转换和滤波器组。

2．采样频率的改变有抽取(decimation)和插值(interpolation)两种。前者通过去掉冗余数据实现采样频率的降低，后者通过增加数据实现采样频率的提高。抽取会使采样率降低，引起频谱的混叠失真，因此在抽取前要进行抗混叠滤波。插值会使采样率升高，不会引起频谱混叠失真，但是会产生镜像频谱，因此要进行低通滤波。

3．将信号 $x(n)$ 做 M 倍的抽取后，所得信号 $y(n)$ 的频谱等于原信号 $x(n)$ 的频谱先做 M 倍的扩展，再在 ω 轴上做 $\dfrac{2\pi k}{M}(k=1,2,\cdots,M-1)$ 的移位后再叠加。

4．对给定的序列 $x(n)$ 做采样率为 L/M 的变换，合理的方法是先对信号做 L 倍的插值，然后再做 M 倍的抽取，这样不会损失数据。

5．采样率转换在数字信号处理系统中具有重要的应用，也是构建数字滤波器组的基础。

习　题

1．信号 $x(n)=0.3^n u(n)$，求 $x(n)$ 的频谱函数 $X(\mathrm{e}^{\mathrm{j}\omega})$，按照因子 $M=2$ 对 $x(n)$ 进行抽取得到 $y(n)$，求 $y(n)$ 的频谱函数。

2．对序列 $x(n)$ 每 M 个点中抽取一个，组成一个新的序列 $y(n)=x(Mn)$，求 $y(n)$ 的 z 变换。

3．对序列 $x(n)$ 每两个点之间补 $L-1$ 个零，得到序列 $v(n)=\begin{cases}x(n/L), & n=0,\pm L,\pm 2L\cdots \\ 0, & \text{其他}\end{cases}$，求 $v(n)$ 的 z 变换。

4．离散时间信号 $x(n)$ 的频谱如图 8.20 所示，试求由抽取倍数 $M=2$ 直接抽取(不滤波)后的信号的频谱。抽取过程中是否丢失了信息？

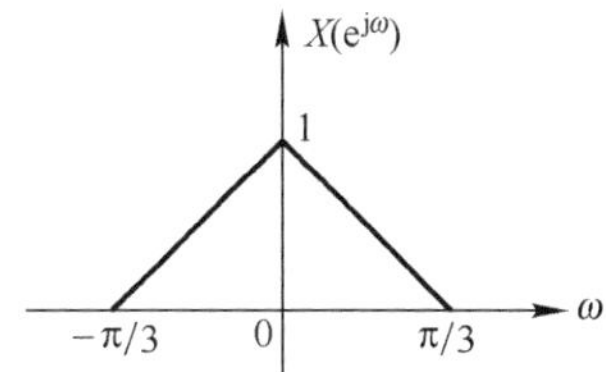

图 8.20　离散时间信号 $x(n)$ 的频谱

5．按整数因子 M 抽取的框图如图 8.21(a)所示，$f_x=1\text{ kHz}$，$f_y=250\text{ Hz}$，$x(n)$ 的频谱如图 8.21(b)所示，确定抽取因子 M，并画出图 8.21(a)中理想低通滤波器的频率响应特性曲线和 $v(n)$ 及 $y(n)$ 的频谱特性曲线。

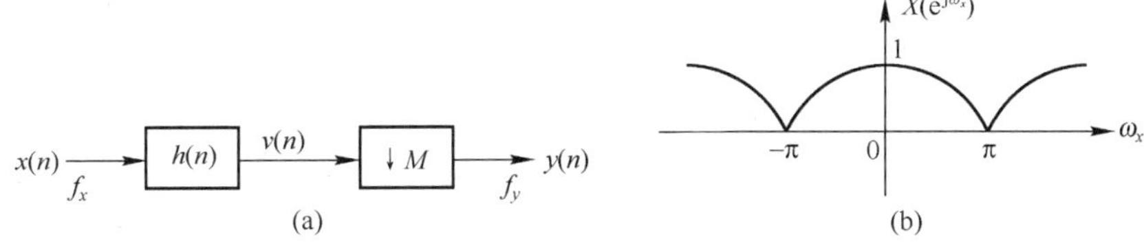

图 8.21　习题 5 的图形

6．按整数因子 L 插值的原理框图如图 8.22 所示，其中 $f_x=200\text{ Hz}$，$f_y=1\text{ kHz}$，输入序列 $x(n)$ 的频谱如图 8.21(b)所示，确定内插因子 L，并画出理想低通滤波器的频率响应特性曲线和 $w(n)$ 及 $y(n)$ 的频谱特性曲线。

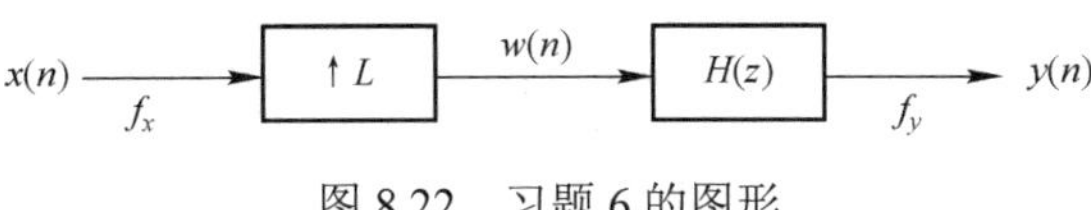

图 8.22　习题 6 的图形

第二部分　实　践　篇

实验一　离散时间信号与系统

实验二　z 变换

实验三　快速傅里叶变换

实验四　数字滤波器的基本结构

实验五　IIR 数字滤波器的设计

实验六　用窗函数法设计 FIR 数字滤波器

实验七　多采样率数字信号处理

实验一　离散时间信号与系统

1.1　实验目的

1. 考察系统的稳定性，掌握差分方程的迭代求解法；
2. 深入理解卷积方法和单位脉冲响应的求解。

1.2　实验原理

描述离散系统输入与输出关系的线性常系数差分方程为

$$\sum_{k=0}^{N} a_k y(n-k) = \sum_{k=0}^{M} b_k x(n-k)$$

对此类系统的分析一般可以分为时域分析法和频域分析法。

将上面的差分方程整理可得

$$y(n) = -\frac{1}{a_0}\sum_{k=1}^{N} a_k y(n-k) + \frac{1}{a_0}\sum_{k=0}^{M} b_k x(n-k)$$

利用系统的起始状态 $y(-1), y(-2), \cdots, y(-N)$ 及输入可逐次迭代得到系统的输出 $y(n)$。

在 MATLAB 中提供了实现差分方程迭代求解法的函数。

`y=filter(b,a,x)`，`b=[b0,b1,…,bM]` 和 `a=[a0,a1,…,aN]` 是差分方程中的系数组成的向量，x 是输入信号向量(filter 函数只向 y 返回与 x 中样本个数一样多的样本)。此函数适合起始状态为零的情况，当起始状态不为零时，可采用下面的函数。

`zi=filtic(b,a,Y0)`，`Y0=[y(-1),y(-2),…,y(-N)]` 是起始状态组成的向量。

`y=filter(b,a,x,zi)`，zi 是由系统的起始状态经由 filtic 函数转换得到的起始条件。

在 MATLAB 中，应熟悉用函数 `y=conv(x,h)` 计算卷积，用 `y=impz(b,a,N)` 求系统单位脉冲响应的过程。

例 1　已知某系统的差分方程为

$$y(n) - 5y(n-1) + 6y(n-2) = x(n) - 3x(n-2)$$

计算并绘出单位脉冲响应 $h(n)$ 的波形。

解

```
clear;
a=[1,-5,6];
b=[1,0,-3];
h=impz(b,a,0:5);
stem(h);
xlabel('n');ylabel('x(n)');
axis([-1,6,min(h),max(h)]);
```

1.3 实验内容

以下 MATLAB 程序中分别使用 conv 和 filter 函数计算 h 和 x 的卷积 y 和 y1，运行程序，并分析 y 和 y1 是否有差别，为什么要使用 x(n)补零后的 x1 来产生 y1；具体分析当 h(n)有 i 个值，x(n)有 j 个值时，使用 filter 完成卷积功能，需要如何补零？

```
% Program1
clf;
h = [3 2 1 -2 1 0 -4 0 3]; %impulse response
x = [1 -2 3 -4 3 2 1]; %input sequence
y = conv(h,x);
n = 0:14;
subplot(2,1,1);
stem(n,y);
xlabel('Time index n'); ylabel('Amplitude');
title('Output Obtained by Convolution'); grid;
x1 = [x zeros(1,8)];
y1 = filter(h,1,x1);
subplot(2,1,2);
stem(n,y1);
xlabel('Time index n'); ylabel('Amplitude');
title('Output Generated by Filtering'); grid;
```

实验二　z 变　换

2.1　实验目的

1. 熟悉对离散系统的频率响应分析方法；
2. 加深对零点和极点分布的概念理解。

2.2　实验原理

对差分方程两边进行 z 变换得到系统函数

$$H(z)=\frac{Y(z)}{X(z)}=\frac{\sum_{k=0}^{M} b_k z^{-k}}{\sum_{k=0}^{N} a_k z^{-k}}$$

可以看出系统函数分子、分母多项式的系数分别就是差分方程的系数。将其分别进行因式分解，可得

$$H(z)=\left(\frac{b_0}{a_0}\right)\frac{\prod_{k=1}^{M}(1-c_k z^{-1})}{\prod_{k=1}^{N}(1-d_k z^{-1})}=A\frac{\prod_{k=1}^{M}(1-c_k z^{-1})}{\prod_{k=1}^{N}(1-d_k z^{-1})}$$

式中，$z=c_k$ 是 $H(z)$ 的零点，$z=d_k$ 是 $H(z)$ 的极点，它们都由差分方程的系数 b_k 和 a_k 决定。因此，除比例常数 $A=b_0/a_0$ 以外，系统函数完全由它的全部零点和极点来确定。那么就可以利用系统函数的零点和极点来分析系统的特性。

MATLAB 中提供的 `roots` 函数，可用来计算系统函数的零点和极点。`zplane` 函数可以绘制系统函数的零-极点分布图。

`c=roots(b)`，`b=[b0,b1,…,bM]` 是分子多项式系数组成的向量，`c` 是零点组成的向量。

`d=roots(a)`，`a=[a0,a1,…,aN]` 是分母多项式系数组成的向量，`d` 是极点组成的向量。

`zplane(b,a)` 绘制 $H(z)$ 的零-极点分布图。在使用这个函数时，要求 $H(z)$ 的分子、分母多项式系数的个数相同。若不相等，则需要补零。

`[z,p,K]=tf2zp(b,a)` 求得有理分式形式的系统函数的零点和极点。

`sos=zp2sos(z,p,K)` 完成将高阶系统分解为二阶系统的串联。

求逆 z 变换的方法有三种：留数法、部分分式法和长除法。MATLAB 中提供 `residuez` 函数进行部分分式展开。

`[r d k]=residuez(b,a)`，`b=[b0,b1,…,bM]` 和 `a=[a0,a1,…,aN]` 是分子、分母多项式系数组成的向量。

当 $H(z)$ 没有多阶极点且 $M\geqslant N$ 时，利用 `r`、`d` 和 `k` 可将 $H(z)$ 分解为

$$H(z)=\frac{r(1)}{1-d(1)z^{-1}}+\cdots+\frac{r(N)}{1-d(N)z^{-1}}+k(1)+k(2)z^{-1}+\cdots+k(M-N+1)z^{-(M-N)}$$

若 $M<N$，则 k 为空。若 $d(j)=\cdots=d(j+s-1)$ 是个 s 阶极点，则部分分式中包含

$$\frac{r(j)}{1-d(j)z^{-1}}+\frac{r(j+1)}{(1-d(j)z^{-1})^2}+\cdots+\frac{r(j+s-1)}{(1-d(j)z^{-1})^s}$$

因此结合 `r`、`d` 和 `k` 以及收敛域，可实现逆 z 变换。

离散稳定 LTI 系统的频率响应是单位脉冲响应的序列傅里叶变换

$$H(\mathrm{e}^{\mathrm{j}\omega})=\mathrm{DTFT}[h(n)]=\sum_{n=-\infty}^{\infty}h(n)\mathrm{e}^{-\mathrm{j}\omega n}$$

根据卷积性质有

$$H(\mathrm{e}^{\mathrm{j}\omega})=\frac{Y(\mathrm{e}^{\mathrm{j}\omega})}{X(\mathrm{e}^{\mathrm{j}\omega})}$$

那么就可以利用 $H(\mathrm{e}^{\mathrm{j}\omega})$ 分析 LTI 系统。

当离散 LTI 系统的系统函数 $H(z)$ 的收敛域包含单位圆时，系统的频率响应存在，并且可由 $H(z)$ 求出

$$H(z)\big|_{\mathrm{e}^{\mathrm{j}\omega}}=H(\mathrm{e}^{\mathrm{j}\omega})$$

因此有两种方法可用来计算系统的频率响应。

已知 $H(z)$，利用 MATLAB 提供的 `freqz` 函数计算出 $H(\mathrm{e}^{\mathrm{j}\omega})$ 的离散值。

`[H,W]=freqz(b,a,N,'whole')`，`b` 和 `a` 含义如上。该函数将[0, 2π]平均分成 N 份，`W` 是数字频率向量，`H` 是相应频率响应在 `W` 的取值。

例 2 求下列直接型系统函数的零点和极点，并将其转换成二阶节形式

$$H(z)=\frac{1-0.1z^{-1}-0.3z^{-2}-0.3z^{-3}-0.2z^{-4}}{1+0.1z^{-1}+0.2z^{-2}+0.2z^{-3}+0.5z^{-4}}$$

解 MATLAB 程序如下所示。

```
b=[1 -0.1 -0.3 -0.3 -0.2];
a=[1 0.1 0.2 0.2 0.5];
[z,p,k]=tf2zp(b,a);
disp('零点');disp(z);
disp('极点');disp(p);
disp('增益系数');disp(k);
sos=zp2sos(z,p,k);
disp('二阶节');disp(real(sos));
zplane(b,a)
```

计算求得零点和极点增益系数及二阶节的系数如下。

零点：

0.9615

–0.5730

–0.1443 + 0.5850i

−0.1443 − 0.5850i

极点：

0.5276+0.6997i

0.5276−0.6997i

−0.5776+0.5635i

−0.5776−0.5635i

增益系数：

1

二阶节：

1.0000 −0.3885 −0.5509 1.0000 1.15520 0.6511

1.0000 0.28850 0.36300 1.0000 −1.0552 0.7679

系统函数的二阶节形式为

$$H(z)=\frac{1-0.3885z^{-1}-0.5509z^{-2}}{1+0.2885z^{-1}+0.3630z^{-2}}\cdot\frac{1+1.1552z^{-1}+0.6511z^{-2}}{1-1.0552z^{-1}+0.7679z^{-2}}$$

极点图见图 1。

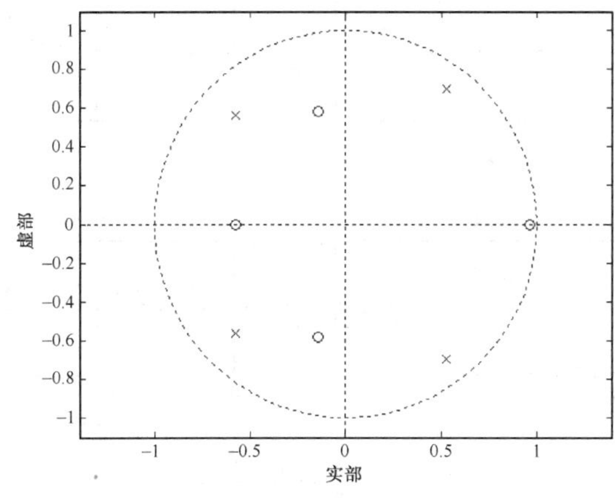

图 1　极点图

例 3　求如下差分方程所对应的系统的频率响应。

$$\begin{aligned}&y(n)+0.7y(n-1)-0.45y(n-2)-0.6y(n-3)\\&=0.8x(n)-0.44x(n-1)+0.36x(n-2)+0.02x(n-3)\end{aligned}$$

解　差分方程所对应的系统函数为

$$H(z)=\frac{0.8-0.44z^{-1}+0.36z^{-2}+0.02z^{-3}}{1+0.7z^{-1}-0.45z^{-2}-0.6z^{-3}}$$

MATLAB 程序如下所示。

```
k=256;
b=[0.8 -0.44 0.36 0.02];
a=[1 0.7 -0.45 -0.6];
w=0:pi/k:pi;
h=freqz(b,a,w);
subplot(2,2,1);
```

```
plot(w/pi,real(h));grid
title('实部')
xlabel('\omega/\pi');ylabel('幅度')
subplot(2,2,2);
plot(w/pi,imag(h));grid
title('虚部')
xlabel('\omega/\pi');ylabel('幅度')
subplot(2,2,3);
plot(w/pi,abs(h));grid
title('幅度谱')
xlabel('\omega/\pi');ylabel('幅度')
subplot(2,2,4);
plot(w/pi,angle(h));grid
title('相位谱')
xlabel('\omega/\pi');ylabel('相位')
```

运行结果如图 2 所示。

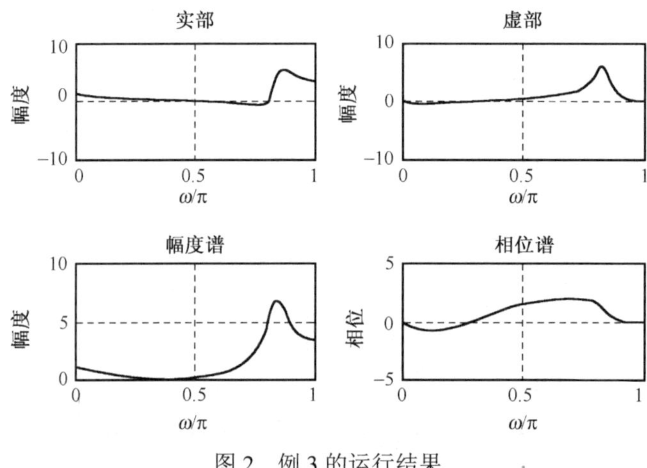

图 2　例 3 的运行结果

2.3　实验内容

已知某 LTI 系统的系统函数为

$$H(z)=\frac{0.036+0.143z^{-1}+0.214z^{-2}+0.143z^{-3}+0.036z^{-4}}{1-1.035z^{-1}+0.826z^{-2}+0.260z^{-3}+0.040z^{-4}}$$

(1) 计算系统函数的零点和极点，并画出零-极点分布图；

(2) 分析该系统的因果性和稳定性，求出相应的单位脉冲响应，并画出其波形；

(3) 计算稳定系统的频率响应，画出幅频响应及相频响应。

实验三　快速傅里叶变换

3.1　实验目的

1．掌握快速傅里叶正变换与反变换的原理及具体实现方法；
2．编程实现长度为 $N=8$ 的序列的快速傅里叶正变换与反变换；
3．加深理解快速傅里叶变换在运算量上的优势；
4．加深理解离散傅里叶变换的相乘和卷积性质。

3.2　实验原理

DFT 的快速算法 FFT 利用了 W_N^{nk} 的三个固有特性：(1)对称性，$(W_N^{nk})^* = W_N^{-nk}$，(2)周期性，$W_N^{nk} = W_N^{(n+N)k} = W_N^{n(k+N)}$，(3)可约性，$W_N^{nk} = W_{mN}^{nmk}$ 和 $W_N^{nk} = W_{N/m}^{nk/m}$。FFT 算法基本上可以分为两大类，即按时间抽选法(Decimation-In-Time，DIT)和按频率抽选法(Decimation-In-Frequency，DIF)。

MATLAB 中提供了进行快速傅里叶变换的 `fft` 函数。

`X=fft(x)`，基 2 时间抽取 FFT 算法，`x` 是表示离散信号的向量；`X` 是系数向量；

`X=fft(x,N)`，补零或截断的 `N` 点 DFT，当 `x` 的长度小于 `N` 时，对 `x` 补零使其长度为 `N`，当 `x` 的长度大于 `N` 时，对 `x` 截断使其长度为 `N`。

`Ifft` 函数计算 IDFT，其调用格式与 `fft` 函数相同(可参考 MATLAB 的帮助文件)。

例 4　对连续的单一频率周期信号按采样频率 $f_s = 8f_a$ 采样，截取长度 N 分别选为 $N=20$ 和 $N=16$，观察其 DFT 结果的幅度谱。

解　此时离散序列 $x(n)=\sin(2\pi n f_a / f_s)=\sin(2\pi n/8)$，用 MATLAB 计算并作图，函数 `fft` 用于计算离散傅里叶变换 DFT，MATLAB 程序如下所示。

```
k=8;
n1=[0:1:19];
xa1=sin(2*pi*n1/k);
subplot(2,2,1)
stem(n1,xa1)
xlabel('t/T');ylabel('x(n)');
xk1=fft(xa1);xk1=abs(xk1);
subplot(2,2,2)
stem(n1,xk1)
xlabel('k');ylabel('X(k)');
n2=[0:1:15];
xa2=sin(2*pi*n2/k);
subplot(2,2,3)
stem(n2,xa2)
```

```
xlabel('t/T');ylabel('x(n)');
xk2=fft(xa2);xk2=abs(xk2);
subplot(2,2,4)
stem(n2,xk2)
xlabel('k');ylabel('X(k)');
```

计算结果示于图3。图3(a)和图3(b)分别是 N=20 时的截取信号和 DFT 结果，由于截取了两个半周期，频谱出现泄漏；图3(c)和图3(d)分别是 N=16 时的截取信号和 DFT 结果，由于截取了两个整周期，得到单一谱线的频谱。上述频谱的误差主要是由于时域中对信号的非整数周期截断产生的频谱泄漏。

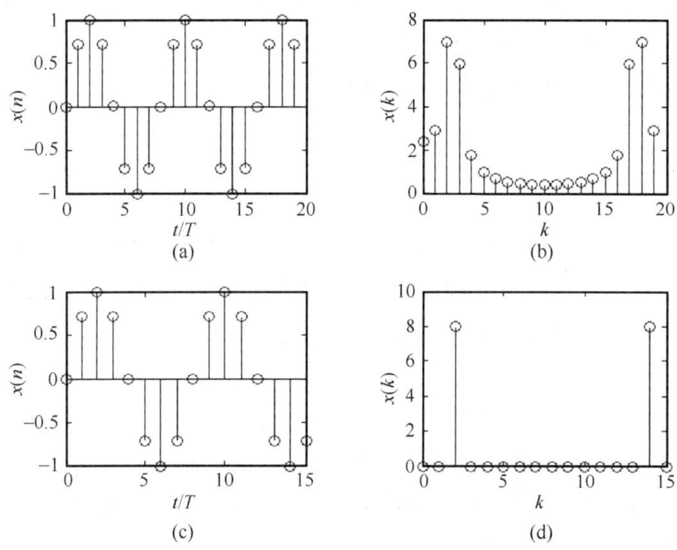

图 3　不同的截取长度的正弦信号及其 DFT 结果

3.3　实验内容

1．已知连续周期信号 $x(t)=\cos(10\pi t)+2\sin(18\pi t)$

(1) 确定信号的基频 Ω 和基本周期 T_{p}，以及分析时采用的采样点数 N；

(2) 当分析长度取 $0.5T_{\mathrm{p}}$ 和 $1.5T_{\mathrm{p}}$ 时，对 $x(t)$ 采样，利用 FFT 计算其幅度谱；对所得结果进行比较，总结应如何选取分析长度。

2．设 $x(n)=R_8(n)$，分别计算 $X(\mathrm{e}^{\mathrm{j}\omega})$ 在 $[0,2\pi]$ 上的 32 点和 64 点等间隔采样，并绘制幅频和相频特性图。

实验四　数字滤波器的基本结构

4.1　实验目的

1．掌握 IIR 数字滤波器的基本网络结构，包括直接型、级联型和并联型；
2．掌握 FIR 数字滤波器的基本网络结构，包括直接型、级联型和频率采样型；
3．了解数字信号处理中的量化效应和数字信号处理的实现。

4.2　实验原理

一个数字滤波器可以用系统函数表示为

$$H(z)=\frac{\sum_{k=0}^{M} b_k z^{-k}}{1-\sum_{k=1}^{N} a_k z^{-k}}=\frac{Y(z)}{X(z)}$$

直接由此式可得出表示输入/输出关系的常系数线性差分方程为

$$y(n)=\sum_{k=1}^{N} a_k y(n-k)+\sum_{k=0}^{M} b_k x(n-k)$$

由上式看出，实现一个数字滤波器需要几种基本的运算单元：加法器、单位延时和常数乘法器。

1．无限长单位脉冲响应（IIR）滤波器的基本结构

无限长单位脉冲响应（IIR）滤波器有以下几个特点：
（1）系统的单位脉冲响应 $h(n)$是无限长的；
（2）系统函数 $H(z)$在有限 z 平面（$0<z<\infty$）上有极点存在；
（3）结构上存在着输出到输入的反馈，即结构上是递归的。
同一种系统函数 $H(z)$的基本网络结构有直接Ⅰ型、直接Ⅱ型、级联型和并联型四种。

2．有限长单位脉冲响应（FIR）滤波器的基本结构

有限长单位脉冲响应滤波器有以下几个特点：
（1）系统的单位脉冲响应 $h(n)$ 在有限个 n 值处不为零；
（2）系统函数 $H(z)$ 在 $|z|>0$ 处收敛，有限 z 平面只有零点，而全部极点都在 $z=0$ 处（因果系统）；
（3）主要采用非递归结构，没有输出到输入的反馈，但有些结构中（如频率采样结构）也包含有反馈的递归部分。

有限长单位脉冲响应滤波器的结构类型主要有横截型（卷积型、直接型）、级联型、频率采样型和快速卷积结构。

在MATLAB中，给定直接型系统结构的系数，可以计算出相应级联结构的各项系数。

(1) 直接型系统结构转换为级联型系统结构

[b0,B,A]=dir2cas(b,a);

b：直接型的分子多项式系数；

a：直接型的分母多项式系数；

b0：增益系数；

B：包含各 b_k 的 $k\times3$ 实系数矩阵；

A：包含各 a_k 的 $k\times3$ 实系数矩阵。

(2) 级联型系统结构的实现

y=casfiltr(b0,B,A,x);

y：输出序列；

b0：级联型的增益系数；

B：包含各 b_k 的 $k\times3$ 实系数矩阵；

A：包含各 a_k 的 $k\times3$ 实系数矩阵；

x：输入序列。

(3) 级联型结构转换成直接型结构

[b,a]=casdir(b0,B,A);

b：直接型的分子多项式系数；

a：直接型的分母多项式系数；

b0：增益系数；

B：包含各 b_k 的 $k\times3$ 实系数矩阵；

A：包含各 a_k 的 $k\times3$ 实系数矩阵。

例5 给定系统的传递函数为

$$H(z)=\frac{0.0017+0.00721z^{-1}+0.011z^{-2}+0.00733z^{-3}+0.00183z^{-4}}{1-3.053z^{-1}+3.825z^{-2}-2.292z^{-3}+0.551z^{-4}}$$

求其级联型系统结构的参数，由级联型系统结构转换为直接型系统结构并求系统单位阶跃响应。

```
x=ones(1,100);
n=1:100;
b=[0.0017,0.00721,0.011,0.00733,0.00183];
a=[1,-3.053,3.825,-2.292,0.551];
[b0,B,A]=dir2cas(b,a);
[b,a]=cas2dir(b0,B,A)
y=filter(b,a,x);
plot(n,x,'r',n,y,'k-');
grid on;
ylabel('x(n)与y(n)');
xlabel('n');
```

运行结果如下：

b0 =

```
    0.0017
B =
    1.0000    1.5630    0.6644
    1.0000    2.6782    1.6201
A =
    1.0000   -1.4858    0.8423
    1.0000   -1.5672    0.6542
```

这样直接型转换为级联型的结构为

$$H(z)=0.0017\frac{(1+1.5630z^{-1}+0.6644z^{-2})(1+2.6782z^{-1}+1.6201z^{-2})}{(1-1.4858z^{-1}+0.8423z^{-2})(1-1.5672z^{-1}+0.6542z^{-2})}$$

由级联型转化为直接型的参数为

```
b =
    0.0017    0.0062    0.0110    0.0043    0.0018

a =

    1.0000   -3.0540    3.8250   -2.2920    0.5510
```

通过比较可以看出与直接型结构参数是吻合的。输出的阶跃响应波形如图4 所示。

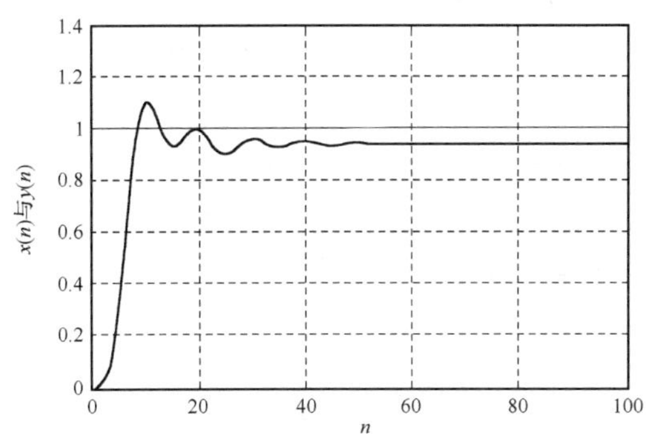

图 4　阶跃响应波形

(4) 直接型系统结构转化为并联型系统结构

```
[C,B,A]=dir2par(b,a);
```

C：当分子多项式阶数大于分母多项式阶数时产生的多项式；

B：k 列 3 行 b_k 系数矩阵；

A：k 列 3 行 a_k 系数矩阵；

a：直接型分子多项式系数；

b：直接型分母多项式系数。

(5) 并联型结构的实现

```
y=parfiltr(C,B,A,x);
```

y：输出序列；

C：当分子多项式阶数大于分母多项式阶数时产生的多项式；

B：k 列 3 行 b_k 系数矩阵；

A：k 列 3 行 a_k 系数矩阵；

x：输入序列。

(6) 并联型系统结构转换为直接型系统结构

[b,a]=par2dir(C,B,A);

b：直接型分子多项式系数；

a：直接型分母多项式系数；

C：当分子多项式阶数大于分母多项式阶数时产生的多项式；

B：k 列 3 行 b_k 系数矩阵；

A：k 列 3 行 a_k 系数矩阵。

(7) FIR 系统直接型结构转换为频率采样型结构

[C,B,A]=dir2fs(h);

C：包含各并行部分增益的行向量；

B：包含按行排列的分子系数矩阵；

A：包含按行排列的分母系数矩阵；

h：FIR 滤波器的脉冲响应向量。

例 6 32 点线性相位 FIR 系统的频率样本定义如下：

$$H(k)=\begin{cases}1, & k=0,1,2\\0.5, & k=3\\0, & k=4,5,\cdots,15\end{cases}$$

求其频率采样型结构。

```
M=32;
a=(M-1)/2;
HK=[1,1,1,0.5,zeros(1,25),0.5,1,1];
k1=0:15;
k2=16:M-1;
aHK=[-a*2*pi/M*k1,a*2*pi/M*(M-k2)];
x=exp(j*aHK);
for k=1:32
    H(k)=HK(k)*x(k);
end
h=real(ifft(H,M));
[C,B,A]=dir2fs(h);
```

运行结果如下：

C =

2.0000

2.0000

1.0000

0.0000

0.0000

0.0000

0.0000

```
         0
    0.0000
    0.0000
    0.0000
    0.0000
    0.0000
    0.0000
    0.0000
    1.0000
         0
B =
   -0.9952    0.9952
    0.9808   -0.9808
   -0.9569    0.9569
    0.0000   -0.7071
    0.1644    0.7288
   -0.4472   -0.6552
   -0.9487    0.4952
    1.0000   -0.0000
   -0.7071   -0.8315
    0.4472    0.9975
   -0.4472   -0.9921
    0.0000    0.7071
    0.0000   -0.5556
    0.9363    0.9994
    0.8000    0.6676
A =
    1.0000   -1.9616    1.0000
    1.0000   -1.8478    1.0000
    1.0000   -1.6629    1.0000
    1.0000   -1.4142    1.0000
    1.0000   -1.1111    1.0000
    1.0000   -0.7654    1.0000
    1.0000   -0.3902    1.0000
    1.0000   -0.0000    1.0000
    1.0000    0.3902    1.0000
    1.0000    0.7654    1.0000
    1.0000    1.1111    1.0000
    1.0000    1.4142    1.0000
    1.0000    1.6629    1.0000
```

```
1.0000    1.8478    1.0000
1.0000    1.9616    1.0000
1.0000   -1.0000         0
1.0000    1.0000         0
```

FIR 系统频率采样结构中只有 4 个增益系数非零，所以频率采样结构为

$$H(z)=\frac{1-z^{-32}}{32}\left[2\frac{-0.9952+0.9952z^{-1}}{1-1.9616z^{-1}+z^{-2}}+2\frac{-0.9808+0.9808z^{-1}}{1-1.8478z^{-1}+z^{-2}}+\frac{-0.9569+0.9569z^{-1}}{1-1.6629z^{-1}+z^{-2}}+\frac{1}{1-z^{-1}}\right]$$

4.3 实验内容

1．给定系统的系统函数为

$$H(z)=\frac{0.0017+0.00721z^{-1}+0.011z^{-2}+0.00733z^{-3}+0.00183z^{-4}}{1-3.053z^{-1}+3.825z^{-2}-2.292z^{-3}+0.551z^{-4}}$$

求解并联型系统结构的参数。

2．序列 $x(n)=\cos\left(\frac{\pi}{7}n\right)$（$n=0,1,\cdots,13$），计算其 14 点 DFT，并求其频率采样型结构。

实验五　IIR 数字滤波器的设计

5.1　实验目的

1．掌握利用脉冲响应不变法设计 IIR 数字滤波器的原理及具体方法；
2．加深理解数字滤波器与连续时间滤波器之间的技术指标转化；
3．掌握脉冲响应不变法设计 IIR 数字滤波器的优、缺点及使用范围；
4．掌握利用双线性变换法设计 IIR 数字滤波器的原理及具体方法；
5．深入理解利用双线性变换法设计 IIR 数字滤波器的优、缺点及使用范围。

5.2　实验原理

1．脉冲响应不变法变换原理

脉冲响应不变法将模拟滤波器的 s 平面变换成数字滤波器的 z 平面，从而将模拟滤波器映射成数字滤波器。

IIR 滤波器的系统函数为 z^{-1}（或 z）的有理分式，即

$$H(z)=\frac{\sum_{k=0}^{M}b_k z^{-k}}{1-\sum_{k=1}^{N}a_k z^{-k}}$$

一般满足 $M\leqslant N$。

（1）转换思路：$H(s)\xrightarrow{\text{拉普拉斯反变换}}h_{\mathrm{a}}(t)\xrightarrow{\text{时域采样}}h_{\mathrm{a}}(nT)=h(n)\xrightarrow{z\text{ 变换}}H(z)$

若模拟滤波器的系统函数 $H(s)$ 只有单阶极点，且假定分母的阶次大于分子的阶次，则有

$$H(z)=\sum_{k=1}^{N}\frac{TA_k}{1-\mathrm{e}^{s_kT}z^{-1}}$$

（2）如图5 所示，s 平面与 z 平面之间的映射关系为

$$\begin{cases}z=r\mathrm{e}^{\mathrm{j}\omega}\\ s=\sigma+\mathrm{j}\Omega\end{cases}\rightarrow z=\mathrm{e}^{sT}\rightarrow r\mathrm{e}^{\mathrm{j}\omega}=\mathrm{e}^{\sigma T}\mathrm{e}^{\mathrm{j}\Omega T}\rightarrow\begin{cases}r=\mathrm{e}^{\sigma T}\\ \omega=\Omega T\end{cases}$$

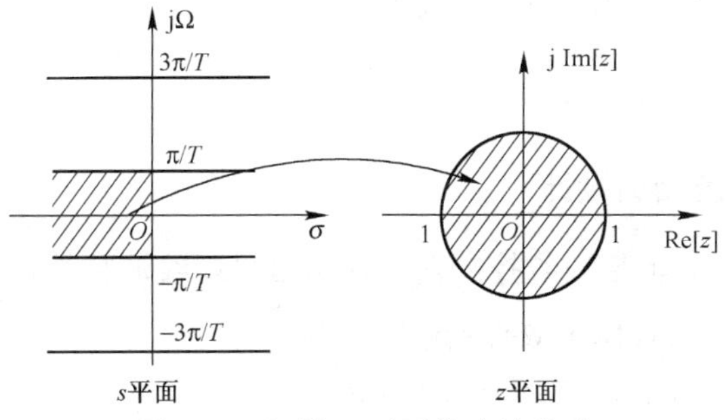

图 5　s 平面与 z 平面的映射关系

IIR 数字滤波器设计的重要环节是模拟低通滤波器的设计，典型的模拟低通滤波器有巴特沃思和切比雪夫(Ⅰ型和Ⅱ型)等滤波器。由模拟低通滤波器经过相应的复频率转换为 $H(s)$，由 $H(s)$经过脉冲响应不变法即可得到所需的 IIR 数字滤波器 $H(z)$。

MATLAB 信号处理工具箱中提供了 IIR 滤波器设计的函数，常用的函数如下表所示。

函　数	说　明
IIR 滤波器阶数选择	
buttord	巴特沃思滤波器阶数选择
cheb1ord	切比雪夫Ⅰ型滤波器阶数选择
cheb2ord	切比雪夫Ⅱ型滤波器阶数选择
IIR 滤波器的设计	
butter	巴特沃思滤波器设计
cheby1	切比雪夫Ⅰ型滤波器设计
cheby2	切比雪夫Ⅱ型滤波器设计
maxflat	通用的巴特沃思低通滤波器设计

2. 巴特沃思滤波器设计

巴特沃思滤波器是通带、阻带都单调衰减的滤波器。

(1) 调用 buttord 函数确定巴特沃思滤波器的阶数，格式为

```
[N,Wc]=buttord(Wp,Ws,Ap,As)
```

其中，Wp，Ws 为归一化通带和阻带截止频率；

Ap，As 为通带最大和最小衰减，单位为 dB；N 为滤波器阶数，Wc 为 3 dB 截止频率，对于带通和带阻滤波器，Wc=[W1,W2]为矩阵，W1 和 W2 分别为通带的上、下截止频率。

(2) 调用 butter 函数设计巴特沃思滤波器，格式为

```
[b,a]=butter(N,Wc,options)
```

其中，options 可为'low','high','bandpass'或'stop'。

b 和 a 为设计出的 IIR 数字滤波器的分子多项式和分母多项式的系数。

注意，利用以上两个函数也可以设计出模拟滤波器，格式为

```
[N,Wc]=buttord(Wp,Ws,Ap,As,'s')
[b,a]=butter(N,Wc,options,'s')
```

其中，Wp，Ws 和 Wc 均为模拟频率。

3. 切比雪夫Ⅰ型滤波器的设计

切比雪夫Ⅰ型滤波器为通带波纹控制器：在通带呈现纹波特性，在阻带单调衰减。

```
[N,Wc]=cheb1ord(Wp,Ws,Ap,As)
[b,a]=cheby1(N,Ap,Wc,options)
```

其中的参数含义和巴特沃思的相同。

4. 切比雪夫Ⅱ型滤波器的设计

切比雪夫Ⅱ型滤波器为阻带波纹控制器：在阻带呈现纹波特性，在通带单调衰减。

```
[N,Wc]=cheb2ord(Wp,Ws,Ap,As)
[b,a]=cheby2(N,As,Wc,options)
```

其中的参数含义和巴特沃思的相同。

已知模拟滤波器，可以利用脉冲响应不变法转换函数 impinvar 将其变换为数字滤波器，调用格式为

```
[bz,az]=impinvar(b,a,Fs)
```

其中 b 和 a 分别为模拟滤波器系统函数分子、分母多项式系数；Fs 为采样频率；bz 和 az 为数字滤波器系统函数的分子、分母多项式系数。

例 7 已知某滤波器的指标为：通带截止频率 $f_p = 3\ \text{kHz}$，通带最大衰减 $a_p = 1\ \text{dB}$，阻带截止频率 $f_s = 4.5\ \text{kHz}$，阻带最小衰减 $a_s = 15\ \text{dB}$，采样频率 $f_c = 30\ \text{kHz}$，用脉冲响应不变法设计一个巴特沃思数字低通滤波器，并图示滤波器的振幅特性，检验 ω_p 和 ω_s 对应的衰减指标。

解

```
clear
wp=6*pi*10^3;ws=9*pi*10^3;ap=1,as=15;   %巴特沃思模拟原型低通的技术指标
Fs=30*10^3;                             %采样频率
wp1=wp/Fs;ws1=ws/Fs;                    %数字频率
[N,WC]=buttord(wp,ws,ap,as,'s');        %确定巴特沃思低通的阶数N和3dB截止频率Wc
[b,a]=butter(N,WC,'s');                 %调用 butter 函数设计巴特沃思滤波器
[bz,az]=impinvar(b,a,Fs)                %脉冲响应不变法实现数字低通
w0=[wp1,ws1]
Hx=freqz(bz,az,w0)
[H,W]=freqz(bz,az)                      %求频率响应
dbHx=-20*log10(abs(Hx)/max(abs(H)))     %求 wp1,ws1 对应的衰减
plot(W,abs(H));                         %绘制幅频特性
xlabel('相对频率');ylabel('幅频');
grid
```

程序运行结果：

bz =

-0.0000　0.0007　0.0105　0.0167　0.0042　0.0001　0

az =

1.0000　-3.3443　5.0183　-4.2190　2.0725　-0.5600　0.0647

dbHx =

0.9202　15.0003

如图 6 所示，dbHx 中的 0.9202 和 15.0003 为 ω_p 和 ω_s 处的衰减，可见 $a_p = 0.9202 < 1$（略有改善），$a_s = 15.0003$ 满足要求。

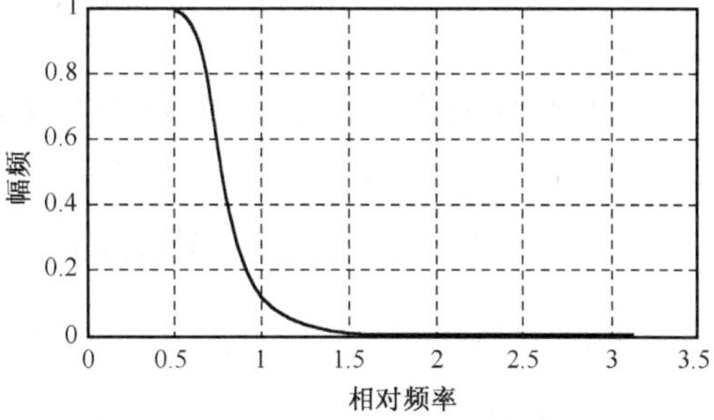

图 6 滤波器的幅频特性

5. 双线性变换法变换原理

为克服脉冲响应不变法产生频率响应的混叠失真，可以采用非线性频率压缩方法，使 s 平面与 z 平面建立一一对应的单值关系，从而消除多值变换性，也就消除了频谱混叠现象，这就是双线性变换法。

(1) 转换思路：$H(s) \rightarrow$ 写出微分方程 $\xrightarrow{\text{近似}}$ 差分方程 $\rightarrow$ 写出 $H(z)$

由于双线性变换法中，s 到 z 之间的变换是简单的代数关系，得到数字滤波器的系统函数和频率响应，即

$$H(z)=H_a(s)\Big|_{s=c\frac{1-z^{-1}}{1+z^{-1}}}=H_a\left(c\frac{1-z^{-1}}{1+z^{-1}}\right)$$

$$H(e^{j\omega})=H_a(j\Omega)\Big|_{\Omega=c\tan\left(\frac{\omega}{2}\right)}=H\left(jc\tan\left(\frac{\omega}{2}\right)\right)$$

设模拟系统函数的表达式为

$$H_a(s)=\frac{\sum_{k=0}^{M}A_k s^k}{\sum_{k=0}^{N}B_k s^k}=\frac{A_0+A_1 s+A_2 s^2+\cdots+A_M s^M}{B_0+B_1 s+B_2 s^2+\cdots+B_N s^N}$$

应用双线性变换得到 $H(z)$ 的表达式

$$H(z)=H_a(s)\Big|_{s=c\frac{1-z^{-1}}{1+z^{-1}}}=\frac{\sum_{k=0}^{M}a_k z^{-k}}{\sum_{k=0}^{N}b_k z^{-k}}=\frac{a_0+a_1 z^{-1}+a_2 z^{-2}+\cdots+a_M z^{-M}}{1+b_1 z^{-1}+b_2 z^{-2}+\cdots+b_N z^{-N}}$$

(2) s 平面与 z 平面之间的映射关系为

$$z=\frac{c+s}{c-s}\to re^{j\omega}=\frac{c+\sigma+j\Omega}{c-\sigma-j\Omega}\xrightarrow{\text{取模}}r=\sqrt{\frac{(c+\sigma)^2+\Omega^2}{(c-\sigma)^2+\Omega^2}}$$

具体的映射关系见图 7。

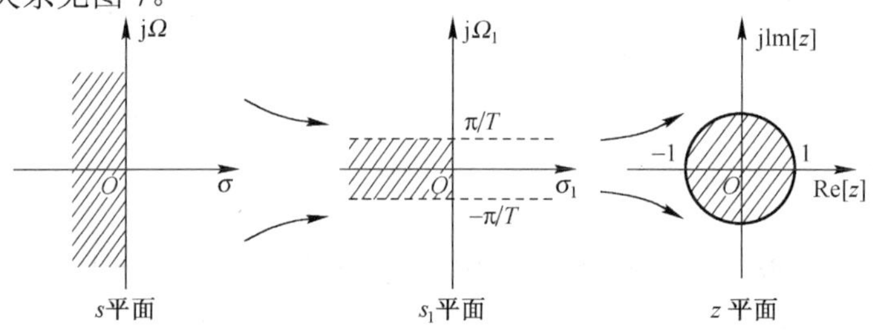

图 7 双线性变换的映射关系

用不同的方法选择 c 可使模拟滤波器频率特性与数字滤波器频率特性在不同频率处有对应的关系。

(1) 使模拟滤波器与数字滤波器在低频处有较确切的对应关系，即在低频处有 $\Omega\approx\Omega_1$。当 Ω_1 较小时，$c=2/T$。

(2) 使数字滤波器的某一特定频率(如截止频率 $\omega_c=\Omega_{1c}T$)与模拟原型滤波器的一个特定频率 Ω_c 严格相对应，则有 $c=\Omega_c\cot\frac{\omega_c}{2}$。

已知模拟滤波器，可以利用双线性变换函数 bilinear 将其变换为数字滤波器，调用格式为

```
[bz,az]=bilinear(b,a,Fs)
```

其中 b 和 a 分别为模拟滤波器系统函数分子、分母多项式系数；Fs 为采样频率；bz 和 az 为数字滤波器系统函数的分子、分母多项式系数。设计时要注意模拟原型低通频率预畸，否则衰减指标不能满足设计要求。

例 8　用双线性变换设计一个巴特沃思数字低通滤波器。技术指标为通带截止频率 $f_p = 4\ \text{kHz}$，通带最大衰减 $a_p = 1\ \text{dB}$，阻带截止频率 $f_s = 5\ \text{kHz}$，阻带最小衰减 $a_s = 15\ \text{dB}$，采样频率 $f_c = 30\ \text{kHz}$，要求图示滤波器的振幅特性，检验 ω_p 和 ω_s 对应的衰减指标。

解
```
clear
wp=8*pi*10^3;ws=10*pi*10^3;ap=1,as=15;         %巴特沃思原型低通的技术指标
Fs=30*10^3;                                    %采样频率
wp1=wp/Fs;ws1=ws/Fs;                           %数字频率
omp1=2*Fs*tan(wp1/2); omps=2*Fs*tan(ws1/2);    %模拟原型低通频率预畸
[N,WC]=buttord(omp1,omps,ap,as,'s')            %确定巴特沃思低通阶数和截止频率
[b,a]=butter(N,WC,'s')                         %N 阶巴特沃思低通
[bz,az]=bilinear(b,a,Fs)                       %双线性变换实现
w0=[wp1,ws1]
Hx=freqz(bz,az,w0)
[H,W]=freqz(bz,az)                             %求频率响应
dbHx=-20*log10(abs(Hx)/max(abs(H)))            %求 wp1,ws1 对应的衰减
plot(W,abs(H));                                %绘制幅频特性
xlabel('相对频率');ylabel('幅频');
grid
```

程序运行结果：

N =

　　10

WC =

　　2.9194e+004

bz =

0.0000　0.0004　0.0016　0.0043　0.0075　0.0090　0.0075　0.0043　0.0016　0.0004

0.0000

az =

1.0000　–4.2217　8.9154　–11.9267　11.0325　–7.3001　3.4766　–1.1708　0.2659

–0.0366

0.0023

dbHx =

　　0.6796　15.0000

如图8 所示，dbHx 中的 0.6796 和 15.0000 为 ω_p 和 ω_s 处的衰减，可见 $a_p = 0.6796 < 1$（有较大改善），$a_s = 15$ 刚好满足要求。

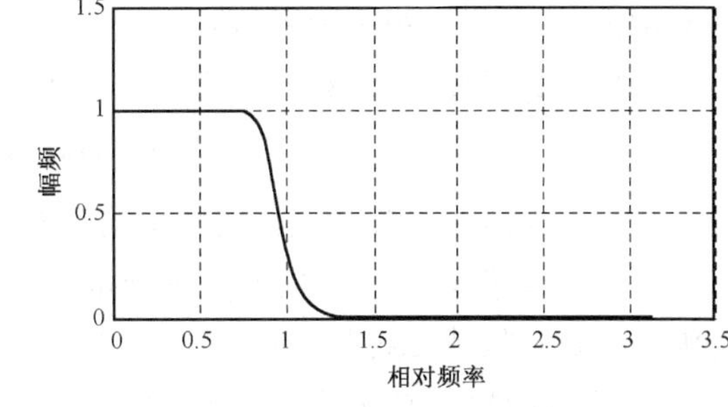

图 8　例 8 的幅频特性

5.3　实验内容

1．要求通带截止频率 $f_p = 3\ \text{kHz}$，通带最大衰减 $a_p = 1\ \text{dB}$，阻带截止频率 $f_s = 4.5\ \text{kHz}$，阻带最小衰减 $a_s = 15\ \text{dB}$，采样频率 $f_c = 30\ \text{kHz}$，用脉冲响应不变法设计一个切比雪夫数字低通滤波器，并图示滤波器的振幅特性，检验 ω_p 和 ω_s 对应的衰减。

2．用双线性变换法设计一个切比雪夫数字低通滤波器。技术指标为：通带截止频率 $\omega_p = 0.2\pi$，通带最大衰减 $a_p \leqslant 1\ \text{dB}$；阻带边缘频率 $\omega_s = 0.3\pi$，阻带最小衰减 $a_s \geqslant 15\ \text{dB}$。

实验六　用窗函数法设计 FIR 数字滤波器

6.1　实验目的

1. 掌握用窗函数法设计 FIR 数字滤波器的原理及具体方法；
2. 深入理解吉布斯现象，理解不同窗函数的特点。

6.2　实验原理

1. 设计原理

FIR 滤波器的设计问题，就是要使所设计的 FIR 滤波器的频率响应 $H(\mathrm{e}^{\mathrm{j}\omega})$ 逼近所要求的理想滤波器的频率响应 $H_{\mathrm{d}}(\mathrm{e}^{\mathrm{j}\omega})$。逼近可在时域进行，也可在频域进行。窗函数法设计 FIR 数字滤波器是在时域进行的，用窗函数截取无限长的 $h_{\mathrm{d}}(n)$，这样得到的频率响应 $H(\mathrm{e}^{\mathrm{j}\omega})$ 逼近理想的频率响应 $H_{\mathrm{d}}(\mathrm{e}^{\mathrm{j}\omega})$。

2. 设计流程：

$$H_{\mathrm{d}}(\mathrm{e}^{\mathrm{j}\omega})\xrightarrow{\text{序列傅里叶反变换}}h_{\mathrm{d}}(n)\xrightarrow{\text{移序加窗截断}}h(n)\xrightarrow{\text{序列傅里叶变换}}H(\mathrm{e}^{\mathrm{j}\omega})$$

(1) 给定希望逼近的频率响应函数 $H_{\mathrm{d}}(\mathrm{e}^{\mathrm{j}\omega})$；

(2) 求单位脉冲响应

$$h_{\mathrm{d}}(n)=\frac{1}{2\pi}\int_{-\pi}^{\pi}H_{\mathrm{d}}(\mathrm{e}^{\mathrm{j}\omega})\mathrm{e}^{\mathrm{j}\omega n}\mathrm{d}\omega$$

(3) 由过渡带宽及阻带最小衰减的要求，可选定窗形状，并估计窗长度 N。设待求滤波器的过渡带用 $\Delta\omega$ 表示，它近似等于窗函数主瓣宽度。因为过渡带 $\Delta\omega$ 近似与窗长度成反比，$N\approx A/\Delta\omega$，所以 A 决定于窗的形式；

(4) 计算所设计的 FIR 滤波器的单位脉冲响应

$$h(n)=h_{\mathrm{d}}(n)w(n),\qquad 0\leqslant n\leqslant N-1$$

(5) 由 $h(n)$ 求 FIR 滤波器的频率响应 $H(\mathrm{e}^{\mathrm{j}\omega})$，检验是否满足设计要求。

一旦选取了窗函数，其指标(过渡带宽、阻带衰减)就是给定的。所以由窗函数设计 FIR 滤波器就是由阻带衰减指标确定用什么窗，由过渡带宽估计窗函数的长度 N。MATLAB 中提供了几种可以调用的窗函数，常用的有

```
hd=boxcar(N)          %N 点矩形窗函数
ht=triang(N)          %N 点三角窗函数
hd=hanning(N)         %N 点汉宁窗
hd=hamming(N)         %N 点汉明窗函数
hd=blackman(N)        %N 点布莱克曼窗
hd=kaiser(N, β)       %给定 beta 值的 N 点凯泽窗函数
```

MATLAB 中提供的 `fir1` 函数可以用来设计 FIR 滤波器，调用格式为 `h=fir1(M,Wc,'ftype',window)`。其中，`h` 为 FIR 数字滤波器的系数构成的矩阵(即系统的单位脉冲响应)，

Wc 是滤波器的截止频率(以π为单位)，可以是标量或数组；M+1 为 FIR 数字滤波器的阶数，ftype 指定滤波器类型，默认情况下为低通，低通用'Low'表示，高通用'high'表示，带通用'bandpass'表示，带阻用'stop'表示，Window 指定窗函数，若不指定，默认为汉明窗。

例 9 利用 fir1 函数和矩形窗设计一个 $N=51$，截止频率为 $\omega_c=0.5\pi$ 的低通滤波器，画出幅频特性。

解 MATLAB 程序如下所示。

```
clear
N=51;wc=0.5;
h=fir1(50,wc,boxcar(N))
[H,W]=freqz(h,1)                          % 数字滤波器频谱数据
plot(W/pi,abs(H));
title('矩形窗振幅特性/dB');
xlabel('相对频率'); ylabel('H(w)')
```

幅频特性如图 9 所示。

例 10 利用 fir1 函数和布莱克曼窗设计一个 $N=51$，截至频率为 $\omega_{p1}=0.3\pi$，$\omega_{p2}=0.4\pi$ 的带通滤波器。

解 MATLAB 程序如下所示。

```
clear
N=51;wc=[0.3,0.4];
h=fir1(50,wc,'bandpass',blackman(N))
[H,W]=freqz(h,1)
plot(W/pi,abs(H));
title('布莱克曼窗带通振幅特性/dB');
xlabel('相对频率'); ylabel('H (w)')
```

幅频特性如图 10 所示。

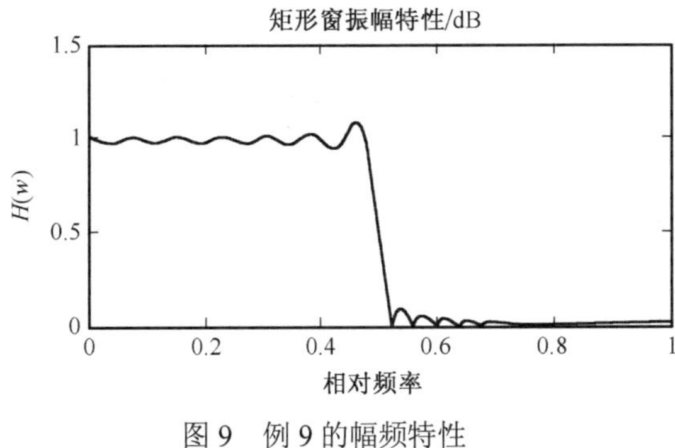

图 9 例 9 的幅频特性

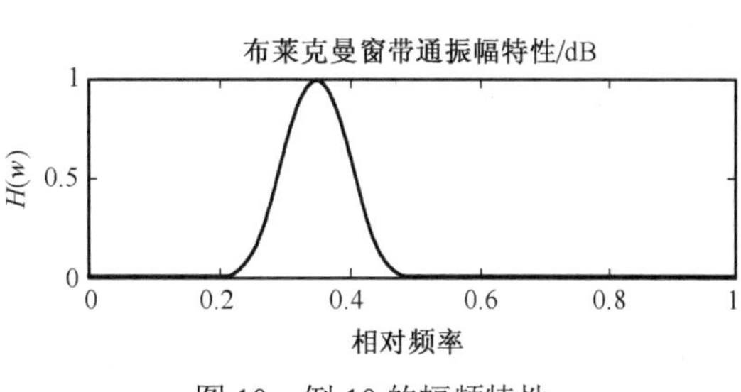

图 10 例 10 的幅频特性

6.3 实验内容

1. 窗函数法设计低通数字滤波器，

$$H_d(e^{j\omega})=\begin{cases}e^{-j\omega N/2}, & 0\leqslant|\omega|\leqslant 0.4\pi\\ 0, & 0.4\pi<|\omega|\leqslant\pi\end{cases}$$

(1) $N = 26$，分别利用矩形窗、汉宁窗和布莱克曼窗设计该滤波器，且滤波器具有线性相位。绘出单位脉冲响应 $h(n)$ 及滤波器的频率响应；

(2) 增加 N，观察过渡带和最大肩峰值的变化。

2．利用凯泽窗设计线性相位高通数字滤波器

$$\left|H_{\mathrm{d}}(\mathrm{e}^{\mathrm{j}\omega})\right| = \begin{cases} 1, & 0.6\pi \leqslant |\omega| \leqslant \pi \\ 0, & 0 \leqslant |\omega| < 0.6\pi \end{cases}$$

要求 $N = 31$，且滤波器具有线性相位。

实验七　多采样率数字信号处理

7.1　实验目的

1．掌握信号抽取和插值的基本原理和实现；
2．掌握信号的有理数倍速率转换。

7.2　实验原理

多采样率数字信号处理共分为 3 方面的问题：信号的整数倍抽取、信号的整数倍插值和信号的有理数倍速率转换。

MATLAB 信号处理工具箱提供了抽取函数 decimate 用于信号整数倍抽取，其调用格式为

```
y=decimate(x,M)
y=decimate(x,M,n)
y=decimate(x,M,'fir')
y=decimate(x,M,n,'fir')
```

其中，y=decimate(x,M) 将信号 x 的采样率降低为原来的 1/M，抽取前默认采用 8 阶 Chebyshev I 型低通滤波器压缩频带。

y=decimate(x,M,n) 指定所采用 Chebyshev I 型低通滤波器的阶数，通常 n 小于 13。

y=decimate(x,M,'fir') 指定所采用 FIR 滤波器来压缩频带。

y=decimate(x,M,n,'fir') 指定所采用 FIR 滤波器的阶数。

例 11　对信号进行抽取，使采样频率为原来的 1/4 倍。

解　MATLAB 程序如下所示。

```
t=0:.00025:1;
x=sin(2*pi*30*t)+sin(2*pi*60*t);
y=decimate(x,4);
figure, subplot(2,2,1),stem(x(1:120));
title('原始信号时域图'), xlabel('(a)');
subplot(2,2,2), plot(abs(fft(x))), title('原始信号频域图'), xlabel('(b)');
subplot(2,2,3), stem(y(1:30));
title('抽取后的信号时域图'), xlabel('(c)');
subplot(2,2,4), plot(abs(fft(y)));
title('抽取后的信号频域图'), xlabel('(d)');
```

程序运行结果如图 11 所示。

MATLAB 信号处理工具箱提供了插值函数 interp 用于信号整数倍插值，其调用格式为

```
y=interp(x,L)
y=interp(x,L,n,alpha)
```

```
[y,b]=interp(x,L,n,alpha)
```

其中，y=interp(x,L)将信号的采样率提高到原来的 L 倍。

y=interp(x,L,n,alpha)指定抗混叠滤波器的长度 n 和截止频率 alpha，默认值为 4 和 0.5。

[y,b]=interp(x,L,n,alpha)在插值的同时，返回抗混叠滤波器的系数向量。

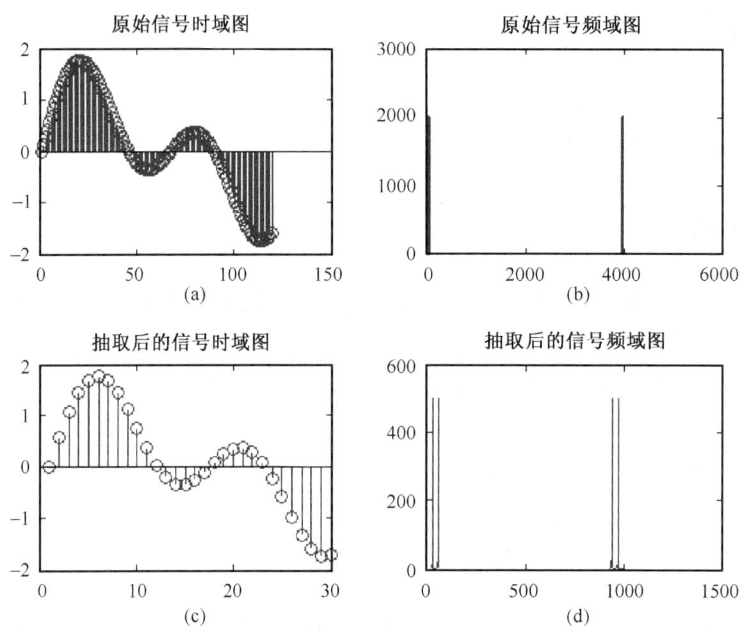

图 11 例 11 的运行结果

例 12 信号 $x(n)=\cos\left(3\pi n\dfrac{f}{f_s}\right)$，采样频率 $\dfrac{f}{f_s}=\dfrac{1}{16}$，现将采样率提高为原来的 4 倍。

解 MATLAB 程序如下所示。

```
n=0:30;
x= cos(3*pi*n/16);
y=interp(x,4);
figure, subplot(2,2,1), stem(x);
title('原始信号时域图'), xlabel('(a)');
subplot(2,2,2), plot(abs(fft(x))), title('原始信号频域图'), xlabel('(b)');
subplot(2,2,3), stem(y);
title('抽取后的信号时域图'), xlabel('(c)');
subplot(2,2,4), plot(abs(fft(y)));
title('抽取后的信号频域图'), xlabel('(d)');
```

程序运行结果如图 12 所示。

信号的有理数倍速率转换是使信号的采样率经由一个有理因子 L/M 来改变，可以通过插值和抽取的级联来实现。MATLAB 信号处理工具箱提供了重采样函数 resample 用于有理倍数速率转换，其调用格式为

```
y=resample(x,L,M);
```

```
y=resample(x,L,M,n);
y=resample(x,L,M,n,beta);
y=resample(x,L,M,b);
[y,b]= y=resample(x,L,M);
```

其中，`y=resample(x,L,M)`将信号 x 的采样率转换为原来的 L/M 倍，所用的低通滤波器为凯泽窗的 FIR 滤波器。

`y=resample(x,L,M,n)`指定用 x 左右两边各 n 个数据作为重采样的邻域。

`y=resample(x,L,M,n,beta)`指定凯泽窗的 FIR 滤波器的设计参数，默认值为 5。

`y=resample(x,L,M,b)`指定用于重采样的滤波器系数向量。

`[y,b]=resample(x,L,M)`除得到重采样信号外，还返回所使用的滤波器系数向量。

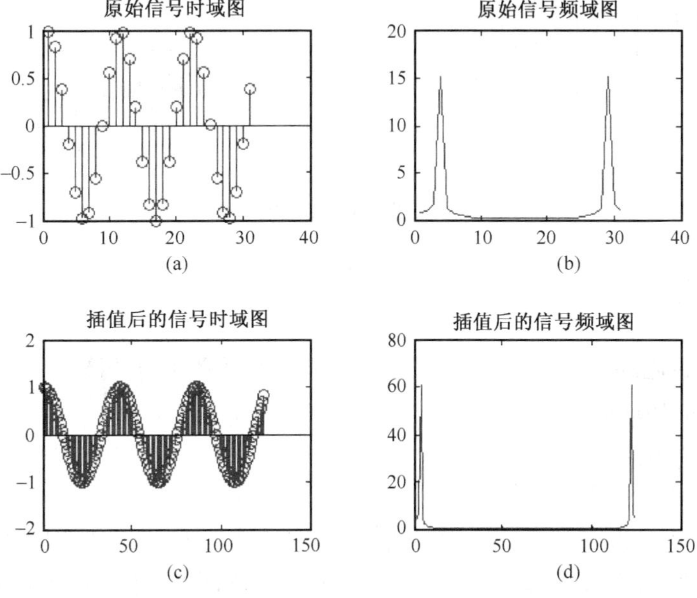

图 12　例 12 的运行结果

例 13　序列 $x(n)=\sin(0.5\pi n)+\cos(1.2\pi n)+1.2$，调用`resample`函数对 $x(n)$ 按因子 3/7 进行采样率转换，并绘出图形。

解　MATLAB 程序如下所示。

```
n=0:34;
x=sin(0.5*pi*n)+cos(1.2*pi*n)+1.2;
[y,b]=resample(x,3,8);
figure, subplot(2,2,1), stem(x);
title('原始信号时域图'), xlabel('(a)');
subplot(2,2,2), plot(b,'.'), title('滤波器的单位脉冲响应'), xlabel('(b)');
subplot(2,2,3), stem(y);
title('变换后的信号时域图'), xlabel('(c)');
w=(0:1023)*2/1024;
subplot(2,2,4),plot(w,20*log10(abs(fft(b,1024))); axis([0,1/4,-100,20]);grid on
title('滤波器的频率响应'), xlabel('(d)');
```

程序运行结果如图 13 所示。

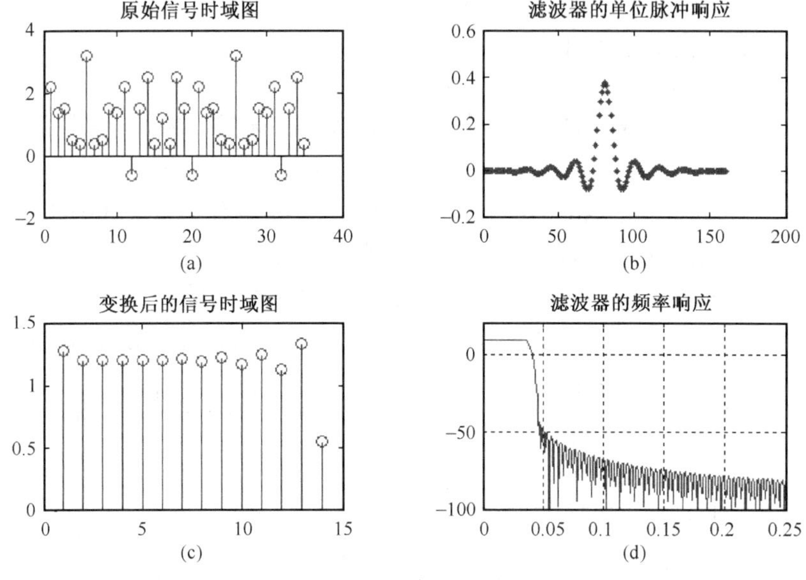

图 13　例 13 的运行结果

7.3　实验内容

1．令 $x(n)=\cos(2\pi nf/f_{\mathrm{s}})$， $f/f_{\mathrm{s}}=1/12$，实现以下采样率的转换：

(1) 做 $L=2$ 倍的插值；

(2) 做 $M=3$ 倍的抽取；

(3) 做 $L/M=2/3$ 倍的采样率转换。

给出相对每一种情况下的数字滤波器的频率特性和频率转换后的信号波形。

2．录制一段语音信号，对录制的信号进行采样，画出采样前后语音信号的时域波形和频谱图，改变信号的采样率，输出改变采样率后信号的频谱，对比前后语音信号的变化。

附录A　习题参考答案

第1章

1.

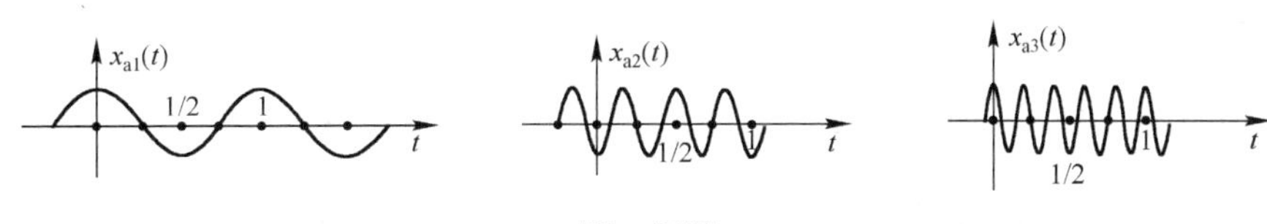

题1解图

$$\hat{x}_{a1}(t)=-\hat{x}_{a2}(t)=\hat{x}_{a3}(t)$$

那么以采样频率 $\Omega_s=8\pi$ 对 $x_{a2}(t)$ 和 $x_{a3}(t)$ 采样后，已不能由 $\hat{x}_{a2}(t)$ 和 $\hat{x}_{a3}(t)$ 恢复。

2．(1)因果，稳定。　(2)因果，不稳定。　(3)因果，稳定。　(4)非因果，稳定。
(5)因果，不稳定。(6)非因果，稳定。　(7)非因果，不稳定。　(8)因果，稳定。

3．(1)周期性的，周期为16。　(2)周期性的，周期为72。
(3)周期性的，周期为14。　(4)非周期性的。

4．(1)线性、时变、因果、非稳定系统。　(2)线性、时变、因果、稳定系统。
(3)线性、时不变、因果、非稳定系统。　(4)线性、时不变、非因果、稳定系统。

5．(1) $y(n)=\dfrac{2^{n+2}-(1/2)^n}{3}u(n)$　(2) $y(n)=\begin{cases}\sum\limits_{m=0}^{n}1=n+1, & 0\leqslant n\leqslant 3\\ \sum\limits_{m=n-3}^{3}1=7-n, & 4\leqslant n\leqslant 6\\ 0, & \text{其他}\end{cases}$

(3) $y(n)=\dfrac{b^{n+1}-a^{n+1}}{b-a}u(n)$　(4) $y(n)=\delta(n-2)$

6．$y(n)=\left[4-3\left(\dfrac{1}{2}\right)^3\right]u(n)$

7．$y(n)=\left(\dfrac{1}{2}\right)^n\left(\dfrac{a}{2}+k\right),\quad n\geqslant 0$

8．(1) $h(n)=\left(\dfrac{1}{2}\right)^{n-1}u(n-1)+\delta(n)$　(2) $y(n)=\dfrac{\mathrm{e}^{\mathrm{j}\omega n}-\left(\dfrac{1}{2}\right)^n}{\mathrm{e}^{\mathrm{j}\omega}-\dfrac{1}{2}}u(n-1)+\mathrm{e}^{\mathrm{j}\omega n}u(n)$

9．$y_{a1}(t)$ 无失真，$y_{a2}(t)$ 失真。

第 2 章

1．

(1) $Z[0.5^n u(n)]=\dfrac{z}{z-0.5}$， $|z|>0.5$

(2) $Z[(-1/4)^n u(n)]=\dfrac{z}{z+1/4}$， $|z|>1/4$

(3) $Z[(-0.5)^n u(-n-1)]=\dfrac{-z}{z+0.5}$， $|z|<0.5$

(4) $Z[\delta(n+1)]=z$， $|z|<\infty$

(5) $Z[(0.5)^n[u(n)-u(n-10)]]=\dfrac{z^{10}-0.5^{10}}{z^9(z-0.5)}$， $|z|>0$

(6) $Z[a^{|n|}]=\dfrac{z(a-a^{-1})}{(z-a)(z-a^{-1})}$， $|a|<|z|<1/|a|$

2．(1) $x(n)=(-0.5)^n u(n)$ (2) $x(n)=\left[4\cdot\left(-\dfrac{1}{2}\right)^n-3\cdot\left(-\dfrac{1}{4}\right)^n\right]u(n)$

(3) $x(n)=8\delta(n)+7(1/4)^n u(-n-1)$ (4) $x(n)=-\dfrac{1}{a}\cdot\delta(n)+\left(a-\dfrac{1}{a}\right)\cdot\left(\dfrac{1}{a}\right)^n\cdot u(n-1)$

3．(1) $|z|<\dfrac{1}{2}$， $x(n)=\dfrac{1}{13}\left[(1+5\mathrm{j})\left(-\dfrac{\mathrm{j}}{2}\right)^n+(1-5\mathrm{j})\left(\dfrac{\mathrm{j}}{2}\right)^n-15\left(-\dfrac{3}{4}\right)^n\right]u(-n-1)$

(2) $\dfrac{1}{2}<|z|<\dfrac{3}{4}$， $x(n)=\dfrac{1}{13}\left[(-1-5\mathrm{j})\left(-\dfrac{\mathrm{j}}{2}\right)^n u(n)+(-1+5\mathrm{j})\left(\dfrac{\mathrm{j}}{2}\right)^n u(n)-15\left(-\dfrac{3}{4}\right)^n u(-n-1)\right]$

(3) $|z|>\dfrac{3}{4}$， $x(n)=\dfrac{1}{13}\left[(-1-5\mathrm{j})\left(-\dfrac{\mathrm{j}}{2}\right)^n+(-1+5\mathrm{j})\left(\dfrac{\mathrm{j}}{2}\right)^n+15\left(-\dfrac{3}{4}\right)^n\right]u(n)$

4．(1) $x(0)=1$，不存在终值。 (2) $x(0)=0$， $x(\infty)=2$。

5．提示：利用 $Z\left[\sum_{k=0}^{n}x(k)\right]=Z[x(n)\cdot u(n)]\cdot Z[u(n)]$。

6．$x(0)=x_1(0)+x_2(0)=\dfrac{1}{3}$

7．$Y(z)=-\dfrac{3z^3}{(z-3)\left(z-\dfrac{1}{2}\right)}$， $\dfrac{1}{2}<|z|<3$

8．(1) $X(\mathrm{e}^{\mathrm{j}\omega})=\mathrm{e}^{-\mathrm{j}n_0\omega}$ (2) $X(\mathrm{e}^{\mathrm{j}\omega})=\dfrac{1}{1-\mathrm{e}^{-a}\mathrm{e}^{-\mathrm{j}\omega}}$

(3) $X(\mathrm{e}^{\mathrm{j}\omega})=\dfrac{1}{1-\mathrm{e}^{-\alpha}\cdot\mathrm{e}^{-\mathrm{j}(\omega+\omega_0)}}$ (4) $X(\mathrm{e}^{\mathrm{j}\omega})=\dfrac{1-\mathrm{e}^{-\mathrm{j}\omega}\mathrm{e}^{-a}\cos\omega_0}{1-2\mathrm{e}^{-\mathrm{j}\omega}\mathrm{e}^{-a}\cos\omega_0+\mathrm{e}^{-2\mathrm{j}\omega}\mathrm{e}^{-2a}}$

9．(1) $X(\mathrm{e}^{\mathrm{j}0})=12.5$ (2) $\int_{-\pi}^{\pi}X(\mathrm{e}^{\mathrm{j}\omega})\mathrm{d}\omega=2\pi$

(3) $\int_{-\pi}^{\pi}\left|X(\mathrm{e}^{\mathrm{j}\omega})\right|^2\mathrm{d}\omega=66.5\pi$ (4) $\int_{-\pi}^{\pi}\left|\dfrac{\mathrm{d}X(\mathrm{e}^{\mathrm{j}\omega})}{\mathrm{d}\omega}\right|^2\mathrm{d}\omega=718.5\pi$

10．（1）$\mathrm{DTFT}[x_1(n)] = X(\mathrm{e}^{-\mathrm{j}\omega})[\mathrm{e}^{\mathrm{j}\omega} + \mathrm{e}^{-\mathrm{j}\omega}] = 2X(\mathrm{e}^{-\mathrm{j}\omega})\cos\omega$

（2）$\mathrm{DTFT}[x_2(n)] = \dfrac{X^*(\mathrm{e}^{\mathrm{j}\omega}) + X(\mathrm{e}^{\mathrm{j}\omega})}{2} = \mathrm{Re}[X(\mathrm{e}^{-\mathrm{j}\omega})]$

（3）$\mathrm{DTFT}[x_3(n)] = -\dfrac{\mathrm{d}^2 X(\mathrm{e}^{\mathrm{j}\omega})}{\mathrm{d}\omega^2} - 2\mathrm{j}\dfrac{\mathrm{d}X(\mathrm{e}^{\mathrm{j}\omega})}{\mathrm{d}\omega} + X(\mathrm{e}^{\mathrm{j}\omega})$

11．（1）$H(z) = \dfrac{Y(z)}{X(z)} = \dfrac{z^{-1}}{1 - z^{-1} - z^{-2}}$，零点：$z_0 = 0$；极点：$z_1 = \dfrac{1+\sqrt{5}}{2}$，$z_2 = \dfrac{1-\sqrt{5}}{2}$

（2）$h(n) = \dfrac{1}{\sqrt{5}}\left[\left(\dfrac{1+\sqrt{5}}{2}\right)^n - \left(\dfrac{1-\sqrt{5}}{2}\right)^n\right]u(n)$

（3）系统的结构框图略。

（4）$y(n) = \dfrac{2}{\sqrt{5}}\left[\dfrac{\left(\dfrac{1+\sqrt{5}}{2}\right)^{n+1} - 0.4^{n+1}}{\dfrac{1+\sqrt{5}}{2} - 0.4} - \dfrac{\left(\dfrac{1-\sqrt{5}}{2}\right)^{n+1} - 0.4^{n+1}}{\dfrac{1-\sqrt{5}}{2} - 0.4}\right]u(n)$

12．$H(z) = \dfrac{Y(z)}{X(z)} = \dfrac{1}{1 - \dfrac{5}{6}z^{-1} + \dfrac{1}{6}z^{-2}}$，$h(n) = \left[3\left(\dfrac{1}{2}\right)^n - 2\left(\dfrac{1}{3}\right)^n\right]u(n)$

13．$h(n) = [0.7^n - (-0.2)^n]u(n)$，零-极点图略。频率响应图略。

14．（1）系统的结构框图略。

（2）$H(z) = \dfrac{Y(z)}{X(z)} = \dfrac{1}{1 - \dfrac{1}{3}z^{-1}}$，零-极点图略。

（3）当收敛域为$|z| < \dfrac{1}{3}$时，系统既不是因果的，也不是稳定的，$h(n) = -\left(\dfrac{1}{3}\right)^n u(-n-1)$。

当收敛域为$|z| > \dfrac{1}{3}$时，系统为稳定的因果系统，$h(n) = \left(\dfrac{1}{3}\right)^n u(n)$。

第 3 章

1．$\tilde{X}(2) = \tilde{X}(18) = 10A$，$\tilde{X}(5) = \tilde{X}(15) = 10B$，$k = 0$ 到 $k = 19$ 的其他 DFS 系数为零。

2．（1）$X(k) = \dfrac{1 - \mathrm{e}^{-\mathrm{j}\frac{2\pi}{N}kN}}{1 - \mathrm{e}^{-\mathrm{j}\frac{2\pi}{N}k}} = \begin{cases} N, & k = 0 \\ 0, & k = 1, 2, \cdots, N-1 \end{cases}$　（2）$X(k) = 1,\quad 0 \leqslant k < N$

（3）$X(k) = W_N^{n_0 k}$，　$0 \leqslant k < N$　（4）$X(k) = \dfrac{1 - a^N}{1 - aW_N^k}$，　$0 \leqslant k < N$

（5）$X(k) = \mathrm{e}^{-\mathrm{j}\frac{2\pi k}{N}\left(\frac{n_0 - 1}{2}\right)}\dfrac{\sin(n_0\pi k/N)}{\sin(\pi k/N)}$，　$0 \leqslant k < N$

（6）$X(k) = \dfrac{1 - \mathrm{e}^{-\mathrm{j}\frac{2\pi}{N}(m-k)N}}{1 - \mathrm{e}^{-\mathrm{j}\frac{2\pi}{N}(m-k)}} = \begin{cases} N, & k = m \\ 0, & k \neq m \end{cases}$，　$0 \leqslant k < N$

(7) $X(k)=\begin{cases}\dfrac{N}{2}, & k=m,k=N-m \\ 0, & k\neq m,k\neq N-m\end{cases},\qquad 0\leqslant k<N$

(8) $X(k)=\dfrac{1-\mathrm{e}^{\mathrm{j}\omega_0 N}}{1-\mathrm{e}^{\mathrm{j}\left(\omega_0-\frac{2\pi}{N}k\right)}},\qquad 0\leqslant k<N$

(9) $X(k)=\dfrac{1}{2\mathrm{j}}\left[\dfrac{1-\mathrm{e}^{\mathrm{j}\omega_0 N}}{1-\mathrm{e}^{\mathrm{j}\left(\omega_0-\frac{2\pi}{N}k\right)}}-\dfrac{1-\mathrm{e}^{-\mathrm{j}\omega_0 N}}{1-\mathrm{e}^{-\mathrm{j}\left(\omega_0+\frac{2\pi}{N}k\right)}}\right],\qquad 0\leqslant k<N$

(10) $X(k)=\dfrac{1}{2}\left[\dfrac{1-\mathrm{e}^{\mathrm{j}\omega_0 N}}{1-\mathrm{e}^{\mathrm{j}\left(\omega_0-\frac{2\pi}{N}k\right)}}+\dfrac{1-\mathrm{e}^{-\mathrm{j}\omega_0 N}}{1-\mathrm{e}^{-\mathrm{j}\left(\omega_0+\frac{2\pi}{N}k\right)}}\right],\qquad 0\leqslant k<N$

3. $x(n)=\dfrac{1}{5}+\delta(n),\quad 0\leqslant n<10$

4. 当 $\omega_0=2\pi k_0/N$ 时，$X(k)=\dfrac{1}{2}\sum\limits_{n=0}^{N-1}\mathrm{e}^{-\mathrm{j}n\frac{2\pi}{N}(k-k_0)}+\dfrac{1}{2}\sum\limits_{n=0}^{N-1}\mathrm{e}^{-\mathrm{j}n\frac{2\pi}{N}(k+k_0)}$

当 $\omega_0\neq 2\pi k_0/N$ 时，$X(k)=\dfrac{1}{2}\cdot\dfrac{1-\mathrm{e}^{-\mathrm{j}N\left(\frac{2\pi}{N}k-\omega_0\right)}}{1-\mathrm{e}^{-\mathrm{j}\left(\frac{2\pi}{N}k-\omega_0\right)}}+\dfrac{1}{2}\cdot\dfrac{1-\mathrm{e}^{-\mathrm{j}N\left(\frac{2\pi}{N}k+\omega_0\right)}}{1-\mathrm{e}^{-\mathrm{j}\left(\frac{2\pi}{N}k+\omega_0\right)}}$

5. $$\begin{bmatrix}y(0)\\ y(1)\\ y(2)\\ \vdots\\ y(N-1)\end{bmatrix}=\begin{bmatrix}h(0) & h(N-1) & h(N-2) & \cdots & h(1)\\ h(1) & h(0) & h(N-1) & \cdots & h(2)\\ h(2) & h(1) & h(0) & \cdots & h(3)\\ \vdots & \vdots & \vdots & & \vdots\\ h(N-1) & h(N-2) & h(N-3) & \cdots & h(0)\end{bmatrix}\begin{bmatrix}x(0)\\ x(1)\\ x(2)\\ \vdots\\ x(N-1)\end{bmatrix}$$

注意矩阵 **H** 的第二行由第一行圆周右移 1 位得到，这个移位相当于是序列 $h(n)$ 的圆周移位。同样，第三行是第二行右移一位得到，以此类推。由于这个循环性质，**H** 就称为循环矩阵。

6.

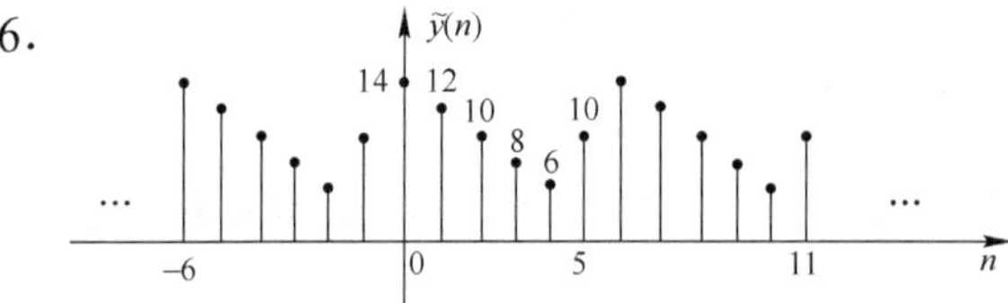

7.

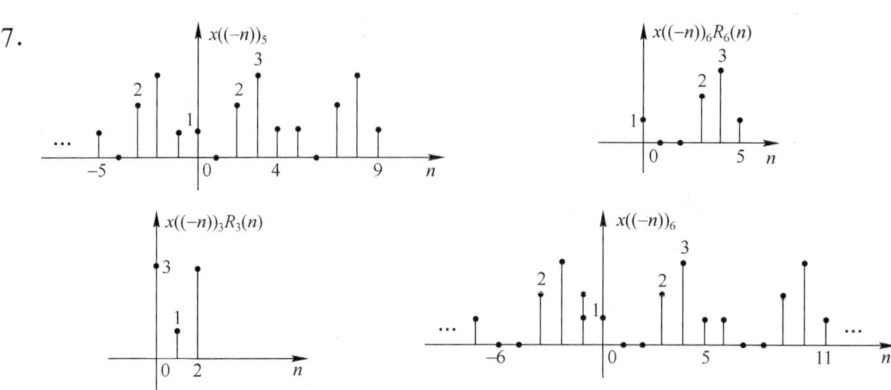

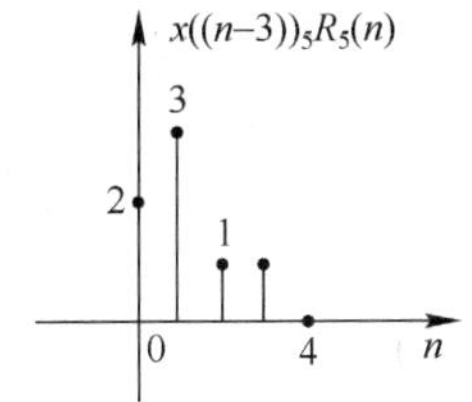

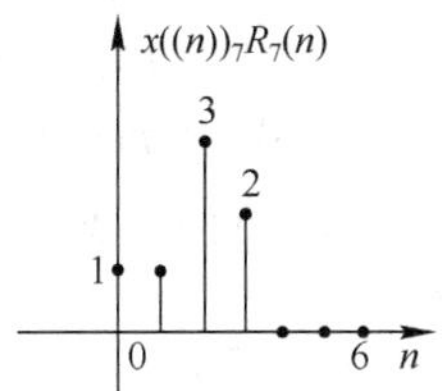

8.

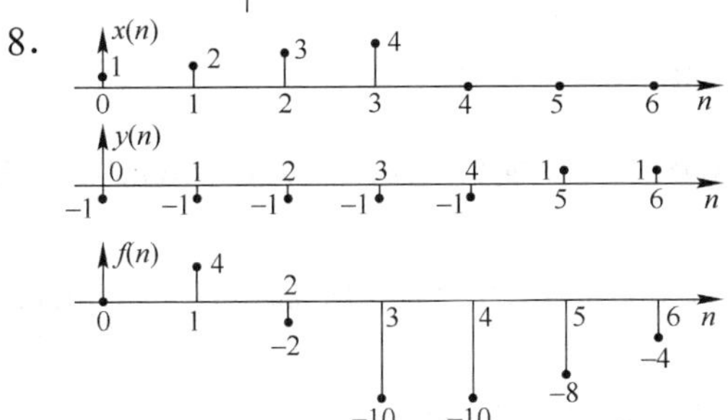

9. $Y(k)=\mathrm{DFT}[y(n)]=\sum_{n=0}^{rN-1}y(n)W_{rN}^{nk}=\sum_{n=0}^{N-1}x(n)W_{rN}^{nk}$

$$=\sum_{n=0}^{N-1}x(n)\mathrm{e}^{-\mathrm{j}\frac{2\pi}{N}n\frac{k}{r}}=X\left(\frac{k}{r}\right),\qquad k=lr,\qquad l=0,1,\cdots,N-1$$

当 k 为 r 的整数倍时，$Y(k)$ 与 $X\left(\frac{k}{r}\right)$ 相等。

10. $Y(k)=\mathrm{DFT}[y(n)]=\sum_{n=0}^{rN-1}y(n)W_{rN}^{nk}=\sum_{i=0}^{N-1}x(ir/r)W_{rN}^{irk}=\sum_{i=0}^{N-1}x(i)W_{N}^{ik},\qquad 0\leqslant k\leqslant rN-1$

所以 $Y(k)=X((k))_N R_{rN}(k)$。

11. $F_0=\frac{8000}{512}=15.625\ \mathrm{Hz}$。

12. (1) 即最小记录长度为 0.1 s。

(2) 即允许处理的信号的最高频率为 5 kHz。

(3) 一个记录中的最少点数为 $N=2^{10}=1024$。

13. $x_N(n)=\sum_{r=-\infty}^{\infty}x(n+rN)R_N(n)$

14.

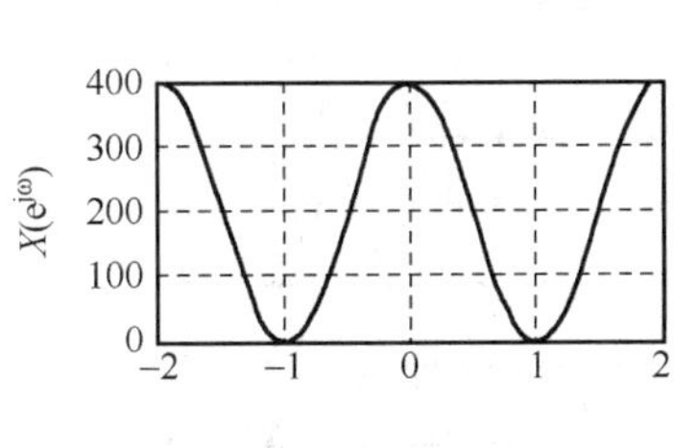

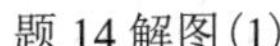
题 14 解图(1)

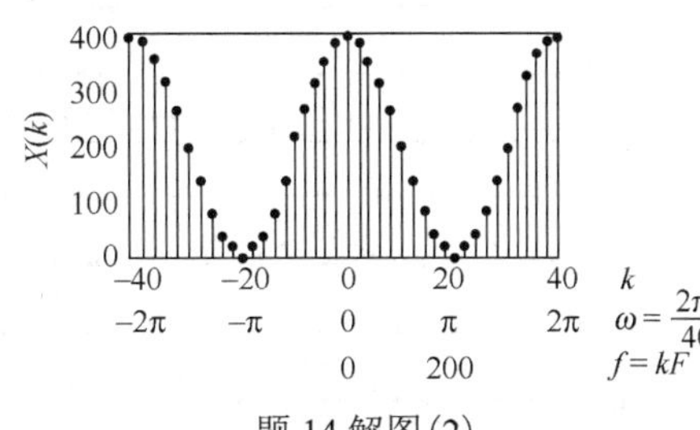

题 14 解图(2)

15. (1) $x(n)=\cos\left(\frac{2\pi}{N}mn+\theta\right),\qquad 0\leq n< N$ (2) $x(n)=\sin\left(\frac{2\pi}{N}mn+\theta\right),\qquad 0\leqslant n<N$

16. $\mathrm{DFT}[X(n)]=\sum_{n=0}^{N-1}X(n)W_N^{kn}=\sum_{n=0}^{N-1}\left(\sum_{m=0}^{N-1}x(m)W_N^{mn}\right)W_N^{kn}=\sum_{m=0}^{N-1}x(m)\sum_{n=0}^{N-1}W_N^{n(m+k)}$

由于 $\sum_{n=0}^{N-1} W_N^{n(m+k)} = \begin{cases} N, & m = N-k \\ 0, & m \neq N-k \end{cases}$，　　$0 \leqslant m < N$

所以 $\mathrm{DFT}[X(n)] = Nx(N-k)$，　　$0 \leqslant k < N$

17．$x(n) = \frac{1}{N}\sum_{k=0}^{N-1} X(k) W_N^{-kn}$，　$0 \leqslant n < N$，　$x(0) = \frac{1}{N}\sum_{k=0}^{N-1} X(k)$

第 4 章

1．(1) 直接计算。复数乘法所需时间 $T_1 = 1.048576\ \mathrm{s}$，复数加法所需时间 $T_2 = 0.1047552\ \mathrm{s}$，$T = T_1 + T_2 = 1.1533312\ \mathrm{s}$。

(2) 利用 FFT 计算。复数乘法所需时间 $T_1 = 0.00512\ \mathrm{s}$，复数加法所需时间 $T_2 = 0.001024\ \mathrm{s}$，$T = T_1 + T_2 = 0.006144\ \mathrm{s}$。

2．直接计算 1024 点 DFT 所需计算时间为 $T_{\mathrm{D}} = 0.012580864\ \mathrm{s}$。

用 FFT 计算 1024 点 DFT 所需计算时间为 $T_{\mathrm{F}} = 0.07168\ \mathrm{ms}$。

3．(1) 在时域分别抽取偶数点和奇数点 $x(n)$，得到两个 N 点实序列 $x_1(n)$ 和 $x_2(n)$，

$$y(n) = x_1(n) + \mathrm{j}x_2(n)$$

$$X_1(k) = \mathrm{DFT}[x_1(n)] = Y_{\mathrm{ep}}(k) = \frac{1}{2}[Y(k) + Y^*(N-k)]$$

$$\mathrm{j}X_2(k) = \mathrm{DFT}[\mathrm{j}x_2(n)] = Y_{\mathrm{op}}(k) = \frac{1}{2}[Y(k) - Y^*(N-k)]$$

$$\begin{cases} X(k) = X_1(k) + W_{2N}^k X_2(k), \\ X(k+N) = X_1(k) - W_{2N}^k X_2(k), \end{cases} \qquad k = 0,1,\cdots,N-1$$

(2) 参考(1)。

4．按时间抽选，如下图所示。

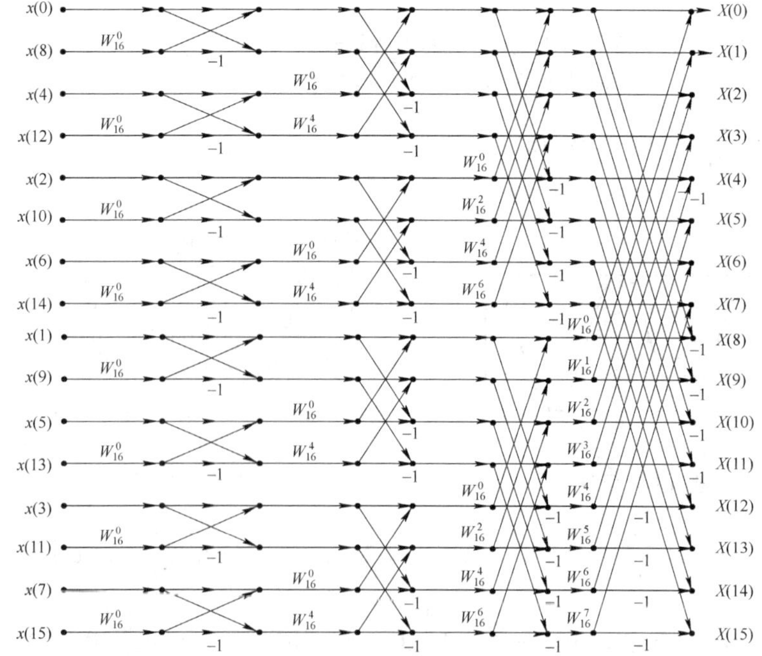

按频率抽选略。

5．(1) 复数乘法次数为 $512\times 8192=4194304$。

(2) 复数乘法次数为 $33\times 512\times \text{lb}(1024)+16\times 1024=185344$，大约是直接进行卷积所需复数乘法次数的 4.5%。

6．只剩下 61.44 ms 用来进行其他的处理。

7．(1) $x_a(t)$ 的最高频率为 $f_0=2048$ Hz。

(2) 频率间隔是 $\Delta f=1$ Hz。

(3) 乘法次数为 $101\times 4096=413696$，采用 FFT，所需乘法次数为 $2048\times \text{lb}(4096)=24576$。

(4) 频率采样点数为 $M=6$。

8．略。

第 5 章

1．直接 I 型　　直接 II 型

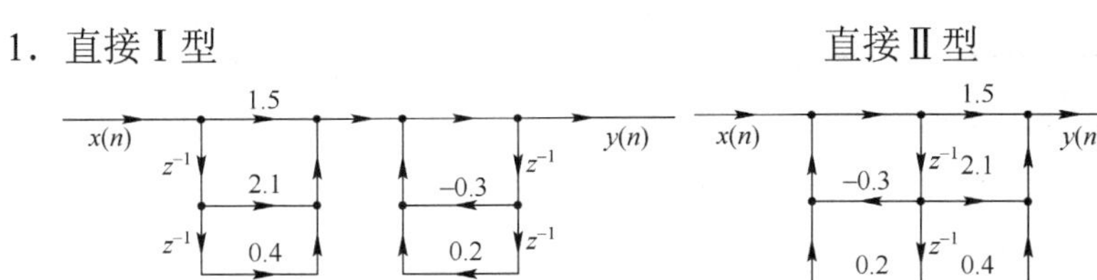

2．有四种级联实现形式。图略。

3．

4．$y(n)=x(n)+\dfrac{8}{3}x(n-1)-\dfrac{205}{12}x(n-2)+\dfrac{205}{12}x(n-3)-\dfrac{8}{3}x(n-4)-x(n-5)$

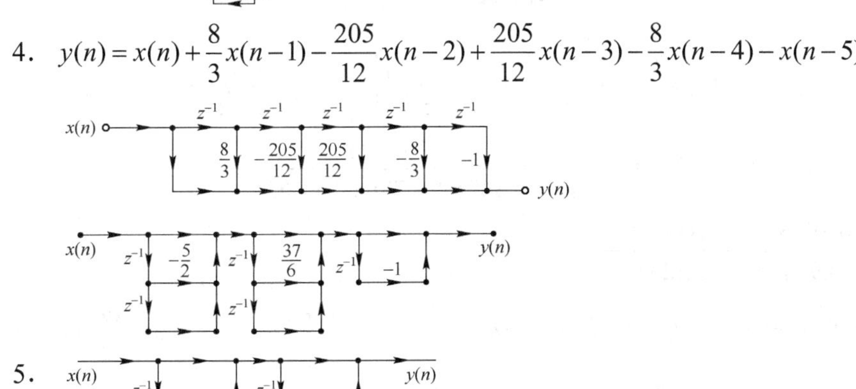

5．

6．

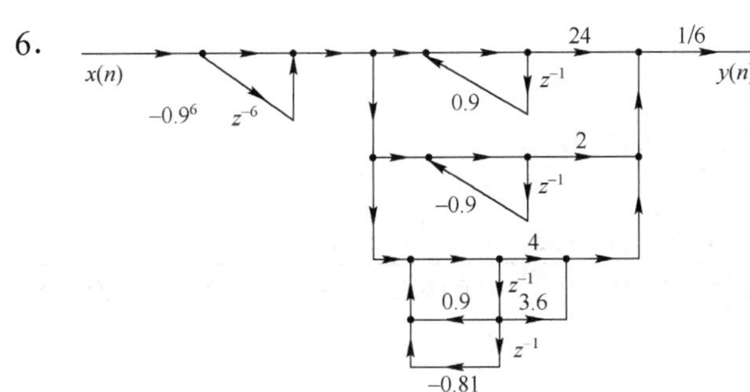

7．$h(0)=h(4)=\dfrac{1}{5}=0.2$

$h(1)=h(3)=\dfrac{3}{5}=0.6$

$h(2)=1$

即 $h(n)$ 偶对称，对称中心在 $n=\dfrac{N-1}{2}=2$ 处，N 为奇数（$N=5$）。

8．

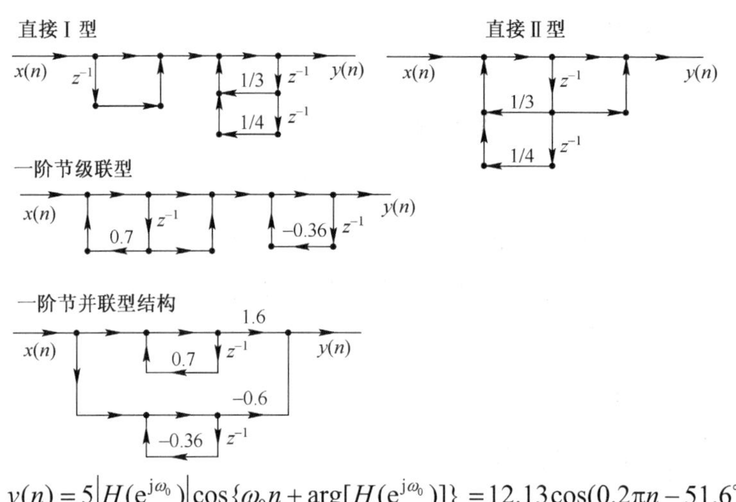

$$y(n)=5\left|H(\mathrm{e}^{\mathrm{j}\omega_0})\right|\cos\{\omega_0 n+\arg[H(\mathrm{e}^{\mathrm{j}\omega_0})]\}=12.13\cos(0.2\pi n-51.6^\circ)$$

第 6 章

1．脉冲响应不变法：$H(z)=\left(\dfrac{T}{1-\mathrm{e}^{-T}z^{-1}}+\dfrac{-T}{1-\mathrm{e}^{-2T}z^{-1}}\right)\Bigg|_{T=0.1}=\dfrac{0.1}{1-\mathrm{e}^{-0.1}z^{-1}}+\dfrac{-0.1}{1-\mathrm{e}^{-0.2}z^{-1}}$

双线性变换法：$H(z)=H_{\mathrm{a}}(s)\big|_{s=20\cdot\frac{1-z^{-1}}{1+z^{-1}}}=\dfrac{(1+z^{-1})^2}{342z^{-2}-796z^{-1}+462}$

2．$H(z)=\dfrac{0.3033z^{-1}-0.184z^{-2}}{1-0.9744z^{-1}+0.2231z^{-2}}$

3．s 平面与 z 平面间进行映射的表达式 $s=c\dfrac{1-z^{-1}}{1+z^{-1}}$，$z=\dfrac{c+s}{c-s}$，$\varOmega_c=c\tan\left(\dfrac{\omega_c}{2}\right)$，$c=\dfrac{2}{T}$。

4．$H(z)=\dfrac{z-1}{z}G(z)=\dfrac{0.14534481z^{-1}+0.10784999z^{-2}}{1-1.1580459z^{-1}+0.41124070z^{-2}}$

5．$H(z)=H_{\mathrm{a}}(s)\big|_{s=\frac{1-z^{-1}}{1+z^{-1}}}=\dfrac{(1+z^{-1})^2}{3+z^{-2}}$

6．$H(z)=H_{\mathrm{a}}(s)\big|_{s=\frac{2}{T}\cdot\frac{1-z^{-1}}{1+z^{-1}}}=\dfrac{0.064(1+2z^{-1}+z^{-2})}{1-1.1683z^{-1}+0.4241z^{-2}}$

7．见第 6 章图 6.17。

8．$H(z)=\dfrac{0.15139(1-3z^{-2}+3z^{-4}-z^{-6})}{1-1.81954z^{-1}+1.33219z^{-2}-0.81950z^{-3}+0.61673z^{-4}-0.21515z^{-5}+0.01050z^{-6}}$

9. $H(z)=H_{\mathrm{LP}}(s)\Big|_{s=\frac{D_1(1-z^{-2})}{1-E_1z^{-1}+z^{-2}}}=\dfrac{0.7547627(1-1.236068z^{-1}+z^{-2})}{1-0.9329381z^{-1}+0.5095255z^{-2}}$

10. $H(z)=\dfrac{0.0902658(1-3z^{-1}+3z^{-2}-z^{-3})}{1+0.6905560z^{-1}+0.8018905z^{-2}+0.3892083z^{-3}}$

第7章

1. $h(n)=h_{\mathrm{d}}(n)R_N(n)=\begin{cases}\dfrac{-\sin\left[\dfrac{n\pi}{2}\right]}{\pi(n-10)}, & 0\leqslant n\leqslant 20\\ 0, & \text{其他}\end{cases}$

图略。

2.

$$h(n)=h_{\mathrm{d}}(n)\cdot w(n)=\begin{cases}\dfrac{1}{10}n\cdot\dfrac{-\sin\left[\dfrac{n\pi}{2}\right]}{\pi(n-10)}, & 0\leqslant n\leqslant 10\\ \left(2-\dfrac{1}{10}n\right)\cdot\dfrac{-\sin\left[\dfrac{n\pi}{2}\right]}{\pi(n-10)}, & 10<n\leqslant 20\\ 0, & \text{其他}\end{cases}$$

图略。

3. $h(n)=\begin{cases}\dfrac{1}{2}\left[1-\cos\left(\dfrac{2\pi n}{N-1}\right)\right]\cdot(-1)^n\times\dfrac{\sin[\omega_c(n-\alpha)]}{\pi(n-\alpha)}, & 0\leqslant n\leqslant N-1\\ 0, & \text{其他}\end{cases}$

$\alpha=(N-1)/2=25$

图略。

4. $h(n)=\begin{cases}\left[0.54-0.46\cos\left(\dfrac{\pi n}{25}\right)\right]\dfrac{2\cdot\sin\left[(n-25)\dfrac{\pi}{5}\right]\cos\left[(n-25)\dfrac{\pi}{2}\right]}{\pi(n-25)}, & 0\leqslant n\leqslant 50\\ 0, & \text{其他}\end{cases}$

图略。

5. $H(\mathrm{e}^{\mathrm{j}\omega})=\mathrm{e}^{-\mathrm{j}25\omega}\left\{\sum_{k=1}^{12}\left[\dfrac{\sin\left[51\left(\dfrac{\omega}{2}-\dfrac{k\pi}{51}\right)\right]}{51\sin\left(\dfrac{\omega}{2}-\dfrac{k\pi}{51}\right)}+\dfrac{\sin\left[51\left(\dfrac{\omega}{2}+\dfrac{k\pi}{51}\right)\right]}{51\sin\left(\dfrac{\omega}{2}+\dfrac{k\pi}{51}\right)}\right]+\dfrac{\sin\left(\dfrac{51}{2}\omega\right)}{51\sin\left(\dfrac{\omega}{2}\right)}\right\}$

6. (1) 证明略。

(2) $h_{\mathrm{BR}}(n)=\dfrac{1}{2\pi}\int_{-\pi}^{\pi}[1-H_{\mathrm{BP}}(\omega)]\mathrm{e}^{\mathrm{j}\varphi(\omega)}\mathrm{e}^{\mathrm{j}\omega n}\mathrm{d}\omega=\dfrac{1}{2\pi}\int_{-\pi}^{\pi}\mathrm{e}^{\mathrm{j}[\varphi(\omega)+\omega n]}\mathrm{d}\omega-h_{\mathrm{BP}}(n)$

7．选择汉明窗，$N=43$。

$$h(n)=h_{\mathrm{d}}(n)w(n)=\begin{cases}\left[0.54-0.46\cos\left(\dfrac{\pi n}{21}\right)\right]\cdot\dfrac{\sin[0.5(n-21)\pi]}{(n-21)\pi}, & 0\leqslant n\leqslant 42\\ 0, & \text{其他}\end{cases}$$

图略。

8． $H(z)=A(1-0.5z^{-1}+0.25z^{-2})(1-2z^{-1}+4z^{-2})(1-3z^{-1})\left(1-\dfrac{1}{3}z^{-1}\right)$，　$A=1$。

9． $h(n)=h_{\mathrm{d}}(n)\cdot w(n)=\dfrac{\sin[0.3\pi(n-16)]}{\pi(n-16)}\cdot\left[0.54-0.46\cos\left(\dfrac{\pi n}{16}\right)\right]R_N(n)$

10． $h(n)=\dfrac{1}{15}\left[1-\cos\left(\dfrac{2\pi n}{15}+\dfrac{\pi}{15}\right)\right]R_N(n)$

$$H(\mathrm{e}^{\mathrm{j}\omega})=\frac{\mathrm{e}^{-\mathrm{j}7\omega}}{15}\sin\left(\frac{15\omega}{2}\right)\left[\frac{1}{\sin\dfrac{\omega}{2}}-\frac{1}{2}\cdot\frac{1}{\sin\left(\dfrac{\omega}{2}-\dfrac{\pi}{15}\right)}+\frac{1}{2}\cdot\frac{1}{\sin\left(\dfrac{\omega}{2}-\dfrac{14\pi}{15}\right)}\right]$$

11． $H_k=\begin{cases}1, & 0\leqslant k\leqslant 8,\quad 25\leqslant k\leqslant 32\\ 0, & 9\leqslant k\leqslant 24\end{cases}$

$$\theta(k)=-k\pi\left(1-\frac{1}{N}\right)=-k\frac{32\pi}{33},\qquad 0\leqslant k\leqslant 16$$

第 8 章

1． $Y(\mathrm{e}^{\mathrm{j}\omega_y})=\dfrac{1}{2}\left[\dfrac{1}{1-(0.3)\mathrm{e}^{-\mathrm{j}\omega_y/2}}+\dfrac{1}{1-(0.3)\mathrm{e}^{-\mathrm{j}(\omega_y/2-\pi)}}\right]$

2． $Y(z)=\dfrac{1}{M}\sum\limits_{k=0}^{M-1}X\left(z^{\frac{1}{M}}W_M^k\right)$，　$W_M=z^{-\mathrm{j}2\pi/M}$

3． $V(z)=Z(z^L)$

4．

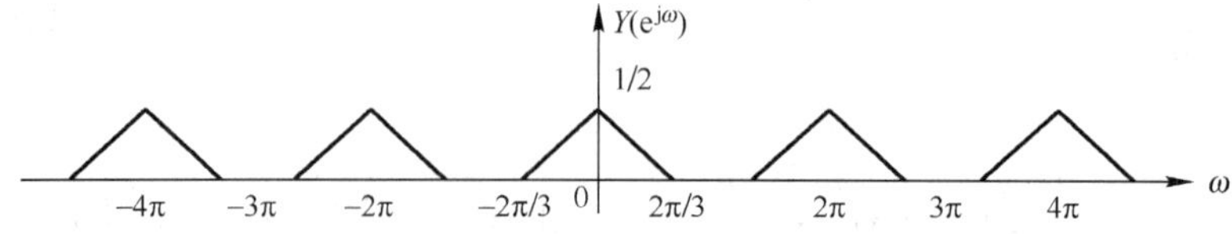

不会丢失信息。

5．抽取因子 $M=f_{\mathrm{x}}/f_{\mathrm{y}}=1000/250=4$ 。

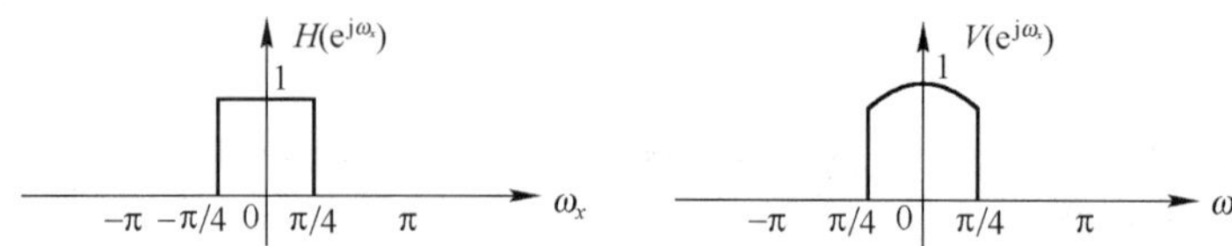

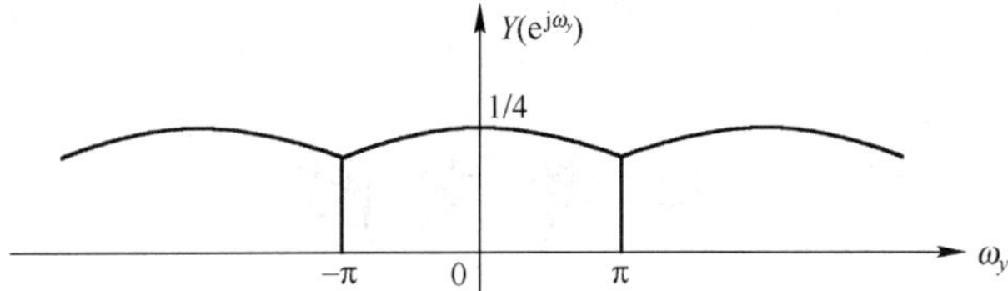

6. 内插因子 $L = f_y/f_x = 1000/200 = 5$ 。

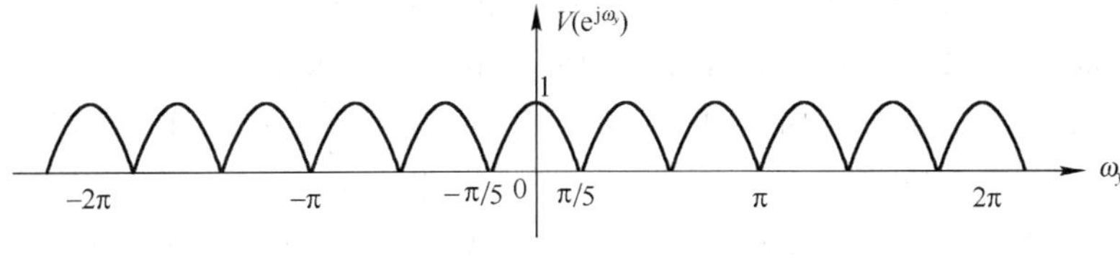

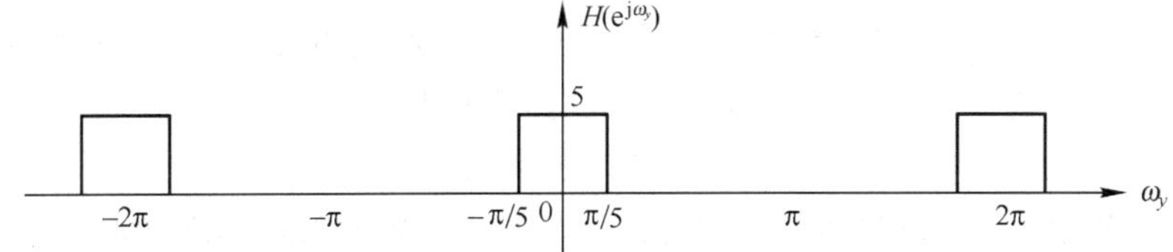

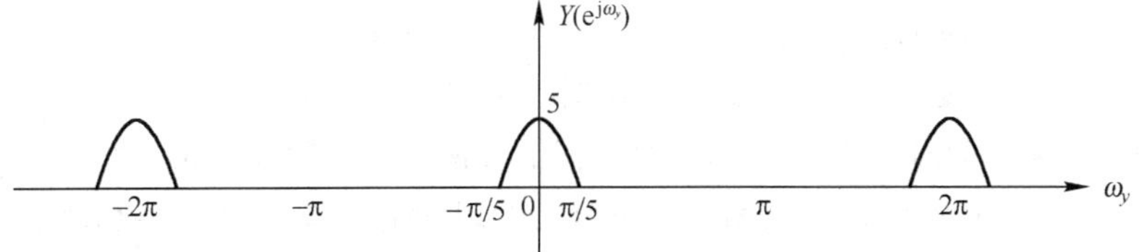

参 考 文 献

[1] 程佩清. 数字信号处理(第四版)[M]. 北京：清华大学出版社，2015.

[2] 郑君里. 信号与系统(下册)[M]. 北京：高等教育出版社，2003.

[3] 邹理合. 数字信号处理(上册)[M]. 北京：国防工业出版社，1985.

[4] 胡广书. 数字信号处理——理论、算法与实现[M]. 北京：清华大学出版社，2002.

[5] 高西全，丁玉美. 数字信号处理——原理、实现及应用[M]. 北京：电子工业出版社，2006.

[6] 奥本海姆. 刘树棠译. 信号与系统[M]. 西安：西安交通大学出版社，2006.

[7] 赵知劲，刘顺兰. 数字信号处理实验[M]. 浙江：浙江大学出版社，2007.

[8] 丁玉美，高西全. 数字信号处理(第二版)[M]. 西安：西安电子科技大学出版社，2000.

[9] 刘顺兰，吴杰. 数字信号处理[M]. 西安：西安电子科技大学出版社，2003.

[10] 刘明，徐洪波. 数字信号处理——原理与算法实现[M]. 北京：清华大学出版社，2006.

[11] 海因斯. 张建华，卓力，张延华译. 数字信号处理(全美经典学习指导系列)[M]. 北京：科学出版社，2002.

[12] 张晓红. 数字信号处理[M]. 北京：机械工业出版社，2008.

[13] 胡广书. 现代信号处理教程[M]. 北京：清华大学出版社，2010.

[14] 吴镇扬. 数字信号处理的原理与实现[M]. 南京：东南大学出版社，2001.

[15] 陈怀琛. 数字信号处理教程——MATLAB 释义与实现[M]. 北京：电子工业出版社，2004.

[16] 彭启琮，林静然，杨鍊，潘晔. 数字信号处理[M]. 北京：高等教育出版社，2017.